# 宁夏黄土丘陵区脆弱生态系统恢复及可持续管理

蔡进军　许　浩　赵世伟　董立国　等　著

U0232343

科 学 出 版 社

北 京

# 内 容 简 介

本书全面归纳并详细描述作者在宁南黄土丘陵区长期开展的植被蒸腾耗水、生态修复与流域综合管理等方面的工作，以及对林草植被水量平衡、结构体系优化、脆弱生态系统管理、生态环境对土地利用变化的响应、适生植被抗旱机理、生态模式等方面开展的系统研究。全书完整介绍主要研究方法与技术的原理、具体操作流程等，并提供相关研究方法与技术涉及的应用实例和最新研究进展，同时客观指出这些方法与技术存在的问题以及今后的发展方向。

本书可供从事恢复生态学、土地利用/土地覆被变化、植被蒸腾耗水特性及抗逆性机理、流域综合管理等方面研究的科研工作者，以及相关专业教师与学生参考。

**图书在版编目（CIP）数据**

宁夏黄土丘陵区脆弱生态系统恢复及可持续管理／蔡进军等著.
—北京：科学出版社，2020. 11

ISBN 978-7-03-066283-5

Ⅰ.①宁…　Ⅱ.①蔡…　Ⅲ.①丘陵地–生态系–生态恢复–研究–宁夏
Ⅳ.①X171.4

中国版本图书馆 CIP 数据核字（2020）第 188235 号

责任编辑：张　菊／责任校对：郑金红
责任印制：赵　博／封面设计：无极书装

科 学 出 版 社 出版

北京东黄城根北街 16 号
邮政编码：100717
http://www.sciencep.com

涿州市般润文化传播有限公司印刷
科学出版社发行　各地新华书店经销
\*

2020 年 11 月第 一 版　开本：787×1092 1/16
2025 年 1 月第二次印刷　印张：19
字数：450 000

**定价：258.00 元**
（如有印装质量问题，我社负责调换）

# 本书作者名单

第 1 章　蔡进军　赵世伟　白阳阳　翟红霞

第 2 章　万海霞　安韶山　王月玲　马　璠

第 3 章　许　浩　马　璠　董立国　王月玲

第 4 章　张源润　许　浩　韩新生　郭永忠

第 5 章　郭永忠　潘占兵　许　浩　韩新生

第 6 章　韩新生　许　浩　郑纪勇　常晓峰

第 7 章　王月玲　马　璠　韩新生　赵世伟

第 8 章　赵世伟　董立国　李鸣雷　陈　刚

第 9 章　董立国　王月玲　佘　雕　许　浩

第 10 章　蔡进军　赵世伟　李维倩

# 序　言

　　黄土高原是我国重要的生态屏障，位于黄河中上游，是黄河重要的来水区和主要的来沙区。黄土高原风成堆积，土质疏松，易于侵蚀，生态脆弱。长期以来，国家投入大量的人力和财力实施植树造林、退耕还林（草）、天然林保护等生态修复工程，植被覆盖率显著提高，土壤侵蚀得到有效控制，区域生态环境明显改善。生态系统修复与管理的方式多种多样，如植被优化调整、土地利用/土地覆被变化、流域植被结构体系构建等。近年来，国家推行了一系列优厚的生态补偿政策，为生态系统的进一步优化带来了良好契机，同时也遇到一些问题，如植被类型的选择及配置、最优植被结构特征的确定、植被与区域水安全的平衡等。如需解决上述问题，首先要了解脆弱生态系统修复的相关理论，认识土地利用变化对生态环境的影响、主要林草植被的耗水特征、植被的抗旱机理等。

　　黄土高原大部分位于干旱、半干旱气候区，这些地区极易发生土壤干旱，不同立地水分条件差异明显。在长期的生态修复过程中，种植了大量深根系、高耗水的外来林草物种，导致深层土壤水分过度消耗，形成了土壤干层，威胁区域植被健康与稳定。黄土高原出现的"小老头树"和人工植被退化等就是直观表现，影响了生态效益的发挥和功能提升。为改变这一现状，必须选择合适的植被种类并进行结构优化调整，构建合理的植被体系，确定脆弱生态系统的决策途径，以实现区域植被与水的关系协调稳定，达到生态环境明显改善及生态系统持续稳定的目的。《宁夏黄土丘陵区脆弱生态系统恢复及可持续管理》一书的出版，是很及时且必要的，对宁夏黄土丘陵区生态系统的修复具有重要的指导意义。

　　该书是宁夏农林科学院和西北农林科技大学/中国科学院水利部水土保持研究所相关研究团队在宁夏黄土丘陵区多年研究成果的反映。作者及研究团队在宁南黄土丘陵区长期开展植被蒸腾耗水、生态修复与流域综合管理等方面的工作。所承担的项目在林草植被水量平衡、结构体系优化、脆弱生态系统管理、生态环境对土地利用变化的响应、适生植被抗旱机理、生态模式等方面开展了系统的研究。全书概括了脆弱生态恢复及可持续管理的理论、土地利用变化对生态环境的影响，分析了宁夏黄土丘陵区生态修复进程，研究了该区域主要植被的蒸散耗水规律，进行了适生抗旱植物引选及抗旱机理的解析，基于水量平衡原理构建了流域植被结构体系，归纳了脆弱生态修复、生态产业培育模式及生态环境效应，提出了脆弱生态系统可持续管理的决策途径，为黄土高原区域植被结构的调整优化及生态系统的修复改进提供了理论基础和技术样板。从整体上看，该书结构合理，逻辑性强；从生态修复理论出发，采用主要的修复措施进行了生态系统结构优化，最后概括总结出生态系统的决策方法与途径；从某些专门学科视角来看，有些论述、观点还需进一步深入、调整和优化，但该书所提供的内容丰富、饱满，从各个层面给予不同的启示更是该书的价值所在。

正值党中央提出黄河流域生态保护和高质量发展国家战略，该书从脆弱生态环境修复的各个角度出发，为维护生态系统的稳定、缓解林水供需矛盾、促进生态保护前提下的高质量发展提供了理论支撑和技术范式。

我很高兴看到这批队伍的成长，也很高兴为该书作序。该书对黄土丘陵区脆弱生态系统的修复方式及管理途径有非常重要的借鉴意义，对从事土地利用/土地覆被变化、植被蒸腾耗水特性及抗旱性机理、流域综合管理等方面研究的科研工作者及相关专业教师和学生都是一部很值得细读的参考书。我相信，该书的出版能够促进黄土高原脆弱生态系统修复等方面的工作更好地实现理论与实践的有机结合。

中国科学院院士 邵明安

2020 年 8 月于北京

# 前　言

我国自然生态条件多样，脆弱生态系统分布范围广、面积大。据统计，我国脆弱生态系统总面积达 194 万 km²，超过我国陆地总面积的 1/5，黄土高原就是其中的典型代表地区。

随着生态文明建设的步伐加快，我国生态系统面临的问题开始发生变化。黄土高原地区在退耕还林还草、天然林保护、水土流失综合治理等一系列生态环境治理与保护举措实施后，生态环境得到了极大改善①。自 2000 年以来，全国水土流失面积减少，从 177.78 万 km² 减少到 167.75 万 km²，减幅为 5.6%，其中，极重度水土流失面积比例减少幅度最大，减少 16.1%。尽管如此，黄土高原依然是全国水土流失强度较大的地区。

在生态文明建设的背景下，加强生态环境保护，按照尊重自然、顺应自然、保护自然的理念，以资源环境承载力为基础，正确处理好经济社会发展同生态环境保护的关系，才能实现经济社会发展与生态环境保护共赢。受地方经济发展和精准扶贫政策的影响，对生态系统的供给服务能力要求越来越高。生态系统的供给服务是指人类从生态系统获取的各类产品，包括食物、纤维、燃料、遗传资源、药物及医药用品、装饰资源和淡水等，这些产品的短缺会对人类福祉产生直接或间接的不利影响。过去一段时间，人类对这些产品的获取常维持在高于其可持续生产的速度之上，通常导致产品产量在快速增长一段时间后最终走向崩溃②。黄土高原地区经济社会发展水平落后，农民生活在很大程度上依赖自然生态系统的供给服务，但受自然和人为活动的影响，生态系统的供给服务能力较弱，阻碍了经济社会的可持续发展，人类福祉受到严重影响③。

在环境脆弱与经济发展落后的双重胁迫下，黄土高原地区如何探索既适合环境保护又适应当地经济发展需求的战略对策至关重要④。尤其针对人类活动对生态系统的影响及其

---

① 欧阳志云.2017-07-24.我国生态系统面临的问题及变化趋势［N］.中国科学报，7 版。

② 吴楠，高吉喜，苏德毕力格，等.2010.生态系统供给服务评估及经济价值测算［J］.应用生态学，21（2）：409-414。

③ 杨莉，甄霖，李芬，等.2010.黄土高原生态系统服务变化对人类福祉的影响初探［J］.资源科学，32（5）：849-855。

④ 高旺盛，陈源泉，董孝斌.2003.黄土高原生态系统服务功能的重要性与恢复对策探讨［J］.水土保持学报，（2）：59-61。

动力过程，准确理解合理的土地资源利用格局与模式，为自然资源开发、生态系统建设、生态和社会经济持续协调发展等提供科学依据与技术支持，是黄土高原面临的主要资源环境科学任务。虽然经过多年的生态恢复实践，以退耕还林、封山禁牧、小流域综合治理为代表的各类生态工程，对控制黄土高原水土流失和退化生态系统恢复发挥了重要作用，显著改善了区域生态环境面貌，但由于黄土高原自然环境的复杂性和水土流失的严重性，对这种以植被恢复为核心的生态建设的重要生态过程的环境效应尚不清楚，一些深层次的重大科学问题，如自然植被、社会经济生态恢复的过程，生态系统健康等，并未得到系统解决，这也是造成多年来黄土高原地区林草建设收效不明显的重要原因之一。

长期以来，黄土高原一直是国家水土保持与生态环境建设的重点区域，近年来，随着一大批重大生态治理与建设工程的相继实施，该区域的生态环境条件得到了极大改善，但与国家生态文明建设的预期目标相比，以水土保持为核心的退化生态系统恢复重建技术明显滞后于生态建设的迫切要求。总体表现为生态建设与生态经济发展缺乏有效整合，在生态恢复过程中构建的人工-自然复合生态系统结构单一、稳定性较差、抗灾应变能力不足，综合效益较低，生态经济系统持续健康发展的后劲不足，制约了区域经济社会可持续发展。新形势下，在黄土丘陵区开展以水土保持为核心的脆弱生态系统恢复和生态系统的可持续经营管理，以生态资源保护利用为根本，以提升生态系统服务功能为目的，大力开发脆弱生态系统恢复新技术、新方法，是黄土丘陵区生态文明建设和构建国家西部生态屏障的必然要求。

黄土丘陵区是黄土高原的主体部分，普遍特征是贫困与生态破坏相互交织、互为因果，在当前的社会经济条件下，该地区的退耕还林（草）政策面临能否持续的严峻挑战，其实质也是生态保护与农民生存之间的博弈，研究解决这类问题就更为迫切。生存需求始终是第一位的，只有经济社会全面发展了，生活水平提高了，社会才会产生其他较高层次的需求，良好的生态环境作为一种高层次消费需求才能得到重视。从这个意义上讲，研究生态恢复过程中的经济问题和生态可持续的经济发展机理，对于建立生态与经济的良性耦合机制，进而实现黄土高原乃至全国的生态经济协调与可持续发展具有十分重要的战略意义。显然，研究探讨该地区生态恢复过程，建立该地区良性发展的生态经济系统是当务之急，也是退化生态系统恢复的根本途径和实现黄土高原山川秀美与生态重建的最终目的。然而，生态环境脆弱性是一个复杂的交错演替过程（人与地之间的交错关系），人类社会的生产生活对生态环境系统中自然资源的开发与利用强度和程度不仅会对生态环境系统产生直接的影响，而且经济社会的发展也会对生态环境系统产生直接或间接的影响。因此仅仅从生态环境系统的角度展开相关分析和回答引起生态脆弱性的原因的研究是不够全面也不够深刻的。

流域生态系统管理建立在自然生态系统基础上，从整个流域全局出发，统筹安排、综合管理、合理利用和保护流域内各种资源，从而实现全流域综合效益和社会经济的可持续发展。流域生态系统管理有明确的可持续驱动目标，由政策、协议和实践活动保证其实施，并在对维持流域系统的组成、结构和功能以及必要的生态作用与生态过程的最优认识的基础上从事研究和监测，以不断改进管理的适宜性。

针对黄土高原黄土丘陵区生态系统脆弱、稳定性低、生态系统的结构和功能尚需进一步完善与提升的客观现实，如何提高脆弱生态系统的服务功能和可持续发展能力，并根据生态脆弱性差异及其复杂成因，制定相应的经营管理方式、方法，对于改善并促进流域生态系统的良性循环，提高生态资源的生态、经济效益，提升区域生态系统服务功能，促进区域经济社会可持续发展具有重要的现实意义。

黄土高原半干旱黄土丘陵区生态脆弱区存在的主要问题是"生态系统脆弱—经济落后—人民生活贫困—过度开发—生态急剧退化"的恶性循环，该区人口压力大，土壤贫瘠，植被严重退化，保水保土能力差，水土流失严重，干旱缺水，农业、农村基础条件差，产业结构不合理，人民生活贫困。针对这些现状，以系统科学的思想为指导，依据生态学和生态经济学的原理与方法进行黄土丘陵区社会经济生态复合系统的优化设计，设计符合不同自然条件和不同岩溶环境类型的农林牧良性生态产业链，进行土地利用结构优化，合理配置高效的植物群落，控制水土流失，构建流域生态系统的优化模式，实现黄土丘陵区资源、生态、经济、社会的持续协调发展，才能达到黄土丘陵区脆弱生态系统恢复与重建的目的。

自"十五"以来，在"十五"国家科技攻关，"十一五"和"十二五"国家科技支撑计划的支持下，宁夏农林科学院、西北农林科技大学/中国科学院水利部水土保持研究所的专家学者围绕宁夏半干旱黄土丘陵区生态问题，先后从退化山区生态农业建设、黄土丘陵区退化生态系统恢复，以及脆弱生态系统的恢复及可持续经营方面，按照生态治理—生态恢复—生态管理的研究思路，层层深入，针对流域生态系统和农业、农村经济发展存在的主要科学问题，从流域生态恢复入手，系统开展了研究与示范，围绕水土流失治理、农村经济发展、精准扶贫和全域旅游将生态恢复与流域发展紧密结合，为区域生态恢复及流域生态系统经营管理提供了有力的技术支撑，探索构建了符合区域生态环境特点和社会经济发展需要的可复制模式与示范样板。

本书为宁夏农林科学院李生宝研究员团队多年研究成果的反映，先后得到了"十二五"国家科技支撑计划课题"宁南山区脆弱生态系统恢复及可持续经营技术集成与示范"（2015BAC01B01）、国家重点研发计划"典型脆弱生态修复与保护研究"重点专项"黄土梁状丘陵区林草植被体系结构优化及杏产业关键技术与示范"课题（2016YFC0501702）、宁夏"十三五"全产业链创新示范项目"宁夏多功能林业分区域研究与示范"等项目的支持，旨在提供脆弱生态系统修复和管理的研究方法与技术，为黄土丘陵区脆弱生态系统修复方式及管理途径的研究提供借鉴。宁夏农林科学院荒漠化治理研究所、西北农林科技大学/中国科学院水利部水土保持研究所、宁夏防沙治沙与水土保持重点实验室、宁夏生态修复与多功能林业综合研究中心、宁夏农林科学院农业资源与环境研究所、宁夏土壤与植物营养重点实验室为本研究提供了先进的研究平台和完备的试验条件。研究与成书过程中，还得到了宁夏回族自治区科学技术厅，宁夏农林科学院，彭阳县林业局、农牧与科学技术局，原州区林业局、科学技术局等相关单位领导、技术人员的大力支持和帮助。在书稿策划和撰写过程中，还得到了李生宝、刘国彬、蒋齐、张兴昌等专家和领导的热情指导与帮助，季波、胡斐男、李娜、董方园、马波、王彤彤、常闻谦、刘婧芳、马江波、马任甜、杨阳、方瑛、孙倩倩、席艳丽、庞丹波、党薇、陈国靖等同事和研究生参与了成书过程与相关研究工作，我国著名的土壤物理学家、中国科学院院士邵明安为本书作序并提出指导意见，在此深表谢意！

　　由于书稿内容涉及面广，作者水平有限，对学科方面问题的认识不尽完善，难免有不足及疏漏之处，敬请读者批评指正。

作　者<br>2020 年 8 月

# 目　　录

序言

前言

**第1章　脆弱生态恢复及可持续管理的理论基础** ·········································· 1

　　1.1　理论基础 ················································································· 1

　　1.2　脆弱生态恢复与管理研究基础及发展趋势 ································· 11

**第2章　宁夏黄土丘陵区生态恢复进程** ············································· 19

　　2.1　生态区位及特点 ····································································· 19

　　2.2　区域生态脆弱性评价及成因分析 ·············································· 21

　　2.3　脆弱生态对区域经济社会的影响 ·············································· 26

　　2.4　区域生态恢复的进程及效果 ···················································· 31

**第3章　土地利用变化及其环境响应** ················································ 37

　　3.1　流域土地利用变化 ··································································· 37

　　3.2　土地利用变化对生态服务价值的影响 ········································ 46

　　3.3　流域植被覆盖的变化 ······························································ 51

　　3.4　流域土壤侵蚀的变化 ······························································ 55

**第4章　主要林草植被耗水规律研究** ················································ 63

　　4.1　主要林木蒸腾耗水量研究 ······················································· 63

　　4.2　气象因子对林木耗水的影响 ···················································· 79

　　4.3　水分条件对林木耗水的影响 ···················································· 91

　　4.4　林木蒸腾耗水对环境因子的响应研究 ········································ 98

　　4.5　主要草地群落蒸散耗水特征研究 ·············································· 107

**第5章　引选植物与乡土树种** ························································· 109

　　5.1　引种树种及生物学特性 ··························································· 109

　　5.2　主要乡土树种分布特征及生物学特性 ········································ 115

　　5.3　引进物种的适应性分析 ··························································· 124

　　5.4　两种藜科植物抗旱性对比 ······················································· 126

**第 6 章　基于水分平衡的流域植被结构体系构建** ················· 137

　6.1　典型植被水量平衡的研究 ································· 137

　6.2　典型植被配置模式对水量平衡的影响研究 ················· 154

　6.3　基于水量平衡植被结构的优化研究 ······················ 158

　6.4　基于水量平衡原理的流域植被结构体系构建 ··············· 168

**第 7 章　典型脆弱生态恢复模式及生态环境效应** ··············· 172

　7.1　脆弱生态系统主要恢复模式研究 ························· 173

　7.2　不同林草生态恢复模式对生态环境的影响 ················· 176

　7.3　农田撂荒模式对生态环境的影响 ························· 203

**第 8 章　生态产业培育技术与模式** ························· 226

　8.1　发展生态产业的背景及意义 ····························· 226

　8.2　生态产业的选择依据 ································· 228

　8.3　生态产业模式的构建及主要技术 ························· 231

　8.4　生态产业综合效益分析评价 ····························· 256

**第 9 章　流域脆弱生态系统可持续管理模式** ··············· 262

　9.1　脆弱生态系统可持续管理的生态学基础 ··············· 262

　9.2　生态修复与生态产业耦合发展模式 ····················· 265

　9.3　基于水资源承载力的人工林可持续管理模式 ············· 266

　9.4　流域生态系统可持续管理途径 ························· 272

**第 10 章　前景和展望** ································· 275

　10.1　宁夏黄土丘陵区生态系统恢复工作中存在的不足 ········· 275

　10.2　对今后开展生态系统恢复工作的建议 ··················· 277

　10.3　宁夏黄土丘陵区生态系统恢复工作的未来发展趋势 ········· 278

**主要参考文献** ······································· 281

# |第1章| 脆弱生态恢复及可持续管理的理论基础

## 1.1 理 论 基 础

生态恢复是保证经济可持续发展的需要，也是人类生存的必然要求。生态恢复是现代生态学研究的热点，是研究生态系统受损或退化的机理，探究生态系统恢复与再建的规律及方法和技术的学科。我国生态学家马世骏根据生态恢复和重建的过程，将其定义为"生态工程学"。生态恢复包含自然的生物多样性、生态结构和生态功能的恢复，也包括对一定地域和时间尺度上的人类社会生态、文化生态、经济生态的恢复，涵盖了从分子、细胞、组织、器官到生物个体、种群、群落、生态系统、景观、区域乃至全球等不同尺度上的恢复。

### 1.1.1 恢复生态学理论

恢复生态学是研究退化生态系统的成因与机理，兼顾社会需求，在生态演替理论的指导下，结合一定的技术措施，加速其进展演替，最终恢复并建立具有生态、社会、经济效益的可自我维护的生态系统的一门学科。恢复生态学自 1985 年由两位英国学者 Aber 和 Jordan 提出以来，经过三十多年的发展，已成为一门重要的现代生态学分支学科。众多学者对恢复生态学的研究方法、恢复措施、操作程序、风险效益评价、恢复途径、技术集成等进行了有益的探讨，为退化生态系统的恢复提供了较为广阔的前景。恢复生态学理论指导退化生态系统的恢复，并在生态恢复的实践中得到进一步的丰富和发展。

恢复生态学的研究对象为退化的生态系统。其研究内容主要包括：生态系统结构（如生物空间组成结构、不同地理单元与要素组成结构及营养结构等）、功能（如生物功能，地理单元与要素的组成结构对生态系统的影响与作用，能流、物流与信息流的循环过程与平衡机制等）以及生态系统内在的生态学过程与相互作用机制；生态系统的稳定性、多样性、抗逆性、生产力、恢复力与可持续性研究；先锋和顶级生态系统发生、发展机理与演替规律研究；不同干扰条件下生态系统的受损过程及其响应机制研究；生态系统退化的景观诊断及评价指标体系研究；生态系统退化过程的动态检测、模拟、预警及预测研究；生态系统健康研究。应用技术研究包括：退化生态系统的恢复与重建的关键技术体系研究；物种与生物多样性的恢复与维持技术研究；生态工程设计与实施技术；环境规划与景观生态规划技术；典型退化生态系统恢复的优化模式试验示范与推广研究。常认为生态恢复有两种途径：一种是重建原来的生态系统；另一种是在原来生态系统基础上建立的一种符合人类发展需求的生态系统。

恢复生态学有且仅有两种理论：自我设计理论和人为设计理论。自我设计理论认为，只要有足够的时间，随着时间的进程，退化生态系统将根据环境条件合理组织自己并最终改变其组分。人为设计理论认为，通过工程方法和植物重建可直接恢复退化生态系统，但恢复的类型可能是多样的。二者不同点在于自我设计理论把恢复放在系统层次上，是以自然演替为理论基础；人为设计理论则把恢复放在了个体或种群层次上。恢复生态学应用了许多学科的理论，但最主要的还是生态学理论，主要包括：限制因子原理能够找出退化的关键因子；热力学定律；种群密度制约及分布格局原理；生态适应性理论；生态位原理为合理安排物种及其位置提供依据；植物入侵理论；生物多样性原理；"斑块-廊道-基底"理论能为生境破碎化和整地方式提供依据；演替理论能为生态恢复缩短时间提供依据，是恢复生态学的基础理论。恢复生态学强调人为干涉及应用性，强调人为促进退化生态系统的恢复。

生态恢复的一切技术思路都是以恢复生态学理论为依据，通过对生态系统退化的原因、恢复与重建的技术与方法以及生态学过程与机理的研究，结合生态系统的恢复目标，按照技术体系及生态恢复过程中应遵循的原则和步骤，对具体的退化生态系统进行恢复和重建。由于生态演替的作用，生态系统可以从干扰所产生的位移状态中得到恢复，生态系统的结构和功能得到协调。生态恢复的主导思想是通过排除干扰，加速生物组分的变化和启动演替过程，使退化的生态系统恢复到理想状态。在恢复生态学的理论指导下，建立生产者系统（主要是指植被），由生产者固定能量，并通过能量驱动水分循环，水分带动营养物质循环。在生产者系统建立的同时或稍后再建立消费者、分解者系统和微生境。当然，恢复生态学还有许多问题有待解决，如恢复机理还不清楚、恢复技术不成熟、恢复时间和恢复程度难以确定、演替与恢复的区别等。这些将在生态恢复实践中得到进一步完善和解决。

## 1.1.2　水资源承载力理论

水资源是基础自然资源，是生态环境的控制性因素之一。水资源正日益影响全球的环境和发展。在西北干旱半干旱地区，水是该地区生态恢复与重建的根本，包括退耕还林还草在内的一系列生态恢复措施都有赖于水资源的保障。"水资源-经济社会-生态环境"系统之间是相互影响的：水资源系统为经济社会发展提供所必需的水量，既涉及经济社会活动又改变水循环过程；生态系统为经济社会系统提供了生存与发展空间，并容纳了经济社会系统的代谢废物；生态系统是水资源演变的主要载体，同时，水资源又是生态环境的控制性要素。在水资源开发利用过程中，生态环境系统与经济社会系统在分配水资源上往往存在此消彼长的矛盾对立关系，为了协调两者用水冲突，实现人水和谐，必须考虑水资源系统的承载能力。因此，研究区域水资源承载力，优化水资源配置，协调区域生态建设、人民生活、工农业发展和水资源的关系，实现区域可持续发展具有非常重要的意义。

"水资源承载能力" 的概念是在 20 世纪八九十年代提出的, "承载力" 一词原为力学中的一个物理量, 指物体在不产生任何破坏时的最大 (极限) 负荷。后来被用于群落生态学, 其内涵是 "在某一特定环境条件下, 某种生物个体存在数量的最高极限"。随着人口、资源和环境问题日趋严重, 承载力成了一个探讨可持续发展问题所不可回避的概念。水资源承载力是可持续发展理论在水资源管理领域的具体体现和应用。作为水资源承载力研究的指导思想和理论基础, 在可持续发展理论的指导下, 资源的可持续利用、人与环境的协调发展取代了以前片面追求经济增长的发展观念。冯尚友和梅亚东 (1998) 基于水资源的最大开发能力这一内涵, 提出由可持续发展概念和水持续利用的理论研究、水资源的规划管理技术研究、水资源发展的战略和制度研究三个部分组成的基本理论框架。虽然三者实现持续发展和资源持续利用是不可或缺的因素, 但忽略了水资源系统之外的社会经济以及生态环境等因素的存在。姚治君等 (2005) 基于水资源的 "规模论" 将水资源承载力的研究从低到高概括为三个层次: 区域水资源的内部转换以及区域水资源开发利用与环境之间平衡关系研究、区域水资源状态与社会经济结构的适配关系的研究、社会需求与水资源承载力之间平衡关系研究。这一理论得到了朱一中等 (2002) 的支持, 进一步将水资源承载力研究的理论基础具体化为可持续发展理论、"水–生态–社会经济" 复合系统理论和 "自然–人工" 二元模式下的水文循环过程与机制。水资源承载力研究对象涉及社会、经济、水资源、生态、环境等众多与人类活动密切相关的因素, 研究主体是水资源系统, 客体是社会经济系统和生态环境系统。结合学者们对水资源承载力的理论研究, 可将理论框架分为基础、概念、量化三个部分。基础理论包括可持续发展理论、生态经济系统理论、二元模式下水循环理论及水资源优化配置管理理论等; 概念体系包括水资源承载力的内涵、特征、影响因素、研究内容、判别标准和研究方法等; 量化部分包括供水量化、需水量化、水质量化、耦合量化、优化配置及管理系统等。

水资源承载力研究在我国目前还处在初期阶段, 还没有形成水资源承载力研究的成熟的理论、内容和方法体系。作为可持续发展研究和水资源研究中的一个基础课题, 水资源承载力研究已引起学术界的高度关注, 成为目前水资源科学中的一个前沿和热点研究问题。

## 1.1.3 生态足迹

生态足迹分析是由 Rees 和 Wackernagel 于 20 世纪 90 年代提出的一种用于衡量人类对自然资源的利用程度以及自然界为人类提供的生命支持服务功能的方法。生态足迹是指按可持续发展的方式, 支持给定数量的人口消费所需要的生物生产型土地面积。该方法通过估算维持人类的自然资源消费量和同化人类产生的废弃物所需要的生态生产型空间面积大小, 并与给定的人口区域的生态承载力进行比较, 来衡量区域的可持续发展状况。生态足迹既能够反映出个人或地区的资源消耗强度, 又能够反映出区域的资源供给能力和资源消耗总量, 也揭示了人类持续生存的生态阈值。它从具体的生物物理量角度研究自然资本消费的空间, 将一个地区或国家的资源、能源消费同自己所拥有的生态能力进行比较, 判断一个地区或国家的发展是否处于生态承载力的范围内。

"生态足迹"不是毫无根据的猜想假设，而是在前人研究的基础上，吸取了前人的许多相关理论为己所用，通过不断的发展和改良而最终形成的一种全新理论。其理论基础主要有人–地系统理论、环境承载能力理论及生态经济平衡理论。

（1）人–地系统理论：人–地系统理论将人–地关系视为包括人类活动和地理环境两个各不相同但又相互联系的变量的一种系统，指出这一系统具有动态性、开放性和复杂性的特点。人–地系统理论认为，人类活动和地理环境两个子系统之间的物质循环与能量转化相结合，就形成了人–地系统发展变化的机制，人–地系统的增长与演化符合 Logistic 增长模型。可以说，在一定意义上，人–地系统就是生态足迹研究的对象，而人–地系统理论则为生态足迹理论提供了重要的研究基础。

（2）环境承载能力理论：一般认为，环境承载能力是指在一定时期、一定环境状态下，区域环境对人类社会经济活动支持能力的阈值。这里的一定环境状态是指在现实环境结构不发生改变的前提条件下，环境承载力的大小可以用人类活动的方向、强度、规模加以反映。研究者认为资源的承载能力是有限的，环境的承载能力也是有限的。但生态系统具有弹性和可调控性，人类可以通过科学技术进步，对环境进行有目的的改造，不断改善环境质量，提高环境的承载能力。当然，人类对环境质量的提高作用毕竟是有限的，人类社会发展必须建立在环境承载能力的范围之内，才具有可持续性。生态足迹就是研究一定区域甚至全球尺度下环境承载能力的大小，用来表征其可持续发展情况，因此，环境承载能力理论是生态足迹理论的重要来源。

（3）生态经济平衡理论：1985 年，生态学家康维（G. R. Conway）提出了生态可持续性问题。他认为，生态可持续性是指在一定时期内生态系统在受到外来破坏性干扰时，仍能保持一定的生产力及系统功能；相反，当外来的干扰超过了系统的自组织能力，不能再恢复原来的平衡时，系统功能就要改变其性质，产生了系统不可持续性。破坏性的干扰可能来自自然因素（如自然灾害），也可能来自经济和社会因素。保持生态可持续性应遵循高效原理，即能源的高效利用和废弃物的循环再生。生态经济平衡理论指出，生态经济平衡是经济社会发展模式最优化，是实现可持续发展的重要保障，它从一个重要方面揭示了人类社会和自然相互作用的机理，也为生态足迹的研究提供了重要视角。

## 1.1.4 可持续发展理论

可持续发展是人类经过实践探索和理性反思后在认识上的一次突破，也是人类思维方式和观念更新的一种表现。生态学家或生态经济学家最早使用了"可持续"的概念。在"可持续发展"概念正式提出前，生态学模型已广泛使用"可持续收获""最大可持续收获"等概念。然而，从可持续概念的使用到今天可持续发展思想的深入人心经过了几十年的曲折发展。当代的可持续发展理论发端于"可持续发展"概念的提出。在过去的 20 多年中，新概念、新理论、新方法层出不穷。

中国的可持续发展研究几乎与国外同步，从 20 世纪 80 年代中期就开始跟踪国际相关研究的动向，以马世骏、牛文元为代表的一批专家学者积极投身于研究适合中国国情的可持续发展理论与方法。1985年马世骏院士参与起草了世界第一份可持续发展宣言书《我们共同的未来》。1994年中国率先制定了《中国21世纪议程》，这是世界上第一部国家级的可持续发展议程。

中国在可持续发展的理论体系方面，有着自己独特的思考，在可持续发展的经济学方向、社会学方向和生态学方向的基础上，开创了可持续发展的第四个方向——系统学方向。它将可持续发展作为"自然－经济－社会"复杂巨系统的运行轨迹，以综合协同的观点，探索可持续发展的本源和演化规律，将其"发展度、协调度、持续度在系统内的逻辑自洽"作为可持续发展理论的中心思考，有序地演绎了可持续发展的时空耦合规则并揭示出各要素之间互相制约、互相作用的关系，建立了"人与自然"和"人与人"关系的统一解释基础。

进入21世纪，中国的发展进程面临着人口压力、资源常规利用、生态环境、区域空间和社会发展差异、可持续发展能力、国际竞争力提升六大基本挑战，这些制约中国未来发展的问题，只能通过加速转变发展方式、坚持社会公平正义、提升可持续发展能力，才能得到真正有效的解决。牛文元指出，可持续发展理论的"外部响应"，是处理好"人与自然"之间的关系，这是可持续能力的"硬支撑"；可持续发展战略的"内部响应"，是处理好"人与人"之间的关系，这是可持续能力的"软支撑"（牛文元，2012）。只有"当人类向自然的索取能够与人类向自然的回馈相平衡"，只有"当人类对于当代的努力能够同对后代的贡献相平衡"，只有"当人类为本区域发展的思考能够同时考虑到其他区域乃至全球利益"时，可持续发展的实现才具备了坚实的基础。

首先，可持续发展揭示了"发展、协调、持续"的系统本质。国家或地区发展战略的整体构想，既从经济增长、社会进步和环境安全的功利性目标出发，也从哲学观念更新和人类文明进步的理性化目标出发，几乎全方位地涵盖了"自然－经济－社会"复杂巨系统的运行规则和"人口、资源、环境、发展"四位一体的辩证关系，并将此类规则与关系在不同时段或不同区域的差异表达包含在整个时代演化的共同趋势中。在可持续发展指导下的国家的战略，必然具有十分坚实的理论基础和丰富的哲学内涵。面对实现其战略目标（或战略目标组）所规定的内容，各个国家或地区，都要根据自己的国情和具体条件，去规定实施战略目标的规划和方案，从而组成一个完善的战略体系，在理论和实证上去寻求国家战略实施过程中的"满意解"。从可持续发展的本质出发，其体系具有三个最明显的特征：其一，是衡量一个国家或地区的"发展度"。发展度强调了生产力提高和社会进步的动力特征，即判别一个国家或地区是否在真正发展？是否在健康发展？是否是理性发展？以及是否是保证生活质量和生存空间的前提下不断发展？其二，是衡量一个国家或地区的"协调度"，协调度强调了内在的效率和质量的概念，即强调合理地优化调控财富的来源、财富的积聚、财富的分配以及财富在满足全人类需求中的行为规范，即能否维持环境与发展之间的平衡？能否维持效率与公正之间的平衡？能否维持市场发育与政府调控之间的平衡？能否维持当代与后代之间在利益分配上的平衡？其三，是衡量一个国家或地区的"持续度"，即判断一个国家或地区在发展进程中的长期合理性。持续度更加注重从

"时间维"上去把握发展度和协调度。建立可持续发展的理论体系所表明的三大特征，即数量维（发展）、质量维（协调）、时间维（持续），从根本上表征了对发展的完满追求。

其次，可持续发展反映了"动力、质量、公平"的有机统一。可持续发展集中解决了"发展"的三个基本组成元素：第一元素是寻求"发展动力"，通过解放思想、改革开放、制度创新去调适生产关系，通过教育优先和科技创新去促进生产力，由此二者共同完成我国新时期对发展动力的要求；第二元素是寻求"发展质量"，通过制定低碳经济战略，达到节能减排，实现资源节约与环境友好；第三元素是寻求"发展公平"，即如何将发展成果惠及全体社会成员，坚持统筹城乡发展，坚持将改善民生问题作为出发点和落脚点。对于可持续发展中三大基本元素的有效度量，包括以下三个有机统一的宏观识别：一是发展的"动力"表征。一个国家或地区的"发展能力""发展潜力""发展速度"及其可持续性，构成了推进国家或地区"发展"的动力表征。其中包括自然资本、生产资本、人力资本和社会资本的总和及构成，科学发展是对上述四种资本的合理协调、优化配置、结构升级以及最终表达为对创新能力和竞争能力的积极培育等。二是发展的"质量"表征。一个国家或地区的"人与自然和谐程度""资源节约""环境友好"及其对理性标准的接近程度，构成了衡量国家或地区"发展"的质量表征。其中包括国家或地区的物质调控水平、能量效用水平、生态服务水平和环境支持水平等的综合度量。三是发展的"公平"表征。一个国家或地区的"分配制度""共同富裕程度""人文发展指数高低"及其对贫富差异和城乡差异的克服程度，构成了国家或地区判断"发展"的公平表征。其中包括人均财富占有的人际公平、资源共享的代际公平和平等参与的区际公平的总和。只有将上述三大元素识别同时包容在可持续发展的整体解释之中，存在的"发展水平""发展潜力""能力建设"等就具有了统一可比的基础，对科学发展的追求才具备了可观控的和可测度的共同标准。

再次，可持续发展创建了"和谐、稳定、安全"的人文环境。和谐、稳定、安全的人文环境是经济发展和社会进步的前提，也是对执政合理性的最高认同。根据世界发展进程的规律，一个国家或地区的人均 GDP 处于 5000 美元以下的发展阶段，一般对应着人口、资源、环境、经济发展、社会公平等各种矛盾和瓶颈约束最严重的阶段，基本上处于"经济容易失调、社会容易失序、心理容易失衡、社会伦理需要重建、效率与公平应当不断调整"的关键时期。

中国正经历社会发展序列谱上"非稳定状态"的频发阶段。在"改革、发展、稳定"的总体关系中，社会稳定是维持"国家系统"有序运作的根本保证。在可持续发展的统领下，中国在"认同社会价值观念，整合社会有序能力，提高社会抗逆水平，健全社会道德约束"的同时，科学、定量、实时诊断并监测社会和谐与社会稳定的总体态势变化、演化趋势和临界突破，构建一个完整、系统、连续识别国家或地区社会和谐与社会稳定状况的基本态势，将成为宏观调控与科学执政的有力支撑。

最后，可持续发展体现了"速度、数量、质量"的绿色运行。从绿色发展的理念出发，国民财富积累不仅在于 GDP 的大小和增速，更在于是用何种方式、何种途径、何种成本生成的 GDP。可持续发展希望一个国家或地区不断创造与积累出理性高效、均衡持续、少用资源、少用能源、少牺牲生态环境，在综合降低自然成本、社会成本、制度成本、管理成本的前提下，最终获取品质好的 GDP。为此，首先要求破除粗放式生产和非理性生产的体制机制弊端；其次要求破除以资源过度消耗和环境容量过度透支为代价的财富攫取；再次要求破除以削弱可持续发展能力为代价的畸形增长；最后要求破除以社会系统劣质化与民生心理异化为代价所片面追求的国民财富的增速和总量。

在既考虑自然成本也考虑社会成本的双重关系中，在统一思考资源环境成本的超额损耗、社会管理成本的超额损耗、可持续能力建设投入欠账的三重制约下，可持续发展将体现由"经济要素、社会要素、环境要素、生活要素、管理要素"共同组成的绿色运行。其中，经济要素表明社会财富生成过程中的综合效率以及对物质能量的代谢水平；社会要素表明社会财富生成过程中对人类进步贡献的能力大小以及社会和谐对财富生成的反馈效应，是否强调公平对效率的支持能力和社会有序对发展质量的基础作用；环境要素表明社会财富生成过程中生态环境的代价及其成本外部化的程度；生活要素表明社会财富生成过程中民生供给水平以及国民心理的幸福感和安全感；管理要素表明社会财富生成过程中决策水平与管理水平的学习能力、调控能力、预测能力、设计能力以及把握宏观经济走向的精准性、流畅性、前瞻性。

随着国民经济的快速发展，中国所面对的人口压力、资源短缺、生态退化和环境污染等瓶颈约束不断增大，如何寻找一条符合中国特色的科学发展之路，如何积极转换增长方式，如何进一步提高国家创新能力，如何构建资源节约型和环境友好型社会，如何实现社会主义和谐社会，如何避免"增长停滞""拉美陷阱"的发展怪圈，成为当前和未来中国发展必须思考的核心问题。2020 年要实现全面建成小康社会的战略目标，达到经济更加发展、民主更加健全、科教更加发达、文化更加繁荣、生态更加良好、社会更加进步、精神更加富足，这就必然要求我们实现全面发展、协调发展、可持续发展，努力走出一条生产发展、生活富裕、生态良好的文明发展道路。

## 1.1.5 生态系统服务功能

生态系统服务功能的研究是近十几年才发展起来的生态学研究领域，我国的欧阳志云和王如松等学者对生态系统服务功能的概念进行了如下的概括：生态系统服务功能是指生态系统与生态过程所形成及所维持的人类赖以生存的自然环境条件与效用（欧阳志云和王如松，2000）。目前，国内外一些学者在不同空间尺度对不同类型的生态系统的服务功能进行了研究，内容主要集中在对生态系统所提供的服务的定量评价，包括物质量评价和价值量评价，并建立了一些价值评价的理论和方法，推动了这一领域研究的发展。

生态系统是维持地球生命环境的基础，生态系统给人类提供各种效益，包括供给功能、调节功能、文化功能和支持功能。与传统的服务不同，生态系统服务只有一小部分能够进入市场被买卖，大多数生态系统服务属于公共品或准公共品，无法进入市场。

生态系统服务功能的内涵可以包括有机质的合成与生产、生物多样性的产生与维持、调节气候、营养物质储存与循环、土壤肥力的更新与维持、环境净化与有害有毒物质的降解、植物花粉的传播与种子的扩散、有害生物的控制、减轻自然灾害等诸多方面。

生态系统服务功能的类型是多样化的，其价值类型也具有多样化的特征，一般分为直接利用价值、间接利用价值、选择价值和存在价值。直接利用价值主要是指生态系统产品所产的价值，它包括食品、医药及其他工农业生产原料，景观娱乐等带来的直接价值，可用产品的市场价格来估计。间接利用价值主要是指无法商品化的生态系统服务功能，如维持生命物质的生物地化循环与水文循环，维持生物物种与遗传多样性，保护土壤肥力，净化环境，维持大气化学的平衡与稳定等支撑与维持地球生命保障系统的功能，常常要根据生态系统功能的类型来确定。选择价值是人们为了将来能直接利用或间接利用某种生态系统服务功能的支付意愿，如人们为将来能利用生态系统的涵养水源、净化大气以及游憩娱乐等功能支付意愿。选择价值又可分为3类：①自己将来利用；②子孙后代将来利用，又称为遗产价值；③别人将来利用，也称为替代消费。存在价值（也称内在价值）是人们为确保生态系统服务功能继续存在的支付意愿，生态系统本身具有的价值，与人类是否存在和利用无关，如生态系统中的物种多样性与涵养水源能力等，是介于经济价值与生态价值之间的一种过渡性价值，它可为经济学家和生态学家提供共同的价值标准。根据前面对价值构成系统的评述，一般认为生态系统服务功能的总价值是其各类价值的总和，即

总价值 = 直接利用价值 + 间接利用价值 + 选择价值 + 存在价值

生态系统服务功能评价的关键是建立生态系统服务功能评价指标体系。赵同谦等（2004a）结合森林生态系统和草地生态系统提供的服务机制，把森林生态系统的服务功能划分为提供产品功能、调节功能、文化功能和生命支持功能四大类，建立了由林木产品、林副产品、气候调节、光合固碳、涵养水源、土壤保持、净化环境、养分循环、防风固沙、文化多样性、休闲旅游、释放氧气、维持生物多样性13项功能指标体系；把草地生态系统的服务功能划分为提供产品功能、调节功能、文化功能和支持功能四大类，其中，将提供产品功能分为畜牧业产品和植物资源产品两类，将调节功能分为气候调节、土壤碳累积、水资源调节、侵蚀控制、空气质量调节、废弃物降解、营养物质循环等指标，将文化功能分为民族文化多样性和休闲旅游，将支持功能分为固沙改土及培肥地力和生境提供。在上述服务功能机制分析的基础上，构建了由13个功能指标组成的草地生态系统服务功能评价指标体系。余新晓等（2008）指出，生态服务功能不但具有地域性，而且与当地的经济发展水平密切相关，因此生态服务功能的分析既要与国际同类研究相衔接，又要具有鲜明的区域特色。功能指标的选取要切实符合客观实际，如照搬照抄则会脱离实际，失去评价分析的意义。对不同类型的生态系统进行服务功能评价，应对具体指标进行细划，细划时应考虑生态系统的种类、结构等多种因素，而且还应考虑空间的位置及区域特性，这方面的问题有待进一步解决。

在评价方法上，由于生态服务功能具有动态性，其影响在时空上难以界定，造成其价值估算相对困难。尽管如此，在长期的研究过程中，仍形成了一些有效的评价方法。生态系统服务功能的定量评价方法主要有能值分析法、物质量评价法和价值量评价法三种。能值分析法是指用太阳能值计量生态系统为人类提供的服务或产品，也就是用生态系统的产品或服务在形成过程中直接或间接消耗的太阳能（焦）总量表示；物质量评价法是指从物

质量的角度对生态系统提供的各项服务进行定量评价；价值量评价法是指从货币价值量的角度对生态系统提供的服务进行定量评价，使生态效益货币化。生态系统服务价值的评估方法又分为两类：一是替代市场技术，它以"影子价格"和消费者剩余来表示生态服务功能的经济价值，评价方法主要有市场价值法（生产率法）、物品替代法、旅行费用法、恢复费用法、机会成本法、影子工程法；二是模拟市场技术（又称假设市场技术），它以支付意愿和净支付意愿来表达生态服务功能的经济价值，其评价方法只有一种，即条件价值法。理论上，市场价值法是一种较为合理的方法，也是目前应用最广泛的生态系统服务功能价值评价方法。但由于生态系统服务功能种类繁多，往往难以定量，实际评价时仍有很多困难。

水土保持生态系统服务功能是生态系统服务功能中的一类，水土保持作为人类对生态系统干预的一种有效手段，其生态服务功能也受到越来越多的重视，余新晓等（2008）在总结生态系统服务功能概念的基础上，提出了水土保持生态系统服务功能的概念，认为水土保持生态系统服务功能是指在水土保持过程中采用的各种措施对保护和改良人类及人类社会赖以生存的自然环境条件的综合效用。近年来，我国水土保持工作取得了飞速发展，但全面系统地评价水土保持生态系统服务功能的研究较少，且集中于对水土保持生态系统服务功能的价值评估上，其研究方法基本可以分为两类：一类是基于统计数据，对水土保持服务价值量进行估算，这种估算对统计数据的依赖性强，难以反映水土保持服务功能在空间上的分布特征；另一类是基于地理信息系统（GIS）和遥感的土壤侵蚀模型估算，在此基础上建立水土保持价值评估指标体系。目前基于价值量的评估方法往往忽视了水土保持生态系统服务功能的空间差异和时间动态性。不同生态系统因所处区域不同，水土保持服务功能往往存在较大差异。黄土高原是我国水土流失最严重、生态环境最脆弱的地区之一，受暖干化气候趋势和人类活动如林草植被措施的双重影响，黄土高原生态系统水土保持服务功能发生了较大的变化，余新晓等通过分析水土保持措施对生态系统服务功能的影响，根据科学性、独立性和可操作性原则，将水土保持生态系统服务功能分为保护和涵养水源、保护和改良土壤、固碳释氧、净化空气和防风固沙等五项功能，并构建了上述功能的分析指标体系，同时指出由于水土保持工程措施、水土保持农业措施与水土保持林草措施三者的作用原理及发挥的效果不一致，因此三种措施在减少洪水流量、拦截泥沙、减少土壤侵蚀等方面的生态功能评价方法各不相同。

我国生态系统服务功能研究工作起步较晚，在陆地生态系统价值方面进行了一些探索，但要比较准确地评价生态系统服务功能，并指导我国生态环境建设，还存在一些亟待解决的问题。例如，大多数生态系统服务功能评价没有对生态系统结构、生态过程与服务功能的关系进行深入分析，使生态系统服务功能及其价值评价缺乏可靠的生态学基础；在生态系统服务功能价值评估理论方面，目前多直接利用国外的定价或方法，与我国社会发展现状脱节，评价结果存在可信度低与可操作性差的缺陷，难以取得学术界、管理决策部门和公众的认同，因而也很难被管理与决策部门所应用；在生态系统服务功能评价中，生态学研究与经济学研究缺乏有机结合，生态系统服务功能评价的理论与方法未能取得本土化进展，不仅导致国家生态环境建设缺乏生态经济学理论支持，也使生态系统服务功能保护难以纳入社会经济发展综合决策之中。

随着人们对生态系统服务功能的认识，生态系统服务功能的评价作为联合国千年生态系统评估（MA）的重要内容，在国际上得到广泛重视。从国际生态系统服务功能发展和我国生态建设与自然保护对生态系统服务功能研究的要求出发，今后生态系统服务功能的研究将以生态系统长期定位研究为基础，将实验观测与系统模拟、自然科学与社会科学有机结合起来，在系统研究生态系统结构—生态过程—服务功能关系的基础上，深入研究生态系统服务功能的形成机制，发展针对森林、草地、湿地、荒漠、海洋与农田等不同生态系统、不同地域、不同社会经济发展特征的服务功能及经济价值的评价方法，进一步研究分析人类活动对生态系统服务功能的影响过程，在促进生态学与生态经济学发展的同时，更强调为生态系统的可持续管理和生态国内生产总值（绿色 GDP）核算体系的建立提供科学基础。

## 1.1.6 生态系统可持续经营管理的原理

资源是人类生存和发展的基础。由于人口的快速增长以及经济的高速发展，自然资源日益枯竭，生态环境不断恶化，从而使社会的可持续发展面临重大挑战。如何加强对自然资源的管理，使之达到永续利用，不仅关系到生态环境建设和保护的成败，而且也关系到人类的生存和发展。生态系统为人类提供多种多样的服务，其重要性不断被人们认识，对生态系统的管理正日益受到重视，但对于如何实施生态系统的可持续管理却是众说不一。

生态系统管理需要依据一定的管理流程和原理，采用适当的管理方法，是一种面向目标的管理，相对于传统的具有时间滞后性的面向问题的管理，具有较大的优越性。它以可持续性为总体目标，下设一系列的具体的管理目标，如生态系统结构、功能和过程等生态系统自身的可持续性以及生态系统的产品和服务等对外输出的可持续性，再往下还可以有更加详细的管理目标，从而构成一个生态系统可持续性管理的目标体系。由于目标体系中各个分目标之间可能有冲突，分目标间的关系也可能产生问题，因此要考虑目标间的优先问题以及目标间的联系和相互影响等问题。

生态系统可持续管理是一个动态、不断完善的过程。首先是确定管理的总体目标及各个分目标构成的目标体系，然后确定相应的管理尺度，根据管理对象的情况进行管理规划，结合社会目标做出管理决策或选择，执行管理决策，对执行情况进行监测和评价，根据监测和评价结果修改管理的目标或者尺度或者决策以及手段和方法，如此不断循环。设定目标是生态系统可持续管理的第一步，也是非常重要的一步。生态系统以动态和变化为特征，目标之间经常是相互冲突的，有多种方法可以解决目标间在逻辑上和现实中的冲突。目标不是适应当时的条件的一时目标，而是可持续的长远的目标；不是针对某一方面的单个目标，而是一个有层级结构的、针对整个生态系统的目标体系。这种层级结构不仅体现在空间尺度上，而且也体现在时间尺度上，即由长期、中期和短期的目标以及核心空间尺度和邻近空间尺度的目标共同构成一个综合的目标体系。生态系统本身的复杂性、动态性、模糊性以及外来干扰的不确定性，使得对生态系统的管理也要有较大的适应和变化的能力，这就要求生态系统管理的可持续性目标也要是可变的和有弹性的。尽管国内外已经有一些关于可持续性的指标体系的研究，甚至有人提出了生态可持续性的评价步骤，但由于研究对象和侧重点不同，所以可持续性指标体系仍有很大的不同。具体指标体系的确定要根据所研究的生态系统和研究目的来确定，同时应该注意使确定的目标具有可操作性。目标确定以后，需要对目标的各指标进行测量。根据管理前后的测量结果，可以对管理效果进行评价，根据评价结果，或调整管理手段和管理方法，或调整管理的边界和尺度，直至调整或修改管理的目标，进入生态系统可持续管理的又一次循环过程。通过生态系统可持续管理的各个环节的不断调整，来适应不断变化的生态系统和生态系统外部环境以及人类需求，实现生态系统可持续管理的总体目标可持续性。

## 1.2 脆弱生态恢复与管理研究基础及发展趋势

### 1.2.1 脆弱生态区特征及现状

脆弱生态区是指生态条件已成为社会经济继续发展的限制因素或社会按目前模式继续发展时将威胁到生态安全的区域，是自然区域、经济区域与行政区域的综合体现，它对各种自然或人为的干扰极为敏感、生态环境稳定性差、生态平衡常遭到破坏、生态环境退化超出现有社会经济和技术水平长期维持人类利用和发展的水平，朝着不利于人类利用的方向发展，并且在现有的经济条件下，这种逆向发展的趋势不能得到有效遏制。我国地域辽阔，自然地理条件复杂，人类活动的历史悠久，导致脆弱生态区具有类型多、范围大、时空演化快等特点。根据国家攻关项目"生态环境综合整治和恢复技术研究"的成果，我国主要有五个典型脆弱生态区，即北方半干旱农牧交错带、北方干旱绿洲边缘带、西南干热河谷地区、南方石灰岩山地地区和藏南山地地区，共涉及12个省份，面积占我国陆地面积的1/5左右，这些地区土地沙化、草场退化、土壤盐碱化、生物多样性降低和水土流失等环境问题突出。近年来，由于全球气候变化和人类社会经济活动的影响，这些环境问题进一步恶化，严重阻碍了我国区域生态、社会经济的持续发展，威胁到我国的生态安全。因此，坚持以科学发展观为指导，积极开展脆弱生态区的生态系统管理，是保护、改造、治理脆弱生态区退化生态系统，合理利用自然资源，实现人与自然协调发展的重要保障。

### 1.2.2 生态系统管理的概念及方法

我国国土面积庞大，物产丰富，生态系统种类多样，但是由于全球气候变化和人口剧增，脆弱生态区（如沙漠区）迅速扩张，严重制约了社会经济健康有序发展，只有极少数未利用土地有转变为草原或森林的可能，因此，提高单位面积生态系统服务功能，寻求适宜、可持续的生态系统管理方法迫在眉睫。

### 1.2.2.1 生态系统管理的概念及内涵

脆弱生态区生态系统退化的根本原因之一就是生态系统管理方法不合理，不适宜的管理方法会导致生态系统的持续退化。生态系统管理是人们对当今世界生物多样性危机日益严重的积极响应和对策，也是可持续发展和生态立区战略的必然要求。其概念或定义，国内外已多有论及，但目前国际上还没有被学界所公认的定义，还存有争议。于贵瑞（2001）把生态系统管理思想的发展分为三个阶段，认为生态系统管理思想的发展过程，就是生态学理论与管理学思想的融合过程，就是从以人为中心的管理向以生态系统为中心的管理过渡的过程。

为切实满足人民日益增长的美好生活需要，生态系统管理在漫长的社会发展过程中，已逐渐成为一种以生态系统结构、生态系统服务功能与生态系统发展历程的可持续性以及社会与经济的可持续性为目标的综合资源管理，生态学家们将复杂的生态学、环境学、管理学、经济学、社会学和资源科学的有关知识融为一体，在充分理解生态系统各要素之间辩证关系和作用规律、生态系统的时空动态特征差异、生态系统结构和功能与生物多样性的相互关系的基础上，利用生态系统中物种和种群间的共生相克关系、物质与能量的循环再生原理、生态系统结构和功能与生态学过程的协调原则以及系统工程的动态最优化思想和方法，通过实施对生态系统的管理措施，以维持生态系统的动态可持续发展，获得生态系统内总体生产力与生态系统服务功能产出的最佳组合和长期可持续性。

### 1.2.2.2 生态系统管理的原则与方法

生态系统管理是一项复杂的系统性工程，重点在于保护系统中现有的自然结构与功能，修复长期以来人类活动造成的生态环境历史遗留伤害和社会经济问题，同时保证当前和未来的生态、社会文化和经济发展进程。

生态系统管理的中心思想是维护和改善生态系统现状，并维持生态系统的环境、经济和社会效益。这就要求我们在生态系统管理过程中：第一，要坚持整体性原则，把生态系统中各生态因子与食物链的整体维护与管理作为基本理念，打破区域界限，陆海统筹、上下联动，采用景观生态学技术，对各类生态系统进行统一保护与监管，增强其系统性和协同性；第二，把加强生物多样性保护作为生态系统管理中的工作主线，维护生态系统可持续性。

生态系统管理的发展历程受到各生态因子发展过程和功能的整合程度、人类福利在决策过程中的重要性及决策过程等因素的影响（Stephen et al.，2006）。基于生态系统的管理（ecosystem-based management，EBM）是国际范围内使用较广泛的一种新型生态管理方法，是指在科学理解生态系统之间关联性、整体性和生物多样性的基础上，以特定生态系统而不是行政范围作为其管理对象，以生态系统内各种资源的可持续利用为最终管理目标，使社会文化、经济和生态效益之间加成耦合而达到收益最大化的生态系统管理体系，其概念涵盖了环境问题中的生态、经济和社会文化三大方面，通过了解它们之间的相互作用来实现生态系统的可持续发展。

生态系统管理中需要对生物多样性的成本和收益以及生物多样性丧失或保存的价值进行量化评估，防止生物多样性丧失正日益成为生态系统管理的重要目标之一，要用可操作的方式界定生物多样性，以便设定管理目标和评估管理成果，EBM将重点转向更全面的决策过程，将生态系统视为社会、经济、环境相互作用要素的融合体。Mirka等（2015）从决策分析的角度出发，通过将生物多样性评价指标分为三类：社会文化偏好、货币估值和生态系统生产力，讨论了这三方面之间的相互作用，并建议将其纳入EBM框架。在这一整体框架中，社会文化偏好可以作为一种工具，用来确定与社会发展进程最相关的生态系统服务，而货币估值提供了更具全球可比性和可理解性的生物多样性价值。生物多样性指标为生物多样性在功能和健康方面的作用提供了明确的量化措施和信息系统，主要用于确定生物多样性阈值（即维持健康生态系统所需的最低水平）。

生态系统服务是从经济发展的角度来量化生物多样性的一种手段，通常被定义为人们可以从自然生态系统中获得的收益，"千年生态系统评估"将这种"收益"分为四类：产品、管理、文化和支持服务。生物多样性在生态系统服务中可以发挥三种不同的作用：生态系统过程的调节器、最终的生态系统服务收益和作为商品。然而，由于对生物多样性的描述较复杂，生物多样性的增加或减少对整个生态系统服务的影响并不是单一的。生物多样性分为三个领域：遗传多样性（物种内多样性）、物种多样性（物种数量）和生态系统多样性（群落多样性）。生物多样性本质上是一个多维主题，涵盖基因和物种、功能形式、适应、生境和生态系统以及它们之间的可变性。这些方面都紧密相连，影响生态系统的可持续发展以及生态系统服务的状态、稳定性和生产力，因而生物多样性不仅是生态问题，也是社会和经济问题。

### 1.2.2.3 国内外生态系统管理发展现状

生态系统可持续性与人类社会文化及经济发展密切相关，健康、平衡、稳定、和谐的生态系统是人类赖以生存的物质基础，也是社会文化得以发展和经济质量得以改善的必备条件。然而，长期以来人们普遍追求经济增量和人口数量，导致历史生态债务过多过重，生态环境持续恶化。几十年来我们对生态系统的建设与保护从未间断，特别是改革开放以来，生态保护的战略地位越来越高。例如，党的十四大将"控制人口增长和加强环境保护"作为基本国策之一；党的十七大报告第一次明确提出了建设生态文明的目标；2014年将划定并严守生态保护红线的内容写入新修订的《中华人民共和国环境保护法》；2016年环境保护部发布《全国生态保护"十三五"规划纲要》，提出要在未来五年内加快划定和建立生态保护红线，建立生态保护红线台账系统，识别受损和待修复的生态系统类型及其分布，及时掌握全国、重点区域生态保护红线生态保护功能状况及动态变化；2017年10月召开的党的十九大提出把我国建成"富强民主文明和谐美丽的社会主义现代化强国"，强调了生态文明在新时代中国特色社会主义建设中的重要地位，并提出设立国有自然资源资产管理和自然生态监管机构，加强对生态文明建设的总体设计和组织领导；生态环境部部长在"2020年全国生态环境保护工作会议"上提出，深入推进生态环境保护督察，完善生态环境监测体系，加快推进生态环境治理体系和治理能力现代化。另外，2015

年 9 月在纽约召开的联合国可持续发展峰会通过了《变革我们的世界：2030 年可持续发展议程》，该议程制定了 17 个可持续发展目标，并细化为 169 个小目标，其中关于生态系统管理的内容有：保护、恢复和促进可持续利用陆地生态系统，可持续管理森林，防治荒漠化，制止和扭转土地退化，遏制生物多样性的丧失。但是，脆弱生态区的保护与管理工作依旧任重而道远。

自"十五"以来，科学技术部组织相关科研单位和高校科研人员，开展了生态脆弱区典型生态系统综合管理模式研究工作，主要包括高寒草地和典型草原可持续管理模式、可持续农–林–牧系统调控模式、新农村建设与农村生态环境管理模式、生态重建与扶贫开发模式、全民参与退化生态系统综合整治模式、生态移民与生态环境保护模式等。一代又一代生态环境学工作者和科研人员前仆后继，为建设美丽中国奉献自己毕生的力量。在未来的生态环境治理与管护工作中，我们要以解决制约生态环境保护事业发展的体制机制问题为重点，将科技创新作为生态文明建设与生态系统管理的"排头兵"，加快构建源头严防、过程严管、损害严惩、责任严查的生态环境保护体系和党委领导、政府主导、企业主体、社会组织和公众共同参与的生态环境治理体系，在坚持巩固、完善发展、遵守执行生态文明制度上持续用力，把中国特色社会主义制度优势更好地转化为国家治理效能，补足生态文明建设发展短板，为推进生态文明、建设美丽中国提供坚实的制度保障。

## 1.2.3 黄土丘陵区生态系统恢复与管理已有研究基础

### 1.2.3.1 黄土丘陵区自然概况

黄土丘陵是我国黄土高原主要地貌形态，处于东部湿润区到西北干旱区的过渡地带，分布范围涉及七省（区）。这里黄土质地松软，地表植被遭到严重破坏，加之黄土高原地区雨季集中于 7 月和 8 月，单位时间内降水强度大，地表流水冲刷导致地形破碎、千沟万壑。地表结构依据地形地貌差异可分为两种：长条形称为"梁"，椭圆形或圆形称为"峁"，总体划分为 5 个副区。1~2 副区主要分布于陕西、山西、内蒙古三省（区），该区以梁峁状丘陵为主，沟道深度 100~300m，多呈"U"形或"V"形，沟壑面积大，沟间地与沟谷地的面积比为 4∶6；3~5 副区主要分布于青海、宁夏、甘肃、河南四省（区），该区以梁状丘陵为主。小流域上游一般为"涧地"和"掌地"，地形较为平坦，沟道较少；中下游有冲沟。黄土丘陵区水资源总量不足，又因处于温带大陆性气候半干旱区与半湿润区的交错地带，干旱、霜冻、大风和冰雹等极端天气事件频发，生态系统极不稳定，属典型的脆弱生态区，也为黄河下游地区带来一系列的生态环境问题。因此，在该区推进脆弱生态系统的可持续恢复与管理工作迫在眉睫（李生宝，2011；肖薇薇，2007）。

### 1.2.3.2 黄土丘陵区生态系统研究恢复与管理研究进展

黄土高原半干旱丘陵区是我国生境最脆弱的地区之一，也是生态环境破坏最严重的区域，水土流失、植被破坏、自然灾害等生态事件连年不断，限制了当地及周边地区生态系统的可持续发展。土壤质量的恢复与保育是植被建设和生态系统可持续发展的关键举措之一，土地利用和管理方式会影响土壤团聚体的形成，不同粒径团聚体数量分布和空间排列方式决定了土壤孔隙类型，从而影响土壤保水性、生态系统内土壤水分含量、养分含量、地表径流乃至生物地球化学循环和物种丰富度。

不同生态修复方式对土壤质量有显著影响。生态系统管护和修复方式包括生态措施和工程措施两大类。生态措施主要有封育管护、植被恢复、能源替代（如秸秆还田、发展沼气等）、生态移民等；工程措施有水平沟、鱼鳞坑等方式。开展生态修复和治理要兼顾生态效益和社会效益，通常生态措施与工程措施穿插交替实施。不同恢复措施对土壤质量的影响有差异。人工灌木林地和拓荒地对土壤质量的恢复效果相对较好（蒋金平，2007），周瑶等（2017）以放牧草地为对照，对比了封育、水平沟、鱼鳞坑三种恢复措施对宁夏黄土丘陵区典型草原放牧地带土壤理化性质和生物学特性的影响，结果显示封育最有利于退化草地的土壤质量恢复。利用水平沟整地一年后，土壤中的生物多样性显著增加，仅次于草地长期封育（张蕊等，2018）。贾希洋等（2018）在对宁夏黄土丘陵区典型草原植物群落数量分类和演替研究时，发现随着恢复年限的增加，封育草地的植物群落盖度和地上生物量增加速度最快，鱼鳞坑增加最慢，土壤容重、有机质、真菌、全磷和土壤蛋白酶是该区域内植物群落分布的主要影响因子。韩丙芳等（2015）研究宁夏黄土丘陵区本氏针茅典型草原土壤水分含水率的季节动态和垂直变化，发现水平沟和鱼鳞坑在雨季时对降水的涵蓄能力比封育草地强，且这种水分涵蓄能力不受坡位高度的影响。水平沟和鱼鳞坑可能通过增加土壤非毛细管孔隙数量和改变坡地径流从而影响不同深度的土壤含水量。生态移民是将超出区域生态系统承载力、生态环境恶化的地区的人口搬迁到生存条件更好的地区，一方面有利于减轻人们对受损害生态系统的继续破坏，减小当地人口压力，使生态系统得以恢复和重建；另一方面可通过异地开发，逐步改善部分贫困人口的生存现状。宁夏彭阳县对迁出区采取林草措施和工程措施，对迁出区的荒草地种植牧草，有利于当地的生态经济效益（杨虎和许畴，2016）。

实施植被恢复是黄土丘陵脆弱生态区控制水土流失、维护生态系统稳定的重要策略之一，不同植被恢复模式对黄土丘陵区沟谷地有机碳和全氮含量及氮储量都有显著的改善作用（徐明等，2015）。灌木和草本群落的土壤有机碳、全氮含量受地形因子影响较大，在乔木群落中土壤碳库和全氮含量主要受乔木冠层结构和功能的影响。退耕地植被恢复中选择混交林可增加物种丰富度，优化群落配置结构，林下枯落物层可以涵蓄水分，其涵蓄水分量与林分类型和枯落物蓄积量密切相关，针阔混交林型配置更有利于森林的水土保持修复（叶海英等，2009）。针阔混交林林下物种丰富度和枯落物的水文效应优于纯林（高艳鹏，2011）。荒草地因植被根系比刺槐林地浅，水分利用深度和蒸发影响深度都比较小，有助于土壤水分保蓄，以刺槐林地为主的流域土壤含水量随坡向变化较小，但刺槐林地对深层土壤的改良效果更好（马建业等，2017）。在实践中应采取林地与草地结合的恢复模式，既有助于缓解土壤水分蒸发，又可以改善水土流失。

半干旱黄土丘陵区具有典型的温带大陆性气候特征，干湿季分明，夏季高温多雨，蒸发强烈，冬季寒冷干燥，蒸发作用较弱，浅层土壤水分含量的季节性差异非常明显。降水主要影响土壤活跃层的水分含量，随着土壤深度的增加，土壤水分含量更多地受到植物根系分布的影响。土壤干化是黄土高原人工林下的一种常见现象，严重制约林木和灌丛生长。乔灌林易消耗深层土壤水分，撂荒地和草地的水分条件相对稳定（马婧怡等，2018），可对林木冠层进行适度矮化修剪，减少水分蒸发，降低根系耗水量和耗水深度（汪星等，2018），但该研究只是针对枣林，能否推广应用于其他乔木类型，还需进一步研究验证。

　　土壤碳库在全球碳循环中发挥重要作用，作为一个全球生态学者普遍关注的课题，土壤有机碳固存是一个自发进行且环境友好的过程，也是改善土壤质量进而改良食品安全的重要策略。在过去的两个世纪中，森林滥伐和拓荒农耕等不合理的土地利用方式使大量土壤有机碳转化为温室气体进入大气，加重了温室效应，但我们可以通过土壤有机碳固存的有效措施将大气中的碳元素转入土壤中，来降低大气中二氧化碳的浓度。长期以来人们进行了大量关于土地利用方式转变对土壤碳库影响的研究。研究表明，土地利用方式改变时，土壤有机碳有动态变化过程。土地利用方式转变是土壤有机碳含量变化和全球碳平衡的最主要影响因素之一，通过对土壤碳积累率和周转率、土壤侵蚀和植被生物量等方面的改变从而影响全球碳循环。我国从 20 世纪 50 年代起就在黄土高原地区投入大量的财力和人力开展生态恢复工作，以期控制水土流失、保护生态环境。尽管如此，土壤肥力损失和环境破坏情况依然非常严重。为减少水土流失并改善土壤质量，1999 年政府在黄土高原发起了一项国家级工程——退耕还林还草（Grain for Green），这是西部大开发战略的重要组成部分。这项工程也同时开启了土地利用方式非农化进程。土地利用方式转变会影响地表植被盖度，引发土壤生物量和有机碳库变化。研究发现，半干旱黄土丘陵区土壤非农化后，撂荒草地和灌丛地比乔木林地更有利于有机碳固存。黄土丘陵区退耕还林后的刺槐林分显著改善土壤物理性质，合理密度的林分能增加土壤的涵蓄降水量及有效涵蓄量（高艳鹏，2011）。退耕还林可以从物理、化学、生物学性质等方面综合改善土壤质量，促进土壤碳固存，并产生显著的局地小气候效应（梁爱华，2015）。在干旱半干旱区土壤湿度对土壤呼吸速率的影响较大，影响土壤碳储量和碳循环（张艳如等，2018）。退耕林地土壤有机碳密度和全氮密度与恢复年限、植物盖度正相关，退耕还林可在很大程度上改善土壤质量（吴建平等，2017）。退耕还林土壤有机碳库变化和累积的主要形式是粉粒碳，刺槐和山杏林的固碳效应最强，可选作退耕还林中的生物固碳材料（佟小刚等，2016）。由此可见，黄土丘陵区退耕还林工程将会对当地有机碳固存大有助益。

　　为维护脆弱生态区的可持续发展，在生态恢复与管理过程中还应当注重对当地生物多样性的保护。生物多样性是全球公认的健康生态系统基础，生物多样性保护日益成为生态系统管理的重要目标之一，维护生物多样性稳定，建设具有活力和韧性的生态系统与人居环境，是全人类的共同理想。研究发现，微生物能显著增加土壤有机质含量，土壤中难溶解磷素需经过微生物处理后才能被植物吸收利用，因而土壤中微生物活性在一定范围内的增加有利于植物的生长发育（郑昭佩和刘作新，2003）。乔木和灌木林群落的物种丰富度和群落均匀度指数比草地群落的高（杨光等，2006）。天然植被和自然恢复植被受干扰少，凋落物自然分解，不影响土壤中有机碳积累，但自然恢复要达到一定的效果通常需要漫长的过程。在研究中发现，自然恢复结合人工建植乔灌木可使地下根系面积增大，微生物生长可利用基质也增多，能显著增加土壤中微生物丰富度（钟芳等，2014）。黄土丘陵区的土壤多呈碱性，适量的酸性氮肥添加可小幅度中和土壤 pH，缓解不适宜的 pH 对土壤细菌的伤害，同时可加速微生物将枯落物分解为可吸收的有机质，培肥土壤，转而利于林木生长，适度氮添加有助于提高黄土丘陵区油松 40 年演替人工林的土壤微生物（主要是细菌）群落多样性（刘桂要等，2019）。

良好的生态环境是民之所愿，是人民共有的财富，是全面建成小康社会的重要体现。宁夏地处黄土高原和内蒙古高原的过渡区域，地势西南高东北低，地形可分为三大板块：南部山区为黄土高原的一部分，六盘山林区作为宁夏南部涵养水源、改善生态环境的主要森林生态系统，为宁夏固原市气候改善发挥着重要作用；中部干旱带，以风蚀地貌为主；北部引黄灌区，孕育着"塞上江南"宁夏平原。天下黄河富宁夏，宁夏因黄河而生、因黄河而兴。但由于长期以来传统的"重温饱不重环保、重生产不重生态"的思想根深蒂固，粗放式的发展模式导致了宁夏黄河流域水生态保护和水污染治理方面的诸多问题，如黄河流域生态环境脆弱、岸线科学管理亟待加强、农业面源污染较为严重、农村生活污水治理能力较弱等，要实现"黄河流碧水"的目标，任务还很艰巨。保护好黄河、提高水资源利用率，是横亘在宁夏各族人民面前的一道难题。要加快生态节约型、环境友好型社会建设，建立与水资源优化配置相适应的水资源管理体系，实现生产、生活、生态用水高效合理，要注重保护和治理的系统性、整体性、协同性，坚持上下游、干支流、左右岸统筹谋划，推动黄河流域转向自然修复。

近年来，宁夏采取了一系列生态修复和管护措施，如要求对贺兰山国家级自然保护区内企业一律关停退出，削坡覆土、填埋渣坑、播撒草籽，进行生态修复与植被恢复；退耕还林、生态移民，把六盘山构建成水源涵养和水土保持的生态屏障，山区人民因绿而富。统筹推进退出区域的生态修复，实施生态修复和管护工程，全面完成贺兰山和六盘山国家级自然保护区及外围重点区域生态修复，逐步恢复生态功能。同时，抓好贺兰山东麓山水林田湖草生态保护修复工程国家试点，探索修山、整地、固沙、增绿、扩湿一体化治理模式，通过人工辅助与自然修复相结合、工程措施与生物措施并举的方式，不断提升贺兰山自然保护区及外围重点区域各类自然生态系统的稳定性；大力加强与青海、甘肃、内蒙古、陕西和山西等省（区）的联系，互相借鉴经验、取长补短，努力形成"共同抓好大保护，协同推进大治理"的格局，同时宁夏也在加速构建低碳高效的能源体系、绿色循环的生态体系等，不断优化经济结构，推进黄河"几"字弯生态系统建设，推动宁夏引黄灌区和扬黄灌区的生态文明建设与高质量发展。

### 1.2.3.3 黄土丘陵区生态系统管理的不足及展望

黄土丘陵区地理位置特殊，位于地形第一级阶梯和第二级阶梯交界处，温带大陆性气候半干旱区与半湿润区交错，水土流失严重。为减缓日益加剧的荒漠化和沙尘暴进程，维护人民生存空间与生命财产安全，国家林业局在1978年11月启动了西北、华北、东北防护林建设工程，"三北"防护林体系在最初建设过程中选择的树种多数为抗逆能力强、生长速度快的杨树，杨树虽早期速生，但病虫害较多，又因产材量较大，人们重经济收益轻生态管护，过去一段时期内西北地区防护林带出现了连续"空洞"。在黄土丘陵区的植被恢复中，不能片面追求人工植被的生长速度或单一生态服务功能，要因地制宜选择先锋物种、造林树种、密度以及整地方式和经营管理方式，以求最科学合理的林灌草群落结构，还要注意保护枯落物层，平衡植物蒸腾耗水和土壤水分补偿之间的关系，使生物群落能充分利用区域内的水、光、热、土壤资源，同时要加强沟坡治理和小流域综合治理力度，使群落生产力最大限度地满足生态、经济和社会文化效益。

目前，植被发展与演变规律和土壤肥力动态差异的耦合机制还不清楚，应建立与试验地生态环境条件相当的研究样地，尽量降低因海拔、坡度等自然条件差异而导致的误差，对土壤质量演变特征进行长期定位监测，深入挖掘土地利用方式和植被恢复措施与生态系统结构功能变化之间的相互关系。可运用数学模型对植物群落演替与土壤、地形、气候和植物的种间与种内关系等生态因子之间的定量关系进行全面模拟和定量化分析。

实施生态修复工程必须尊重、顺应自然，充分发挥自然的修复功能，要把工作重心从人类活动区域关停退出转到生态修复、巩固提升和长效机制建立上来。加强生态文明建设，不是单纯地解决环境问题，要让绿色发展理念融入经济发展、社会文化、生产生活的方方面面，将生态环境发展与提高人民生活质量和维护社会和谐稳定紧密结合，以高质量发展引领系统性变革。宁夏要坚守"绿水青山就是金山银山"的理念，以生态优先、绿色发展为导向，坚定不移地走生态良好、生产发展、生活富裕的高质量发展新路子，让宁夏的天更蓝、水更清、山更绿，"让绿色成为宁夏高质量发展的最美底色"。

# 第 2 章 | 宁夏黄土丘陵区生态恢复进程

## 2.1 生态区位及特点

宁夏位于黄土高原、内蒙古高原和青藏高原交汇地带，地处西北内陆、黄河上中游地区，属干旱半干旱地带，具有山地、黄土丘陵、灌溉平原、沙漠（地）等多种地貌类型，是我国生态安全战略格局"两屏三带一区多点"中"黄土高原–川滇生态屏障""北方防沙带""其他点块状分布重点生态区域"的重要组成部分，是我国西部重要生态屏障，在祖国生态安全战略格局中具有特殊地位，生态区位十分重要，保障着黄河上中游及华北、西北地区的生态安全。

宁夏黄土丘陵区总面积为 20 614km²，占全区总面积的 31.05%，区域生态环境敏感复杂，水资源短缺，水土流失严重，是我国黄土丘陵半干旱黄土丘陵区的典型代表。按照地理位置和生态恢复方向该区域可划分为两个区，分别是西海固黄土丘陵沟壑水土保持林区和六盘山山地及其外围水源涵养林区。

### 2.1.1 西海固黄土丘陵沟壑水土保持林区

该区位于我国西北边缘、宁夏南部，北临中部干旱风沙草原区，东、南、西面分别与甘肃平凉、靖远、环县接壤。包括吴忠市同心县东南部、盐池县东南部、中卫市海原县大部分，固原市原州区东北部、彭阳县东部、西吉县西部、隆德县西部。总面积 1.6 万 km²，有清水河、葫芦河、茹河等河流。地形变化较大，区内地貌可分为梁峁丘陵、河谷川地、黄土塬 3 种类型，以梁状黄土丘陵为主要地貌，沟壑纵横，地形破碎，水蚀强烈。在梁状丘陵沟壑区内主要河流两侧为川水地、台塬旱地、河滩等地形部位，局部地区也有塬状丘陵沟壑及残塬沟壑地貌与梁状丘陵沟壑地貌交错分布。河谷川地和黄土塬地势平坦，土层较厚。同心县的黄土丘陵地貌主要分布在东部。西吉县黄土丘陵区分布于葫芦河以东的广大地区，地貌以黄土梁峁为主，具有"顶圆、坡长、沟深"的特点。原州区的黄土丘陵地貌广泛分布，占总面积的 46.3%，大多以新近系红色泥岩为基础，第四系黄土及黄土类土沿古地形起伏覆盖，厚度小于 50m（尚惠，2010）。海原县黄土丘陵属陇东黄土高原东北隅——宁夏南部梁峁沟壑区，经过漫长地质时期，区域地貌被祖历河、清水河及其支流不断侵蚀切割，逐渐形成了沟谷众多、地面破碎的地形。境内黄土丘陵分布面积最广，占总面积的 70%，以黄土梁峁为主，梁谷相间排列，相对高差 50~100m。彭阳县的黄土丘陵是最主要地貌类型，海拔在 1400~1900m，土质梳松，剥蚀严重，主要表现为黄土塬和黄土梁峁；隆德县西部的广大区域为黄土丘陵地貌，多为梁峁和沟侧塬台地地貌，沟谷纵横密布，交叉切割。土壤在梁峁地为侵蚀黑垆土，沟谷地为黄土，盆地以浅黑垆土为主，部分低洼河滩有斑、块状盐土，土壤的水平地带性和垂直地带性明显。

西海固黄土丘陵沟壑水土保持林区年平均气温 6~8℃，年降水量 300~430mm，干燥度 1.55~1.30，≥10℃ 的积温 2200~3000℃，无霜期为 120~180d，海拔 1300~2300m。在全国自然区划中，属东部季风区域暖温带（宁夏南部因地势较高仍属中温带）的黄土高原区，气候干旱，植被以人工落叶阔叶林、森林草原和干草原为主，表现出明显的干草原区特征，天然植被多为旱生型和中生型植物。本区域是全区旱作耕地的集中分布区，黄土分布区内，由于土地长期受不合理、反复开垦破坏，天然植被包括乔、灌木或草本植物种类和数量已残留很少，且多限于河谷低地，少数耐寒、耐旱灌木生长于梁峁顶部，或形成灌丛草原区景观。坡耕地面积大、土地过度开发，水土流失严重、生态平衡严重失调、自然灾害频繁，生产条件差、贫困人口集中，生态具有先天脆弱性，是水土流失的严重地区和向黄河输沙的主要地区。加强水土保持林及薪炭林建设，保护天然草原，积极发展人工草地，恢复生态平衡，是改变这一地区面貌的根本措施，农业发展上要把草畜业作为主导产业，积极发展特色旱作节水农业、特色生态农业和农副产品加工业。

## 2.1.2 六盘山山地及其外围水源涵养林区

六盘山林区，位于宁夏西南部，北起南华山，西至月亮山，东至云雾山，南接甘肃平凉市。包括固原市原州区、西吉县、彭阳县、隆德县、泾源县，中卫市海原县部分地区。地形地貌上，同心县的罗山、青龙山总体走向近南北，山体由古生界奥陶系灰岩及轻变质的砂岩构成，为挤压倾式断块山地；海原县中部的南华山主峰马万山，海拔 2955m，最低点为东部的清水河谷地，海拔 1350m，相对高差 100~500m，地势由西南向东北倾斜；西吉县最高点为月亮山主峰，海拔 2632m，最低点为南端玉桥乡的团庄、黄岔一带，海拔 1630m；原州区的土石质中低山分布于南部六盘山分水岭、开城、张易、河川地区，由白垩系砂岩、砾岩、泥岩、页岩构成，海拔 2700~2900m，相对高差 500~800m；隆德县土石质中低山主体为六盘山山区，由白垩系坚硬的砂岩、泥岩、泥灰岩组成，总体呈现高角度单斜构造，倾角 15°~30°，绝对高程 2200~2942m，相对高差 500~800m；泾源县土石质中低山主体为西部的六盘山区，主要由下白垩系和尚铺组含砾砂岩、砂岩、李洼峡组钙质粉砂岩、泥质粉砂岩、马东山组泥灰岩、泥灰质粉砂岩等组成，绝对高程 2200~2900m，相对高差 600~800m，最高峰米缸山 2942m；彭阳县西部属典型的土石质山地地貌，主要分布在古城、新集和川口乡境内，海拔在 1900~2100m，相对高差 200~400m，山势起伏较缓，坡角一般为 20°~30°。该区是泾河、清水河、葫芦河等河流的发源地，有"黄土高原中的绿岛""水塔"之美称，是主要的水源涵养林区。平均海拔 1844~2508m，最高处为 2700m。该区多为土石质山地，土层较薄，土壤有山地草甸土、山地棕壤、山地棕褐土、黑垆土、沟谷草甸土、草甸沼泽土、始成土、新成土等微酸、微碱性土壤。

六盘山山地及其外围林区在全国自然区划中属东亚季风边缘，是暖温带半湿润区向半干旱区过渡的边缘地带；夏季受东南季风影响，冬季受蒙古高原控制，形成四季分明，年温差和日温差较大，冬季寒冷干燥，夏季高温多雨，春季升温快，秋季降温速。按全国气候区划属暖温带半湿润区。具有典型的大陆性气候特征。年降水量 553.3～650.9mm，年平均气温 5.1～5.8℃，≥10℃的积温 1925～1926.3℃，无霜期 126.5～160.1d。本区气候较为湿润，地形独特，动植物种类丰富，是宁夏重要的动植物资源基因库。森林覆被率38.1%～9.7%，植被类型多样，有温带落叶阔叶林、针阔叶混交林、山地灌丛草原、山地草甸草原和亚高山草甸等，是宁夏天然林和人工林的重点分布地区，所以对水源涵养、水土保持有极重要的作用，该区是整个宁南山区和西北地区具有重要生态保障功能的重要水资源涵养林基地，适合发展特色种养业和生态旅游业。

## 2.2 区域生态脆弱性评价及成因分析

宁夏黄土丘陵区生态脆弱性包括两个方面：一是自然条件决定的天然的生态脆弱性，其脆弱程度取决于区域的气候、地质地貌、生物（植物、动物）状况等自然因子的综合影响；二是人为活动叠加于自然条件下导致生态环境破坏而形成的次生脆弱性，取决于人类活动的方式、强度、时间以及环境本身的承载力等。

### 2.2.1 气候

气候因素是决定一个地区生态系统类型、结构、功能的最重要因素。某个地区长期的水文、土壤等基础条件是由气候塑造的，而在此基础上发展而来的生物区系也无时无刻不受到气候条件的制约。

研究区属于大陆性季风气候，基本特点是夏季湿热，冬季干冷。降水量是影响当地脆弱生态系统的主要气候因素。由于地处内陆，海洋水汽难以到达，降水总量少，且年际年内分配不均，变率大。降水总量少，使得当地的植被类型以草原植被为本底，净初级生产力低，抗干扰能力弱。降水年际变率大的后果是植被无法保持稳定的覆盖和稳定的净初级生产力。例如，2018 年是研究区的丰水年，从植被生长状况上看，不论是草本植被还是乔灌树种，生长都非常良好。事实上，研究区在近几年都属于相对丰水年，良好的土壤水分条件使得所营造的林木生长比较繁茂，但是如果遭遇枯水年，植被生长状况有可能发生逆转。降雨的季节分配不均，且变化剧烈也是导致生态系统不稳定的重要因素，这主要体现在农业生态系统上。当地降水主要集中于 6～9 月，夏季多暴雨，秋雨所占比例也较大，但是经常发生春旱，这样的年内降水格局常常使秋粮作物（主要是玉米）或夏粮作物（主要是冬小麦）面临较大的受旱风险。另外，当地农田的复种指数还比较高，进一步消耗了有限的土壤水资源。在农业种植结构调整方面，一直以土壤水分平衡原理为基础，提倡"压夏扩秋"，降低复种指数，恢复农地土壤储水量，实行草田轮作或者休闲，增加绿肥植物种植，增施有机肥，提高土壤有机质含量，但是由于各种原因，上述地力恢复措施实施程度较低。

除了干旱少雨，降水不均之外，某些气象灾害也增加了当地生态系统的脆弱性。短历时高强度暴雨是黄土高原地区较常见的一种气象灾害。目前，林草植被建设取得了很大成效，所以除非发生破历史纪录的特大暴雨灾害（如 2017 年陕北 "7·26" 暴雨灾害），一般的暴雨尚不会造成大面积的水土流失。但是在某些局部区域，还是有可能引起一定程度的破坏。例如，每年雨季，研究区的未硬化道路多数会出现较深的道路侵蚀，以至于严重影响车辆通行。路面汇水进入邻近农地，一些农田可能出现陷穴，梯田边埂遭到冲毁。某些时候，暴雨还会伴随冰雹灾害，严重时可致玉米等作物减产绝收。对于暴雨灾害，农业生态系统的抗逆性最低，遭受的损失最大。应该适当压缩农业生态系统的规模，调整产业结构，将种植业逐步转变为以林草生态系统为基础的畜禽养殖业和林果业，以抵抗干旱和暴雨灾害。林草生态系统对降雨年际变化和季节分配的响应都没有农业生态系统那样敏感，因为林草生态系统的生物量是缓慢变化的，不像农地那样呈周期性剧烈变化，加之林草生态系统的物种丰富，结构复杂，对土壤水分亏缺有相当程度的适应能力。只要保持适度利用，林草生态系统能够在保持自身结构和功能稳定的同时，发挥一定的经济效益。

晚霜冻害是影响研究区林业生态系统和林果业发展的一个突出的气象灾害。当地营造了大面积的山杏林和山桃林，这两个树种都是适应当地干旱条件的优良生态水保林树种。然而，其生物学特性决定了其开花较早，在花期如果遭遇晚霜冻，往往造成严重的落花落果，影响果实产量。例如，2018 年清明节期间，研究区遭受罕见寒潮侵害，正处于盛花期的山杏、山桃以及栽培杏受到严重影响，受灾最重的地区多数树木绝产。晚霜冻害虽然不影响杏树、桃树的存活，但严重影响生态系统经济产出效益。果树的单株产量与劳动生产率密切相关，尤其是栽植于山坡上的山杏和山桃。山杏核和山桃核都有一定的经济价值，如果单株产量较高，农民上山采收的积极性就高，单纯的生态水保林还可以产生经济效益。但是，晚霜冻害对杏树、桃树的影响至今难以彻底解决，严重限制了当地林草生态系统的高效管理。

总之，研究区以干旱为主的气候条件，外加暴雨、冰雹、晚霜冻等偶发性气象灾害，对农业生态系统和林草生态系统造成了不同程度的影响，增加了当地生态系统的脆弱性。

## 2.2.2　地质地貌

黄土高原是世界上面积最大的黄土堆积区，深厚的黄土物质堆积是其最根本的地质地貌特征，深刻地影响了附生于其上的植被类型、动物种群以及人类社会。

黄土的主要特点是经由风沙沉积，粉粒含量较高，剖面质地均一。其碳酸钙含量较高，达 8% ~16%，具有胶结作用，使得黄土干燥时具有较高强度，垂直解理发育，这一点对于修筑梯田等水保工程措施非常有利。黄土高原地区的特色民居——窑洞，也与黄土的上述性质密切相关。但是黄土遇水极易崩解，碳酸钙在土体中重新淋溶运移，在上层黄土强度降低的同时，在深层形成钙质结核层（中国工程院，2010）。黄土具有 "点棱接触支架式多孔结构"，疏松多孔，遇水容易产生塌陷，即黄土具有湿陷性，这对当地的路桥及其他建筑的稳定性和安全性有一定的威胁，农田也有可能因暴雨而湿陷。黄土的上述特点，决定了其较低的抗侵蚀能力，加之夏季多暴雨的气候特点，经过长年的侵蚀冲刷，形成了黄土高原地区典型的沟壑纵横的地貌。黄土区最突出的地貌类型是各类沟道。沟道的存在，使得沟道上部集水区内的土壤物质最终都将汇入沟道，只是时间长短的问题。沟道既是水力侵蚀的产物，又直接影响水文过程，是黄土区水系发育的基础（中国工程院，2010）。

从总体上来说，黄土高原地区独特的地质地貌增加了当地的生态系统脆弱性。黄土本身的易蚀性加上地形的影响，使得研究区的水土流失危险性相当高，一旦植被遭受破坏，严重的水土流失随之而来。这一点可以从当地严重的道路侵蚀看出，没有植被覆盖的裸地的侵蚀状况将远远大于允许土壤流失量。地形的支离破碎极大地影响了水分、热量的空间分布，使得水、热过程呈现出与平原地区完全不一样的特点。主要表现为不同坡向、坡位接受的热量和能够保存的水量都呈现出巨大的空间变异。阳坡干燥，造林难以存活和保存，草本植被也较为稀疏，遂成为侵蚀危险较大的部位。阴坡土壤蒸发量小，植被生长条件相对较好。沟道是水土流失的产物，也是土地退化的显著标志，但是沟道也是水分富集区，是林草植被生长状况良好的区域。沟底往往富集了集水区上部冲刷下来的种子，成为储量丰富的种子库，所以也是保存当地植物多样性的库。水热状况的空间变异性导致了研究区植被覆盖状况的空间变异性，在较小尺度上就具有显著的不同，形成了许多小尺度上的微生境，各种微生境又各具特点。地质地形因素对农业生态系统的负面影响主要在于农地水土流失、农田湿陷破坏；另外，由于地形破碎，无法展开大型机械化操作，农业的劳动生产率上限比平原地区低得多，单位土地面积和单位劳动力的农业产值难以提高，这将严重影响农业产业结构的调整和优化。任何农业产业的结构调整，都需要实现较高程度的机械化，即使将一部分农地转化为林果业用地，在果园管理过程中，如果不能实现相当程度的机械化，果园效益也难以提高。总之，因为地形的原因不能实现高度的机械化，单位劳动力的产值和收入无法大幅提高，人口压力将始终存在，较大面积的农业用地无法调整为林草地，使得当地的生态系统在景观尺度上存在相当大的脆弱性。地质地形因素对林草地生态系统的影响相对小，这主要得益于近年来的林草植被建设，地表覆盖状况较之前有了根本性的转变。但是正如前文所述，地形的特点使得某些地貌部位始终是不适宜林草植被良好生长的，即所谓的"困难立地"，这些地貌部位不宜采取常规的林草植被建设模式，而是要充分尊重自然规律，减少人为干扰。

## 2.2.3 生物因素

这里的生物因素是指人类之外的动植物区系及其活动。生物因素不像前文所述的气候因素和地质地形因素等无机因素，无机因素是相对独立的，而生物因素受无机环境制约，是非独立的因素。生物活动在根本上被无机因素限制，这是由不可动摇的物理定律决定的。但生物因素对无机环境的反作用也比较强烈，对地形的塑造、水文过程甚至气候过程都有不同程度的影响。生态系统是由无机环境和生物群落共同组成的，生物因素在充当生态系统组成部分的同时，对生态系统本身的演化起决定性作用。

黄土高原地区整体上属于草原地带，是森林植被带向荒漠植被带过渡的交错区，黄土区的植被空间分布也具有地带性特点。研究区基本上属于森林草原带，是森林带和典型草原带的过渡地带（中国工程院，2010）。植被特点是草原植被占优势，土壤水分条件较好的局部地区也分布着一定面积的林地。然而，当地的林地几乎全部是原生植被破坏以后人为恢复的人工林地，造林地段、造林树种的选择并没有完全遵循生态学规律，也就不能完全代表原有的植被面貌。换句话说，现有的植被格局与水热格局是否匹配，仍然是值得进一步探讨的问题，而且是在较长时间尺度上才可能有明确的答案。例如，刺槐这一树种被广泛用于营造水土保持林，然而研究发现，人工刺槐林的深层土壤干化现象比较严重（王力等，2005），这主要是由人工林地结构单一、密度不合理造成的。研究区的林草生态系统的群落结构是否合理，是否稳定，关系到生态系统功能能否正常发挥，这一问题也尚无明确答案。植被建设应该以当地乡土物种为基础，切不可盲目照搬其他地区经验和模式。乡土物种的生理学和生态学特性、地理分布、种苗繁育技术、造林及抚育技术、产品加工技术应该是一个地区的植物学家、生态学家以及农林科技人员必须详细了解的科学知识，如果在某一方面还不确知，就应该进行深入研究。关于主要乡土物种的整套理论技术体系应该成为一个地区生态恢复的科学基础。

研究区的动物区系也在一定程度上影响着生态系统的稳定性。因为历史上的植被破坏较严重，生态系统丧失了维持较丰富的动物种类的能力，直接表现为动物种类少，食物链短，食物网简单。生态学原理表明，消费者（特别是高级消费者）的存在标志着一个地区生态系统结构复杂稳定，生产力高。相反，缺乏高级消费者意味着一个地区生态系统处于结构简单的脆弱状态，而研究区正是这样。当地现有的主要高级野生动物主要是以雉鸡（*Phasianus colchicus*）为代表的鸟类和以野兔（*Lepus sinensis*）与鼢鼠（*Myospalax fontanieri*）为代表的哺乳类。鼠害没有食肉动物对鼠、兔等啮齿类动物进行制衡，树木经常遭受啃食破坏，这是当地生态系统不稳定的重要因素之一。特别是对于新造林木，野兔对其茎干基部树皮进行啃食，鼢鼠在地下对根部进行啃食，很容易造成整株死亡。鼢鼠终生营地下生活，在地面以下一定范围内挖掘鼠洞，严重扰乱了雨水入渗过程，对植物根系生长非常不利。鼠害对农业生产和林木保存影响较大，以前曾经采用过人工捕杀的方法对鼢鼠种群数量进行控制，但是因为没有采用生态控制的办法，效果并不好，且不是长久之计。动物区系的恢复和植物区系一样，也需要漫长的过程，目前最重要的还是坚持植被自然恢复为主，减少各类动物生境的人为扰动，以期有高级消费者逐渐进入本区域栖息。

## 2.2.4　人为活动的影响

人为活动因素是影响黄土高原地区生态系统最深刻的力量，可以说，黄土高原生态系统的面貌在相当大程度上是由人类塑造的。人作为能动自主的存在，在生产力不断发展的进程中，正面地或负面地对黄土高原地区的地貌、水系、生物等各个方面产生影响。

历史上，在不断增大的人口压力下，黄土高原地区大面积的土地被开垦，而由于各种原因水土保持措施没有同时实施，导致了剧烈的土壤侵蚀。很多原本平坦的黄土塬慢慢被蚕食切割，最后形成不适宜农业生产的梁峁丘陵地貌。在生产力逐步发展以后，采取了不同类型的水土保持工程措施，坡面修筑了梯田用于耕种，小型沟道修筑谷坊控制沟道发育，大型沟道修筑淤地坝，在总体上控制小流域水土流失并增加耕地面积。研究区属于森林草原过渡地带，历史上一直存在传统的畜牧业生产方式——放牧。放牧活动本身是适应当地的自然条件的，但是过度的放牧会极大破坏草本植被，特别是羊的啃食对草根的破坏比其他牲畜更严重，严重影响草类萌发更新。草本植被覆盖是防治土壤侵蚀的关键，其破坏对侵蚀过程的促进作用是相当大的。进入 21 世纪后，当地严格执行封山禁牧的植被保护政策，才从根本上扭转了草本植被破坏的局面。从实施效果上看，封山禁牧的政策是完全正确的，该政策极为有力地保护了当地脆弱的林草植被，为生态恢复工程的实施提供了有效保障。另外，由于历史上群众生活所需燃料主要靠生物质燃料提供，秸秆尽数作为燃料并不够，势必破坏乔灌植被。后来随着经济的发展，群众生活燃料问题基本解决，乔灌植被所受压力随之解除。从多个方面看，目前研究区人为活动对林草生态系统的压力已经大幅下降，但是仍然对整体的生态系统稳定性产生较大的影响。

在林草植被建设过程中，诸如造林地选择、树种选择、乔灌草层次搭配等理论和技术问题还在进一步发展。截至目前，当地造林工程的群众参与度不高，造林规划设计的理念还相对落后，在一定程度上停留于简单追求造林面积、森林覆盖率，甚至造林密度的阶段。这样做产生的问题在降雨量比较丰沛的年份难以显露，但是在相对干旱的年份却存在不能保证造林成活率的情况。另外，林分结构的合理与否还关系到生态系统结构和功能是否能达到最佳状态，功能发挥是否正常单纯通过林分外观是难以准确评估的。从林业发展历史看，通过社区参与式的造林项目营造近自然林是比较好的林业发展路径。参与式造林项目的实施过程是对当地民众进行生态学知识普及的过程，群众对乡土植物的感性认识与专家对生态系统的理论认知有很强的互补性，与群众共同策划树种选择和造林空间配置，有利于调动群众的造林及管护林木的积极性。在林草植被得到一定恢复的情况下，适当地发展林下经济，增加农民收入，有利于进一步调动群众爱护林草植被的积极性，也有利于当地产业升级。众所周知，对林草生态系统完全不进行扰动和经营管理是不现实的，也是不科学的，完全避免了人类活动介入的林草生态系统的恢复状态未必就是最佳的。在一定强度的经营管理下，保持林草生态系统稳定，并获得持续的经济产出，将是当地生态系统恢复的最佳模式。

人类活动对农地生态系统的负面影响主要来自较高的复种指数、纯苜蓿草地建植、地膜污染、农业化学物质污染等方面。这些技术的使用，提高了粮食作物单位面积产量，发展了一定规模的圈养畜牧业，对提高当地群众收入发挥了积极作用。但是这些技术对农业生态系统，尤其是土壤生态环境的压力是非常明显的。对这些技术进行积极的改进，是农业生态系统可持续经营管理的重要方面。而主要目标应该是降低土壤水分消耗，恢复土壤水库储量；改造纯苜蓿草地，建植豆科牧草和禾本科牧草混播草地；减少化肥、杀虫剂、除草剂的施用量，增施有机肥，恢复农田生态平衡，发展高效、优质、可持续的有机农业。

# 2.3 脆弱生态对区域经济社会的影响

一个地区的人类社会始终是在生态环境的承载中发展的。人们的衣食住行各方面需求的满足都必须立足于生态环境的良好状态。生态环境结构稳定、承载力高、抗逆性强的地区，不光能够承载更多的人口，也能承载更多的产业，创造更大的社会财富。例如，森林生态系统比较发达的地区，能够更多地吸收人类生产生活排放的二氧化碳和其他大气污染物，保证大气质量相对稳定。森林生态系统还能够调节水文过程，涵养水源，保证居民生活用水。森林生态系统也是休闲游憩产业的承载基础，相关产业能够创造的价值潜力相当巨大。人类历史发展已经表明，当一个地区的生态环境良好，该地区的社会经济就有良好发展的前景；反之，一个地区的生态环境脆弱甚至退化，其社会经济发展就会遭受严重阻碍。关于生态脆弱的成因普遍认为：一是生态环境自身的生态系统引起的内在脆弱性，如气候变化、滑坡、地震、泥石流等；二是由人类活动干扰引起的外在脆弱性，如不合理的人类活动、过度的土地开发利用等对生态系统的破坏，引发诸如荒漠化、沙尘暴、水土流失等问题（张学玲等，2018）。脆弱生态会对区域经济社会产生直接和间接影响，有研究发现（牛亚琼，2017），脆弱生态环境系统与贫困系统存在一定的耦合关系，表现为：生态环境系统脆弱，自然及人为活动的影响约束地区经济发展，贫困系统选择粗放落后的生产活动，更大程度地掠夺了生态环境资源，加剧了生态环境系统的脆弱和恶化趋势，遭到破坏的环境系统至此也不能为人们生活及经济发展提供所需条件，双系统之间关系恶化，最终陷入"生态破坏—贫困"的恶性循环。

历史上，宁南黄土丘陵区属于宁夏相对贫困集中地区，社会经济发展相对滞后，一二三产业发展水平都比较低，居民收入增长缓慢，这都与当地脆弱的生态环境有关。实际上，黄土丘陵区从自然地理角度看属于草原地带，从农业经济的角度看属于农牧交错区，并不能简单地归为某种单一的产业区。在人类文明历史上，由于气候在干冷和湿热两种状态下呈现周期性变化，该地区的产业结构出现相应的改变，最终影响到经济社会生活的各个方面。当然，在人类对自然界的规律认识不足的情况下，自然条件是矛盾的主要方面，人类的生产生活只能受自然条件限制，可以改变的余地很小。目前，在人类对自然界认识逐步深入，生产力水平已极大提高的情况下，人类成为矛盾的主要方面，人类发挥主观能动性，按照人与自然和谐相处的原则，合理修复和改造黄土丘陵区的生态环境，不仅成为可能，也成为必须进行的工作。在对该地区进行合理有效的生态恢复的时候，应当深入分析当地脆弱生态环境对人类经济社会发展的影响，探明其中的原因，以期找到解决问题的关键因素，为更好地进行生态恢复夯实科学基础。

## 2.3.1 脆弱生态对当地农业的影响

农业长期以来是黄土丘陵区的支柱产业，只不过这根支柱比较细弱，不足以支撑当地社会快速发展。

黄土的性质实际上比较适合农作物生长。其土层深厚，口松易耕，有"自肥"效应，不易产生盐渍化，这都是黄土的优良性质。但是当地存在的主要问题是降雨不足，年际及季节间变化大，易发生干旱。众所周知，黄土高原地区是中华农耕文明的发祥地之一，这一地区在历史上是以种植粟、黍等当地发源的耐旱性较强的粮食作物为主的。这些乡土传统作物与当地的雨、热同期，适应当地气候，但是产量较低。随着人口规模的不断增加，仅仅依靠这些传统作物的种植已不能满足人类生存需要，势必引入其他种类的作物，以提高土地复种指数，这种引进作物就是小麦。小麦原产于西亚，是地中海式气候下发源的一种跨年生的作物，其主要生长季是与发源地的气候条件相适应的，也就是冬季温和多雨。在灌区，小麦在其主要需水期能够得到充分灌溉，不受干旱影响，产量能够得到保证。然而，在干旱无灌溉的黄土丘陵区，小麦能够利用的降水资源主要是 9 月以后的秋雨以及有限的冬季降雪。进入春季以后，当地经常性地发生长时间干旱，有些年份甚至发生春夏连旱，这一时期是小麦生长的关键时期，得不到充足的水分补给，往往造成欠收。小麦的关键生长季与当地的自然条件不匹配，不仅无法较好地满足人们的生活需要，还会消耗土壤水分，挤占其他作物种植空间。因此，长期以来，"压夏扩秋"都是当地种植业结构调整的一个主线。目前，当地另一种种植面积较大的作物是玉米。玉米属于秋粮作物，生长季与当地雨、热基本同期，但是玉米并不是耐旱作物，在其生长中前期也容易发生干旱。在生产上主要采用覆膜的方法保持秋冬季的降水，以满足玉米生长中前期的需要。目前，当地种植业结构主要以玉米、小麦为主，荞麦、粟、燕麦等小杂粮作物为辅。粮食安全能够保证，但是经济效益不高，单位土地产值较低。种植业之外，当地的畜牧业有一定发展，但水平偏低，缺少充足的高质量牧草，一般依赖作物秸秆和粮食籽粒饲喂牲畜，饲料利用率低。

农业产业结构的不合理，在很大程度上是由当地脆弱的生态环境造成的。因为单位土地产出较小，特别是林草地生物量低，无法支撑较高效益的畜牧业发展，农民必须依靠种植业保证自身的粮食安全，缺少农业产业结构调整的现实经济基础。如果能够提高林草地的生物量，并且保证生物量中有充分比例的饲草资源，则当地可以恢复到以畜牧业为主的农业产业结构上来。在这样的前提下，就可以逐步、适当地减少粮食作物的种植面积，将耕地用于草地营建，消除对土壤的周期性扰动，减少乃至停止除草剂、杀虫剂等农业化学物质的输入性污染，恢复土壤结构和生态健康，将当地农业生态引导至良性发展轨道，形成以畜牧业为主线、林果业和小杂粮种植为辅助的特色产业结构，发挥区域特色优势。

## 2.3.2 脆弱生态对当地工业的影响

俗话说"无工不富"，工业是国民经济的主导，只有建立强大的工业，才是一个社会稳健发展的保证，对于一个国家来说是这样，对于一个地区同样适用。工业是主要的物质资料生产部门，是经济运行的中心环节。对农业而言，工业承担着加工农产品、提供农业生产资料的任务；对第三产业而言，工业既提供基础设施，也提供服务对象。工业必须建立在良好的生态环境基础之上，否则也会遇到资源环境方面的瓶颈，难以实现可持续发展。脆弱生态环境对一个地区工业发展的限制和影响是多方面的。这里暂时不考虑资本积累的问题，因为在现代经济条件下，金融业可以解决工业发展的资金来源问题。在这种设定的前提下，即使工业企业的创办不会遭遇资金瓶颈问题，其运行也会受到生态环境问题的影响。

首先，在脆弱的生态环境下，农业产业难以提供充足的生产原料，造成开工不足。以当地特色林果业之一的杏产业为例，目前主要有两类杏树资源，即一是野生或人工种植的山杏，二是栽培杏。在当地较脆弱的生态环境下存在的问题：①杏树资源所生产的杏果、杏仁等初级农产品数量不足，质量不佳，难以满足当地杏产品加工企业的需求；②杏树生产上频繁遭受晚霜冻，往往造成严重减产甚至绝收；③由于干旱少雨、病虫害、鼠兔啃食等生态问题的影响，杏树的结实率较低，这会严重影响采收作业的效率；④生产效率低，缺少竞争力。山杏的种植面积大，种植相对分散，如果单株结果数量太低，采收工作就会没有效率，个别劳动时间远远大于社会必要时间时，该项产业就无竞争力可言。与山杏形成一定对比的是山桃，山桃的结实率比山杏高，单株结实量大。在采收季节，经常可以看到农民在采摘山桃果实，而鲜有采摘山杏果实的农民，这很明显是因两个树种不同的结实数量造成的。受脆弱生态环境的影响，加工杏品种的产量和品质也不足以完全满足当地加工企业的要求，使得企业很多时候要从外地调运原料进行生产。如果能够在恢复生态条件下，提高杏树的结实数量，保证原料供应充足，就能够使当地加工企业就近采购原料，维持较高的生产效率，降低生产成本，从而提高产品的竞争力。

其次，脆弱的生态环境的容量较低，抗逆性弱，不足以承载工业企业对环境造成的压力。工业企业在生产过程中，要使用当地的水资源、大气资源，产生的废水、废气、废渣等对当地生态环境会造成巨大的影响。若无一定的环境容量，工业生产势必会打破一个区域的生态系统平衡，引起系统退化，这在脆弱的黄土丘陵区生态系统里尤为危险。因此，黄土丘陵区在进行工业产业规划时，要坚持创新思维，兴办以当地农产品为原料，资源消耗和环境压力较小的食品深加工企业与工艺品加工企业。在生产中要积极采用新工艺，提高原材料循环使用效率，减少废物排放。要在产品的优质、精致、安全、美观上下功夫，积极开拓当地市场、全国市场以及国外市场。越是生态环境落后的地区，越要坚持走环境友好型的工业化发展道路，只有这样，才能变脆弱生态环境的被动为创新发展的主动，既不对脆弱的生态环境造成过大的压力，又能以高附加值的产品和产业创造社会财富，把良好的生态环境和富裕的社会生活一同留给子孙后代。

## 2.3.3　脆弱生态对当地第三产业的影响

黄土丘陵区的第三产业发展受脆弱的生态环境制约，发展相对缓慢。主要是因为农业、工业发展水平较低，城乡居民的收入增长较慢，服务业缺乏服务对象。例如，农业的主要生产单位依然是农户，缺乏专业化的分工合作，从种到收到销售，均为农户独自操作，无须服务业的存在。对比发达国家的农业生产就可以看出，农业生产规模小、缺乏专业分工，造成的结果就是劳动生产率低下。当然，农业产业的专业化服务水平低，也与传统的生产习惯和农民的文化水平有很大关系，但主要原因还是脆弱的生态环境使得农户的基础生产效率低下，难以启动产业升级。受脆弱生态环境制约，黄土丘陵区工业发展缓慢，依附于工业的商业、金融业等第三产业的发展也就相对滞后。

要想加快当地的第三产业的发展，除了加快调整工农业产业结构，优化产业布局之外，仍然要坚持创新思维，利用当地独特的自然环境，发展以旅游、文化等产业为主体的第三产业发展格局。要充分挖掘当地的自然和人文景观资源，以县城为中心，各主要景区为主要节点，按照全域旅游的范式和标准，打造旅游精品线路。要加大宣传力度，提高营销水平，让外地游客感受到不一样的风土人情。例如，当地有一些以窑洞住宿为主要体验的民宿旅馆以及农家乐，给游客提供了黄土区独特的生活体验。当地的山花旅游节已经有了一定的社会影响力，每年春季，当山杏花和山桃花开放的时候，众多游客前往赏花观景，给当地带来丰厚的经济收益。当地工业企业要以游客为对象，开发适销对路的当地特色产品，包括特色食品、纪念品、工艺品，让游客不仅在住宿、饮食和游览过程中消费，也要带走当地生产的有机、安全的产品。这一切的发展前提，就是要尽快恢复当地脆弱的生态环境，塑造优美的自然景观，推动工农业产业结构调整，形成一二三产业互相配合、共同繁荣的良好局面。重点是要沿着旅游精品线路，规划以桃花和杏花为主的观景带，配合主要景区建设相应的餐饮娱乐住宿设施，并在建设中充分借鉴景观生态学、恢复生态学的原理。

## 2.3.4 脆弱生态对当地社会文化发展的影响

黄土丘陵区脆弱的生态环境不仅直接影响着各类产业的快速发展，还在一定程度上直接或间接地对当地社会文化的发展产生制约。历史上，在脆弱生态环境的影响下，当地居民的日常生活、教育发展、精神文明事业等各个方面都受到严重制约。当地居民为了适应较为恶劣的自然环境，维持着较低水平的简单再生产，在严重干旱的年份甚至连简单再生产也难以维持。相对落后的经济生产条件，加之地处偏远、信息闭塞，使得当地社会文化总体上趋于保守，与时俱进的精神相对缺失，这反过来又对经济发展产生了不利影响。

黄土丘陵区脆弱生态环境对居民日常生活的最大影响，长期以来都主要来源于水资源严重匮乏。黄土高原留给人们的第一印象往往就是干旱缺水，居民视水如油。历史上，水资源的匮乏的确使当地居民的生活条件较为恶劣，而缺水带来的主要问题就是卫生条件差，导致居民健康状况改善缓慢。可喜的是，近年来当地农村居民生活用水条件已经极大改善，有相当多的农户家中通了自来水，使水窖逐步成为历史文物。居民生活水平随着用水问题的解决，上了一个大台阶，这是历史性的巨大进步。

黄土丘陵区的教育事业发展相对滞后，这也或多或少地源于脆弱的生态环境。当然，这种影响更多是间接的，也就是说，影响教育事业的直接原因是经济落后，是由于脆弱生态环境制约了经济发展，从而影响了教育事业的发展。因脆弱生态环境的影响，地广人稀，农户居住分散，所以义务教育阶段，特别是小学阶段的学校选址面临诸多难题，同时也使学生上学路途较长，这都会在较大程度上影响教学质量。脆弱的生态环境、不便利的生活条件还难以吸引和保留高质量的师资，使得当地教育条件的改善从一开始就面临巨大挑战。要解决上述问题，最根本的，还是要大力恢复当地生态环境，加快经济发展，同时加大教育投入，在乡村建设高标准的学校。

黄土丘陵区有着悠久的历史、丰厚的文化底蕴和丰富的精神文化资源，形成了较为独特的以农耕经济为基础的社会文化面貌。当地文化以勤劳、朴实、诚信为底色，但同时也存在一些落后的因素，需要在社会经济发展中逐步改变。例如，当地婚俗习惯中还存在着较高价格的"彩礼"现象，往往严重影响产业资金积累，影响农户脱贫致富。这实际上也是在当地脆弱生态环境下产生的一种与落后经济发展状况相对应的社会现象，是小生产条件下历史文化的遗存。需要在恢复生态环境的基础上，发展社会化的大农业生产，使农户的生产和生活都纳入社会化大生产的巨系统，以生产方式的变革带动社会文化的转变。在社会主义精神文明的建设过程中，要充分发掘当地的历史文化资源，同时对传统文化进行积极的扬弃，发扬中华传统文化，培育社会主义新风尚。

## 2.3.5 脆弱生态对当地生态环境的影响

### 2.3.5.1 自然条件恶化

结合研究区本身的自然环境条件，脆弱生态往往意味着极少的植被覆盖。植被覆盖率低的结果首先是大部分土壤裸露于外，一方面降雨后雨水不容易被拦蓄和下渗，另一方面季节性风影响地表水分蒸发强烈，导致土壤干燥化程度高。另外，研究区土壤主要为黄绵土，黄土颗粒较粗，疏松多孔，物理力学性质很差（黄土孔隙度一般 42% ~ 52%，孔隙比多在 0.7 ~ 1.3，大于 5μm 的粉质颗粒占 80% 左右）（袁丽侠和雷祥义，2003）。黄土土质本身极为疏松，极少的植被覆盖意味着缺少植被地下部根系对土壤物理化学性质的作用（根系网络固结土壤，根系分泌胶体促进土壤团粒结构的形成，根际微生物对土壤化学性质的改善），会导致土壤团聚力和胶结力弱，抗蚀能力差，遇到短时强降雨时极易遭遇水力侵蚀而养分流失，在长期季节性大风天气侵蚀下而逐渐退化。植被覆盖率低还会引起局部小环境的空气湿度低，气候干燥，导致区域生物群落物种单一，结构简单。脆弱生态下的环境状况还表现为地形破碎，沟壑纵横，它往往不利于水分再分配和植被生存，一旦遇到非常规天气很容易发生多种地质灾害（暴雨、泥石流等），导致道路、农田、村庄被毁，使区域地形更为破碎化，形成恶性循环。

### 2.3.5.2 水土流失加剧

宁夏全区水土流失总面积 38 873km²，占全区总面积的 58.5%。宁夏黄土丘陵区及六盘山土石山区水土流失主要是水力侵蚀，面积 22 897km²，其中年侵蚀模数 1000 ~ 10 000t/km²，面积达到 8234km²（曹象明，2003）；水土流失灾害会导致地区土地资源严重破坏，切割土地，造成地表支离破碎，降低土地利用率。另外还会导致地表土流失、土壤肥力降低，降水利用率降低、干旱加剧，土壤退化，直接影响农林牧业的可持续发展。据有关资料报道，宁夏全区年流失泥沙量约 1 亿 t，年损失有机质 120 万 t（全氮 9 万 t、全磷 25 万 t），而全年施用化肥量 60 万 t（袁丽侠和雷祥义，2003）。流失泥沙还会淤积下游河道水库，缩短水库使用寿命，影响水利工程综合功能的发挥并危害下游。宁南山区的 239 座中小型水库由于泥沙淤积使总库容损失达 56.5%，保灌面积不到设计灌溉面积的 1/3（曹象明，2003）。水土流失还会蚕食、毁坏农田，破坏道路、房屋等，危害严重。

### 2.3.5.3 生态平衡破坏

生态脆弱地区通常经济发展综合实力较低，社会经济以农业经济为主，为了生存当地农民会开垦土地，增加粮田面积（曹象明，2003）。拥有草场资源的农牧民会开垦草地和扩大放牧范围，导致不断形成新的荒地，由此大片的可利用土地资源就会因为植被减少和畜蹄的刨蚀成为没有植被保护的裸地而不断流失。广种薄收、粗放型、掠夺式的生产经营方式导致草场退化、土地沙化和水土流失的加剧，使土地等资源超出应有的承载能力，人地关系矛盾加剧，进而对当地的生态环境造成极大压力。土地利用结构的不合理又会加剧土地资源的脆弱性，形成不良循环（宁南黄土丘陵区因历史和人为原因，原来平坦的黄土塬变成千沟万壑的黄土丘陵，荒漠草原退化以至沙化，植被覆盖率低，生物多样性受损严重，群落结构简单，生态平衡能力弱）。脆弱的自然环境当受到较大的压力和冲击时，极易造成生态破坏和环境污染，难以恢复。自然生态环境质量的不断下降、退化，在时间效应的叠加后就会导致自然生态系统失去平衡，生态不平衡最终加剧以干旱为主的冰雹、洪涝、霜冻、大风、病虫等自然灾害的发生，且通常发生频繁，危害严重。

## 2.4 区域生态恢复的进程及效果

宁夏黄土丘陵区区域生态恢复进程经历了被动治理（初期）—零星、阶段性主动治理（中前期）—多方位科学治理（中期）—可持续综合治理（后期）的发展过程，如今区域生态环境明显逐渐向好，从前的黄山秃岭大部分已然变成了青山绿岭，人们保护生态的意识逐步增强，保护自然、享受自然的理念悄然根植心中，大力开展生态建设、保护生态环境已经成为国家的一项重要发展战略和未来实现高质量发展的基础。为更好开展宁南黄土丘陵区生态建设，先来回顾一下该区域生态恢复的详细过程。

## 2.4.1 以水利工程为主的初期治理

宁夏地处边塞，环境恶劣、经济落后，历史上人民长期处于温饱线以下，土地主要用于农业生产和发展畜牧业，人们没有保护土地及生活环境的意识。关于宁夏水土治理的历史文字记载很少，环境治理方面做的工作多是黄河、雨季洪水或雨水泛滥后的疏通救灾等。但是水利问题的重要性却十分明显，历史资料中曾提出"水利问题关系宁夏人民生命，必须采取慎重步骤"（宁夏档案馆，1986），因此，这一阶段主要是以维持人民基本的生产生活和保障人民生命财产安全为目的的水利（沟渠、坝地等）疏通及抗灾救灾，较为被动，且治理的范围及目标十分局限。

## 2.4.2　零星间断到多方位阶段性治理

中华人民共和国成立以来，宁夏的水土保持工作几起几落，呈现出边治理边破坏的情况。宁南山区由于地理环境脆弱、经济落后和居民文化素质偏低等各种因素制约，生态环境恶化的趋势在继续并不断加剧，成为制约该地区社会经济发展的关键因素。以退耕还林还草为主要内容的生态重建成为宁夏南部山区摆脱贫困、发展经济的必然选择，但由于认识水平和经济发展阶段等综合因素的影响，退耕还林还草长期处在波动状态，退耕、复耕，边建设边破坏的现象交替出现。

1949～1956年，水土保持工作零星进行。1957～1973年，水土保持工作阶段性展开。1958年，在清水河、葫芦河、泾河、山水河等流域内建立了700多处水土流失治理点，涌现了91个水土保持典型，如隆德八里铺、大红山、神林北门、固原交岔美人山、西吉园林北山、东风梁、同心汪家塬、盐池何家新庄等。同时建成了大、中、小型水库20多座，保持水土初见成效。1964年，以建设基本农田结合保持水土颇见成效。固原县以九龙山、西坪梁、交岔、王洼、四营等为治理重点区。西吉县以提高原有园林北山、东风梁等为重点。同时建立了苏堡北山、城关凤凰山、什子北山等治理点，全县有专业队2100多个。同心县治山治沟，控制水土流失。预旺龚家湾大队农、林、牧齐头并进。1966年，水土保持机构被撤销，人员被解散，水土保持工作受到了冲击。到1969年，水电部召开了黄河治理规划会议和延安会议后，从1971年开始，水土保持工作又纳入农业学大寨为农业增产服务的范畴。1973年春在固原召开了全区水土保持现场会议，参观了西吉新营的打井、海原周套的沟坝地等，修订了清水河治理规划，听取了西吉平峰、固原甘城四队、中卫钻洞子生产队、同心汪家塬大队和王团前进大队等先进单位的经验介绍，推动了农田基本建设。从此确定以土为主，土、水、林综合治理，为发展农业生产服务的方针，开展了以库坝为主的海原园河流域、隆德朱家沟，以及固原乃河流域的治理。1974～1977年水土保持工作表现为科学的多方位治理。1978年以来，在水土保持方面，在"预防为主、治管结合、全面规划、因地制宜、综合防治、注重效益"的方针指导下，开展科学实验，调查、规划，加大投入，形成了以小流域为单元的综合、连续、集中治理的新局面。彭阳县以小流域为单元的水土流失治理经验，中国科学院水利部水土保持研究所在固原县河川乡上黄村、北京林业大学在西吉县马建乡黄家二岔村建立的长期定位试验示范科研基地，以及西北农业大学和固原地区农科所组织实施、以干旱地区农业结构改革与农牧结构优化为重点建立的实施"苜蓿—家畜—粪肥—粮食"生态农业良性循环体系的固原陶庄生态示范基地，为宁南黄土丘陵水土流失综合治理提供了成功经验，并逐步得到推广。

在生态重建方面，1978 年以前，生态重建工作以营造用材林和薪炭林为主。1956 年，在延安召开的在西北开展植树造林的大会拉开了西北植树造林的序幕。1966 年建立的中国人民解放军西北林业建设兵团，对以六盘山林区为主体的林业建设进行了卓有成效的改造。1978 年以后，进入了以营造商品林为主的时期。

1978 年国家实施"三北"防护林建设工程，宁夏全境被纳入防护林建设的范围。这一时期宁夏结合国家的生态保护战略和实际的生态状况，先后实施了众多生态保护工程来应对一系列生态环境的突出问题（如水土流失严重的固原市实行了"乔灌草，带片网，多林种，多树种相结合"绿色建设工程），均取得了良好的成效，遏制了生态环境的继续恶化。而"三北"防护林体系建设工程对宁夏生态环境改善具有重要作用，该工程在宁夏共实施了四期，使宁夏森林覆盖率由 2.4% 提高到 12.63%，带来良好生态效益的同时，也促进了经济效益和社会效益的提升。

## 2.4.3 近三十年的综合可持续治理

在水土保持方面，1993 年 8 月 1 日，国务院颁布了《中华人民共和国水土保持法实施条例》后，宁夏的水土保持法律法规也开始建立健全，治山治水、改善生态环境显示出了特殊地位，涌现出固原、彭阳、西吉、隆德等一大批小流域治理典型，推动了全区治理工作的开展。开展了大规模以坡地改梯田为中心的基本农田建设工程、窖集水节灌工程，把扶贫开发与水土保持结合起来、生物措施与工程措施结合起来，以经济林为主的致富工程、林草为主的生态工程与井窖为主的集流节灌工程结合起来，使生态效益与经济效益、社会效益结合。截至 2000 年底，全区水土流失初步治理面积 11 465km²，综合治理小流域 284 条，其中累计建设基本农田 40.9 万 hm²，造林 43.3 万 hm²，种草 30.4 万 hm²，水保治沟骨干工程 93 座，各类小型水保工程 2.58 万座，水窖 40 万眼，治理程度达到 26.35%。其中，1991～2000 年治理水土流失面积 6748.01km²，土壤流失量下降到 0.6 亿 t。水土流失面积由 1990 年的 38 873km²（占全区国土面积的 58.5%），减少到 2000 年的 36 850km²（占全区国土面积的 55.5%），下降了 5.2%。

在生态保护及恢复方面，从 20 世纪 80 年代开始实施的生态移民工程，将宁夏中南部环境恶劣的贫困县的农民搬迁到环境较好的宁夏中北部川区，累计搬迁移民 66 万人，约占宁夏全部人口的 10%，帮助了生态移民的脱贫致富，也缓解了宁夏中南部山区人与自然矛盾冲突的问题。

1983～1988 年，实施以林草和农村能源为主要内容的生态建设。1983～1988 年是"三西农业建设"第一个十年的前六年。当时在国家"种草种树、发展畜牧、改造山河、治穷致富"和宁夏"大力种草种树，兴牧促农，农林牧全面发展"的农业建设方针指导下，南部山区掀起了大规模的林草和能源建设热潮，荒山营造以灌木为主的薪炭林，兴办小水电，开发太阳能、风能、沼气能，推广节柴炕灶等。这一建设项目的实施，基本停止了对林草植被的破坏，将传统的救济型扶贫改为开发式扶贫，实施以工代赈，把救济同长远建设结合起来。1993～1996 年，实施以小流域综合治理、打井打窖为主要内容的生态建设。从 1993 年开始，宁夏南部山区加大了农田基本建设的力度，农田基本建设实行以小流域为单元，形成了西吉黄家二岔、原州区上黄、彭阳白岔、海原冯川等典型小流域治理模式。农业科技人员在农民雨水窖蓄灌地的基础上，通过试验示范，把雨水集流窖蓄节灌高效农业变成了现实，有效地防止了水的无效蒸发和渗流，提高了水的利用率，减少了水土流失，局部地区生态环境开始步入良性循环，并为生态重建提供了较好的条件。

1997 年至今，实施大规模以退耕还林还草为重点的生态重建。1997 年初，宁夏回族自治区党委召开了扶贫开发工作会议，这次会议标志着宁夏扶贫工作进入 20 世纪末的最后决战阶段。从 1998 年起，宁夏南部山区 8 个县（区）先后被列为国家"生态环境重点治理县"。2000 年宁南山区全面开展了退耕还林还草工作，退耕还林还草工程是将坡地上的耕地重新转化成林地或草地，在实施退耕还林还草工程的过程中，宁夏回族自治区人民政府和群众下了很大的决心。宁南山区计划当年退耕还林还草 20 万亩（1 亩 = 666.7 m²，下同），以后每年有 40 万 ~ 60 万亩耕地退耕，10 年内退耕还林还草面积达到 500 万亩。对年降水量在 400mm 以上的地区以还林为主，低于 400mm 的则实行林草结合。25°以上的坡耕地一律退耕，水土流失严重区域超过 15°的坡耕地也要坚持退耕，每退耕 1 亩坡地还林外，还要对荒山、荒坡造林 2 亩，从而加速绿化步伐。政府对退耕还林每年每亩补贴粮食 100kg，连续补助 10 年。退耕地经营承包权 30 年不变，谁承包，谁经营，谁受益，且可以继承。这些政策和措施为退耕还林还草提供有力保证。除此之外，宁夏还根据国家批准的《宁夏天然林资源保护工程实施方案》，实施了天然林资源保护工程。宁夏全境被列为天然林资源保护工程建设的范围，使宁夏的森林资源得到了保护和发展。同时实施了自然保护区建设工程，宁夏现有 14 个自然保护区，其中，国家级自然保护区 9 个，自治区级保护区 5 个，总面积为 533 048.47hm²，占全自治区面积的 8.03%，其中国家级自然保护区面积 459 548.77hm²，占全自治区保护区面积的 86.21%，占自治区面积的 6.92%；自治区级自然保护区面积 73 499.70hm²，占全自治区保护区面积的 13.79%，占自治区面积的 1.11%。保护区的建立保护了宁夏生态功能的多样性。此外，宁夏还实施了湿地保护工程，全区湿地总面积达 310 万亩，占全区总面积的 3.11%，湿地保护工程保护了宁夏湿地类型、气候和自然环境的多样性，对宁夏的气候环境起到了良好的调节作用。

"十三五"时期，是宁夏加快推进工业化、城镇化、农业现代化和信息化，全面建成小康社会的决胜阶段，是融入"一带一路"建设的重要机遇期，也是推进全区生态环境质量总体改善、建设社会主义生态文明新时代的攻坚时期。为加快生态文明建设，推动全区经济社会可持续发展，宁夏提出牢固树立创新、协调、绿色、开放、共享发展理念，也提出了生态建设的新目标——建设开放、富裕、和谐、美丽新宁夏。

宁夏回族自治区人民政府继续加大力度开展生态建设，确保宁夏的生态环境越来越好。在营造林方面要比"十二五"期间新增 33.333 万 hm²；在荒漠化治理方面，新增治理面积 30 万 hm²。在确保持续发展的基础上，林地数量和森林覆盖数量都应保持在一定范围。据报道，宁夏地区在 2016 年新增营造林 6.667 万 hm²、荒漠化治理 3.333 万 hm²、特色经济林 0.667 万 hm² 以及人工造林 3.667 万 hm²。另外，在退化防护林和生态修复林上分别新增了 0.667 万 hm² 和 5.067 万 hm²（吴燕，2017）。截至 2017 年底，宁夏累计治理水土流失面积 1.98 万 km²。2018 年又完成水土流失治理 912km²，重点预防保护面积 1224km²（任玮，2019）。在狠抓生态建设过程中，全区人民深入贯彻学习习近平生态文明思想和全国生态环境保护大会精神，认真落实"绿水青山就是金山银山"，坚持节约资源和保护环境的生态治理理念，学习中共中央国务院《关于加快推进生态文明建设的意见》《生态文明体制改革总体方案》等。自治区党委、政府也提出了一系列开展生态文明建设的部署要求，如 2017 年宁夏召开的自治区第十二次党代会，指出全区上下要坚决贯彻落实党中央部署要求，要加强生态环境系统性保护与修复，严守生态保护红线，推进山水林田湖草系统治理，实施好重大生态工程，加快推进生态文明体制改革，建设西北地区重要生态安全屏障。在 2018 年召开的宁夏回族自治区生态环境保护大会上，自治区党委书记、人大常委会主任指出，宁夏自大力实施生态立区战略以来，生态环境总体上向好的方向转变，但生态环境保护和建设的形势依然严峻、任务极为艰巨，在今后的工作中全区人民要以壮士断腕的决心、背水一战的勇气、攻城拔寨的拼劲，坚决打好污染防治攻坚战，加快建设美丽宁夏，开创新时代宁夏生态文明建设新局面。

## 2.4.4 未来目标

2019 年 12 月宁夏回族自治区党委书记在听取生态环保等部门工作情况汇报时强调，全区要树立绿色发展理念，推进生态环境建设，科学规划、突出重点、完善机制，守好改善生态环境生命线，为高质量发展奠定坚实基础；并指出，没有生态的改善就没有生活的改善，没有环境的空间就没有发展的空间。要深入贯彻落实习近平生态文明思想，牢固树立绿色发展理念，把改善生态环境作为一条生命线来守护，作为实现高质量发展的基础工程、民生工程和希望工程来推进。要科学规划，坚持问题导向（宁夏总体属于缺水地区），要把解决资源性缺水、工程性缺水、水质性缺水统筹起来，把洪水、雨水、中水资源充分利用起来，做好资源化文章。还要引导全区干部群众学会算资源账、能源账、环境账、长远账，努力走出一条在发展中保护、在保护中发展的路子，实现高质量发展和高水平保护协同推进。

自治区生态环境厅党组书记、厅长在 2019 年全区生态环境质量状况及 2020 年生态环境保护工作进展情况新闻发布会上提到，生态环境保护工作要做到三点：一是切实抓好生态环境保护。要严守生态保护红线、强化生态规划管控、强化资源节约集约利用、建立自然保护地体系、建设黄河生态保护带、加强"三山"生态保护修复。二是扎实推进生态环境治理，坚持源头治理、系统治理、流域治理、规范治理，促进全区生态环境质量持续改善。系统推进水环境治理、水生态修复、水资源管理。三是全面加强生态系统建设，坚持山水林田湖草系统治理，加快生态修复，解决生态资源不足突出问题，不断增强全区生态系统服务功能。

  "十四五"期间，全区将继续贯彻落实习近平生态文明思想，树立绿色发展和"绿水青山就是金山银山"的发展理念，坚持生态优先、绿色发展，以水而定、量水而行，因地制宜、分类施策。坚持节约资源和保护环境，按照生态立区战略，结合宁夏生态环境治理和生态产业发展开展"绿水青山"提质增效与乡村振兴，促进宁夏黄土丘陵地区生态环境保护和高质量发展。进一步加大生态保护和建设力度，科学优化生态空间格局，全面提升生态环境承载能力，加强信息数据共享，不断适应经济发展新要求，把宁夏建设成祖国西部生态屏障和生态文明示范区，为全区经济社会全面协调可持续发展和全面建成小康社会提供坚实的生态保障。

# |第3章| 土地利用变化及其环境响应

土地利用变化作为全球环境变化的重要内容，对土地资源的合理配置、生态环境的稳定发展、人类生产生活等都带来很大的影响。土地利用变化是人类活动作用于生态系统的重要方式，通过影响生态系统的格局与过程，改变着生态系统产品与服务的供给，对生态系统服务价值起决定性作用（郭椿阳等，2019）。土地利用变化能很好地反映社会经济发展的历程，是人类活动最为显著的表现形式。

黄土高原是我国重要生态屏障带，由于生态环境脆弱加之长期人类活动的影响，该区域以水土流失为主要特征的生态环境问题十分突出，严重的水土流失不仅阻碍了该区社会经济的进一步发展，同时为黄河下游地区带来一系列的生态环境问题。研究表明，除受黄土高原自身立地条件的影响外，不合理的土地利用方式和脆弱的植被生态系统是造成该区水土流失严重的又一重要因素（刘德林等，2012）。黄土高原地区一直是恢复的热点和重点区域，以退耕还林（草）工程为代表的大规模生态恢复项目则是恢复的主要手段；经过十余年的发展，退耕还林（草）工程在植被恢复方面产生了显著的生态效益（张琨等，2017）。随之产生的土地利用、植被变化、土壤环境变化是当前黄土高原生态环境研究的主要内容。

## 3.1 流域土地利用变化

### 3.1.1 流域概况及研究方法

#### 3.1.1.1 流域概况

本研究所在的小流域为彭阳县中庄流域，位于宁南山区彭阳县草庙乡和白阳镇境内，流域总面积 128.24km² （图 3-1）。

该区是典型的黄土丘陵区，地貌以梁状丘陵为主，部分地域梁峁交错，侵蚀沟道遍布，地形破碎，沟道间偶有较为平缓的小型平缓地带，是主要的居住和农业生产区。年平均气温 7.4 ~ 8.5℃，无霜期 140 ~ 170d，多年降水量 350 ~ 550mm，日照时数 2311.2h，无霜期 140 ~ 170d，属典型的温带半干旱大陆性季风气候，干旱、冻害等自然灾害相对频繁。自然植被以典型温带草原植被为主，主要以本氏针茅、甘肃蒿、冷蒿、白莲蒿、百里香、胡枝子等植物为建群种的群落类型为主。土壤以黄绵土为主，部

图 3-1　中庄流域鸟瞰图（红色线条为流域边界）

分区域偶有黑垆土分布。

流域海拔在 1470~1848m（图 3-2），其中 0°~5° 的土地占总面积的 22.58%，5°~10° 的土地占 48.96%，10°~15° 的土地占 24.58%，15° 以上的土地占 3.88%。从坡向分布来

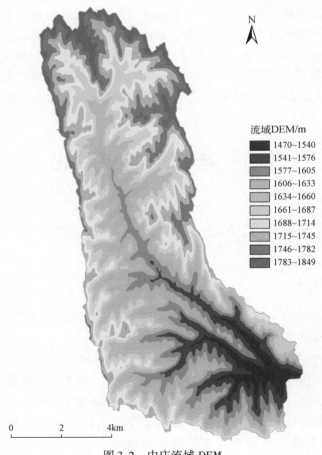

N

流域 DEM/m
- 1470~1540
- 1541~1576
- 1577~1605
- 1606~1633
- 1634~1660
- 1661~1687
- 1688~1714
- 1715~1745
- 1746~1782
- 1783~1849

0　2　4km

图 3-2　中庄流域 DEM

看，东坡占比 26.70%，南坡 18.89%，西坡占比 17.9%，北坡占比 36.51%，总体呈现出东北坡缓、西南坡陡的特征。

### 3.1.1.2 研究方法

本研究利用了多时期土地利用/土地覆被遥感监测数据集，该数据集是中国科学院资源环境数据中心以美国陆地卫星 Landsat 遥感影像数据作为主信息源，通过人工目视解译获取的（徐新良等，2018）。该数据集的分辨率为 30m。该土地利用/土地覆盖数据的分类系统采用三级分类系统：一级分为 6 类，主要根据土地资源及其利用属性，分为耕地、林地、草地、水域、建设用地和未利用土地；二级主要根据土地资源的自然属性，分为 25 个类型；三级类型 8 个，主要根据耕地的地貌部位。具体分类如下：耕地分水田和旱地（二级类型），其中水田根据其所处的地貌位置又分为 4 个三级类型，即山地水田（111）、丘陵水田（112）、平原水田（113）和大于 25°坡地水田（114），旱地根据其所处的地貌位置又分为 4 个三级类型，即山地旱地（121）、丘陵旱地（122）、平原旱地（123）、大于 25°坡地旱地（124）。

本研究中参考了一级分类，把流域土地利用分为耕地（农田）、林地、草地、水域和城乡建设用地五类，统计了不同时期各类土地的面积，分析其变化。

**1）单一土地利用动态度**

单一土地利用动态度是用来定量研究某一土地类型数量变化的指标，可以反映土地利用类型的变化幅度与变化速度，其意义在于刻画区域土地利用变化的剧烈程度，可预测未来土地变化趋势，并能反映土地利用变化速率的区域差异。

$$K = \frac{U_b - U_a}{U_a} \times \frac{1}{T} \times 100\% \tag{3-1}$$

式中，$K$ 为研究时段某一土地利用类型动态度；$U_a$、$U_b$ 分别为研究初期、末期某一土地利用类型面积；$T$ 为研究时长。

**2）综合土地利用动态度**

综合土地利用动态度是刻画土地利用类型变化速度区域差异的指标，反映人类活动对流域土地利用类型变化的综合影响。其公式为（丁丽莲等，2019）

$$S = \sum_{i=1}^{n} \frac{\Delta S_{ij}}{S_i} \times \frac{1}{T} \times 100\% \tag{3-2}$$

式中，$S$ 为与 $T$ 时段对应的研究区综合土地利用动态度；$\Delta S_{ij}$ 为监测开始至监测结束时段内第 $i$ 类土地利用类型转换为其他类土地利用类型面积总和；$S_i$ 为监测开始时间第 $i$ 类土地利用类型的总面积；$T$ 为土地利用变化时间段。

**3）土地利用程度综合指数**

土地利用程度综合指数可以反映某区域特定时期的土地利用程度，研究期间的指数变化可反映区域土地利用程度变化，主要反映区域土地利用的广度和深度等方面的变化程度。结合研究区实际，将土地利用类型分为林草水用地、农业用地、建筑与其他用地来计算土地利用程度综合指数。

$$L = 100 \times \sum_{i=1}^{n} A_i \times Q_i \qquad (3\text{-}3)$$

式中，$L$ 为土地利用程度综合指数；$A_i$ 为区域内第 $i$ 级土地利用程度分级指数；$Q_i$ 为区域内第 $i$ 级土地利用程度分级面积比例；$n$ 为土地利用程度分级数（表3-1）。

表3-1 土地利用程度分级

| 土地利用分级 | 下属分类 | 分级 |
| --- | --- | --- |
| 林草水用地 | 林地、草地、水域滩涂 | 1 |
| 农业用地 | 耕地 | 2 |
| 建筑与其他用地 | 建筑用地 | 3 |

**4）土地利用结构信息熵、均衡度和优势度**

（1）信息熵（$H$）的高低可以反映土地利用的均衡程度。熵值越高，表明不同职能的土地利用类型越多，各职能类型的面积相差越小，土地分布越均衡。其计算公式为

$$H = -\sum_{i=1}^{m} P_i \times \ln P_i \qquad (3\text{-}4)$$

式中，$m$ 为土地利用类型的数量；$P_i$ 为第 $i$ 类土地利用类型的面积比例。

（2）基于信息熵函数构建的土地利用结构均衡度（$E$），目的在于反映土地利用结构的均衡程度。其取值范围为，$E$ 值越大均质性越强，当 $E = 0$ 时用地处于最不均匀状态，当 $E = 1$ 时研究区用地类型达到理想平衡状态。其计算公式为

$$E = \sum_{i=1}^{m} P_i \times \frac{\ln P_i}{\ln m} \qquad (3\text{-}5)$$

（3）优势度（$I$）体现区域内一种或几种土地利用类型支配该区域土地类型的程度，其表达式为

$$I = 1 - E$$

土地利用结构信息熵和均衡度、优势度可以在一定程度上综合反映某区域在一定时间段内的土地利用结构特征、动态变化及其转换程度，对具体区域土地利用结构的调整与优化、土地利用总体规划有一定的指导和借鉴意义。

## 3.1.2 土地利用动态变化

研究区 1980～2018 年土地利用类型如图 3-3 和图 3-4 所示。从土地利用结构（表3-2）和土地利用动态度（表3-3）可以看出1980～2000年流域各类土地的变化动态与特征。

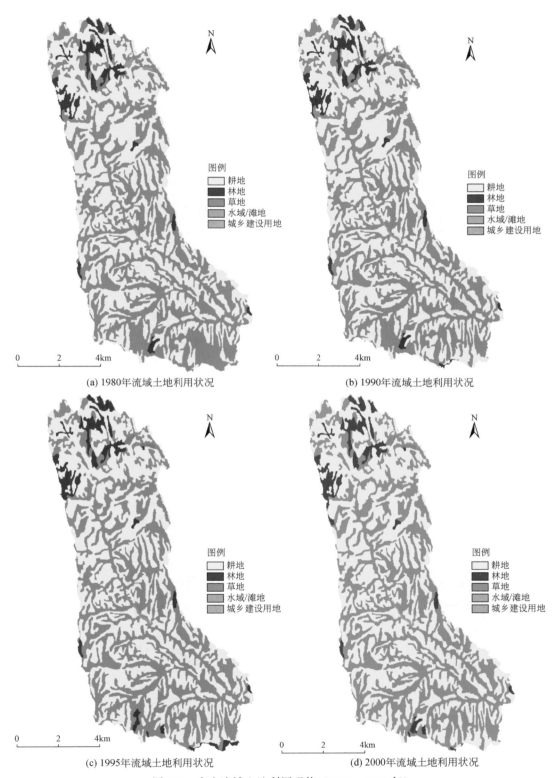

图 3-3　中庄流域土地利用现状（1980~2000 年）

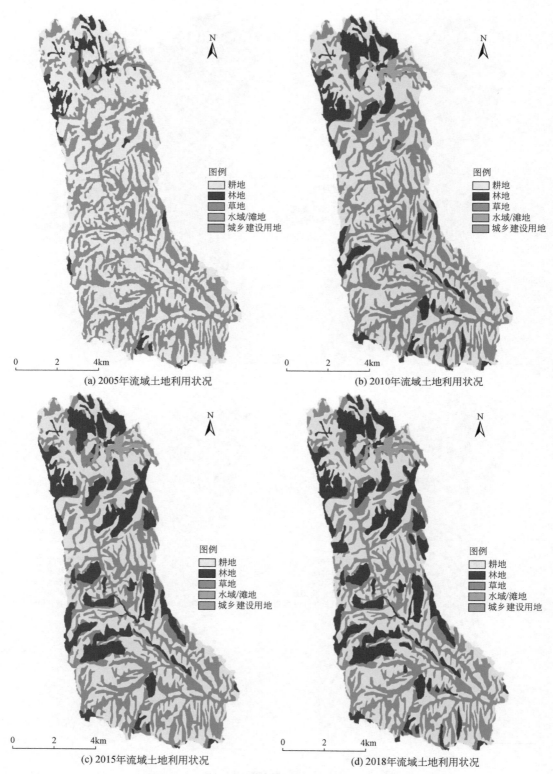

图 3-4　中庄流域土地利用现状（2000～2018 年）

表 3-2　不同时期流域土地利用结构与土地利用程度综合指数　　（单位：%）

| 年份 | 1980 | 1990 | 1995 | 2000 | 2005 | 2010 | 2015 | 2018 |
|---|---|---|---|---|---|---|---|---|
| 耕地 | 50.43 | 51.25 | 50.73 | 51.48 | 51.35 | 45.70 | 41.46 | 40.81 |
| 林地 | 4.13 | 4.20 | 4.89 | 4.56 | 4.60 | 13.39 | 21.41 | 23.67 |
| 草地 | 45.07 | 44.08 | 43.89 | 43.47 | 43.56 | 39.93 | 35.95 | 34.18 |
| 水域 | 0.22 | 0.23 | 0.23 | 0.23 | 0.23 | 0.00 | 0.00 | 0.00 |
| 城乡建设用地 | 0.15 | 0.23 | 0.25 | 0.25 | 0.25 | 0.99 | 1.18 | 1.35 |
| 土地利用程度综合指数 | 150.88 | 151.94 | 151.49 | 152.24 | 152.11 | 148.67 | 145.00 | 144.85 |

表 3-3　不同时段流域土地利用动态　　（单位：%）

| 土地利用类型 | 1980 ~ 1990 年 | 1990 ~ 1995 年 | 1995 ~ 2000 年 | 2000 ~ 2005 年 | 2005 ~ 2010 年 | 2010 ~ 2015 年 | 2015 ~ 2018 年 |
|---|---|---|---|---|---|---|---|
| 耕地 | 0.32 | -0.20 | 0.30 | -0.05 | -2.20 | -1.86 | -0.52 |
| 林地 | 0.38 | 3.27 | -1.37 | 0.21 | 38.15 | 11.99 | 3.51 |
| 草地 | -0.44 | -0.09 | -0.19 | 0.04 | -1.67 | -1.99 | -1.64 |
| 水域 | 1.01 | 0.00 | 0.00 | 0.00 | -20.00 | 0.00 | 0.00 |
| 城乡建设用地 | 10.72 | 1.96 | 0.00 | 0.00 | 58.59 | 3.88 | 4.69 |
| 综合土地利用动态度 | 12.00 | 4.94 | -1.27 | 0.20 | 72.87 | 12.03 | 6.04 |

　　从各类土地类型的变化趋势（图 3-5）来看，耕地面积呈现出略微增加的趋势，2000 年以后流域耕地面积所占比重逐年下降；1980 ~ 2018 年草地面积呈现出持续的下降趋势；林地面积呈现出逐年上升的趋势，2000 年以前增加速度非常缓慢，2000 年以后林地面积迅速上升。林草耕地的这种变化与流域生态修复进程关系密切，2000 年退耕还林工程开始实施，部分耕地通过退耕转变为林草地，耕地面积开始下降。同时部分荒山地进行荒山造林恢复生态，草地面积也逐步下降，而林地面积开始上升，2010 年后林地面积上升迅速，表明早期栽植的林木在 2010 年后逐步成林（林木覆盖度 ≥30% 划分为林地）。截至 2018 年，流域林地面积占比已经达到 23.67%，随着后期林木的生长，林地面积的比重还会进一步上升。流域内水域/滩涂是处于中庄虎洼自然村的淤地坝，2000 年以前淤地坝还能蓄积一定的流域径流，但是 2000 年以后，随着流域生态修复进程的推进，淤地坝已无法收集到径流。这主要与生态修复中采取的造林整地和水土保持工程有关。流域内的造林整地

全部采用了水平沟和鱼鳞坑整地的方式，这种整地方式完全拦截了坡面径流。同时，随着坡地梯田化工程的推进，坡耕地逐渐全部转化为梯田，也杜绝了耕地的坡面径流。水平沟+鱼鳞坑+梯田的工程组合完全拦截了流域的坡面径流，实现了雨水资源的就地利用，为林草和作物生长提供了水资源保障。同时，这种水土保持工程措施的负面影响也逐渐显现，流域的下游已经收集不到径流。因此，整个黄土丘陵区淤地坝干涸、小河断流。大型淤地坝和中大型河流蓄积量和流量也显著减少，对工农业用水产生了一定的影响。随着淤地坝的干涸，坝内人工种植和自然生长的林木迅速生长，到2010年前后该处水域已经全部转变为林地。

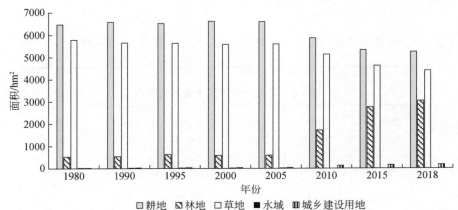

图 3-5　1980～2018 年流域各土地类型面积

　　城乡建设用地主要是草庙乡所在地，在流域所占比重极小，1980 年占比 0.15%，2018 年占比 1.35%。城乡建设用地的增长速度比较明显，也反映出流域社会经济发展较快，乡镇规模也在逐步扩大。

　　从综合土地利用动态度（表 3-3）来看，1980～1990 年流域综合土地利用有一定变化，可能主要体现在土地开垦利用，该时段是人口增加比较快的时段，人口增加对粮食需求增加，因此部分荒山地可能被开垦为农田加以利用。1990～2005 年，流域综合土地利用动态度变化很小，表明这一时期流域土地结构保持稳定。该时期虽然已经开始退耕还林工程，但是在工程实施早期，林木覆盖度低，大量退耕地和新造林地依然被认定为原土地利用类型，因此整体来看流域土地结构保持稳定。2005～2010 年是流域综合土地利用动态度变化最大的时期，在这一时期随着林木生长，退耕林地和荒山造林地林木覆盖度持续增加，认定为林地的面积快速增长。同时，这一时期是国内经济发展最快的时段，流域中乡镇建设用地面积也快速扩张，这两类土地利用变化导致流域综合土地利用动态度迅速增加。2010 年以后流域综合土地利用动态度又开始回落，表明这一时期以后流域土地利用结构又趋于稳定。整体来看，以退耕还林为主的生态修复措施对流域土地利用结构的影响最大。

### 3.1.3 土地利用程度

土地利用程度其实反映了人类对区域土地利用的规模和等级。对土地利用越多，土地利用程度综合指数越高，对区域生态系统的影响也越大；土地利用程度综合指数越低，人类对区域生态系统的影响也越小。从表 3-2 中土地利用程度综合指数来看，该流域综合土地利用程度并不高，对土地的利用方式主要表现在耕作方面。

图 3-6 是 1980 年以来流域土地利用程度综合指数的变化曲线。可以看出，该流域土地利用程度呈现出下降趋势，1980～2005 年土地利用程度综合指数基本保持平稳。2005～2015 年土地利用程度综合指数显著下降，2015 年以后又保持平稳。这显示出自2000 年退耕还林以后该区域土地利用强度显著下降，流域生态系统干扰减少，这对生态修复是有利的。土地利用程度综合指数还反映出该区域经济发展水平较低，整体上对土地的开发利用程度也低。随着生态修复工程实施和社会经济发展，大量人口流出，人类活动从该区域转移到经济发达的城市，对区域生态环境的压力减小，这有利于该区域生态系统的恢复。

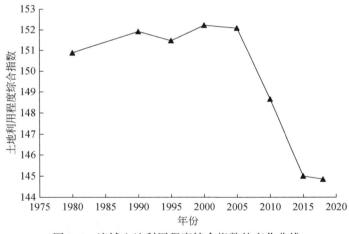

图 3-6 流域土地利用程度综合指数的变化曲线

### 3.1.4 信息熵与均衡度

依据不同土地利用类型所占比重计算了不同时期流域土地利用的信息熵、均衡度和优势度，结果如表 3-4 所示。根据信息熵原理，信息熵越高表明系统有序程度越低、越无序混乱，信息熵减小表明系统向有序发展。利用信息熵原理对研究区土地利用结构合理性进行研究，可以了解在人类活动影响下土地系统有序程度的变化趋势，并能定量研究人类活动对区域系统的影响程度。

表 3-4　不同时期流域土地利用的信息熵、均衡度和优势度

| 年份 | 信息熵 | 均衡度 | 优势度 |
| --- | --- | --- | --- |
| 1980 | 0.86 | 0.53 | 0.47 |
| 1990 | 0.87 | 0.54 | 0.46 |
| 1995 | 0.88 | 0.55 | 0.45 |
| 2000 | 0.87 | 0.54 | 0.46 |
| 2005 | 0.88 | 0.54 | 0.46 |
| 2010 | 1.04 | 0.65 | 0.35 |
| 2015 | 1.12 | 0.69 | 0.31 |
| 2018 | 1.13 | 0.70 | 0.30 |

从 1980～2018 年流域土地利用的信息熵可以看出，在早期，流域土地利用的有序度高、均衡度低，优势度比较集中。现实中主要表现为土地利用程度高、耕地占主导地位。随着生态修复进展的加快，大量耕地转化为林草地，土地利用更趋于多样化，均衡度增加，但是优势度减少。这也是以农业为主的土地在退耕后转变为林草地过程中土地利用变化的主要特征，即农田转变为林草地后，各土地利用类型更趋于均匀，某一类土地利用占主导的趋势有所下降。

由此可知，中庄流域土地利用信息熵逐渐上升，说明该区域土地利用系统在向无序的状态演变，越趋近于自然状态；土地利用均衡度值逐渐减少，表明区域土地利用均衡程度不断降低；土地利用优势度呈上升趋势，表明以耕地、林地为代表的土地利用类型在该区域的支配程度不断增加。

# 3.2　土地利用变化对生态服务价值的影响

## 3.2.1　研究方法

谢高地等（2008）将生态系统服务概括为供给服务、调节服务、支持服务、文化服务4 个一级类型，在一级类型之下进一步划分出 11 种二级类型。在生态系统价值评估中，用不同土地利用类型的生态服务价值当量因子和单位面积农田生态系统提供食物生产服务的经济价值估算不同土地利用类型的生态服务价值。根据谢高地等（2008）的方法，1 个标准生态系统生态服务价值当量因子相当于 1 hm² 研究区平均产量的农田每年自然粮食产量的经济价值，其经济价值等于当年研究区平均粮食单产市场价值的 1/7。故区域单位面积

生态系统经济价值估算方法如下：

$$E_a = \frac{1}{7} \sum_{i=1}^{n} \frac{q_i \times p_i}{M} \tag{3-6}$$

式中，$E_a$ 为单位面积农田生态系统提供食物生产服务的经济价值（元/hm²）；$n$ 为粮食作物种类数；$p_i$ 为农作物 $i$ 的价格（元/kg）；$q_i$ 为农作物 $i$ 的总产量（kg）；$M$ 为 $n$ 种粮食作物的总面积（hm²）；1/7 是指单位面积生态服务价值为研究区当年主要粮食作物单位面积产值的1/7。

该流域处于固原市内，固原市种植的作物主要是冬小麦、玉米、马铃薯、油料作物。由于该流域不同类型作物面积的统计数据缺乏，本研究采用固原市国民经济和社会发展统计公报中粮食种植面积与总产量计算粮食单产，粮食价格采用 2001～2015 年宁夏粮食平均价格 1.88 元/kg（张治华和薛里图，2017）。因此流域内农田生态系统的服务价值估算简化为

$$E_a = (P \times Q)/7 \tag{3-7}$$

式中，$P$ 为粮食的平均价格 1.88（元/kg）；$Q$ 为年粮食的平均产量（kg/hm²）。

流域生态服务价值计算公式为

$$\text{ESV} = \sum (A_i \times \text{VC}_i) \tag{3-8}$$

式中，ESV 为生态服务价值；$A_i$ 为第 $i$ 类土地利用类型的面积（hm²）；$\text{VC}_i$ 为生态服务价值系数，即单位面积上土地利用类型 $i$ 的 ESV［元/（hm²·a）］。

在生态服务价值分析中，常用敏感性指数（CS）来确定不同土地利用生态服务价值随着时间变化对价值系数的依赖程度。如果 CS>1，则预估 ESV 对变异系数（VC）（即生态服务价值系数）具有弹性，VC 变动1% 会引起 CS 大于1% 的变动，则其准确度差、可信度低；如果 CS<1，则说明 ESV 对 VC 是缺乏弹性的，结果是可信的（丁丽莲等，2019）。敏感性指数计算公式如下：

$$\text{CS} = \left| \frac{(\text{ESV}_j - \text{ESV}_i)/\text{ESV}_i}{(\text{VC}_j k - \text{VC}_i k)/\text{VC}_i k} \right| \tag{3-9}$$

式中，$\text{ESV}_j$ 和 $\text{ESV}_i$ 分别为调整后和初始的生态服务价值；$\text{VC}_j$ 和 $\text{VC}_i$ 分别为调整后和初始的生态服务价值系数；$k$ 为某种土地利用类型。

## 3.2.2 不同土地利用类型的生态服务价值

在此依据谢高地等（2008）提出的不同土地利用类型当量因子表估算流域不同土地利用类型的生态服务价值。由于谢高地等提供的生态服务价值当量是基于全国农田价值估算的平均水平，不同区域农田生物产量差异很大，因此还需要依据生物量订正因子进行订正。谢高地等（2005）提出的宁夏农田生态系统生物量订正因子为 0.61，由于该因子代表了宁夏全区水平，但是流域所在地为黄土丘陵区，农田生物量明显低于全区平均值，显然灌区高生物量拉高了黄土丘陵区的水平。而同为黄土丘陵区的山西和甘肃的订正因子则

分别为 0.46 和 0.42，因此山西和甘肃的定向因子更适合宁夏黄土丘陵区。在此选用 0.42 的生物量订正因子进行订正，最终估算出流域不同土地利用类型的生态服务价值系数（表 3-5）。

表 3-5　流域不同土地利用类型的生态服务价值系数

[单位：元／（hm² · a）]

| 生态服务 | | 耕地 | 林地 | 草地 | 水域 |
|---|---|---|---|---|---|
| 供给服务 | 食物生产 | 243.70 | 54.48 | 28.67 | 229.37 |
| | 原料生产 | 114.68 | 123.29 | 40.14 | 65.94 |
| | 水资源供给 | 5.73 | 63.08 | 22.94 | 2 376.83 |
| 调节服务 | 气体调节 | 192.10 | 404.26 | 146.22 | 220.77 |
| | 气候调节 | 103.22 | 1 212.79 | 384.19 | 656.57 |
| | 净化环境 | 28.67 | 366.99 | 126.15 | 1 591.24 |
| | 水文调节 | 77.41 | 960.48 | 280.98 | 29 313.28 |
| 支持服务 | 土壤保持 | 295.31 | 493.14 | 177.76 | 266.64 |
| | 维持养分循环 | 34.41 | 37.27 | 14.34 | 20.07 |
| | 生物多样性 | 37.27 | 450.14 | 160.56 | 731.11 |
| 文化服务 | 美学景观 | 17.20 | 197.83 | 71.68 | 541.88 |
| 总价值 | | 1 149.70 | 4 363.75 | 1 453.63 | 36 013.70 |

由表 3-5 可以看出，各土地类型中水域的生态服务价值是最高的，其次为林地，草地和耕地的生态服务价值最低。与同类研究结果相比，中庄流域各土地类型的生态服务价值偏低。这与该区生态系统生产力和生态功能是相符合的，干旱的气候条件决定了该区域林草地发挥的生态功能低于全国平均水平。李娜等（2013）曾估算过中庄流域各土地利用类型的生态服务价值，由于在估算时直接采用了谢高地等（2005）全国的生态系统服务价值系数，并没有依据该区的粮食产量、价格，也没有进行生物量修正，因此明显高估了流域生态服务价值。

## 3.2.3　土地利用的变化对生态服务价值的影响

依据流域各土地类型的面积和生态服务价值系数估算了流域不同时期不同土地类型的生态服务价值和流域生态服务总价值，结果见表 3-6。可以看出，流域生态服务总价值从

1980 年的 1917.5 万元，上升到 2018 年的 2563.4 万元，流域生态服务总价值增加了 645.9 万元。从 2000 年退耕还林以后，18 年间流域生态服务总价值增加了 630.9 万元。2015 ~ 2018 年，流域生态服务总价值增长了 83.5 万元。

表 3-6　依据土地类型面积估算的不同年份流域生态服务总价值　（单位：万元）

| 年份 | 耕地 | 林地 | 草地 | 水域 | 合计 |
|------|------|------|------|------|------|
| 1980 | 743.6 | 230.9 | 840.2 | 102.7 | 1917.5 |
| 1990 | 755.6 | 235.3 | 821.8 | 107.9 | 1920.7 |
| 1995 | 748.0 | 273.8 | 818.2 | 107.9 | 1948.0 |
| 2000 | 759.1 | 255.0 | 810.5 | 107.9 | 1932.5 |
| 2005 | 757.1 | 257.7 | 812.1 | 107.9 | 1934.8 |
| 2010 | 673.8 | 749.2 | 744.3 | 0.0 | 2167.3 |
| 2015 | 611.3 | 1198.5 | 670.1 | 0.0 | 2479.9 |
| 2018 | 601.7 | 1324.6 | 637.1 | 0.0 | 2563.4 |

　　图 3-7 是不同土地类型在不同年份的生态服务价值对比。可以看出，流域生态服务总价值增加最快的年份是 2015 年。从不同土地类型的生态服务价值来看，水域、耕地和草地生态服务价值下降，而林地生态服务价值在持续上升。这也表明，随着生态修复的持续进行，大量耕地和草地转化为林地，林地面积显著增长；同时，林地生态服务价值系数也高于耕地和草地，因此林地面积的增加对流域生态服务总价值贡献很大。在土

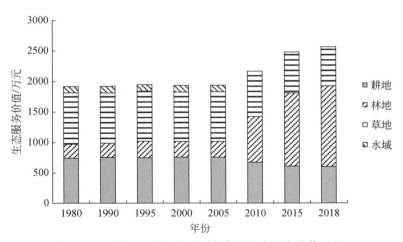

图 3-7　不同土地类型在不同年份的生态服务价值对比

地利用分类识别中，林木覆盖度低于 30% 的造林地划分为草地，由于早期造林苗木小，林地覆盖度低，因此早期的造林地始终划分为草地类型。后期随着林木的生长，大量的造林地由于林地覆盖度不断增加，草地转化为林地的面积也会不断增加。因此，流域生态服务总价值在未来 10 年仍有很大的增长空间。

表 3-7 是计算 1980～2018 年各项生态服务价值的结果。可以看出，随着土地利用变化流域各项生态功能的变化过程。流域生态系统在服务价值中，气候调节、水文调节和土壤保持功能所占比重大，各项所占比重在 12%～23% 变化；食物生产、原料生产和生物多样性功能位居其次，比重在 4.5%～10% 变化；美学景观功能的比重在 3%～4%，而水资源供给和维持养分循环功能在 1%～2%。1980～2018 年流域土地食物生产功能在减弱，水资源供给、原料生产和维持养分循环的功能略有上升，气候调节、水文调节、净化环境、生物多样性和美学景观功能有了显著的增强。这主要是由农田转变为林草地后可耕种面积减少、林草面积增加带来的生态环境方面服务功能的增加所致。

表 3-7  流域各项生态服务价值的变化　　　　　　　　　（单位：万元）

| 生态服务功能 | 1980 年 | 1990 年 | 1995 年 | 2000 年 | 2005 年 | 2010 年 | 2015 年 | 2018 年 |
|---|---|---|---|---|---|---|---|---|
| 食物生产 | 177.7 | 180.0 | 178.8 | 180.8 | 180.4 | 166.9 | 157.7 | 156.6 |
| 原料生产 | 104.1 | 104.9 | 105.1 | 105.5 | 105.4 | 108.9 | 113.3 | 115.0 |
| 水资源供给 | 27.1 | 27.3 | 27.7 | 27.4 | 27.4 | 25.9 | 30.9 | 32.2 |
| 气体调节 | 230.8 | 231.4 | 233.3 | 232.6 | 232.7 | 256.9 | 280.6 | 287.3 |
| 气候调节 | 354.9 | 352.4 | 361.5 | 355.2 | 356.2 | 465.4 | 565.1 | 590.5 |
| 净化环境 | 115.4 | 114.7 | 117.5 | 115.5 | 115.8 | 144.4 | 174.2 | 181.7 |
| 水文调节 | 346.9 | 349.4 | 356.6 | 351.7 | 352.5 | 354.1 | 434.5 | 455.2 |
| 土壤保持 | 320.6 | 322.0 | 323.9 | 323.7 | 323.7 | 348.8 | 374.4 | 382.1 |
| 维持养分循环 | 32.6 | 32.8 | 32.9 | 32.9 | 32.9 | 33.9 | 35.1 | 35.6 |
| 生物多样性 | 142.8 | 141.7 | 145.1 | 142.6 | 143.0 | 181.3 | 217.5 | 226.5 |
| 美学景观 | 64.6 | 64.1 | 65.6 | 64.5 | 64.7 | 80.7 | 96.5 | 100.5 |

# 3.3 流域植被覆盖的变化

## 3.3.1 研究方法

数据来源及植被覆盖分析：本研究采用 2000 ~ 2018 年 5 ~ 9 月 Modis16 天合成 NDVI 产品，通过 NDVI 分析植被覆盖的变化。Modis 植被指数算法是基于像元进行运算的，是采用 16 天的多次观测产生一个合成的植被指数。年内不同时期植被覆盖变化很大，对于一年内的 NDVI，采用最大值合成法（maximum value composite，MVC）计算年 NDVI 最大值作为该年度的 NDVI 值做进一步分析。

植被覆盖度的绝对变化率：为了定量评估某一地区在一定时间段内植被覆盖度的变化强度，在此引入了植被覆盖度的绝对变化率，即

$$d = \frac{1}{n} \sum_{i=1}^{n} | y_i - \bar{y} | \tag{3-10}$$

式中，$d$ 为植被覆盖度的绝对变化率；$y_i$ 为 $i$ 年的植被覆盖度；$\bar{y}$ 为研究期内植被覆盖度的平均值；$n$ 为时间段长度。$d$ 值越大说明，在研究期内植被覆盖度变化越大，其植被覆盖状态越不稳定；$d$ 值越小说明，在研究期内植被覆盖度变化越小，植被覆盖状态越稳定。

趋势分析：一元线性回归分析能够模拟每个栅格的变化趋势，该方法是指在一定时间内，采用最小二乘法逐像元拟合年均 NDVI 的斜率，用以综合反映植被的时空格局演变特征，计算公式为

$$\text{Slope} = \frac{n \times \sum_{i=1}^{n} i \times \text{NDVI}_i - \sum_{i=1}^{n} i \sum_{i=1}^{n} \text{NDVI}_i}{n \times \sum_{i=1}^{n} i^2 - \left( \sum_{i=1}^{n} i \right)^2} \tag{3-11}$$

式中，Slope 为变化趋势；$\text{NDVI}_i$ 为第 $i$ 年的 NDVI 值；$n$ 为研究时序。当 Slope>0 时，表明 NDVI 呈增加趋势；当 Slope<0 时，表明 NDVI 呈下降趋势（杜灵通和田庆久，2012）。

## 3.3.2 植被覆盖的空间特征

图 3-8 是 2018 年彭阳县植被 NDVI 指数空间分布特征。可以看出，彭阳县植被覆盖呈现南部高、北部低；植被覆盖最好的区域位于西南部的六盘山区域，该区域属六盘山区，自然条件好，植被盖度高；南部的新集乡和红河乡植被盖度也相对高；植被覆盖最差的区域在北部，主要是罗洼、交岔乡和王洼镇的部分区域。这种植被分布格局显然是受到降水量的影响，因为从西南向东北，降水量是逐渐减少的。蓝色线条所在的中庄流域植被覆盖度处于全县平均水平，从流域植被空间分布来看，草庙乡所在地为居住及建筑用地植被覆

盖度低；在流域的南部植被覆盖度偏低的区域为当年梯田建设的区域，梯田建设前后地表扰动大，植被尚未完全恢复，因此植被覆盖度偏低。

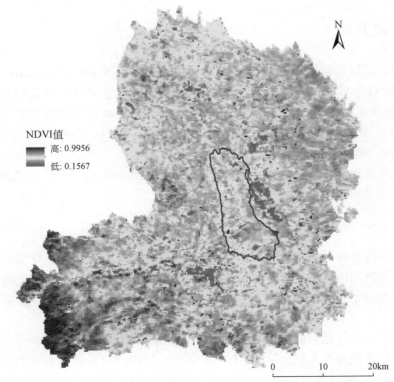

图 3-8　2018 年彭阳县植被覆盖空间特征（蓝色线为中庄流域界限，下同）

## 3.3.3　植被覆盖的绝对变化率

植被覆盖的绝对变化率代表了某一段时间内植被反复变化的绝对值。绝对变化率越大，表明该区域植被更为脆弱和敏感。在此计算了过去 19 年的植被覆盖绝对变化率，如图 3-9 所示。可以看出，彭阳县植被绝对变化率最大的区域分布在东北部、中部和西南部区域，这一区域年 NDVI 与平均 NDVI 差异较大，处于反复的变动之中，表明这一区域植被变化较大。植被变化率最小的区域出现在西南部的六盘山区域，这一区域主要分布森林植被，受到自然保护区管理，因此其多年一直维持较为稳定的水平，变化率较小。从中庄流域的情况来看，北部的草庙乡镇区域、南部植被覆盖较低的区域绝对变化率小，其他区域绝对变化率相对较大。这表明，植被覆盖度低的区域始终偏低，植被覆盖度变化小；植被覆盖度高的区域经历了较大的变化。

图 3-9　植被覆盖的绝对变化率

## 3.3.4　植被的变化趋势

植被指数的变化与区域生态环境变迁密切相关，二者变化具有明显的一致性，区域生态环境的恶化会导致植被指数降低，而生态环境的改善也会引起植被指数增高。为了定量研究区域生态环境的变化趋势，在此引入一元线性回归分析的方法。对一组时间自变量 $x$ 与 NDVI 因变量 $y$ 数据利用最小二乘法计算出数据集上所有像元的 NDVI 与时间的回归斜率 $k$，$k$ 值变化反映了在研究期间内植被指数的变化趋势，$k>0$ 说明 NDVI 在研究期内处于增加趋势；反之则为减少趋势。每个像元点在研究期内的变化趋势都能得到一个 $k$ 值，从而构成了一副 $k$ 值图像，通过 $k$ 值图像可以看出研究区各处的生态环境变化趋势。另外，计算了彭阳县过去 19 年 NDVI 变化斜率，并绘制了 $k$ 值空间分布图，如图 3-10 所示。图中绿色区域代表 $k>0$，表示植被覆盖增加的区域；黄色区域代表 $k<0$，表示植被覆盖下降的区域。由图 3-10 可以看出，过去 19 年以来，彭阳县绝大部分区域植被覆盖都呈现增加的趋势。靠近六盘山区、北部区域植被覆盖较稳定，变化不大；县

城周边、茹河流域及乡镇所在地植被覆盖呈现下降趋势。

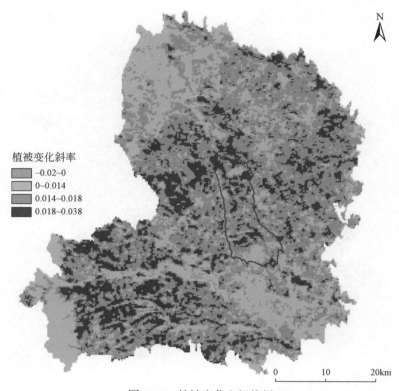

图 3-10　植被变化空间特征

从研究区植被变化来看，整个流域近 20 年来植被覆盖是增加的，覆盖减小的区域位于草庙乡的乡镇区域，主要是受到城乡建设的影响致使植被覆盖下降。

进一步计算了 2000～2018 年彭阳县和流域 NDVI 平均值，并绘制了变化曲线，如图 3-11 所示。可以看出：①中庄流域植被覆盖度略低于全县平均水平；②从变化趋势来看，中庄流域 NDVI 指数随时间变化的方程为

$$y = 0.016x-31.74 \quad (R^2=0.73)$$

全县 NDVI 变化方程为

$$y = 0.0151x-29.786 \quad (R^2=0.79)$$

研究区植被覆盖度年增长速率为 1.6%，全县植被覆盖度年增长速率为 1.5%，研究区植被覆盖度增加速率比全县平均水平高 6.67%。

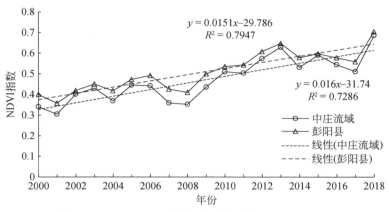

图 3-11　2000～2018 年流域植被覆盖度的变化趋势

# 3.4　流域土壤侵蚀的变化

## 3.4.1　研究方法

RUSLE 模型涉及的土壤侵蚀因子为降雨侵蚀力因子（$R$）、土壤可蚀性因子（$K$）、坡度坡长因子（LS）、植被覆盖与管理因子（$C$）、水土保持措施因子（$P$）。

**1）降雨侵蚀力因子（$R$）**

降雨侵蚀力因子是土壤侵蚀的动力因子，降雨所带来的雨滴击溅侵蚀、径流形成中的侵蚀导致土壤侵蚀产生（刘文辉，2017）。降雨侵蚀力模型主要是通过在不同类型径流小区的降雨实测并进行回归计算获得。最早降雨侵蚀力由 Wischmeier 提出并应用于 USLE 模型，在 USLE 中降雨侵蚀力是降雨动能（$E$）与最大 30min 雨强（$I_{30}$）的乘积。

$$R = EI_{30} \tag{3-12}$$

式中，$R$ 为降雨侵蚀力；$E$ 为该次降雨的总动能 [J/（m²·mm）]；$I_{30}$ 为该次降雨过程中出现的最大 30min 雨强（mm）。

该方法需要区域详尽的雨量与雨强资料，在现实应用中难以实现。Arnoldus（1980）提出了 $R$ 值的简便算法，这种算法只需要研究区的月降雨（$P_i$）和年降雨（$P$）资料来估算 Fournier 指数，进而得到不同地区的 $R$ 值。

$$R = 4.17 \times \left( \sum_{i=1}^{12} P_i^2 / P \right) - 152 \tag{3-13}$$

孙保平等（1990）在宁夏西吉的试验中建立了 5～10 月降雨与侵蚀量的回归方程：

$$R = 1.77P_{5\sim10} - 133.03 \tag{3-14}$$

式中，$P_{5\sim10}$ 为 5~10 月降水量之和。

对比 Arnoldus、Wischmeier 与孙保平等的估算方法发现，孙保平等提出的降雨侵蚀力方程与黄土高原及周边区域相关研究成果的降雨侵蚀力最接近，因此本研究采用了孙保平等提出的降雨侵蚀力公式，采用 5~10 月降雨量估算流域降雨侵蚀力。降雨量数据来源于国家气象中心提供的 1980 年以来原州区逐月降雨数据。由于流域涉及的面积小，降雨量空间变异不大，因此全流域不同年度只采用一个降雨侵蚀力作为流域降雨侵蚀力。

**2）土壤可蚀性因子（$K$）**

土壤可蚀性因子 $K$ 值是评价土壤被降雨侵蚀力分离、冲蚀和搬运难易程度的指标。$K$ 值计算公式如下：

$$K = \left\{ 0.2 + 0.3\exp\left[-0.0256 \cdot \mathrm{SAN}\left(1 - \frac{\mathrm{SIL}}{100}\right)\right] \right\} \left(\frac{\mathrm{SIL}}{\mathrm{SIL} + \mathrm{CLA}}\right)^{0.3}$$

$$\times \left[1 - \frac{0.25C}{C + \exp(3.72 - 2.95C)}\right]\left[1 - \frac{0.7\mathrm{SN}_1}{\mathrm{SN}_1 + \exp(-5.51 + 22.9\mathrm{SN}_1)}\right] \tag{3-15}$$

式中，SAN、SIL、CLA 和 $C$ 分别是土壤砂粒（%）、粉粒（%）、黏粒（%）和有机质的含量；$\mathrm{SN}_1 = 1 - \mathrm{SAN}/100$。

本研究对 1：35 000 宁夏回族自治区土壤图进行矢量化，制作了流域土壤分布图。把流域采集的土壤样品（按黄绵土和黑垆土分类采样）带回实验室分析了土壤粒径和有机质含量，获取了不同土壤类型黏粒、粉粒、砂粒和有机质含量。结合流域土壤类型图，用 ArcGIS 对不同土壤类型的 $K$ 值进行赋值，重采样制作了流域土壤 $K$ 值分布图。

**3）坡度坡长因子（LS）**

坡度坡长因子对土壤侵蚀有重要影响，对土壤侵蚀起着加速作用，反映了地形要素与土壤侵蚀量的关系。通用土壤流失方程中的坡度坡长因子是指标准化到坡长为 22.13m 的土壤侵蚀量。USLE/RUSLE 提供的参考公式、算法不适合我国黄土高原复杂的坡度、坡长变化的情况。根据黄土高原的实际情况进行相关修正得出的算法如下：

$$S = \begin{cases} 10.8\ \sin\theta + 0.03 & \theta < 5° \\ 16.8\ \sin\theta - 0.5 & 5° \leqslant \theta < 10° \\ 21.9\ \sin\theta - 0.96 & \theta \geqslant 10° \end{cases}$$

$$L = \left(\frac{\lambda}{22.1}\right)^m \tag{3-16}$$

$$m = \begin{cases} 0.2 & \theta \leqslant 1° \\ 0.3 & 1° < \theta \leqslant 3° \\ 0.4 & 3° < \theta \leqslant 5° \\ 0.5 & \theta > 5° \end{cases}$$

式中，$S$ 为坡度因子；$\theta$ 为坡度（°）；$L$ 为坡长因子；$\lambda$ 为波长；$m$ 为坡长指数。

本研究采用流域 30m 分辨率 DEM 数据（ASTER–GDEM V2 数据），在 ArcGIS 支持下计算了流域 LS 并生成了流域 LS 分布图，具体计算过程参考谢婷婷（2016）的方法。计算结果如图 3-12 所示。

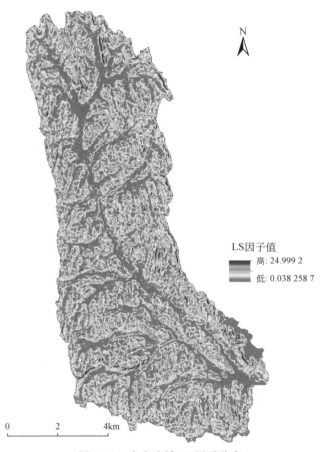

图 3-12　中庄流域 LS 因子分布

### 4）植被覆盖与管理因子（$C$）

植被覆盖与管理因子是模型中的重要因子，由于植被具有截留降雨等功能，所以植被覆盖对控制土壤侵蚀具有一定的作用，计算通常利用技术来提取归一化植被指数，它是植被覆盖度的最常用指示因子。本节选用最常用的经验公式来提取计算植被覆盖度和值：

$$V_c = \frac{\text{NDVI}-\text{NDVI}_{\min}}{\text{NDVI}_{\max}-\text{NDVI}_{\min}} \tag{3-17}$$

式中，NDVI 为归一化植被指数；$NDVI_{max}$ 和 $NDVI_{min}$ 分别为 NDVI 的最大值与最小值；$V_c$ 为地面植被覆盖度（%）。

依据前人的研究资料可知，基本没有土壤侵蚀危险的地区常被赋予 0，最容易受到侵蚀的地区被赋予 1，如裸地。基于坡面土壤侵蚀物理产沙过程及植被覆盖度，$C$ 因子值与植被指数的数学方程如下：

$$\begin{cases} C = 1 & V_c = 0 \\ C = 0.6508 - 0.3436 \lg V_c & 0 < V_c < 78.3\% \\ C = 0 & V_c \geqslant 78.3\% \end{cases} \quad (3\text{-}18)$$

当植被覆盖度 $V_c \geqslant 78.3\%$ 时，不产生土壤流失，$C$ 因子的值最小为 0。当 $C$ 为最大值 1 时，即标准状况，$C$ 计算值约为 0.1%，此类情况在实际应用中可将其当成 0。为了消除异常值，此处将 $C = 1$ 的条件改为 $V_c = 0.1$，$0 < V_c < 78.3\%$ 改为 $0.1 < V_c < 78.3\%$。

对于植被因子的计算，首先是提取植被覆盖度参数（NDVI），这里采用的是前述 Modis NDVI 数据产品。根据 $C$ 因子值与植被覆盖度之间的回归方程，利用 ENVI 软件的 Band Math 工具进行波段运算就可以得到 $C$ 因子值，重采样后可以得到 30m×30m 分辨率的栅格图像，最后获得四期彭阳县植被覆盖因子图。

**5）水土保持措施因子（$P$）**

水土保持措施因子（$P$）指的是某种水保措施支持下的土壤流失量与对应的顺坡耕作条件下的流失量的比值。当坡地被开垦并暴露于侵蚀性降雨下，草皮或种植作物提供的保护作用需要一些能够减缓径流并降低土壤搬运量的措施的配合。$P$ 取值范围 0 ~ 1，0 值代表采取水保措施后无侵蚀地区，1 值则用于表示未采取任何水保措施的地区。土壤保持措施减少土壤流失量的程度取决于坡度，坡度过缓（≤1%）或者过陡（≥21%）水土保持措施的意义不大，即 $P$ 值为 1。在坡度为 3% ~ 8% 时，水土保持措施对土壤流失量的减少具有重要作用。水平梯田和鱼鳞坑整地平均分别减少坡面侵蚀 91.6% 和 81.3%，因此将水平梯田和鱼鳞坑整地的 $P$ 分别确定为 0.084 和 0.187。未采取水土保持措施的土地利用类型 $P$ 为 1。对不同土地利用类型分别赋予对应的 $P$，结果如表 3-8 所示。

表 3-8　流域不同土地利用方式的 $P$ 值

| 地类 | 耕地 | 林地 | 草地 | 水域 | 建筑等其他用地 | 未利用土地 |
|------|------|------|------|------|----------------|------------|
| $P$ 值 | 0.084 | 0.187 | 0.187 | 0 | 0 | 1 |

注：结合土地利用类型，制作了流域不同时期 $P$ 图层。

## 3.4.2 土壤侵蚀空间的分布特征

依据求得的 $R$、$K$、LS、$C$ 和 $P$，在 ArcGIS 支持下对各因子进行运算，获得流域土壤侵蚀的空间分布状况，如图 3-13 所示。可以看出，中庄流域土壤侵蚀的空间分布特征，流域中沟道、缓坡和低洼地土壤侵蚀量小，土壤侵蚀较为严重的区域出现在阳坡的陡坡、植被覆盖度较低的区域。从不同的空间分布格局来看，随着土地利用和植被覆盖的变化，流域土壤侵蚀也出现了轻微的变化。但是轻度侵蚀和重度侵蚀的总体格局并没有发生变化。

从土壤侵蚀模数的变化范围来看，2000 年、2005 年、2010 年、2015 年和 2018 年土壤侵蚀模数的最大值分别为 216.81t/(hm²·a)、79.61t/(hm²·a)、77.77t/(hm²·a)、25.39t/(hm²·a) 和 455.04t/(hm²·a)，其最大值随着时间的推移呈现出下降趋势；但是 2018 年出现了 455.04t/(hm²·a) 的最大值，这主要是因 2018 年度降雨量增加，达到了 619.5mm 的最大值，导致土壤侵蚀强度也出现最大值。

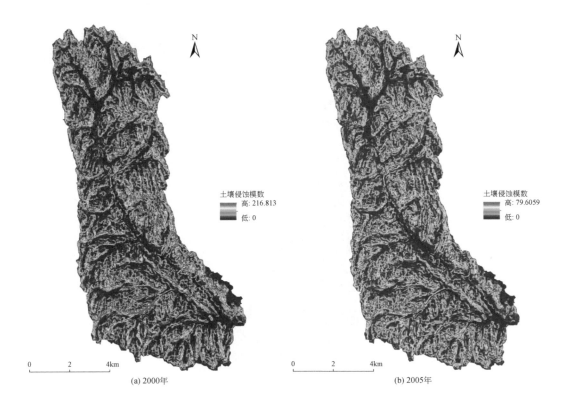

(a) 2000年 　　　　　　　　　　　　　　　　(b) 2005年

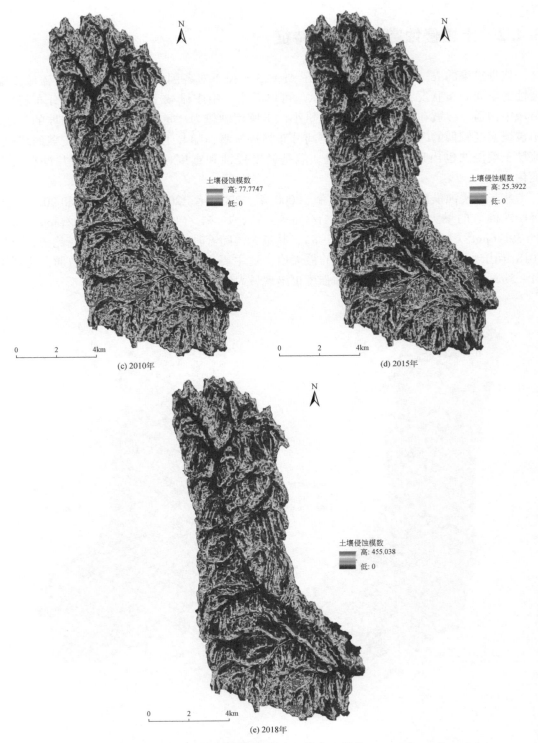

图 3-13　不同年份流域土壤侵蚀的空间分布　[单位：$t/(hm^2 \cdot a)$]

## 3.4.3 土壤侵蚀的变化特征

由 RUSLE 模型可以看出，影响流域土壤侵蚀的因子包括植被覆盖与管理因子、水土保持措施因子、地形地貌因子、土壤可蚀性因子和降雨侵蚀力因子，从各指标的数量级来看，植被覆盖与管理因子、土壤可蚀性因子和水土保持措施因子数量级小，对土壤侵蚀量估算的影响小，地形地貌因子在 0～24 变化，对土壤侵蚀的影响较大；降雨侵蚀力因子数量级达到了几百到 1000，在整个估算模型中权重最大。因此，地形地貌因子和降雨侵蚀力因子是流域土壤侵蚀估算的决定性因子。地形地貌因子是稳定的，不同年度没有变化，而降雨侵蚀力因子年际差异很大，成为影响土壤侵蚀量的关键因素。

绘制了 2000～2018 年流域平均土壤侵蚀模数和降雨量变化，如图 3-14 所示。可以看出，降雨量与平均土壤侵蚀模数变化趋势有很好的一致性，高降雨量对应较高的土壤侵蚀量。

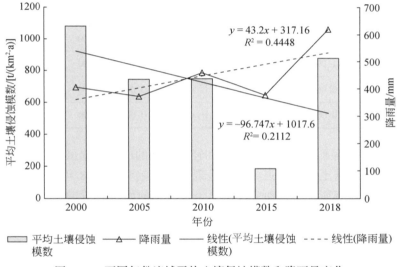

图 3-14　不同年份流域平均土壤侵蚀模数和降雨量变化

2015 年降雨量为 377.6mm，流域平均土壤侵蚀模数最小，仅为 184.52t/（km² · a）；2018 年降雨量十分丰沛，达到了 619.5mm，平均土壤侵蚀模数也上升到了 877.61t/（km² · a）。这显示出降雨对土壤侵蚀量的决定性影响。因此在评估流域土壤侵蚀变化时，降雨量的不确定性常常成为一个关键的影响因素。如果以多年平均降雨侵蚀力计算，中庄流域可比土壤侵蚀模数为 546.36t/（km² · a），比 2000 年的 1158.26t/（km² · a）有了大幅度下降，减小了 52.83%。

从总体变化趋势来看，过去 19 年降雨量呈现出一定的上升趋势，而流域土壤侵蚀量呈现出显著的下降趋势，降雨量在增大而土壤侵蚀模数在下降，这种下降趋势显然是由流域各种生态修复措施和植被覆盖度的增加引起的，表明生态修复工程取得了良好的水土保持效果。

　　根据水利部颁布的《土壤侵蚀分类分级标准》（SL190—2007），得到中庄流域土壤侵蚀分级指标，总共分为 6 个级别，即微度侵蚀、轻度侵蚀、中度侵蚀、强烈侵蚀、极强烈侵蚀、剧烈侵蚀。各侵蚀强度所占整个流域的侵蚀面积及比例如表 3-9 所示。可以看出，流域侵蚀强度的变化：整体来看，流域土壤侵蚀均以微度和轻度侵蚀为主，偶有中度和强烈侵蚀，但所占比重均极小；2018 年降雨量达到了历史最大值，流域出现了强烈及以上强度的土壤侵蚀，但是比重极低，均在 1% 以下。

表 3-9　流域土壤侵蚀强度面积及百分比

| 侵蚀强度 | 2000 年 | | 2005 年 | | 2010 年 | | 2015 年 | | 2018 年 | |
|---|---|---|---|---|---|---|---|---|---|---|
| | 面积/km² | 比例/% | 面积/km² | 比例/% | 面积/km² | 比例/% | 面积/km² | 比例/% | 面积/km² | 比例/% |
| 微度侵蚀 | 76.57 | 61.95 | 92.46 | 74.81 | 91.95 | 74.39 | 122.44 | 99.06 | 87.52 | 70.81 |
| 轻度侵蚀 | 33.93 | 27.45 | 26.25 | 21.23 | 26.81 | 21.69 | 1.16 | 0.94 | 27.93 | 22.59 |
| 中度侵蚀 | 11.75 | 9.51 | 4.74 | 3.84 | 4.72 | 3.82 | 0.00 | 0.00 | 7.22 | 5.84 |
| 强烈侵蚀 | 1.27 | 1.03 | 0.15 | 0.12 | 0.13 | 0.10 | 0.00 | 0.00 | 0.66 | 0.54 |
| 极强烈侵蚀 | 0.07 | 0.06 | 0.00 | 0.00 | 0.00 | 0.00 | 0.00 | 0.00 | 0.20 | 0.16 |
| 剧烈侵蚀 | 0.00 | 0.00 | 0.00 | 0.00 | 0.00 | 0.00 | 0.00 | 0.00 | 0.07 | 0.06 |

　　2000～2015 年，强烈侵蚀、中度侵蚀和轻度侵蚀的面积和比重均在下降，微度侵蚀的面积增加，显示出流域土壤侵蚀强度整体呈现出下降趋势，2018 年降雨量达到了最大值，因此微度侵蚀的面积有所减少，而中度以上土壤侵蚀的面积有所增加。总体来看，2000～2018 年流域土壤侵蚀的强度是逐年下降的，但是突发性降雨量的增加会导致土壤侵蚀强度增加。

# 第4章 | 主要林草植被耗水规律研究

林草植被蒸腾耗水特征是评价干旱缺水地区生态修复措施优劣的重要指标之一，也是研究地球化学循环过程的重要环节之一。在黄土高原地区，植被蒸腾耗水是水分平衡的重要分量之一。本章选择宁南黄土丘陵区的主要林草植被类型，采用树干液流探针及微型蒸渗仪等设备观测主要林草植被的蒸散特征，对该区域林草植被类型及配置模式的蒸散耗水特征进行仔细分析与探讨，为本区域合理林草植被类型的选择提供科技支撑和理论基础。

林草植被作为生态系统环境的重要组成部分，在生态系统平衡中起着重要作用。林草植被是一种重要的物质资源，尤其是一种宝贵的环境资源。林草植被的价值，在于它具有其他资源无法替代的多种效应，特别是这些效应以其生命活动的形式为基础。当然，我们在看到林草植被的巨大生态功能的同时，林草植被也存在自身耗水量过大，林草植被覆盖高的流域产流量减少等在涵养水源和水资源利用方面的矛盾。林草植被的耗水量是非常惊人的。有关研究表明，西北和华北地区的土壤干化现象与该地区的植被过量耗水有直接的关系，成为这一地区植被建设的严重隐患。所以，对林草植被蒸腾耗水问题的研究就显得尤为突出。

## 4.1 主要林木蒸腾耗水量研究

林木耗水性（water consumption）根据研究尺度的不同分为树木个体耗水性（tree water consumption）和林分群体耗水性（forest water consumption）。广义地说，树木个体耗水性指的是树木根系吸收土壤中的水分并通过叶片蒸腾耗散的能力。Langford（1976）将林木耗水性表示为单位边材面积或单位面积树冠投影的液流量，但这一定义将林木耗水性限定在边材液流上，应用局限性很大。实际上，用蒸腾耗水量这一宽泛概念替代边材液流量作为林木耗水量的指标，更能反映林木耗水的生理生态学意义。因此，从严格的意义上阐述，树木个体耗水性指的是单位时间、单位树冠叶面积（或单位树冠投影面积，或单位树干边材面积）的蒸腾耗水量（王华田，2002）。树冠叶片面积、树冠体积、树冠投影面积，树干边材横断面积等生长指标是以树冠叶片面积为核心的、彼此相关性非常密切的一类指标。

林木耗水性研究工作中，在相关分析的基础上，可以根据树种特性和研究工作的条件，灵活选用林木耗水性的指标。大量研究表明，在一定的环境条件下，林木耗水量仅仅与树冠叶片面积和叶片蒸腾强度有关，是一个与树种遗传性状密切相关的指标，因此可以用于评价和比较树种之间的蒸腾耗水性。林分群体耗水性指的是单位时间、单位面积林地的蒸散耗水量。

林木蒸腾是森林水量平衡的重要分量，其占同期降水量的比例在湿润地区为20% ~ 40%（Shuttleworth，1988；McJannet et al.，2007），在半干旱区则可达40% ~ 70%（苏建平和康博文，2004）。林木耗水量之大是非常惊人的。Wullschleger等（1998）综合了以往30年中有关树木单株耗水量的测定结果，发现单株日耗水量从法国东部栎林的10kg，到亚马孙雨林林冠上层木的1180kg，35个属65个树种中的90%（平均树高21 m）日耗水量在10 ~ 200kg。

林分群体耗水量包括林木蒸腾耗水量和林地地表蒸发耗水量两部分，因此受林分结构、组成和立地条件的影响，其中林木蒸腾耗水通常占林地蒸散耗水的绝大部分（生长正常的成龄郁闭林分，林地树木蒸腾耗水量占林地蒸散耗水量的80%以上）（王华田，2003）。实际研究工作中，有些地区由于林分郁闭度较低，尤其是宁南黄土丘陵区，林木蒸腾耗水占林地耗水量相对少，林地地表蒸发耗水量占很大一部分，具体的研究我们在第6章中进行探讨。

森林蒸腾还同时与光合作用紧密相关，进而影响植物的生长（Lloyd et al.，1995）和其他生态服务功能，因此需进行准确估算。以往的森林蒸腾研究虽然很多，但偏重于流域和样地两个空间尺度（Kumagai et al.，2005b；张淑兰等，2010；McJannet et al.，2007；苏建平和康博文，2004），侧重于在流域内的空间差异及其水文影响（于澎涛，2000），但非常缺乏同一地区两种乡土树种林木蒸腾的比较，因而非常需要加强这方面的研究，为该地区树种的选择和林木的配置提供理论依据。

热扩散式探针（thermal dissipation probe，TDP）。在热脉冲速率法的基础上最早由Granier（1985）提出热扩散式探针法，其原理如下：将2根直径2mm的圆柱形探针呈放射状插入茎干，一根约在另一根上方100mm处，上部的探针包括一个热源和一个热电偶接口，这个热电偶接口是用来跟下部探针上的热电偶接口作参照（Granier，1987）。随着热源不断放热，两探针间的温差会由探针周围树液的流动速率来确定。当树液流动速率增大时，热扩散加快导致温差减小。由于探针间温差与树液流动速率存在相关性，且相关系数较稳定，故该法可估算蒸腾值。该法的一个突出特点是能够实现连续或任意时间间隔液流速率的测定，且探针间的距离和时间因素对测量结果影响较小，脉冲信号和数据读取同时进行。热扩散液流探针可以与其他生态或气象因子传感器一起与数据采集器连接，从而实现树干边材液流的连续不间断测定（Granier，1987）。由于操作简单、费用低廉，所以其应用较广泛（王华田和马履一，2002）。

树干液流测定技术在20世纪80年代出现以来，已日趋成熟，成为野外原位监测单株树木液流的可靠手段（赵平等，2005），它不受时空异质性的限制，因此广泛用于森林水分利用研究（Kumagai et al.，2007；Wilson et al.，2001；Ford et al.，2007），以及在样地、流域或景观尺度上的森林蒸腾或森林树种组成蒸腾影响的研究（Ewers et al.，2002；Ewers et al.，2005；Bladon et al.，2006；Pataki and Oren，2003）。尽管液流测定技术具有以上优点，但在用于推求流域蒸腾时仍需进行样树间、样树到样地、样地到坡面、坡面到流域这四个尺度的上推（Wilson et al.，2001）。而尺度上推必须克服一些空间异质性限制，已有研究集中关注样树间的树干液流速率差异（Pataki and Oren，2003；Wullschleger et al.，

2001）、树木生长指标和边材面积的空间差异（Kumagai et al., 2005b）及树干液流速率沿边材深度的空间变化（Kumagai et al., 2005a; Zang et al., 1996; Lu et al., 2000; Wullschleger and King, 2000; Delzon et al., 2004）。本研究区的林木相对稀疏，优势度差异不明显，林木地上部分相互之间的影响较小，树干和树叶重叠部分面积小，因此本研究采用平均树干液流速率代替样地的液流速率来换算样地的林木蒸腾量。

对于一片给定的森林来说，植被组成、结构及立地环境是相对固定不变的，影响蒸腾的许多环境因素其实就可简化为两个大项，即气象条件和土壤水分状况。这两项因素分别可用潜在蒸散量（代表综合气象条件）和土壤体积含水量来表征。特别是在干旱和半干旱地区，尤其需要关注土壤水分对林木蒸腾的限制作用，这是影响和判断蒸散和水量平衡的重要因素。

本书主要选择乡土树种山杏和山桃为研究对象，探讨其蒸腾耗水（树干液流速率和林木日蒸腾量）规律的变化特征。

## 4.1.1　山杏蒸腾耗水的规律

### 4.1.1.1　研究区基本情况和林木特征

研究区选择在宁南黄土丘陵区的牛湾小流域，在代表性地点设置了面积为 20 m×20 m 的山杏纯林标准样地，山杏是 2002 年前后退耕还林工程栽植的，对样地位置标定和样地内的每株林木进行测量（树高、地径、林木密度、冠幅等指标），其样地基本信息和林木的基本特征见表 4-1。

表 4-1　研究林分的样地信息和林木基本特征

| 经度 | 纬度 | 海拔/m | 坡度/(°) | 坡向 | 坡位 | 密度/(株/hm²) | 株高/m | 地径/cm | 南北冠幅/m | 东西冠幅/m | 郁闭度 | 地表覆盖度 |
|---|---|---|---|---|---|---|---|---|---|---|---|---|
| 106°45′29.66″E | 35°57′1.84″N | 1723 | 22 | 西 | 坡中 | 675 | 3.77 (2.3 ~ 5.2) | 12.45 (5.9 ~ 21.35) | 3.01 (1.3 ~ 4.71) | 3.5 (1.55 ~ 5.5) | 0.28 | 0.67 |

在样地内选择 4 株生长良好、具有代表性的山杏作为树干液流观测样树，各样树基本特征见表 4-2。

表 4-2　山杏树干液流观测样树的基本特征

| 样树编号 | 株高/m | 地径/cm | 南北冠幅/m | 东西冠幅/m |
|---|---|---|---|---|
| 5 | 5.1 | 18.5 | 2.5 | 2.8 |
| 7 | 4.2 | 13.5 | 1.8 | 2 |
| 19 | 5.2 | 18.7 | 3.5 | 4.2 |
| 21 | 5.2 | 19.3 | 3.4 | 4.1 |

本研究区的地理环境条件造成山杏主干均较低，因此，在样树树干北面距地面约 0.6 m处各安装 1 组 SF-L 热扩散探针（德国 Ecomatik 公司生产），于2018 年生长季（5 月 30 日 ~ 11 月 11 日）期间连续测定树干液流速率，并由 CR1000 数据采集器每隔 30 min 自动采集 1 次数据。SF-L 树干液流测定仪是基于热扩散原理，它由两个探针和一个恒流电源组成。各探针在树上的安装位置如图 4-1 所示。

图 4-1　树干液流探针示意图（2018 年拍摄于彭阳）

在彭阳县辖区内选择不同地径的林木，使用生长锥探测林木地径与边材宽度的关系，如图 4-2 所示。可以看出，地径大小与边材宽度之间没有明显的关系，随地径的增加边材宽度增大的幅度微弱，总体上县域内不同地径的边材宽度总体上在 2cm 以下，其所占比例

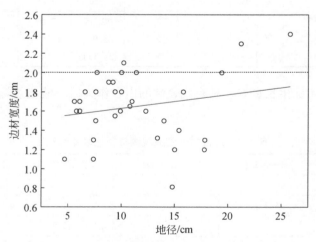

图 4-2　彭阳县域山杏地径与边材宽度的关系

为 91.18%，因此，采用的探针长度为 2cm，基本上能覆盖所测林木的边材，插入深度为 3cm。S0 和 S1 两个探针插入树干上下不同部位，两探针距离为 10cm，S0 探针用恒流加温，两个探针之间形成温差。水流上升时，带走热量，两个探针之间温差变小。温差和树干流之间具有函数关系，通过测量温差算出树干液流通量。为了防止探针进水，在探针与树皮的接触部位涂抹玻璃胶，为避免太阳辐射的影响，探头用铝箔包裹覆盖，然后用胶带缠绕固定，并定期更换胶带防止铝箔脱落。

液流速率或称液流通量密度（sap flow density）的计算公式为

$$J_s = 0.714 \times \left( \frac{d_{t\max}}{d_{t\mathrm{act}}} - 1 \right)^{1.231} \tag{4-1}$$

式中，$J_s$ 为树干液流速率 [mL/(cm$^2$·min)]；$d_{t\max}$ 为无液流时的最大温差（℃），即最大的 $d_t$ 值（本研究以日为单位，即每天选择一个最大值 $d_t$）；$d_{t\mathrm{act}}$ 为实际的 $d_t$ 值（℃）。

### 4.1.1.2 山杏蒸腾耗水规律的时间变化

山杏林木蒸腾耗水有明显的时间（日内和日际）变化特征。如图 4-3 所示，蒸腾耗水速率的日内变化特征呈单峰型，以 2018 年 8 月 26 日至 28 日这 3 天为例，夜间液流速率微弱，很低，从早上 8：00 左右开始，逐渐升高，且升高幅度很大；到早上 10：00 整体达到 0.20mL/(cm$^2$·min) 左右，升高幅度极小基本达到水平，一直持续到下午 18：00；从下午 18：00 开始下降，且幅度较大，到 21：00 开始下降幅度逐渐减弱；一直持续到次日凌晨 1：00 稳定在 0 左右。从图 4-3 中可以看出，树干液流速率上升的速度比下降的速度要快，以 9：00~10：00、19：00~20：00 为例来比较液流速率上升和下降的最大时速，3 天增加的液流速率平均为 0.089/h，下降的液流速率平均为 0.053/h。山杏树干液流速率的日内变化大致分为四个阶段：0：00~8：00 为树干液流速率微弱期，其值均趋向于 0；8：00~10：00 为上升期；10：00~18：00 为稳定期，其变化幅度大于微弱期，但小于上升和下降期；18：00~24：00 为下降期。本研究只选取无降雨的几天时间，并不能代表所有天气条件下树干液流速率的变化特征，其他天气条件下的变化规律会在下面章节中继续介绍。

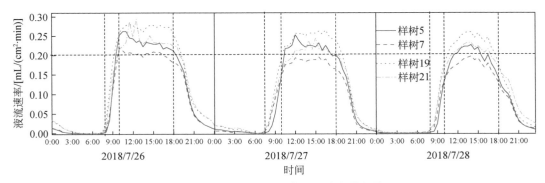

图 4-3 山杏树干液流速率的日内变化规律

山杏林木蒸腾耗水的季节变化规律如图 4-4 所示。从 5 月底开始到 11 月上旬，随生长季的推进，受外界环境条件和林木生长特性的影响，树干液流速率波动较大，但整体呈现逐渐减小的特征。从研究开始到 8 月 25 日左右液流速率降低的较慢，从 8 月 25 日到 9 月 25 日下降的速率增加，从 9 月 25 日至研究结束液流速率整体变化不大，趋于稳定。山杏树干液流速率季节变化大致分为三个阶段：5 月 29 日 ~ 8 月 25 日的缓慢下降期；8 月 25 日 ~ 9 月 25 日的快速下降期；9 月 25 日 ~ 11 月 10 日的稳定期。

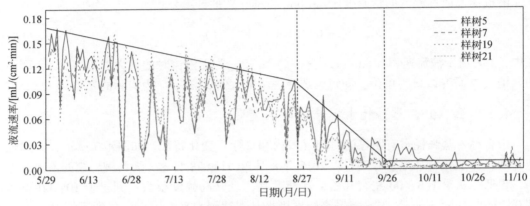

图 4-4　山杏树干液流速率的季节变化规律

### 4.1.1.3　山杏蒸腾量的变化特征

首先分析山杏单株的蒸腾量，利用边材面积与树干液流速率的关系来计算林木蒸腾量。单株树干边材面积的计算公式是基于边材面积与地径之间的函数关系拟合得来，如图 4-5 所示，地径与边材面积有很好的线性关系。

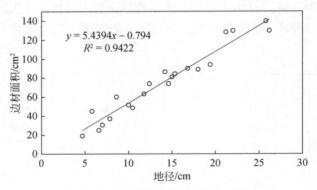

图 4-5　山杏地径与边材面积的关系

利用地径计算边材面积的方程（4-2）如下：

$$A_s = 5.4394D - 0.794 \qquad R^2 = 0.9442 \qquad P < 0.01 \qquad (4\text{-}2)$$

式中，$A_s$ 为树干边材面积（$\text{cm}^2$）；$D$ 为树干地径（cm）。

边材液流通量（sap flux）的计算公式为

$$F_i = J_s \times A_s \qquad (4-3)$$

式中，$F_i$ 为液流通量（mL/min）。

单株林木日蒸腾耗水量是根据单株林木的日平均液流速率与林木边材面积的乘积换算过来的，计算公式为

$$T_d = J_c \times 24 \times 60 \times A_s / 1000 \qquad (4-4)$$

式中，$J_c$ 为单株林木的日平均液流速率 [mL/(cm$^2$·min)]；$T_d$ 为单株林木蒸腾耗水量（kg/d）。

日尺度上各样树单株山杏林木蒸腾量的时间变化规律如图 4-6 所示。从整体上看，单株林木日蒸腾量的变化规律与林木液流速率的季节变化特征大致相同。从不同单株看，样树 7 的日蒸腾量整体小于其他 3 个样树，主要原因是由边材面积大小决定的，4 株样树的树干液流速率大致相同，故边材面积大小对林木蒸腾量起到决定性作用。

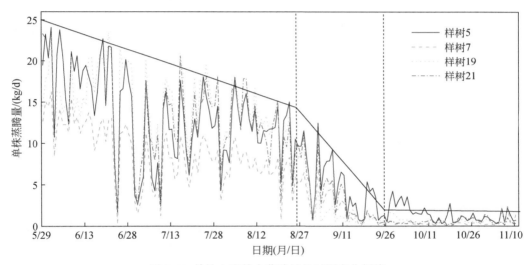

图 4-6　单株山杏林木蒸腾量的时间变化规律

其次，分析林木的日蒸腾量。根据式（4-2）计算样地内所有树木的边材面积，累计得到样地总边材面积，然后以边材面积为空间纯量进行尺度上推（放大），计算样地林木日蒸腾量，即

$$T = \text{As-all} \times \text{Jav} \times 60 \times 24 \times 10 / \text{Plots} \qquad (4-5)$$

式中，As-all 为样地总边材面积（cm$^2$）；Jav 为 4 株样树液流速率的日平均值 [mL/(cm$^2$·min)]；Plots 为样地投影面积（400m$^2$ 或 4 000 000cm$^2$）；$T$ 为样地林木日蒸腾量（mm）。

山杏林木蒸腾量的时间变化规律如图 4-7 所示。整体上呈逐渐减小的趋势，先缓慢减小再迅速降低，后期趋于稳定。研究期间（5 月 30 日 ~ 11 月 11 日）林木蒸腾量的均值为 0.3599mm/d，缓慢下降期（5 月 30 日 ~ 8 月 24 日）的均值为 0.676mm/d，最大值和最小

值分别为 1.0448mm/d 和 0.0335mm/d；快速下降期（8 月 25 日～9 月 24 日）的均值为 0.1695mm/d，最大值和最小值分别为 0.4546mm/d 和 0.0164mm/d；趋于平稳期（9 月 25 日～11 月 11 日）的均值为 0.0339mm/d，最大值和最小值分别为 0.0837mm/d 和 0.0098mm/d。缓慢下降期的降低速率平均为 0.0051mm/d；快速下降期的降低速率平均为 0.0194mm/d，大约为缓慢下降期的 4 倍。

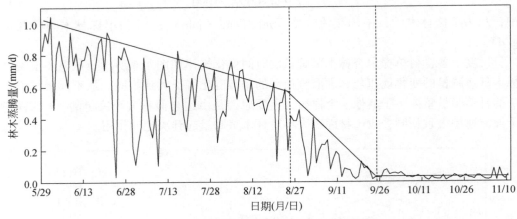

图 4-7　山杏林木蒸腾量的时间变化规律

## 4.1.2　山桃蒸腾耗水规律

### 4.1.2.1　研究区基本情况和林木特征

研究区选择在宁南黄土丘陵区的中庄小流域，在代表性地点设置了面积为 48 m×24 m 的山桃林标准样地，样地内有少数的山杏生长，数量约占林木总数的 8%，且生长都相对较弱，在本书中，忽略林分中的山杏。山桃是 2002 年前后退耕还林工程栽植的，对样地位置标定和样地内的山桃林木进行测量（林木密度、树高、分枝数、分枝地径、冠幅等指标），其样地信息和林木的基本特征见表 4-3。

**表 4-3　研究林分的样地信息和林木的基本特征**

| 海拔/m | 坡度/(°) | 坡向 | 坡位 | 密度/(株/hm²) | 株高/m | 分枝数 | 分枝地径/cm | 南北冠幅/m | 东西冠幅/m | 郁闭度 | 地表覆盖度 |
|---|---|---|---|---|---|---|---|---|---|---|---|
| 1603 | 20 | 西 | 坡中 | 382 | 3.00 (1.7～3.96) | 5 (1～11) | 4.45 (0.51～11.06) | 2.55 (0.7～5.3) | 3.45 (1.1～5.3) | 0.26 | 0.66 |

在样地内选择 2 株生长良好、具有代表性的山桃作为树干液流观测样树，各样树基本特征见表 4-4。

表 4-4　山桃树干液流观测样树基本特征

| 样树编号 | 株高/m | 地径/cm | 南北冠幅/m | 东西冠幅/m |
|---|---|---|---|---|
| 22 | 2.2 | 6.1 | 4.6 | 4.8 |
| 27 | 2.7 | 7.0 | 5 | 5.3 |

本研究区的地理环境条件造成山桃没有明显主干，有多个分枝，选择相对大的分株上观测树木液流速率，因此，在样树树干距地约 0.3 m 处各安装 1 组 SF-L 热扩散探针（德国 Ecomatik 公司生产），观测时间（2018 年 5 月 30 日～11 月 11 日）与山杏观测时间同步，具体的安装过程与数据采集方法与山杏纯林相同，在这里不赘述。

在彭阳县辖区内选择不同分枝地径的山桃，使用生长锥探测不同分枝地径与边材宽度的关系，如图 4-8 所示，分枝地径与边材宽度之间没有显著关系，随分枝地径增加边材宽度增大程度不明显，总体上县域内不同分枝地径的边材宽度总体上在 2cm 上下，因此，采用的探针长度为 2cm，其液流探针的原理与山杏林木液流速率相同。

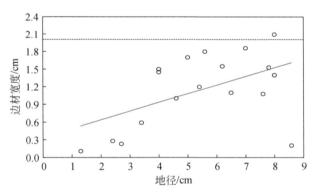

图 4-8　彭阳县域山桃地径与边材宽度的关系

### 4.1.2.2　山桃蒸腾耗水规律的时间变化

不同月份山桃树干液流速率的日内变化规律如图 4-9 所示。液流速率的日内变化主要受气象条件影响，阴雨天树干液流速率都相对弱，因此，在每月最后 5 天中选择连续的两个晴天来分析不同月份树干液流速率的日内变化。树干液流速率的日内变化大致可以分为微弱期、上升期、相对稳定期和下降期，9 月和 10 月没有相对稳定期。

不同月份液流速率的启动时间逐渐推后，5 月和 6 月启动时间为 6：30，7～10 月启动时间为 8：30；从 5 月到 8 月树干液流启动上升到稳定期所用时间差异较小，基本上为 2：00；各月份相对稳定期持续时间是先增大后减小，下降期持续时间的变化与相对稳定期相反，规律为先减小后变大；9 月和 10 月的日内变化为先微弱存在，再增大后减小，9 月的上升期持续时间比 10 月短，下降期持续时间比 10 月长。本研究每月只选取无降雨的 2 天时间，并不能代表所有天气条件下树干液流速率的变化特征，其他天气条件下的变化规律会在下面章节中继续介绍。

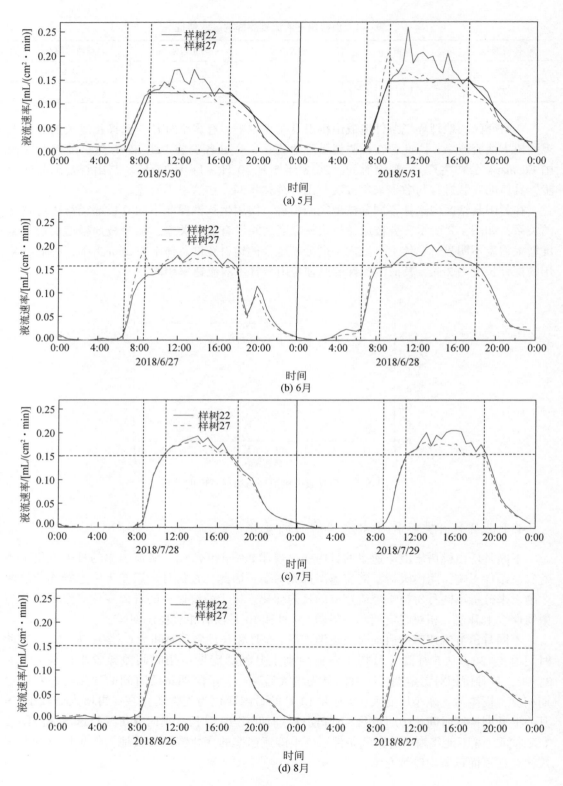

(a) 5月

(b) 6月

(c) 7月

(d) 8月

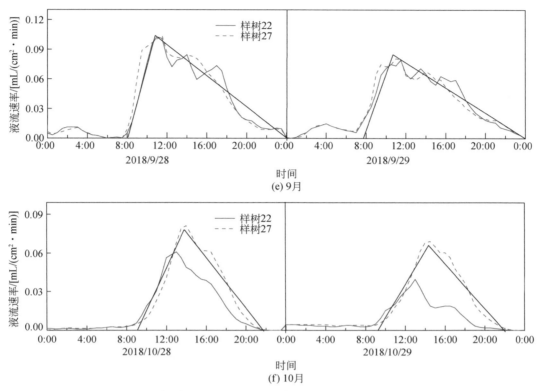

(e) 9月

(f) 10月

图 4-9　不同月份（5～10月）山桃树干液流速率的日内变化规律

各月树干液流速率的日间变化规律如图 4-10 所示。随着生长季的推进，树干液流速率的峰值呈逐渐减小的趋势，最大月份差异出现在 8 月与 9 月、9 月与 10 月，生长季中期（6～8 月）的差异相对小。6～8 月树干液流速率变化相对小，9 月和 10 月树干液流速率变化相对大。6～8 月 22 号样树树干液流峰值明显高于 27 号样树，9 月和 10 月两个样树树干液流速率峰值大致相同。

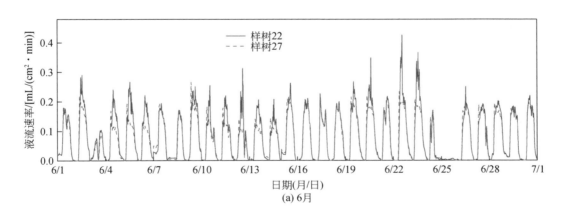

(a) 6月

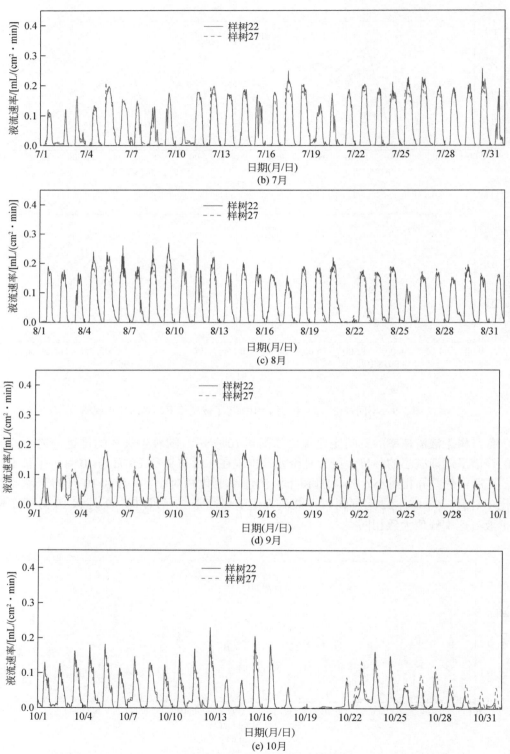

图 4-10　2018 年不同月份（6～10 月）山桃树干液流速率的日间变化规律

两株山桃样树树干液流速率日均值的季节变化规律如图 4-11 所示。在研究期间（2018 年 5 月 30 日至 2018 年 11 月 11 日），随着生长季的推进，受降雨、气温、太阳辐射等气象因素的影响，树干液流速率波动较大，但整体上呈现出先增加后逐渐减小的变化趋势。22 号样树季节平均树干液流速率为 0.0583mL/（cm² · min），略高于 27 号树的 0.0551mL/（cm² · min）；22 号样树的最大值和最小值分别为 0.1255mL/（cm² · min）和 0.0011mL/（cm² · min），而 27 号树的最大值和最小值分别为 0.1025mL/（cm² · min）和 0.0004mL/（cm² · min）；22 号和 27 号样树树干液流速率的变幅分别为 0.1244 mL/（cm² · min）和 0.1021mL/（cm² · min）。

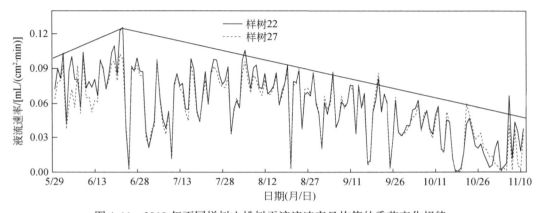

图 4-11　2018 年不同样树山桃树干液流速率日均值的季节变化规律

### 4.1.2.3　山桃蒸腾耗水量的时间变化

将树干液流速率作为纯度空间，利用树干液流速率和边材面积的乘积关系来计算山杏林木的蒸腾耗水量。山桃分枝地径与边材面积的关系如图 4-12 所示，地径与边材面积之间呈很好的线性关系。

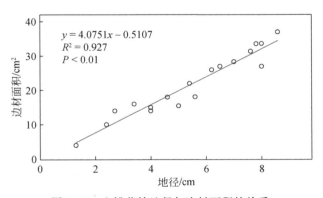

图 4-12　山桃分枝地径与边材面积的关系

利用地径计算边材面积的方程如下：

$$A_s = 4.0751D - 0.5107 \qquad (R^2 = 0.927 \quad P < 0.01) \qquad (4\text{-}6)$$

式中，$A_s$ 为山桃树干边材面积（$cm^2$）；$D$ 为山桃树干地径（cm）。

两株样树的平均液流速率进行尺度上推，作为样地的液流速率来计算林分的林木蒸腾量（mm/d），计算方法与山杏林相同，在这里不多做介绍。山桃林木蒸腾量的季节变化规律见图4-13。受温度、降雨、太阳辐射等气象因子和土壤湿度的综合影响，山桃林日蒸腾量的季节变化波动幅度较大，但整体上呈先升高后降低的变化趋势，由于研究时间的限制，升高的时间极短，多数时间是处于一个稳定的缓慢下降的过程。

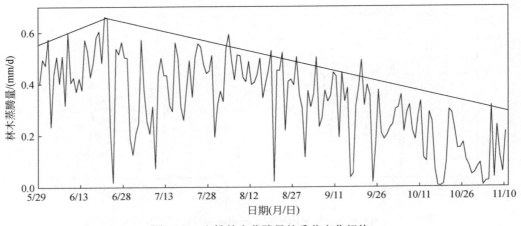

图4-13　山桃林木蒸腾量的季节变化规律

研究期间，林木蒸腾量平均为 0.3325mm/d，最大值和最小值为 0.6601mm/d 和 0.0044mm/d，极差为 0.6557mm/d。

## 4.1.3　山杏和山桃蒸腾耗水特性的比较

### 4.1.3.1　山杏和山桃蒸腾耗水速率的比较

山杏和山桃树干液流速率日均值的季节变化规律如图4-14所示。从总体上看，山杏和山桃两树种的树干液流速率都呈现下降的趋势，只是下降的幅度有所区别，山杏的降幅明显大于山桃。从研究初期开始到8月中旬山桃的树干液流速率大于山桃；从8月中旬到研究末期，山杏的树干液流速率低于山桃。8月中旬是两种树种树干液流速率大小相近的时候，由于山杏落叶早，后期树干液流速率迅速降低。

山杏和山桃树干液流速率日均值的统计特征见表4-5。研究期间，山杏和山桃树干液流速率的均值相差不大，分别为 0.0554mL/（$cm^2 \cdot min$）和 0.0567mL/（$cm^2 \cdot min$），山杏树干液流速率的最大值、最小值、极差、标准差和变异系数均大于山桃；6~10月，山杏的最大值、极差、平均值和标准差均逐渐减小，最小值和变异系数呈现先升后降的变化

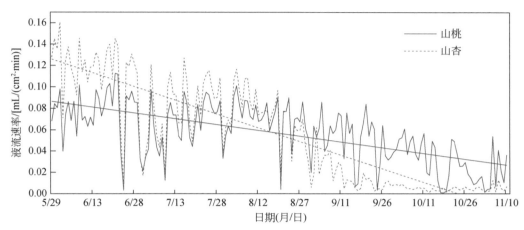

图 4-14　2018 年山杏和山桃树干液流速率日均值的季节变化规律

特征；6～10 月，山桃树干液流速率的最大值、极差和平均值均逐渐减小，最小值呈现先升后降的变化特征，变异系数逐渐增加，标准差呈波浪状，差异较小。在统计分析中，常用标准差及变异系数（CV）分别表示变异程度大小，标准差反映绝对变异，变异系数反映相对变异大小。依据变异性强弱分级规律（CV≤10％ 为弱变异性；10％＜CV＜100％ 为中等变异性；CV≥100％ 为强变异性），山杏和山桃树干液流速率日均值属于中等变异性。

表 4-5　山杏和山桃树干液流速率日均值的统计特征

| 树种 | 测定时间 | 液流速率/［mL/（cm² · min）］ | | | | | 变异系数/％ |
| --- | --- | --- | --- | --- | --- | --- | --- |
| | | 最大值 | 最小值 | 极差 | 平均值 | 标准差 | |
| 山杏 | 研究期间 | 0.1607 | 0.0015 | 0.1592 | 0.0554 | 0.0480 | 86.68 |
| | 6 月 | 0.1607 | 0.0051 | 0.1556 | 0.1161 | 0.0298 | 25.64 |
| | 7 月 | 0.1270 | 0.0160 | 0.1109 | 0.0778 | 0.0311 | 40.00 |
| | 8 月 | 0.1166 | 0.0202 | 0.0965 | 0.0747 | 0.0230 | 30.82 |
| | 9 月 | 0.0622 | 0.0025 | 0.0597 | 0.0165 | 0.0138 | 83.68 |
| | 10 月 | 0.0091 | 0.0015 | 0.0076 | 0.0048 | 0.0020 | 40.84 |
| 山桃 | 研究期间 | 0.1126 | 0.0008 | 0.1119 | 0.0567 | 0.0280 | 49.39 |
| | 6 月 | 0.1126 | 0.0031 | 0.1095 | 0.0790 | 0.0233 | 29.44 |
| | 7 月 | 0.0975 | 0.0124 | 0.0851 | 0.0632 | 0.0238 | 37.72 |
| | 8 月 | 0.1010 | 0.0038 | 0.0972 | 0.0711 | 0.0185 | 25.98 |
| | 9 月 | 0.0858 | 0.0033 | 0.0825 | 0.0509 | 0.0223 | 43.79 |
| | 10 月 | 0.0610 | 0.0008 | 0.0603 | 0.0321 | 0.0183 | 57.15 |

#### 4.1.3.2　山杏和山桃蒸腾耗水量的差异

山杏和山桃蒸腾量的季节变化规律如图 4-15 所示。整体上，随生长季的推进都呈逐渐减弱的趋势，山杏减小的幅度和速率均大于山桃。从研究初期（5 月底）到 8 月下旬山杏的日蒸腾量大于山桃，从 8 月下旬到生长季结束，山杏的日蒸腾量小于山桃，8 月下旬是山杏和山桃两树种日蒸腾量相近的时期。

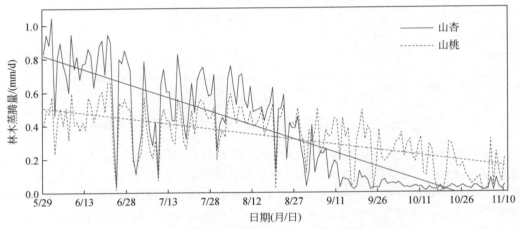

图 4-15　2018 年山杏和山桃蒸腾量的季节变化规律

山杏和山桃蒸腾量的统计特征见表 4-6。研究期间，山杏的蒸腾量均值为 0.3599mm/d，高于山桃的 0.3325mm/d，山杏日蒸腾量的最大值、最小值、极差、标准差和变异系数均大于山桃；6~10 月，山杏日蒸腾量的最大值、极差、平均值和标准差均逐渐减小，最小值呈现先升后降的变化特征，变异系数呈现出波浪状；6~10 月，山桃日蒸腾量的最大值、极差、平均值和标准差均逐渐减小，最小值呈现先升后降的变化特征，变异系数呈波浪状。依据变异性强弱分级规律（CV≤10% 为弱变异性；10%<CV<100% 为中等变异性；CV≥100% 为强变异性），山杏和山桃日蒸腾量属于中等变异性。

表 4-6　山杏和山桃蒸腾量的统计特征

| 树种 | 测定时间 | 蒸腾量/（mm/d） | | | | | 变异系数 /% |
|---|---|---|---|---|---|---|---|
| | | 最大值 | 最小值 | 极差 | 平均值 | 标准差 | |
| 山杏 | 研究期间 | 1.0448 | 0.0098 | 1.0350 | 0.3599 | 0.3119 | 0.8668 |
| | 6 月 | 1.0448 | 0.0335 | 1.0114 | 0.7548 | 0.1935 | 0.2564 |
| | 7 月 | 0.8254 | 0.1041 | 0.7213 | 0.5061 | 0.2024 | 0.4000 |
| | 8 月 | 0.7584 | 0.1312 | 0.6272 | 0.4859 | 0.1498 | 0.3082 |
| | 9 月 | 0.4043 | 0.0164 | 0.3879 | 0.1073 | 0.0898 | 0.8368 |
| | 10 月 | 0.0593 | 0.0098 | 0.0495 | 0.0314 | 0.0128 | 0.4084 |

续表

| 树种 | 测定时间 | 蒸腾量/（mm/d） | | | | | 变异系数/% |
| --- | --- | --- | --- | --- | --- | --- | --- |
| | | 最大值 | 最小值 | 极差 | 平均值 | 标准差 | |
| 山桃 | 研究期间 | 0.6601 | 0.0044 | 0.6557 | 0.3325 | 0.1642 | 0.4939 |
| | 6 月 | 0.6601 | 0.0183 | 0.6418 | 0.4631 | 0.1364 | 0.2944 |
| | 7 月 | 0.5717 | 0.0726 | 0.4991 | 0.3704 | 0.1397 | 0.3772 |
| | 8 月 | 0.5921 | 0.0225 | 0.5697 | 0.4167 | 0.1082 | 0.2598 |
| | 9 月 | 0.5031 | 0.0193 | 0.4838 | 0.2985 | 0.1307 | 0.4379 |
| | 10 月 | 0.3576 | 0.0044 | 0.3532 | 0.1879 | 0.1074 | 0.5715 |

# 4.2　气象因子对林木耗水的影响

林木的蒸腾耗水特征受多种气象因子的影响，主要包括太阳辐射、气温、空气相对湿度、风速等。有很多研究表明，气孔导度和边界层导度是树木蒸腾速率的主要影响因子（Wullschleger et al.，1998）。气孔的密度、大小、开度决定了气孔导度的大小，Hinckley等（1994）研究发现，当杂交杨林分气孔控制蒸腾系数为 0.66 时，气孔导度减小 10%，可导致蒸腾减小 3% ~4%。叶子的形态、大小和风速决定了边界层导度，在使用气孔计法测定叶子蒸腾速率时，气孔运动通过减弱叶子周围边界层扩散阻力进而影响蒸腾；叶子边界层周围水汽的增加，导致叶子表面与空气的水汽压差减小。因此，叶片和整树的蒸腾由微气象反馈改变的蒸腾驱动力决定。气孔控制蒸腾的系数常用耦合系数（$\Omega$）表示，它是气孔导度与边界层导度的比值，其值变化范围为 0 ~1。

有研究认为，树干液流与叶片蒸腾之间存在一定的时滞（Wullschleger et al.，1998），由于树种特性、测定时间的差异，滞后时间的长短也存在明显差异，这是由冠层蒸腾耗水时根系吸收水分与树干中储存的水分交换引起的。应用 TDP 技术，通过测定树木同一时刻不同高度的液流通量，可以明确树干体内水分交换的动态变化（孙慧珍等，2004）。Sakuratani 等（1997）应用热技术法分别测定了根部、树干及枝的液流变化规律，结果显示根部与树干间的液流时滞很小，而枝条与根部、树干的液流时滞约为 30min。

利用液流测定法在六盘山半干旱区已开展过的一些华北落叶松林蒸腾研究，如熊伟等（2003）和刘建立等（2008）发现林分液流和蒸腾主要受太阳辐射（Rs）、饱和水汽压差（VPD）、土壤水分的影响，本研究探讨主要气象因子对山桃和山杏蒸腾耗水规律的影响。

## 4.2.1　研究期间气象条件变化特征

### 4.2.1.1　研究期间气象条件的日内变化

在 2018 年 1 月 1 日至 2018 年 11 月 11 日，利用 HOB 气象站连续观测研究地区的气象指标值，主要包括气温（℃）、空气相对湿度（%）、风向（°）、风速（m/s）、露点温度（℃）和太阳辐射（W/m²）等，数值每 30 min 采集一次。

在研究的观测期间选取连续典型的晴天和阴雨天来分析气象条件的日内变化规律，如图 4-16 所示，选择 2018 年 8 月 23 日至 2018 年 8 月 26 日来探讨主要气象因素的日内连续变化，晴天（8 月 23~24 日）条件下，太阳辐射变化较大，呈明显的单峰型，阴雨天气，太阳辐射变化相对较小；气温、露点温度、风速基本上也呈单峰型，晴天的单峰型比阴天明显；相对湿度大致呈现"V"形，风向变化不明显；除风向外，其他各气象因子均是晴天比阴雨天变化明显，差异显著。

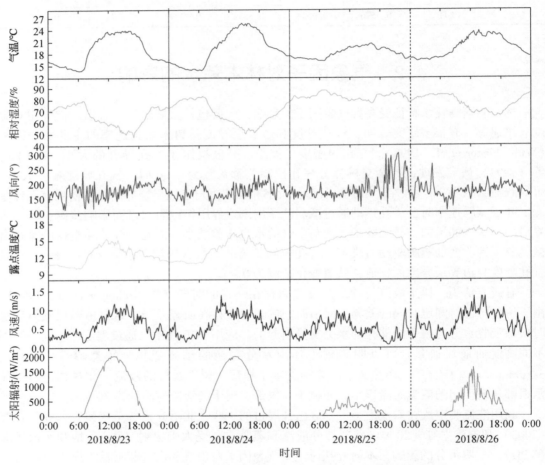

图 4-16　典型晴天和阴雨天的日内主要气象条件的变化规律

### 4.2.1.2　研究期间气象条件的季节（日间）变化

2018 年 1~11 月上旬各气象条件日均值的季节变化规律如图 4-17 所示。气温、露点温度和太阳辐射的变化特征大致相同，都是从年初逐渐升高，然后处于一个相对较高的稳定期，稳定期基本都持续两个月，然后下降至研究期结束，三者所不同的是达到最大值的时间存在差异，太阳辐射比气温和露点温度早，5 月中旬基本到达顶峰，气温推迟至 6 月初，露点温度延迟至 7 月初。风向和风速的变化特征大致相同，6～9 月相对低，其他月份没有明显的变化特征，而空气相对湿度 6～9 月相对高，其他月份也没有明显的变化规律。

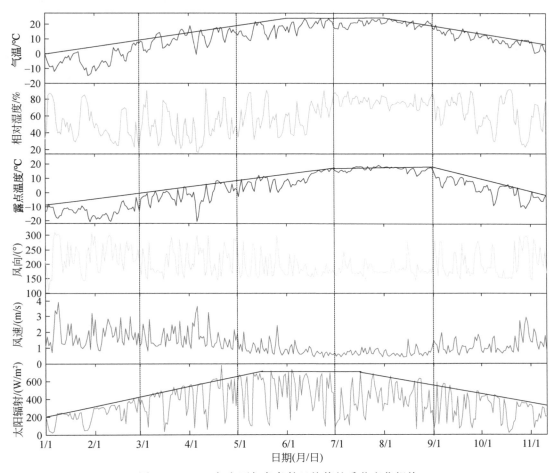

图 4-17　2018 年主要气象条件日均值的季节变化规律

以往有些研究已经证实影响林木耗水特征的主要气象因子为太阳辐射、气温、空气相对湿度和风速等，因此，分析这四种主要气象指标在研究山桃和山杏蒸腾耗水期间的变化规律。由表 4-7 可见，太阳辐射的月均值、最大值、最小值、极差整体上呈逐渐降低的趋势，标准差先降后升再降低的趋势，变异系数呈"M"形；气温的月均值、最大值和最小值基本呈现出先升后降的单峰趋势，在 8 月达到最大，极差、标准差和变异系数整体呈先降后升的变化特征；空气相对湿度的月均值和最小值呈现先升后降的单峰变化趋势，最大值、极差、标准差和变异系数呈现出先降后升的趋势，在 8 月达到最小值；风速的月均值、最小值、极差、标准差和变异系数呈现出先降后升的变化规律，最小值基本上都出现在7月，最大值大致呈现出逐渐升高的变化特征。

表4-7　研究期间（5月30日至11月11日）主要气象指标的统计特征

| 气象指标 | 测定时间 | 最大值 | 最小值 | 极差 | 平均值 | 标准差 | 变异系数/% |
|---|---|---|---|---|---|---|---|
| 太阳辐射/<br>（W/m²） | 研究期间 | 734.0 | 19.2 | 714.8 | 372.7 | 181.2 | 48.63 |
| | 6月 | 734.0 | 93.3 | 640.7 | 503.3 | 181.6 | 36.08 |
| | 7月 | 699.3 | 85.6 | 613.7 | 365.9 | 178.9 | 48.89 |
| | 8月 | 659.6 | 64.3 | 595.3 | 420.3 | 151.3 | 36.00 |
| | 9月 | 593.1 | 69.5 | 523.6 | 311.6 | 177.7 | 57.03 |
| | 10月 | 453.6 | 19.2 | 434.3 | 298.3 | 134.3 | 45.02 |
| 气温/℃ | 研究期间 | 23.97 | 0.56 | 23.42 | 15.89 | 6.08 | 38.23 |
| | 6月 | 23.81 | 11.98 | 11.83 | 19.75 | 2.98 | 15.07 |
| | 7月 | 23.38 | 16.37 | 7.00 | 20.38 | 2.20 | 10.81 |
| | 8月 | 23.97 | 16.47 | 7.50 | 20.87 | 1.74 | 8.33 |
| | 9月 | 19.59 | 8.84 | 10.75 | 13.85 | 2.70 | 19.52 |
| | 10月 | 12.69 | 4.26 | 8.43 | 8.83 | 2.23 | 25.28 |
| 空气相对<br>湿度/% | 研究期间 | 91.86 | 22.82 | 69.03 | 67.38 | 16.22 | 24.08 |
| | 6月 | 90.27 | 36.25 | 54.02 | 60.67 | 14.25 | 23.48 |
| | 7月 | 89.70 | 68.61 | 21.10 | 79.11 | 5.54 | 7.00 |
| | 8月 | 86.68 | 65.70 | 20.98 | 75.22 | 5.20 | 6.92 |
| | 9月 | 90.11 | 38.49 | 51.62 | 69.37 | 14.27 | 20.57 |
| | 10月 | 91.86 | 22.82 | 69.03 | 55.89 | 22.33 | 39.96 |
| 风速/<br>（m/s） | 研究期间 | 2.9719 | 0.3871 | 2.5848 | 0.9198 | 0.4663 | 50.69 |
| | 6月 | 1.4723 | 0.3871 | 1.0852 | 0.7454 | 0.2358 | 31.63 |
| | 7月 | 1.0433 | 0.4260 | 0.6174 | 0.6867 | 0.1693 | 24.65 |
| | 8月 | 1.5367 | 0.4123 | 1.1243 | 0.6631 | 0.2461 | 37.12 |
| | 9月 | 1.9673 | 0.5084 | 1.4589 | 1.1020 | 0.3971 | 36.03 |
| | 10月 | 2.9719 | 0.6283 | 2.3436 | 1.2474 | 0.6753 | 54.14 |

　　在统计分析中，常用标准差及变异系数（CV）分别表示变异程度大小，标准差反映绝对变异，变异系数反映相对变异大小。从整体上看，变异性的大小顺序为太阳辐射>风速>气温>空气相对湿度。依据变异性强弱分级规律（CV≤10%为弱变异性；10%<CV<100%为中等变异性；CV≥100%为强变异性），除8月的气温和空气相对湿度、7月的空气相对湿度属于弱变异性外，各月份其他气象因子均属于中等变异性。

## 4.2.2 气象条件对山杏蒸腾耗水规律的影响

### 4.2.2.1 气象条件对山杏树干液流速率的影响

山杏树干液流受到多种气象因子的影响，首先分析不同天气条件下山杏树干液流日内变化的影响因素。选择 2018 年 8 月 23~26 日这四天为研究时间，两个晴天和两个阴雨天，并且 8 月的树干液流速率相对高，分析气象条件对其的影响相对好。

在没有胁迫的条件下，太阳辐射不仅是诱导植物气孔开闭的环境因子，而且是引起温度变化的驱动力，研究表明随着太阳辐射强度的增加，液流速率显著升高。刘文国等（2007）对"中林 46 杨"的研究表明，树干液流速率与太阳辐射的日变化进程基本一致，在太阳辐射较弱的早晨，树干液流上升缓慢，随着太阳辐射强度的升高，气孔导度不断增大，液流速率快速升高并出现峰值，但是液流速率与太阳辐射出现峰值的时间有一定的时滞，树干液流会出现"午休的现象"，随着太阳辐射减弱，液流速率开始逐渐较小，日落时液流速率出现白天的最小值。

孙慧珍等（2005）对东北主要用材树种核桃楸（*Juglans mandshurica*）、水曲柳（*Fraxinus mandshurica*）、黄菠萝（*Phellodendron amurense*）、紫椴（*Tilia amurensis*）、红松（*Pinus koraiensis*）、蒙古栎（*Quercus mongolica*）的研究表明树干液流的日变化主要受光照的影响。王玉涛等（2008）对绦柳（*Salix matsudana*）的研究也表明树干液流的变化与光合有效辐射正相关。徐军亮等（2006）系统的研究了油松（*Pinus tabulaeformis*）树干液流与太阳辐射进程的关系。结果表明，晴天时树干液流速率与太阳辐射的变化特征在不同的季节有较大差异，液流的启动、终止时间均滞后于太阳辐射的变化；夏季时太阳辐射与树干液流速率的上升速率、上升持续时间、到达峰值的时间及其下降时间均表现出较好的相关关系，但是春秋季的相关性较差。但是樊敏等（2008）对刺槐（*Robinia pseudoacacia*）、赵仲辉等（2009）对杉木树干液流研究均表明生长季不同时期液流的启动时间与年内太阳辐射的变化规律一致。综上所述，树干液流速率与太阳辐射表现出较好的相关性，太阳辐射通过调控气孔的导度及温度变化影响树干液流的变化动态，但是由于树种特性的差异，部分研究表明树干液流与太阳辐射的变化存在一定时滞。

太阳辐射在不同天气条件下对树干液流速率的关系如图 4-18 所示。随着太阳辐射的增加，树干液流速率也同步提高，并且增高与降低的幅度和时间也基本吻合，因此，太阳辐射是影响山杏树干液流速率的主导因子和主要气象条件，是树干液流速率启动时的气象因子。

空气温度是影响树干液流变化的重要环境因子之一，它主要通过两个方面影响树干液流的变化，首先温度的变化决定了植物体内与大气间的饱和水汽压差，其次温度对叶片的温度和气孔的开张程度有重要影响，因此随着温度的升高，树干液流速率也显著增大。

张小由等（2005）对黑河下游天然胡杨（*Populus euphratica*）的研究表明，空气温度

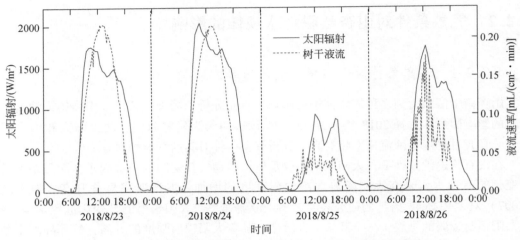

图 4-18　典型晴天和阴雨天日内尺度上太阳辐射与树干液流速率的关系

与树干液流速率呈显著正相关，而且是整个生长季内影响树干液流速率的主导因子。而孙慧珍等（2002）在黑龙江帽儿山对白桦（*Betula platyphylla*）的研究表明，温度是生长季末期树干液流的主要影响因子。殷秀辉等（2011）对油松的研究表明，树干液流与温度表现出显著的相关性。王瑞辉等（2006）对生长旺季元宝枫（*Acer truncatum*）的树干液流动态研究表明，尽管不同时期和部位影响树干液流速率的主导因子存在显著差异，但是空气温度在不同观测时期及部位均是影响树干液流速率的主导因子。

不同天气条件下空气温度与树干液流速率的关系如图 4-19 所示。随着气温的升高，树干液流速率也逐步提高，且增高与降低的幅度和时间也大致吻合，但是气温与树干液流速率的同步性略低于太阳辐射强度。温度仍然是影响树干液流速率的主要气象条件。

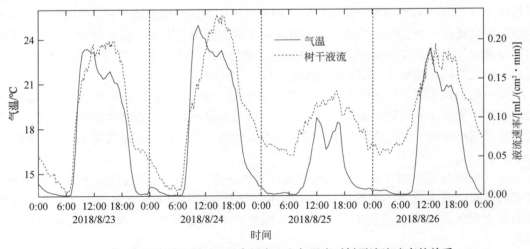

图 4-19　典型晴天和阴雨天日内尺度上空气温度对树干液流速率的关系

空气相对湿度是影响树木水分平衡的重要影响因子，对植物的蒸腾速率有重要影响，这主要是因为空气湿度与温度决定了饱和水汽压差。研究表明，饱和水汽压差是植物叶片气孔与大气边界层的水势梯度，直接决定了植物蒸腾潜力。研究表明，随着空气相对湿度的升高，饱和水汽压差减小，植物叶片气孔与大气边界层的水势梯度减小，水汽扩散的阻力增大，导致树干液流速率减小。于占辉等（2009）对黄土高原侧柏（*Platycladus orientalis*）树干液流研究显示，树干液流速率与空气湿度显著负相关，而与饱和水汽压差显著正相关。

不同天气条件下空气相对湿度与树干液流速率的关系如图 4-20 所示。树干液流速率与空气相对湿度呈相反的变化趋势，空气相对湿度降低，树干液流速率提高；空气相对湿度增加，树干液流速率降低。空气相对湿度与树干液流速率转折点的时间大致相同，所以，空气相对湿度对树干液流速率的变化规律也起到很重要的作用。

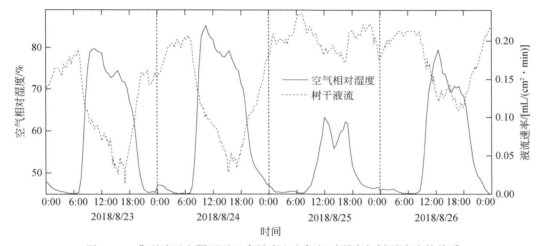

图 4-20　典型晴天和阴雨天日内尺度上空气相对湿度与树干液流的关系

露点温度与树干液流速率的关系如图 4-21 所示。露点温度呈明显的单峰变化曲线，而且是逐步升高的变化规律，与树干液流速率不同，所以，露点温度在日内尺度上对树干液流速率的影响和作用都相对小。

风速对树干液流速率也有一定的影响，风速主要通过影响界面层阻力进而对树干液流产生一定的影响，风速的增加使界面层变薄，水蒸气扩散减少，树干液流速率增大，蒸腾加快；但是当风速超过一定的阈值时，植物的气孔会关闭，蒸腾速率降低，液流速率下降。吴芳等在黄土高原对生长盛期刺槐的研究表明，树干液流速率与风速显著相关（吴芳等，2010）。

风速在不同天气条件下与树干液流速率的变化如图 4-22 所示。风速的变化特征存在瞬时的波动性，但总体上变化趋势与树干液流速率相似，但对树干液流速率的作用弱于太阳辐射和气温。

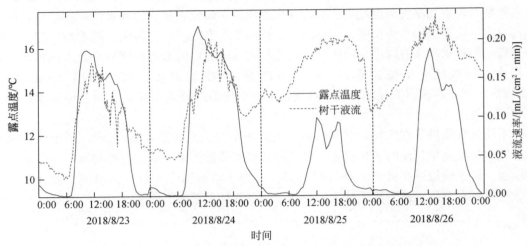

图 4-21　典型晴天和阴雨天日内尺度上露点温度与树干液流速率的关系

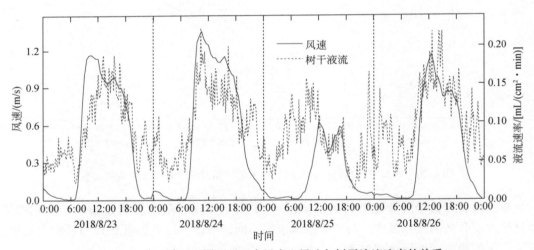

图 4-22　典型晴天和阴雨天日内尺度上风速与树干液流速率的关系

总的来说，在日内尺度上，不同天气条件下，太阳辐射是树干液流速率的启动因子，对树干液流速率的作用是第一位的，气温的作用弱于太阳辐射强度，对树干液流速率的作用次于气温的是空气相对湿度和风速，露点温度对树干液流速率的影响不明显。

研究期间，山杏树干液流速率日均值同样受到多种气象因子的影响，树干液流速率日均值与气象因子日均值的相关分析见表4-8。研究期间，除空气相对湿度外，其余各气象因子均与树干液流速率极显著（$P<0.01$）相关；在各月，太阳辐射与树干液流速率呈极显著（$P<0.01$）正相关；7~10月，气温与树干液流速率呈极显著（$P<0.01$）正相关；6~9月，空气相对湿度与树干液流速率呈极显著（$P<0.01$）负相关；7月，露点温度与

树干液流速率呈显著（$P<0.05$）正相关；其余各气象因子与不同月份树干液流速率相关性不显著（$P>0.05$）。从相关显著性和相关系数来看，影响山杏树干液流速率日均值的主要气象因子为太阳辐射、气温和空气相对湿度；露点温度、风向和风速作用较弱。

**表 4-8　研究期间和各月份主要气象指标与山杏树干液流速率的相关分析**

| 测定时间 | 气温/℃ | 空气相对湿度/% | 露点温度/℃ | 风向/(°) | 风速/(m/s) | 太阳辐射/(W/m²) |
|---|---|---|---|---|---|---|
| 研究期间 | 0.786** | 0.006 | 0.594** | −0.295** | −0.451** | 0.698** |
| 6 月 | 0.357 | −0.465** | −0.151 | −0.261 | 0.068 | 0.771** |
| 7 月 | 0.787** | −0.867** | 0.445* | −0.155 | 0.134 | 0.916** |
| 8 月 | 0.662** | −0.683** | 0.186 | 0.138 | −0.354 | 0.852** |
| 9 月 | 0.632** | −0.470** | 0.052 | 0.111 | 0.049 | 0.718** |
| 10 月 | 0.656** | −0.342 | −0.030 | −0.052 | −0.214 | 0.675** |

\* $P<0.05$。\*\* $P<0.01$。下同。

以上在日内和日间及季节水平上分析了影响液流速率的气象条件，起最大作用的为太阳辐射强度，其次为气温和空气相对湿度，露点温度、风向和风速等气象条件所起到的作用有限。

#### 4.2.2.2　气象条件对山杏日蒸腾量的影响

研究期间各主要气象指标与山杏日蒸腾量的相关分析见表 4-9。无论从显著性还是相关系数的大小来看，各主要气象指标与山杏日蒸腾量的关系与山杏树干液流速率完全一致，因此，气象条件对山杏日蒸腾量的作用的结果也与山杏树干液流速率相同。

**表 4-9　研究期间和各月份主要气象指标与山杏日蒸腾量的相关分析**

| 测定时间 | 气温/℃ | 空气相对湿度/% | 露点温度/℃ | 风向/(°) | 风速/(m/s) | 太阳辐射/(W/m²) |
|---|---|---|---|---|---|---|
| 研究期间 | 0.786** | 0.006 | 0.594** | −0.295** | −0.451** | 0.698** |
| 6 月 | 0.357 | −0.465** | −0.151 | −0.261 | 0.068 | 0.771** |
| 7 月 | 0.787** | −0.867** | 0.445* | −0.155 | 0.134 | 0.916** |
| 8 月 | 0.662** | −0.683** | 0.186 | 0.138 | −0.354 | 0.852** |
| 9 月 | 0.632** | −0.470** | 0.052 | 0.111 | 0.049 | 0.718** |
| 10 月 | 0.656** | −0.342 | −0.030 | −0.052 | −0.214 | 0.675** |

### 4.2.3 气象条件对山桃蒸腾耗水规律的影响

#### 4.2.3.1 气象条件对山桃树干液流速率的影响

山桃树干液流受到多种气象因子的影响，首先分析不同天气条件下山桃树干液流速率日内变化的影响因素。选择2018年8月23日至26日这四天为研究时间，两个晴天和两个阴雨天，并且8月的树干液流速率相对高，分析气象条件对其的影响相对好。

典型天气条件下，在日内尺度上各主要气象指标与山桃树干液流速率的关系如图4-23～图4-27所示，影响山桃树干液流速率的气象因子与山杏的相同，按照作用大小和影响强弱，首先为太阳辐射强度，其次是气温，再次为空气相对湿度和风速，最弱的为露点温度。

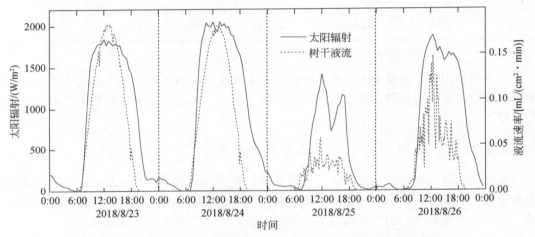

图 4-23　典型晴天和阴雨天日内尺度上太阳辐射与树干液流速率的关系

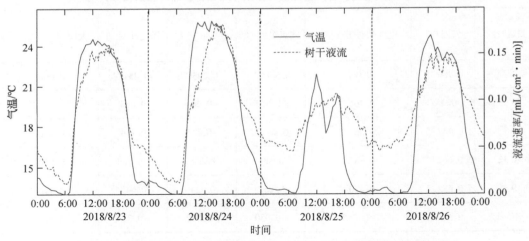

图 4-24　典型晴天和阴雨天日内尺度上空气温度与树干液流速率的关系

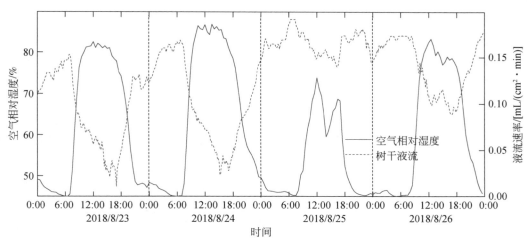

图 4-25　典型晴天和阴雨天日内尺度上空气相对湿度与树干液流速率的关系

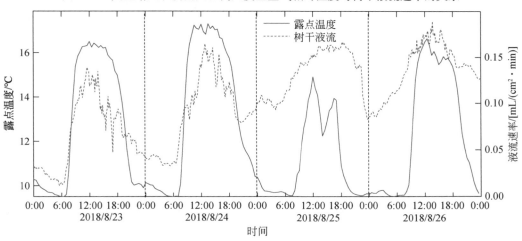

图 4-26　典型晴天和阴雨天日内尺度上露点温度与树干液流速率的关系

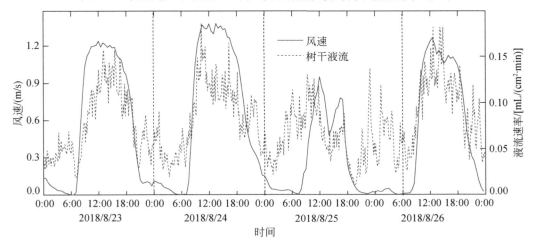

图 4-27　典型晴天和阴雨天日内尺度上风速与树干液流速率的关系

研究期间，山桃树干液流速率日均值同样受到多种气象因子的影响，树干液流速率日均值与气象因子日均值的相关分析见表4-10。研究期间，除空气相对湿度外，其余各气象因子均与树干液流速率极显著（$P<0.01$）相关；在各月，气温与树干液流速率呈显著（$P<0.05$）正相关；除9月外的其他月份，太阳辐射强度与树干液流速率呈极显著（$P<0.01$）正相关；7月露点温度与树干液流速率呈极显著（$P<0.01$）正相关；空气相对湿度在7月和8月与树干液流速率呈极显著（$P<0.01$）负相关；其余各气象因子与不同月份树干液流速率相关性不显著（$P>0.05$）。从相关显著性和相关系数来看，影响山杏树干液流速率日均值的主要气象因子为太阳辐射和气温，空气相对湿度、露点温度、风向和风速作用相对较弱。

表 4-10　研究期间和各月份主要气象指标与山桃树干液流速率的相关分析

| 测定时间 | 气温/℃ | 空气相对湿度/% | 露点温度/℃ | 风向/(°) | 风速/(m/s) | 太阳辐射/(W/m$^2$) |
|---|---|---|---|---|---|---|
| 研究期间 | 0.741** | −0.008 | 0.570** | −0.229** | −0.434** | 0.725** |
| 6 月 | 0.420* | −0.209 | 0.145 | −0.327 | −0.042 | 0.629** |
| 7 月 | 0.807** | −0.872** | 0.470** | −0.177 | 0.145 | 0.912** |
| 8 月 | 0.626** | −0.792** | 0.092 | 0.241 | −0.281 | 0.828** |
| 9 月 | 0.382 | −0.245 | 0.118 | 0.169 | 0.018 | 0.361 |
| 10 月 | 0.679** | −0.197 | 0.178 | −0.067 | −0.282 | 0.645** |

### 4.2.3.2　气象条件对山桃日蒸腾量的影响

研究期间各主要气象指标与山桃日蒸腾量的相关分析见表4-11。无论从显著性还是相关系数的大小来看，各主要气象条件与山桃日蒸腾量的关系与山桃树干液流速率完全一致，因此，气象条件对山桃日蒸腾量的作用的结果也与山桃树干液流速率相同。

表 4-11　研究期间和各月份主要气象指标与山桃日蒸腾量的相关分析

| 测定时间 | 气温/℃ | 空气相对湿度/% | 露点温度/℃ | 风向/(°) | 风速/(m/s) | 太阳辐射/(W/m$^2$) |
|---|---|---|---|---|---|---|
| 研究期间 | 0.741** | −0.008 | 0.570** | −0.229** | −0.434** | 0.725** |
| 6 月 | 0.420* | −0.209 | 0.145 | −0.327 | −0.042 | 0.629** |
| 7 月 | 0.807** | −0.872** | 0.470** | −0.177 | 0.145 | 0.912** |
| 8 月 | 0.626** | −0.792** | 0.092 | 0.241 | −0.281 | 0.828** |
| 9 月 | 0.382* | −0.245 | 0.118 | 0.169 | 0.018 | 0.361 |
| 10 月 | 0.679** | −0.197 | 0.178 | −0.067 | −0.282 | 0.645** |

# 4.3 水分条件对林木耗水的影响

土壤水分运动是森林生态系统中水分循环的重要过程。植被蒸散消耗的水分几乎都来自土壤水分，土壤水分直接影响植被蒸散，同时也影响土壤入渗并决定着径流量的大小。而土壤水分主要来自大气降水和地下水的补充，因此，土壤水分运动是个复杂的动态变化过程。它涉及土壤水分饱和和非饱和时温度梯度、浓度梯度、渗透梯度等影响下的流动过程，进而影响整个流域的界面产流（秦耀东，2003；邵明安和黄明斌，2000）。土壤水分运动包括植被吸收、入渗、深层渗漏形成壤中流等。由于森林对环境的影响首先是通过水分循环来实现的，同时土壤水分作为能量流动和养分传输的重要载体，所以深入系统地研究森林土壤水分运动规律，是森林生态系统研究的基本内容之一，在流域森林水文学、森林生态学研究及相关应用领域中占有十分重要的地位，对整个流域生态耗水、径流产水、流域水文循环的估算和评价都具有相当重要的作用和极其深远的意义。

土壤水分条件能够影响林木的蒸腾耗水，以前已有很多研究尝试定量理解蒸腾与主要环境影响因子间的关系。冯永健等（2010）认为 $0 \sim 60cm$ 土层的土壤水势对林分蒸腾影响最大；孙林等（2011）确定了林分冠层平均导度对 Rs、VPD 和土壤水分的响应阈值。

通常认为，随着土壤水分增加，蒸腾先是快速近线性增加，然后当土壤水分达到一定阈值后，蒸腾不再增加或逐渐趋近一个最大值。这一过程可用非线性增长曲线（如 Logistic 曲线）拟合，也可用分段线性函数拟合。其中，土壤水分阈值常变化在 $0.2 \sim 0.5$ 之间，因植被类型、气候、地区不同而异；如 Sumayao 等（1977）发现当 REW 降至 0.35 后，高粱（*Sorghum bicolor*）的蒸腾速率开始降低，并且随 REW 降低而快速降低，认为这是由叶水势下降、水汽传输阻力增加引起的。Sadras 和 Milroy（1996）发现很多植被的气孔开始关闭时的土壤水分阈值都在 0.37 左右。Lecoeur 和 Sinclair（1996）在同步进行的盆栽试验和野外试验中发现紫花豌豆（*Pisum sativum* L.）蒸腾速率会在 REW 低于 0.4 后随 REW 降低而线性降低。Lagergren 和 Lindroth（2002）在瑞典中部的一片 50 年生松杉混交林中发现，在根区土壤可用水分消耗 80% 之后，挪威云杉（*Picea abies*）、苏格兰松（*Pinus sylvestris*）的蒸腾速率开始快速下降。Bernier 等（2002）发现糖枫（*Acer saccharum* Marsh.）的土壤水分阈值是 0.4。

然而，这些研究也同时发现，蒸腾对土壤水分的响应在很大程度上受气象条件的干扰。Sadras 和 Milroy（1996）在综述植被有效土壤水分的一篇文章中提到，土壤水分阈值的变动范围非常广泛，可从 0 到 1，这取决于当时的大气蒸发需求、根系分布深度和广度、土壤结构及物理性质等环境因素。Lecoeur 和 Sinclair（1996）发现，野外观测的蒸腾速率响应土壤水分变化的规律性非常弱，变异性比室内盆栽试验要高出很多，他们把这种差异归因于土壤水分测定方法的不同（盆栽植被的根系分布有限，能精准测量根区土壤水分，而野外生长植被根系的土层分布变异性强，取点测量的土壤水分数据很难准确反映全土层情况）及野外气温更加多变，而前者的气温则可控和恒定。所以，为了获得较为适中的关系，这些研究经常会剔除一些阴雨天数据，或空气极干燥（VPD>2.5 kPa）时段的数据。因而，他们得到的结论通常认为某一地区的某一植被有恒定的土壤水分阈值，这其实存在很大问题。早在 1962 年，Denmead 和 Shaw（1962）就注意到植物蒸腾速率随土壤水分减少而降低的趋势会随天气条件（潜在蒸腾速率）而变；在潜在蒸腾速率非常高的天气条件下，实际蒸腾速率随土壤水分减少而降低的速率更快。这说明，在预测蒸腾响应土壤水分变化、基于土壤水分承载力进行精细化森林经营时，不能不考虑大气蒸发潜力的影响。然而，目前研究还很少在野外观测中得到类似结论，这限制着对森林耗水、产流及其环境响应机制的深入认识，且不利于尺度间、地区间的相关结果比较和推演。

本研究区是黄土丘陵区，利用 Insentek 传感器（北京东方润泽生态科技股份有限公司，中国北京）监测土壤含水量（SWC，$cm^3/cm^3$），每层 10cm，深度为 100cm。使用烘干法校准，Insentek 传感器是一种监测各种土壤质地土壤水分的可靠工具（Qin et al.，2019）。该区各土层之间的土壤性质差异较小，本书采用土壤含水率来分析其对山桃和山杏蒸腾耗水的作用。

## 4.3.1 山杏的土壤水分条件对林木蒸腾耗水特性的影响

### 4.3.1.1 土壤水分条件的变化特征

不同土层土壤水分条件的日内变化特征如图 4-28 所示。从整体上看，山杏土壤水分的日内变化相对较小，尤其是深层土壤，日内基本没有变化，表层（0～10cm）土壤变化最剧烈，但土壤水分的最大高差为 2% 左右，从数量上看，也是有限的。随着土层深度的增加，土壤水分的变异性逐渐减小，日内尺度上逐渐趋于稳定。2018 年 8 月 3～5 日，0～

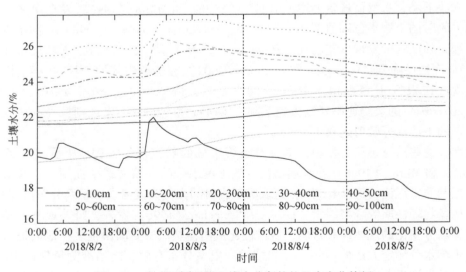

图 4-28    山杏不同土层土壤水分条件的日内变化特征

60cm 的土壤水分趋于逐渐缓慢降低的过程，60～70cm 土层的土壤水分趋于平稳，70～100cm 的土壤水分存在微弱的上升趋势，这说明，这段时间内，土壤水分除了林木蒸腾和土壤蒸发使土壤水分下降外，也由于降水时水分渗透到深层土壤，导致深层土壤有微弱的上升趋势。

不同季节土壤水分的变化特征如图 4-29 所示。0～80cm 土壤水分的季节变化整体上可以分为三个消耗期和两个补水期。从 1 月 1 日到 3 月初为第一个消耗期，3 月初至 3 月中旬为第一个补水期，3 月中旬至 7 月初为第二个消耗期，7 月初至 7 月中旬为第二个补水期，7 月中旬至 11 月初为第三个消耗期，随着土层加深，各个时期出现的时间略有滞后。80～100cm 土壤水分的季节变化整体上可以分为两个消耗期和一个补水期期。从 1 月 1 日至 7 月初为第一个消耗期，7 月初至 7 月中旬为补水期，7 月中旬至 11 月初为第二个消耗期。

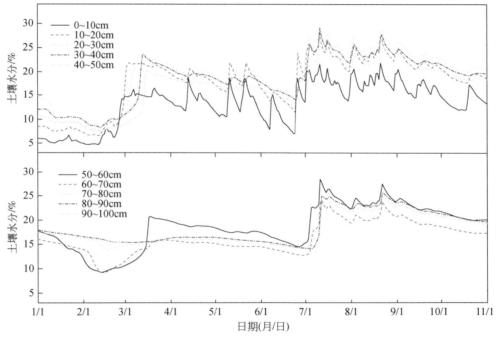

图 4-29　2018 年山杏不同季节土壤水分的变化特征

随土层逐渐加深，土壤水分的变化越小，相对稳定，对外界环境条件的响应不敏感，季节变化也相对小。

研究期间（5 月 30 日至 11 月 1 日）土壤水分日均值的统计特征如表 4-12 所示。研究期间 0～100cm 土壤湿度的均值为 20.02%，极差为 12.61%，标准差和变异系数分别为 3.13% 和 15.65%。表层土壤水分的平均值相对低，为 15.58，其他各层均在 18% 以上，随土壤深度的加深，整体呈现出先增加后降低，再增加而后又降低的 "M" 形；最大值、最小值和标准差表现出相似的变化特征，不同的是，标准差各层次之间的差异相对小；极差整体上表现为先增加后减小的变化规律；变异系数表现为先降低后逐渐增加的变化趋势。

表 4-12  研究期间不同深度土壤水分的统计特征

| 土层深度/cm | 水分/% | | | | | 变异系数/% |
|---|---|---|---|---|---|---|
| | 最大值 | 最小值 | 极差 | 平均值 | 标准差 | |
| 0~10 | 21.84 | 7.06 | 14.78 | 15.58 | 3.42 | 21.93 |
| 10~20 | 28.16 | 11.43 | 16.73 | 20.72 | 3.60 | 17.37 |
| 20~30 | 29.86 | 14.01 | 15.85 | 22.52 | 3.56 | 15.81 |
| 30~40 | 29.09 | 14.06 | 15.03 | 21.47 | 3.33 | 15.51 |
| 40~50 | 27.47 | 13.41 | 14.06 | 20.01 | 3.23 | 16.12 |
| 50~60 | 28.51 | 14.5 | 13.98 | 21.31 | 3.46 | 16.22 |
| 60~70 | 24.04 | 12.70 | 11.34 | 18.28 | 3.05 | 16.69 |
| 70~80 | 25.36 | 14.21 | 11.15 | 20.14 | 3.37 | 16.74 |
| 80~90 | 25.63 | 14.13 | 11.50 | 20.36 | 3.60 | 17.68 |
| 90~100 | 24.66 | 13.95 | 10.72 | 19.78 | 3.40 | 17.17 |
| 0~100 | 25.71 | 13.09 | 12.61 | 20.02 | 3.13 | 15.65 |

#### 4.3.1.2  土壤水分条件对山杏林木蒸腾耗水特性的影响

研究期间（5月30日至11月1日）各层土壤水分日均值与山杏林木日蒸腾量的相关分析如表4-13所示。研究期间，各层土壤水分日均值及0~100cm均值与山杏林木日蒸腾量均呈显著（$P<0.05$）或极显著（$P<0.01$）负相关。在整体上呈现出土壤水分越低，山杏林木日蒸腾量越大的变化趋势，与大多数的研究结论不同。在干旱缺水地区，这样结论是不成立的。本研究得出这样的结论主要是由于土壤水分在研究期间因降雨等气象条件影响呈整体上升趋势，而山杏林木日蒸腾量因植物节律与太阳辐射、气温等气象条件影响呈整体下降趋势，因此，两者的关系呈负相关。

表 4-13  各层土壤水分条件与山杏林木日蒸腾量的相关分析

| 土层深度/cm | 研究期间 | 6月 | 7月 | 8月 | 9月 | 10月 |
|---|---|---|---|---|---|---|
| 0~10 | -0.209 ** | -0.200 | -0.201 | -0.343 | 0.150 | 0.142 |
| 10~20 | -0.166 * | 0.082 | 0.023 | -0.259 | 0.526 ** | 0.666 ** |
| 20~30 | -0.158 * | 0.215 | 0.194 | -0.212 | 0.614 ** | 0.753 ** |
| 30~40 | -0.161 * | 0.296 | 0.400 * | -0.180 | 0.655 ** | 0.705 ** |
| 40~50 | -0.192 * | 0.275 | 0.0539 ** | -0.209 | 0.681 ** | 0.646 ** |
| 50~60 | -0.223 ** | 0.219 | 0.602 ** | -0.216 | 0.694 ** | 0.594 ** |
| 60~70 | -0.242 ** | 0.199 | 0.0564 ** | -0.199 | 0.695 ** | 0.557 ** |
| 70~80 | -0.292 ** | 0.201 | 0.523 ** | -0.185 | 0.684 ** | 0.502 ** |
| 80~90 | -0.316 ** | 0.196 | 0.539 ** | -0.219 | 0.672 ** | 0.480 ** |
| 90~100 | -0.343 ** | 0.194 | 0.529 ** | -0.252 | 0.664 ** | 0.472 ** |
| 0~100 | -0.250 ** | 0.141 | 0.549 ** | -0.270 | 0.628 ** | 0.707 ** |

注："研究期间"表示研究期间各层土壤水分条件下山杏林木日蒸腾量的总均值。下同。

皮尔逊相关系数取值介于–1 和 1 之间；当皮尔逊相关系数的取值接近于–1 或者 1 时，两个变量之间具有强相关性；当取值接近于 0 时，表示两个变量不是线性相关的，但是不表示两个变量之间不存在其他的相关性；当取值大于 0 时，表示正相关；当取值小于 0 时，表示负相关。在解释相关性时，特别需要注意强相关性并不一定代表一个变量变化会导致另一个变量的变化，也就是说相关关系不是因果关系。当 $P$ 值小于 0.05 时，两个变量之间的线性关系是显著的。$P$ 值的大小不能表示相关性的强弱，并且 $P$ 值的大小会容易受到样本量的影响（夏坤庄等，2015）。

相关分析的显著性只能说明研究阶段的两者关系是否显著，并不能完全表示相关性的强弱，本研究认为在野外观测实验中，当相关系数大于 0.5、$P$ 值小于 0.05 时，才能在一定程度上解释一个变量变化导致另一个变量的变化。

本研究期间，土壤水分含量与山杏林木日蒸腾量呈显著负相关关系，但两者的相关系数均小于 0.4，不能说明两者之间的线性关系，可能是两者之间具有非线性关系，在 4.5 节林木蒸腾耗水对环境因子的响应研究中我们再做分析和探讨。

7 月、9 月和 10 月，土壤水分均值和深层土壤水分与林木日蒸腾量呈极显著（$P<0.01$）正相关关系。7 月、9 月和 10 月，相关系数整体上呈现出随土层加深先增加后减小的变化趋势，且随着生长季推进，相关系数最大值出现的土层逐渐接近表层，也就是说林木根系主要耗水的部位逐渐上移，可能是由植物节律，吸收水的主要土层逐渐上移引起的，也可能与土壤温度、气温、太阳辐射等气象条件有关，具体的机理性原因，仍需我们进一步深入探索和研究。

## 4.3.2　山桃土壤水分条件对林木蒸腾耗水特性的影响

### 4.3.2.1　山桃土壤水分条件的变化特征

山桃不同土层土壤水分的日内变化特征如图 4-30 所示。除受降雨直接输入的影响外，从整体上看，山桃土壤水分的日内变化相对小，尤其是深层土壤，日内基本没有变化，2018 年 8 月 26 日表层（0~10cm）土壤变化最为剧烈，但土壤水分的最大高差不超过 5%，随着时间的推进，日内变化逐渐减小。随着土层深度（40~100cm）增加，土壤水分的变异性逐渐减小，日内尺度上逐渐趋于稳定。0~40cm 这四层土壤水分增加出现的时间依次推后，增加的幅度逐渐减小，随深度的增加，降雨对土壤水分增加的作用逐渐减弱。

2018 年 6 月 26~28 日，0~30cm 的土壤水分处于逐渐降低的阶段，且减小的幅度逐渐变小，这体现出太阳辐射、气温等气象条件对表层土壤水分减小的作用随土层的增加而逐渐减弱，研究时间段 30~40cm 土壤水分还处于逐渐增加的阶段，充分说明不同深度土壤水分增加的滞后性。

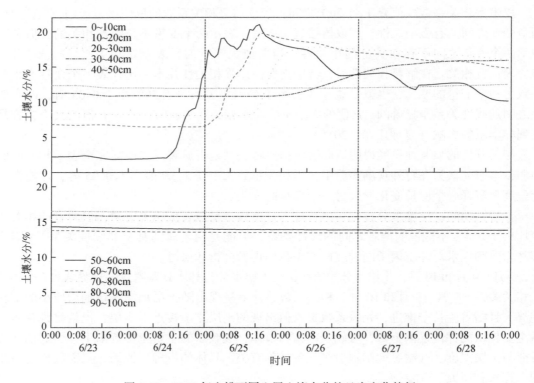

图 4-30　2018 年山桃不同土层土壤水分的日内变化特征

　　山桃不同季节土壤水分的变化特征如图 4-31 所示。0～30cm 土壤水分受降雨、气温、太阳辐射等气象条件、林木蒸腾等影响，没有明显的季节变化，整体上波动性较大。30～100cm 土壤水分 5 月初至 6 月底处于下降期；7 月初到 8 月底处于波动期，但整体上有一个上升的趋势；9 月初至 11 月初处于缓慢的下降期，土壤水分逐渐下降，下降幅度逐渐减弱。

　　随土层逐渐加深，山桃土壤水分的变化越小，相对稳定，对外界环境条件的响应不敏感，季节变化也相对小。

　　研究期间（5 月 30 日至 11 月 1 日）山桃不同深度土壤水分的统计特征如表 4-14 所示。研究期间 0～100cm 土壤湿度的均值为 18.68%，极差为 13.26%，标准差和变异系数分别为 3.42% 和 18.31%。0～30cm 土层土壤水分的平均值相对低，均在 17% 以下，其他各层相对高，均在 19% 以上，随土壤深度的加深，整体上呈现出逐渐增加的趋势，略有波动，增幅逐渐减小；最大值总的来说呈先减小后增大的趋势，有相对大的波动，但相互之间的数值差异较小；最小值呈现出与平均值相似的变化特征，随深度逐渐增大，增幅逐渐减小；极差、标准差和变异系数随土壤加厚，大致呈现出逐渐减小的变化趋势。

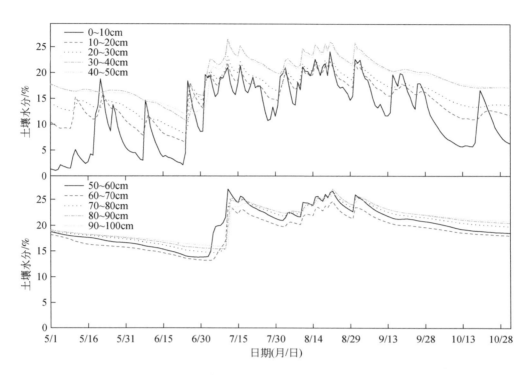

图 4-31　2018 年山桃不同季节土壤水分的变化特征

**表 4-14　研究期间山桃不同深度土壤水分的统计特征**

| 土层深度/cm | 水分/% | | | | | 变异系数/% |
|---|---|---|---|---|---|---|
| | 最大值 | 最小值 | 极差 | 平均值 | 标准差 | |
| 0 ~ 10 | 24.16 | 2.14 | 22.02 | 13.32 | 5.91 | 44.35 |
| 10 ~ 20 | 22.24 | 6.46 | 15.78 | 15.30 | 4.03 | 26.36 |
| 20 ~ 30 | 23.17 | 8.11 | 15.06 | 16.67 | 3.74 | 22.42 |
| 30 ~ 40 | 26.65 | 10.81 | 15.83 | 19.66 | 3.79 | 19.29 |
| 40 ~ 50 | 26.04 | 11.95 | 14.09 | 19.32 | 3.62 | 18.75 |
| 50 ~ 60 | 26.99 | 13.82 | 13.17 | 20.38 | 3.57 | 17.50 |
| 60 ~ 70 | 24.64 | 13.19 | 11.45 | 19.02 | 3.17 | 16.69 |
| 70 ~ 80 | 26.69 | 14.72 | 11.97 | 20.77 | 3.40 | 16.38 |
| 80 ~ 90 | 27.03 | 15.44 | 11.59 | 21.19 | 3.29 | 15.53 |
| 90 ~ 100 | 26.21 | 15.88 | 10.34 | 21.18 | 2.97 | 14.05 |
| 0 ~ 100 | 24.88 | 11.62 | 13.26 | 18.68 | 3.42 | 18.31 |

## 4.3.2.2　土壤水分条件对山桃林木蒸腾耗水特性的影响

研究期间（5 月 30 日至 11 月 1 日）各层土壤水分条件与山桃林木日蒸腾量的相关分

析如表 4-15 所示。研究期间，各层土壤水分日均值及 0 ~ 100cm 均值与山桃林木日蒸腾量相关性不显著（$P>0.05$），相关系数均接近于 0，表明山杏土壤水分与林木日蒸腾量没有明显的线性关系，但是可能存在其他关系，我们在 4.5 节中探讨山桃蒸腾对环境因子的响应中再进一步分析。

表 4-15    各层土壤水分条件与山桃林木日蒸腾量的相关分析

| 土层深度/cm | 研究期间 | 6 月 | 7 月 | 8 月 | 9 月 | 10 月 |
|---|---|---|---|---|---|---|
| 0 ~ 10 | −0.043 | −0.349 | −0.264 | −0.369 * | −0.203 | −0.092 |
| 10 ~ 20 | 0.029 | −0.094 | −0.084 | −0.283 | −0.002 | 0.458 ** |
| 20 ~ 30 | 0.053 | 0.131 | 0.138 | −0.188 | 0.123 | 0.529 ** |
| 30 ~ 40 | 0.009 | 0.071 | 0.336 | −0.181 | 0.133 | 0.554 ** |
| 40 ~ 50 | 0.010 | −0.066 | 0.476 ** | −0.175 | 0.1465 | 0.570 ** |
| 50 ~ 60 | 0.019 | −0.085 | 0.511 ** | −0.187 | 0.151 | 0.582 ** |
| 60 ~ 70 | −0.014 | −0.093 | 0.515 ** | −0.212 | 0.159 | 0.590 ** |
| 70 ~ 80 | −0.003 | −0.098 | 0.556 ** | −0.219 | 0.168 | 0.594 ** |
| 80 ~ 90 | −0.026 | −0.098 | 0.557 ** | −0.226 | 0.176 | 0.596 ** |
| 90 ~ 100 | −0.059 | −0.093 | 0.526 ** | −0.229 | 0.191 | 0.596 ** |
| 0 ~ 100 | −0.003 | −0.180 | 0.483 ** | −0.261 | 0.077 | 0.468 ** |

6 月、8 月和 9 月与研究期间的结果基本相同，只是相关系数的绝对值比研究期间相关系数的绝对值要高；7 月，0 ~ 50cm 土壤湿度受到降雨等气象条件影响，水分变化波动明显，而 50 ~ 100cm 土壤水分呈逐渐降低的趋势，因此，50 ~ 100cm 土壤水分与山桃林木日蒸腾量呈极显著（$P<0.01$）的正相关关系。10 月土壤水分与山桃林木日蒸散量极显著（$P<0.01$）正相关的土层逐渐上移。也就是说，林木根系主要耗水的部位逐渐上移，可能是由植物节律，吸收水的主要土层逐渐上移引起的，也可能与土壤温度、气温、太阳辐射等气象条件有关，具体的机理性原因，仍需科研人员进行深入的探索和研究。

## 4.4    林木蒸腾耗水对环境因子的响应研究

## 4.4.1    山杏林木蒸腾耗水对环境因子的响应

### 4.4.1.1    山杏林木蒸腾耗水对气象因子的响应

依据 4.3 节的研究，选取太阳辐射、气温和空气相对湿度三个气象指标来探讨蒸腾耗水对单个气象因子的响应，以确定响应单因子的基本函数形式，为了避免其他因子的影响，采用上外包线的方法排除其他因子的干扰，上外包线是由各因子分段内高于日蒸腾量平均值加 1 倍偏差的日蒸腾量数据的平均值拟合而成（Schmidt et al.，2000）。

山杏林木日蒸腾量对太阳辐射的响应如图 4-32 所示。太阳辐射与山杏林木日蒸腾量没有明显的关系，采用上外包线的方法来探讨山杏林木日蒸腾量对太阳辐射的响应，当太阳辐射为零时，本研究认为没有树干液流速率的存在，故日蒸腾量为 0mm。因此，两者之间呈很好的二项式函数关系，即

$$T_{as} = -2 \times 10^{-6} \mathrm{PAR}^2 - 0.003 \mathrm{PAR} \quad R^2 = 0.9751 \tag{4-7}$$

式中，$T_{as}$ 为山杏林木日蒸腾量（mm）；PAR 为太阳辐射（W/m²）。

山杏林木日蒸腾量对太阳辐射的响应是分阶段的，具体分为：①当太阳辐射为 0 ~ 300W/m² 时，山杏林木日蒸腾量为快速增加期；②当太阳辐射为 300 ~ 550W/m² 时，山杏林木日蒸腾量为缓慢增加期；③当太阳辐射大于 550W/m² 时，山杏林木日蒸腾量为平稳期。当太阳辐射无穷大时，研究认为山杏林木日蒸腾量趋于一个最大值。

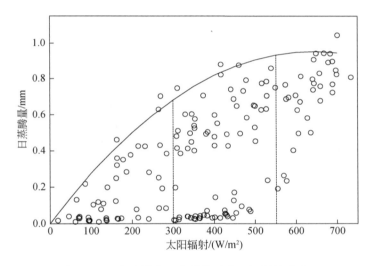

图 4-32　山杏林木日蒸腾量对太阳辐射的响应

山杏林木日蒸腾量对空气相对湿度的响应如图 4-33 所示。空气相对湿度与山杏林木日蒸腾量没有明显的关系，采用上外包线的方法来探讨山杏林木日蒸腾量对空气相对湿度的响应，两者之间呈很好的二项式关系，即

$$T_{as} = -0.0009 \mathrm{RH}^2 + 0.1044 \mathrm{RH} - 2.0572 \quad R^2 = 0.9539 \tag{4-8}$$

式中：$T_{as}$ 为山杏林木日蒸腾量（mm）；RH 为空气相对湿度（%）。

山杏林木日蒸腾量对空气相对湿度是分阶段响应的，具体分为：①当空气相对湿度为 25% ~ 45% 时，山杏林木日蒸腾量为快速增加期；②当空气相对湿度为 45% ~ 57% 时，山杏林木日蒸腾量为缓慢增加期；③当空气相对湿度为 57% ~ 72% 时，山杏林木日蒸腾量为缓慢下降期；④当空气相对湿度为 72% ~ 92% 时，山杏林木日蒸腾量为迅速下降期。

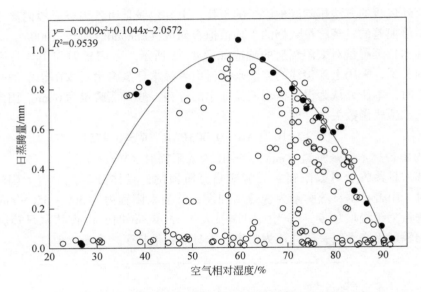

图 4-33　山杏林木日蒸腾量对空气相对湿度的响应

　　山杏林木日蒸腾量对空气温度的响应如图 4-34 所示。空气温度与山杏林木日蒸腾量没有明显的线性关系，采用上外包线的方法来探讨山杏林木日蒸腾量对空气温度的响应，山杏林木日蒸腾量响应空气温度的关系符合趋向饱和的指数增长关系，当空气温度为 0 时，本研究认为山杏林木日蒸腾量为 0，拟合两者的关系式为

$$T_{as} = 1.0377 \left[ 1 - \exp(-0.0895 T_a) \right] \qquad R^2 = 0.9775 \qquad (4-9)$$

式中：$T_{as}$ 为山杏林木日蒸腾量（mm）；$T_a$ 为空气温度（℃）。

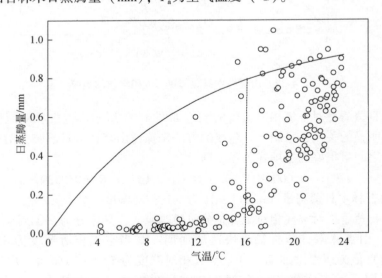

图 4-34　山杏林木日蒸腾量对空气温度的响应

随空气温度在 0～16℃内增加时，山杏林木日蒸腾量先快速增大后增加缓慢，当空气温度大于 16℃时，山杏林木日蒸腾量增加不明显，趋于平稳，当气温增加无穷大时，本研究认为山杏林木日蒸腾量趋于稳定最大值。

### 4.4.1.2 山杏林木蒸腾耗水对土壤水分的响应

山杏林木日蒸腾量对土壤水分的响应如图 4-35 所示。两者没有明显的关系，选择上外包线时发现，土壤水分含量相对高时，由于太阳辐射这个主导气象条件较低，导致林木日蒸腾量相对小，因此，无法利用上外包线来分析山杏林木蒸腾耗水量对土壤水分的响应。

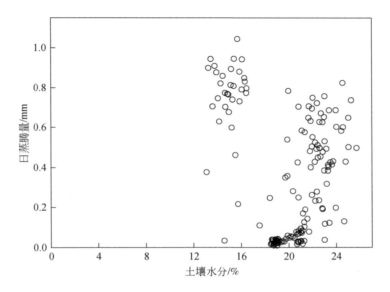

图 4-35　山杏林木日蒸腾量对土壤水分的响应

为排除太阳辐射这个主导气象条件的影响，采用实测日蒸腾量与其对太阳辐射响应关系中上外包线上点（排除太阳辐射影响理论上的最大值）的比值作为 $y$ 轴，利用这个相对值（日蒸腾量/日蒸腾量理论最大值）来分析山杏林木日蒸腾量对土壤水分的响应，这样就可以排除太阳辐射减弱的干扰（图 4-36）。当土壤水分为 0 时，无水供应给林木蒸腾，林木日蒸腾量为 0mm。这个相对值响应土壤水分的上外包线符合趋向饱和的指数增长关系，具体的关系式为

$$T_{as}/T_{as-max} = 1.6739[1-\exp(-0.0315SWC)] \quad R^2 = 0.9378 \quad (4-10)$$

式中：$T_{as}/T_{as-max}$ 为山杏林木日蒸腾量/日蒸腾量的理论最大值；SWC 为土壤含水量（%）。

随土壤水分的增加，日蒸腾量与理论最大值的比值逐渐增大，但增速逐渐变缓，考虑到土壤水分的作用是有限的，当土壤水分再增加，这个比值将不会提高，当土壤水分无限增大时，这个比值逐渐接近于 1。

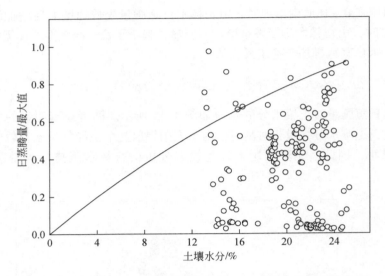

图 4-36　山杏林木日蒸腾量与理论最大值的比值对土壤水分的响应

### 4.4.1.3　山杏林木蒸腾耗水对环境因子的综合响应

结合 4.3 节的研究内容，在分析山杏林木蒸腾耗水量对环境因子的综合响应时，选择太阳辐射和气温这两个决定蒸散能力大小的气象指标，还增加了土壤水分这个决定能够提供水量多少的指标，植被自身的动态结构变化没有增加进去，主要是因为本研究区植被相对稀疏，植被的动态变化对林木蒸腾有影响，但作用相对小，本研究没有考虑到，需在以后的研究过程中逐步完善。本研究利用太阳辐射、气温、土壤水分三个决定日蒸腾量大小的指标来综合探讨山杏林木蒸腾耗水对环境因子的综合响应过程。

连乘方程广泛应用于确定冠层导度对多因子响应的关系（Jarvis，1976；Stewart，1988；Dolman and Bury，1988；Gash et al.，1989），由于冠层导度实测比较困难，以往采用林分蒸腾进行推导，本研究假设林分日蒸腾量响应多因子的关系与冠层导度相似，可表示为连乘函数，且不考虑各因子间的交互作用。因此，山杏林木蒸腾对太阳辐射、气温和土壤水分响应的复合模型如式（4-11）所示。

$$T_{as} = f(PAR) \times f(T_a) \times f(SWC) \tag{4-11}$$

式中，$f(PAR)$、$f(T_a)$、$f(SWC)$ 分别代表林木日蒸腾量响应太阳辐射、气温和土壤水分的函数关系。

依据林木蒸腾响应太阳辐射、气温和土壤水分的函数关系式（4-7）、式（4-9）、式（4-10），构建了林木蒸腾响应太阳辐射、气温和土壤水分的连乘关系式，使用七维高科有限公司（7D-Soft High Technology Inc.）开发的 1stOpt 软件进行关系式的拟合，利用观测数据确定模型参数，得到

$$T_{as} = (3.454\ 7 \times 10^{-7} PAR^2 - 6.5 \times 10^{-4} PAR) [1 - \exp(0.060\ 56 T_a)] \times [1 - \exp(-3.284\ 5SWC)]$$
$$R^2 = 0.735 \tag{4-12}$$

利用方程式（4-12）模拟得到的 2018 年研究期间的林木总蒸腾量为 60.3764mm，实测值为 59.4038mm，计算值比实测值高 1.6373%，利用模型的计算值与实测值有较高的吻合性，$R^2 = 0.735$，$P < 0.01$。

山杏林木日蒸腾量的实测值与计算值的比较如图 4-37 所示，两者之间有很好的相关性，且实测值与计算值两者差的绝对值小于 0.2 的数量占总数的 85.9%，可以更好地解释方程的可靠性。因此，本研究利用实测数据建立的日蒸腾量模型能够较好地模拟山杏林木日蒸腾量及其对主要环境因子的响应。

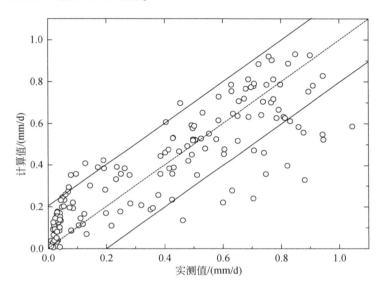

图 4-37　山杏林木日蒸腾量的实测值与计算值的比较

利用无量纲纳什系数来评价方程的质量和精度（McCuen et al., 2006；Li et al., 2017），式（4-13）如下：

$$NS = 1 - \frac{\sum_{i=1}^{n} (M_i - C_i)^2}{\sum_{i=1}^{n} (M_i - M_{av})^2} \tag{4-13}$$

式中，NS 为纳什系数；$M_i$ 为实测的山杏林木日蒸腾量（mm）；$C_i$ 为计算的日蒸腾量（mm）；$M_{av}$ 为实测日蒸腾量的平均值（mm）。

利用实测值和计算值计算出来的纳什系数超过 0.6 时在生态学上认为方程是可靠的（Wilby, 2005；Liu et al., 2018），本研究计算出来的纳什系数为 0.7335，因此，认为方程在生态学上是可信的。

本研究只分析了研究期间（2018 年 5 月 30 日至 2018 年 11 月 1 日）的山杏林木日蒸腾量对环境因子的综合响应，研究前期，尤其是开花期那段时间并未观测到，仍需我们再进行长期定位研究，探讨整个生长季山杏林木日蒸腾量对环境因子的综合响应，并建立分阶段的响应关系式。本研究利用 1m 土层的一个平均值来分析林木日蒸腾量对土壤水分的响应，未来应分层建立关系式，以更加精确的估算林木蒸腾量。

## 4.4.2 山桃林木蒸腾耗水对环境因子的响应

### 4.4.2.1 山桃林木蒸腾耗水对气象因子的响应

本研究依据4.3节的研究，选取太阳辐射和气温两个相关性较强的气象指标来探讨蒸腾耗水对气象因子的响应，以确定响应气象因子的基本函数形式，为了避免其他因子的影响，采用和山杏同样的方法（上外包线）来排除其他因子的干扰。

山桃林木日蒸腾量对太阳辐射的响应如图4-38所示。太阳辐射与山桃林木日蒸腾量没有明显的线性关系，采用上外包线的方法来探讨山桃林木日蒸腾量对太阳辐射的响应，当太阳辐射为零时，本研究认为没有树干液流速率的存在，山桃林木日蒸腾量为0。两者之间呈很好的二项式函数关系式，即

$$T_{ad} = -1.744\ 2 \times 10^{-6} PAR^2 + 0.002\ 076 PAR \qquad R^2 = 0.9295 \qquad (4-14)$$

式中，$T_{ad}$为山桃林木日蒸腾量（mm）；PAR为太阳辐射强度（W/m²）。

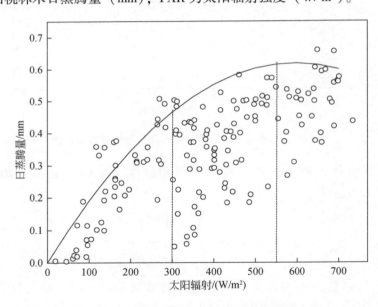

图4-38 山桃林木日蒸腾量对太阳辐射的响应

山桃林木日蒸腾量对太阳辐射的响应是分阶段的，具体分为：①当太阳辐射为0～300W/m²时，山桃林木日蒸腾量为快速增加期；②当太阳辐射为300～550W/m²时，山桃林木日蒸腾量为缓慢增加期；③当太阳辐射>550W/m²时，山桃林木日蒸腾量为平稳期。

山桃林木日蒸腾量对空气温度的响应如图4-39所示。空气温度与山桃林木日蒸腾量没有明显的线性关系，采用上外包线的方法来探讨山桃林木日蒸腾量对空气温度的响应，当空气温度为0时，本研究认为没有树干液流速率的存在，山桃林木日蒸腾量为0。山桃

林木日蒸腾量响应空气温度的关系符合二项式关系，即

$$T_{ad} = -7.611 \times 10^{-4} T_a^2 + 0.045\,52 T_a \quad R^2 = 0.9563 \tag{4-15}$$

式中，$T_{ad}$ 为山桃林木日蒸腾量（mm）；$T_a$ 为空气温度（℃）。

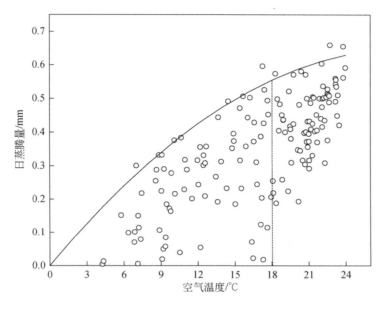

图 4-39　山桃林木日蒸腾量对空气温度的响应

当空气温度为 0～18℃时，山桃林木日蒸腾量先快速增大，后增加缓慢，当空气温度大于 18℃时，山桃林木日蒸腾量增加不明显，当空气温度继续增加时，山桃林木日蒸腾量趋向于一个最大值。

#### 4.4.2.2　山桃林木蒸腾耗水对土壤水分的响应

山桃林木日蒸腾量对土壤水分的响应如图 4-40 所示。土壤水分与山桃林木日蒸腾量没有明显的线性关系，采用上外包线的方法来探讨山桃林木日蒸腾量对土壤水分的响应规律，当土壤水分为 0 时，无水供应给山桃林木生长耗水使用，山桃林木日蒸腾量为 0。山桃林木日蒸腾量响应土壤水分的关系符合趋向饱和的指数增长关系，方程式如式（4-16）所示。

$$T_{ad} = 0.571 \left[ 1 - \exp(-0.1564\,\text{SWC}) \right] \quad R^2 = 0.8837 \tag{4-16}$$

式中，$T_{ad}$ 为山桃林木日蒸腾量（mm）；SWC 为土壤水分含量（%）。

山桃林木日蒸腾量对土壤水分含量的响应是分阶段的，具体分为：①当土壤水分含量为 0～12%时，山桃林木日蒸腾量先快速增加后缓慢增加；②当土壤水分含量大于 12%时，山桃林木日蒸腾量的增加更缓慢；③当土壤水分含量趋向与饱和时，山桃林木日蒸散量稳定在一个最大值。

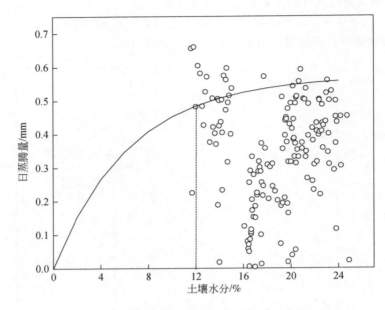

图 4-40　山桃林木日蒸腾量对土壤水分的响应

### 4.4.2.3　山桃林木蒸腾耗水对环境因子的综合响应

结合 4.3 节的研究内容，在分析山桃林木蒸腾耗水量对环境因子的综合响应时，选择太阳辐射和气温这两个决定蒸散能力大小的气象指标，还增加了土壤水分这个决定能够提供水量多少的指标，植被自身的动态结构变化没有增加进去，主要是因为本研究区植被相对稀疏，植被的动态变化对林木蒸腾有影响，但作用相对小，本研究没有考虑到，需在以后的研究过程中逐步完善。本研究利用太阳辐射、气温、土壤水分三个决定日蒸腾量大小的指标来综合探讨山桃林木蒸腾耗水对环境因子的综合响应过程。

利用研究山杏林木日蒸腾量对环境条件响应相同的方法，采用连乘方程探讨山桃林木日蒸腾量对环境因子的响应，且不考虑各因子间的交互作用。因此，山桃林木日蒸腾量对太阳辐射、气温和土壤水分响应的复合模型如式（4-17）所示。

$$T_{ad} = f(PAR) \times f(T_a) \times f(SWC) \tag{4-17}$$

式中，$f(PAR)$、$f(T_a)$、$f(SWC)$ 分别代表山桃林木日蒸腾量响应太阳辐射、气温和土壤水分的函数关系。

依据山桃林木日蒸腾量响应太阳辐射、气温和土壤水分的函数关系式（4-14）、式（4-15）、式（4-16），构建了山桃林木日蒸腾量响应太阳辐射、气温和土壤水分的连乘关系式，使用七维高科有限公司（7D-Soft High Technology Inc.）开发的 1stOpt 软件进行关系式的拟合，利用观测数据确定模型参数，得到

$$T_{ad} = (-1.6744 \times 10^{-9} PAR^2 + 1.9584 \times 10^{-6} PAR)(-0.9923 T_a^2 + 62.3491 T_a) \times [1 - exp(-53.1646 SWC)]$$

$$R^2 = 0.6938 \tag{4-18}$$

利用方程式（4-18）模拟得到的 2018 年研究期间的山桃林木总蒸腾量为 53.3518mm，实测值为 54.0486mm，计算值比实测值低 1.2892%，利用模型的计算值与实测值有较高的吻合性，$R^2 = 0.694$，$P < 0.01$。

山桃林木日蒸腾量的实测值与计算值的比较如图 4-41 所示，两者之间有很好的相关性，且实测值与计算值两者差的绝对值小于 1.5mm/d 的数量占总数的 86.54%，可以更好地解释方程的可靠性。因此，本研究利用实测数据建立的林木日蒸腾量模型能够较好地模拟山桃林木日蒸腾量及其对主要环境因子的响应。

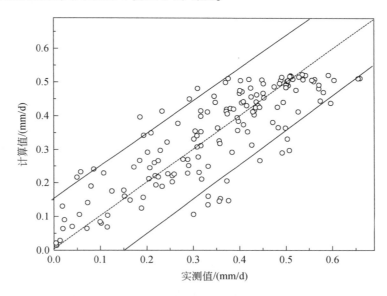

图 4-41　山桃林木日蒸腾量的实测值与计算值的比较

利用无量纲纳什系数来评价方程的质量和精度，利用实测值和计算值计算出来的纳什系数超过 0.6 时在生态学上认为方程是可靠的，本研究计算出来的纳什系数为 0.6171，因此，认为方程在生态学上是可信的。

本研究只分析了研究期间（2018 年 5 月 30 日至 2018 年 11 月 1 日）的山桃林木日蒸腾量对环境因子的综合响应，研究前期，尤其是开花期那段时间并未观测到，仍需我们再进行长期定位研究，探讨整个生长季山桃林木日蒸腾量对环境因子的综合响应，并建立分阶段的响应关系式。本研究利用 1m 土层的一个平均值来分析林木日蒸腾量对土壤水分的响应，未来应分层建立关系式，以更加精确的估算山桃林木蒸腾量。

## 4.5　主要草地群落蒸散耗水特征研究

以长芒草、百里香、早熟禾、委陵菜为优势种的四种草地群落为例，分析主要草地群落的蒸散耗水特征。采用自制微型蒸渗仪（直径 20cm，高 35cm）观测草地群落蒸散，每周观测一次，雨后加测。

长芒草、百里香、早熟禾、委陵菜四种草本植被在生长季中后期的日蒸散量总和分别为 220.38mm、301.97mm、274.32mm、262.01mm，分别占同期降雨量的 37.24%、53.66%、46.57%、46.23%。四种草本植物的蒸散量具有明显的时间变化规律，长芒草和早熟禾 6 月蒸散量最大，依次逐渐减小，百里香和委陵菜是在 7 月达到最大，且随着生长季的推进而逐渐减小。

四种植被蒸散量的月份差异显著性见表4-16。四种典型草本植物 6~8 月的蒸散量与 9~10 月均具有极显著性差异（$P<0.01$）；在 9 月和 10 月，除长芒草外，其他三种草本植物均具有极显著差异（$P<0.01$）；在 6~9 月，四种草本植物之间存在显著性差异（$P<0.01$）或差异性不显著。

表 4-16　四种草本植物蒸散量的月份差异显著性

| 月份 | 长芒草 | 百里香 | 早熟禾 | 委陵菜 |
| --- | --- | --- | --- | --- |
| 6 | 62.25±11.46a | 71.45±4.36b | 76.29±11.35a | 63.05±2.80b |
| 7 | 57.67±10.02ab | 82.14±4.52a | 68.77±5.45ab | 72.25±3.22a |
| 8 | 48.02±7.91b | 75.37±7.79ab | 63.28±5.34b | 64.67±4.41b |
| 9 | 29.90±6.74c | 44.48±11.93c | 40.29±6.93c | 37.75±7.21c |
| 10 | 22.53±2.76c | 28.53±3.42d | 25.69±2.78d | 24.29±6.86d |

注：表中不同字母表示同一草本植被蒸散量的月际差异极显著（$P<0.01$）。

不同月份草本蒸散量的植被差异见表4-17。长芒草与百里香除 6 月差异不显著外，其他月份均存在显著差异（$P<0.05$）；长芒草与早熟禾除 10 月差异不显著外，其他月份均存在显著差异（$P<0.05$）；长芒草与委陵菜除在 7 月和 8 月显著差异（$P<0.05$）外，在其他月份差异不显著；百里香与早熟禾和委陵菜也是在 7 月和 8 月显著差异（$P<0.05$）外，在其他月份差异不显著；早熟禾与委陵菜在 6 月显著差异（$P<0.05$）外，在其他月份差异不显著。

表 4-17　不同月份草本蒸散量的植被间差异

| 植被 | 6 月 | 7 月 | 8 月 | 9 月 | 10 月 |
| --- | --- | --- | --- | --- | --- |
| 长芒草 | 62.25±11.46b | 57.67±10.02c | 48.02±7.91c | 29.90±6.74b | 22.53±2.76b |
| 百里香 | 71.45±4.36ab | 82.14±4.52a | 75.37±7.79a | 44.48±11.93a | 28.53±3.42a |
| 早熟禾 | 76.29±11.35a | 68.77±5.45b | 63.28±5.34b | 40.29±6.93a | 25.69±2.78ab |
| 委陵菜 | 63.05±2.80b | 72.25±3.22b | 64.67±4.41b | 37.75±7.21ab | 24.29±6.86ab |

注：表中不同字母表示同一月份草本植被蒸散量的植被间差异显著（$P<0.05$）。

# |第 5 章| 引选植物与乡土树种

世界上干旱、半干旱地区占陆地面积的 1/3 以上，干旱也是世界性问题。Robert 等研究发现，近些年在全球气候变暖的大趋势下，干旱的强度和频率以及持续时间都在明显增加，许多学者针对干旱开展了多方向的研究。植物学研究者通过研究发现，植物为了适应干旱进化出了一系列生理变化来应对干旱，有些植物叶片退化成棒状、刺状来减少蒸腾，降低水分消耗来应对干旱；有些叶片上被覆绒毛或者鳞片减少太阳直射叶片来减少蒸腾；有些叶片或者枝干进化成储藏水分器官来应对干旱；还有些拥有发达的根系来吸收更多的水分来减少干旱对自身的伤害。世上物种多种多样，每种物种依据环境变化都有应对措施。栽植物种时要根据实地情况选择相应的适生树种，这样可以提高林木成活率和利用率，可以保证满足栽植的目的。

## 5.1 引种树种及生物学特性

为了增加彭阳县水土保持林分的物种多样性，在项目执行过程中引种了火焰卫矛、四翅滨藜（灰毛滨藜）、大洋洲滨藜、华北驼绒藜、柳枝稷、东方山羊豆、灰叶铁线莲、金露梅（金老梅、金蜡梅）、银露梅（银老梅）、马茹子（扁核木、蕤核）、灰榆、欧李、蒙古扁桃、长柄扁桃和文冠果 15 种植物（表 5-1）。通过观察物种的成活率、生长势以及结果情况，评估引种植物的生长表现。

表 5-1  部分引种及栽培植物名录及生长情况

| 序号 | 植物名 | 学名、别名 | 科属 | 引种日期及来源 | 生长及越冬情况 | 主要繁育技术 |
|---|---|---|---|---|---|---|
| 1 | 火焰卫矛 | *Euonymus alatus* cv. Compacta | 卫矛科卫矛属 | 2013 年春季引自山东日照 | 生长正常，开花结实，安全越冬 | 种子育苗和扦插繁殖（硬枝） |
| 2 | 四翅滨藜（灰毛滨藜） | *Atriplex canescens* | 藜科滨藜属 | 2013 年夏季引自宁夏大学 | 生长正常，安全越冬 | 扦插繁殖（嫩枝） |
| 3 | 大洋洲滨藜 | *Atriplex nummularia* Lindl | 藜科滨藜属 | 2013 年夏季引自宁夏大学 | 生长正常，不能越冬 | 扦插繁殖（嫩枝） |
| 4 | 华北驼绒藜 | *Ceratoides arborescens* (Losina-Losinskaja) Czerepanov | 藜科驼绒藜属 | 2013 年夏季引自宁夏大学 | 生长正常，开花结实（不饱满），安全越冬 | 种子育苗和扦插繁殖（嫩枝） |
| 5 | 柳枝稷 | *Panicum virgatum* L. | 禾本科稷属 | 2013 年夏季引自宁夏大学 | 未出苗 | 种子繁殖 |

| 序号 | 植物名 | 学名、别名 | 科属 | 引种日期及来源 | 生长及越冬情况 | 主要繁育技术 |
|------|--------|-----------|------|--------------|--------------|------------|
| 6 | 东方山羊豆 | *Galega orientalis* | 豆科山羊豆属 | 2013 年春季引自内蒙古农业大学 | 生长正常，开花结实，安全越冬 | 种子繁殖 |
| 7 | 灰叶铁线莲 | *Clematis canescens* (Turcz.) W. T. Wang et M. C. Chang | 毛茛科铁线莲属 | 2013 年引自宁夏治沙大学自育苗 | 大部分枯梢，适应性差 | 扦插繁殖（嫩枝） |
| 8 | 金露梅（金老梅、金蜡梅） | *Potentilla fruticosa* L. | 蔷薇科委陵菜属 | 2013 年夏季引自宁夏贺兰山自然保护区 | 生长正常，开花结实（种子不成熟），安全越冬 | 分枝繁殖 |
| 9 | 银露梅（银老梅） | *Potentilla glabra* Lodd. | 蔷薇科委陵菜属 | 2013 年夏季引自六盘山自然保护区（和尚铺） | 生长正常，开花结实（种子不成熟），安全越冬 | 分枝繁殖 |
| 10 | 马茹子（扁核木、蕤核） | *Prinsepia uniflora* Batalin | 蔷薇科扁核木属 | 2013 年引自彭阳本地 | 生长正常，安全越冬 | 种子繁殖 |

## 5.1.1 火焰卫矛（*Euonymus alatus* cv. Compacta）

火焰卫矛是卫矛科卫矛属落叶灌木，卫矛的一个栽培种，株高 1.5～3m，冠幅 2～4m，树分枝较多，幼枝绿色，无毛，老枝上生有木栓质的翅。叶片有椭圆形到卵圆形，有锯齿，单叶对生，春为深绿色，初秋开始变血红色或火红色，如果天气干旱，叶片就会较早出现红色，5～6 月开黄花，花色浅红色或浅黄色，聚伞花序。我国栽种的火焰卫矛是从欧洲引进的，凭借其秋天出色的亮红色叶片，并且持续数月，非常漂亮的秋冬彩叶观赏植物，落叶后，枝翅如箭羽，宿存蒴果裂后亦变红，冬态也颇具欣赏价值。

火焰卫矛适应性强，耐寒，对土壤要求不严格，从辽宁到湖南、贵州均可正常生长。繁殖以播种为主，扦插、分株也可。

## 5.1.2 四翅滨藜（*Atriplex canescens*）

四翅滨藜是藜科滨藜属多年生准常绿灌木，高 1～2m。枝条密集，树干灰黄色，嫩枝灰绿色。叶互生，呈披针形，全绿，长 1.5～6.8cm，叶正面绿色，正反面都被覆白色粉粒，叶背面灰绿色粉粒较多，无明显主茎，分枝较多，当年生嫩枝绿色，木质化枝白色或灰白色，花单性或两性，雌雄同株或异株，花期 5～7 月。胞果有不规则的果翅 2～4 枚，果翅为膜质，种子卵形，7 月中下旬开始挂果，9 月下旬成熟，种子有后熟作用。

四翅滨藜是一种优良饲料灌木，枝叶含粗蛋白 12% 以上，且生物量较大，因株高较高，是牧区"白灾"的抗灾植物。四翅滨藜不仅能在干旱半干旱地区生长，尤其在生态环境恶劣的荒漠、高原、盐碱荒滩上也能生长得很好，在干旱、寒冷、年均降水量 350mm

以下、极端最低温-35～-42℃、极端高温45℃条件下，都能正常生长。

四翅滨藜广布世界各大洲的温带、亚热带、干旱半干旱地区，是一种耐旱耐寒且可以防风固沙、改造盐碱、改良牧场的饲料灌木。

## 5.1.3　大洋洲滨藜（*Atriplex nummularia* Lindl）

大洋洲滨藜是藜科滨藜属多年生草本，高可达2m，茎直立，枝略有棱，叶片宽卵形至菱状卵形，先端圆至微钝，基部近截形至宽楔形并下延，具短柄，边缘具1～3对波状齿或全缘，花簇腋生，并在枝端集成收缩的小形穗状圆锥花序，雌花的苞片果半圆形，宽约7mm，仅基部边缘合生，靠基部的中心部鼓胀并硬化，缘部绿色，边缘具细的波状牙齿。

大洋洲滨藜产于大洋洲及我国台湾等地的山坡。

## 5.1.4　华北驼绒藜 [*Ceratoides arborescens*（Losina-Losinskaja）Czerepanov]

华北驼绒藜是藜科驼绒藜属多年生饲用半灌木，它的叶片宿存时间长，常经霜后也不掉落，其根系发达，株高可达1～2m，上部分枝较多，叶片披针形或矩圆状披针形，叶片向上渐狭，先端急尖或钝，基部圆楔形或圆形，通常具明显的羽状叶脉。雄花序细长而柔软，长可达8cm。雌花管倒卵形，长约3mm，花管裂片粗短，为管长的1/4～1/5，先端钝，略向后弯。果时管外中上部具四束长毛，下部具短毛。果实狭倒卵形，被毛。花果期7～9月。华北驼绒藜生态幅度较广，在我国吉林、辽宁、河北、内蒙古、山西、陕西、甘肃（南部）等黄土高原区和四川（松潘）均能正常生长。

## 5.1.5　柳枝稷（*Panicum virgatum* L.）

柳枝稷是禾本科（Gramineae）黍属（*Panicum*）多年生草本，是C$_4$植物，根茎被鳞片；秆较结实且直立，株高1～2m。叶鞘无毛，上部的短于节间；叶舌短小，顶端具睫毛；叶片线形，两面无毛或上面基部具长柔毛。圆锥花序开展，分枝粗糙，疏生小枝与小穗；小穗椭圆形，无毛，绿色或带紫色，第一颖长为小穗的2/3～3/4，顶端尖至喙尖，具5脉；第二颖与小穗等长，顶端喙尖，第一外稃与第二颖同形但稍短，具7脉，顶端喙尖，其内稃较短，内包3雄蕊，第二外稃长椭圆形，顶端稍尖，长约3mm，平滑，光亮。花果期6～10月。柳枝稷对生长温度要求较高。土壤温度低于15.5℃时，种子萌发很慢。柳枝稷生长的最适温度在30℃左右。柳枝稷是短日照植物，短日照条件下才能开花。柳枝耐旱性较强，对土壤要求不严，甚至在岩石类土壤中也能生长。柳枝稷原产美国，是我国引种，栽培作牧草。

### 5.1.6　东方山羊豆（*Galega orientalis*）

东方山羊豆是豆科山羊豆属多年生豆科牧草，其抗逆性强，能在-40℃的低温下安全越冬，也十分耐旱，在干旱条件下，产量比其他牧草高，对土壤要求不严，抗病虫害的能力强。

东方山羊豆茎直立，中空，丛生，株高140～175cm。根系发达，在地下可以形成根茎，能萌蘖出多个植株。东方山羊豆花序为总状花序，花为紫色和白色。叶互生，奇数羽状复叶，蜡质，光滑。果实为荚果，种子肾型，黄色或黄褐色，千粒重6.1g。东方山羊豆为俄罗斯育种而成，我们种植品种主要是引进种植。

### 5.1.7　灰叶铁线莲 ［*Clematis canescens*（Turcz.）W. T. Wang et M. C. Chang］

灰叶铁线莲是毛茛科、铁线莲属直立小灌木，株高达1m，小枝红褐色有棱，着生密细柔毛，老枝灰色；叶片灰绿色，革质披针形，顶端锐尖或凸尖，基部楔形，全缘，单叶对生或数叶簇生；花单生或聚伞花序有3花，腋生或顶生；花黄色，长椭圆状卵形，雄蕊无毛，花丝狭披针形，长于花药。瘦果密生白色长柔毛。花期7～8月，果期9月。

在我国分布于甘肃北部、宁夏、内蒙古西部。生海拔1100～1900m的山地、沙地及沙丘低洼地带。

### 5.1.8　金露梅（*Potentilla fruticosa* L.）

金露梅是蔷薇科委陵菜属灌木，株高可达2m，树皮纵向剥落，小枝红褐色；叶为羽状复叶，叶柄被绢毛或疏柔毛，小叶片长圆形、倒卵长圆形或卵状披针形，两面绿色，托叶薄膜质；单花或数朵生于枝顶，花梗密被长柔毛或绢毛；萼片卵圆形，顶端急尖至短渐尖，花瓣黄色，宽倒卵形，顶端圆钝，比萼片长；花柱近基生，瘦果褐棕色近卵形，6～9月开花结果。

金露梅生性强健，耐寒，喜湿，喜光，对土壤要求不严，在沙壤土、素沙土中都能正常生长，喜肥而较耐瘠薄。金露梅枝叶茂密，黄花鲜艳，适宜作庭园观赏灌木，或作矮篱也很美观。叶与果含鞣质，可提制栲胶。嫩叶可代茶叶饮用。花、叶入药，有健脾、化湿、清暑、调经之效。主要分布于中国黑龙江、吉林、辽宁、内蒙古、河北、山西、陕西、甘肃、宁夏、新疆、四川、云南、西藏等地的生山坡草地、砾石坡、灌丛及林缘。

### 5.1.9　银露梅（*Potentilla glabra* Lodd.）

银露梅是蔷薇科委陵菜属灌木，高0.3～2m，稀达3m，树皮纵向剥落。小枝灰褐色或紫褐色，被稀疏柔毛。叶为羽状复叶，有小叶 2 对，稀 3 小叶，小叶卵圆形，顶端圆钝或急尖，基部楔形或几圆形，边缘平坦或微向下反卷，全缘，两面绿色，被疏柔毛或无毛；托叶膜质。顶生单花或数朵丛生，花梗细长，被疏柔毛；花瓣白色，倒卵形，先端圆钝；花柱近基生，棒状，基部较细，在柱头下缢缩，柱头扩大。瘦果表面被毛。花果期 6~11 月。

分布于中国内蒙古、河北、山西、陕西、甘肃、青海、安徽、湖北、四川、云南。朝鲜、俄罗斯、蒙古也有分布。生山坡草地、河谷岩石缝中、灌丛及林中，海拔 1400~4200m。喜光树种，耐寒性强，对土壤要求不严，但喜湿润环境，生于水边、林缘、草地及高山灌丛中。

## 5.1.10　蕤核（*Prinsepia uniflora* Batalin）

蕤核为蔷薇科扁核木属落叶灌木，植株高达 1.5m。茎多分枝，外皮棕褐色；叶腋有短刺，小枝灰绿色或灰褐色。冬芽卵圆形，有多数鳞片。叶互生或丛生，叶片长圆披针形或狭长圆形，全缘，叶片中脉突起，两面无毛，托叶小，早落。花单生或 2~3 朵簇生于叶丛内，萼筒陀螺状，花瓣白色，有紫色脉纹，倒卵形，雄蕊 10，花药黄色，花柱侧生，柱头头状。核果球形，红褐色或黑褐色，核扁平卵球形，有沟纹。花期 4~5 月，果期 8~9 月。

分布在陕西、甘肃、山西、内蒙古、宁夏的向阳低山坡或山下稀疏灌丛中。

## 5.1.11　灰榆（*Ulmus glaucescens* Franch.）

灰榆为榆科榆属落叶小乔木或灌木，高 3~6m。树皮暗灰色，一年生枝红褐色，被疏毛，二年生枝淡灰黄色，常具纵横裂纹。叶卵形至椭圆状披针形，先端渐尖或骤尖，基部圆形或宽楔形，边缘有单锯齿，两面无毛；叶柄长 5~8mm。冬芽卵圆形或近球形，内部芽鳞有毛，边缘密生锈褐色或锈黑色之长柔毛。花与叶同时开放，簇生于当年枝基部的叶腋或苞腋；花萼钟形，先端 4 浅裂。翅果椭圆形或宽椭圆形，稀倒卵形、长圆形或近圆形，长 2~2.5cm、宽 1.5~2cm，除顶端缺口柱头面有毛外，余处无毛，果翅较厚，果核部分较两侧之翅内宽，位于翅果中上部，上端接近或微接近缺口，宿存花被钟形，无毛，上端 4 浅裂，裂片边缘有毛，果梗长 2~4mm，密被短毛。花果期 3~5 月。

分布于中国辽宁、河北、山东、河南、山西、内蒙古、陕西、甘肃及宁夏等省（区）。

## 5.1.12　文冠果（*Xanthoceras sorbifolium* Bunge）

文冠果是无患子科文冠果属落叶灌木或小乔木，高可达 5m；小枝粗壮呈褐红色；奇数羽状复叶，叶连柄长可达 30cm，小叶对生，两侧稍不对称，叶缘锐利锯齿状，顶端渐尖，基部楔形；顶生花序，花两性，雄花序腋生，直立，总花梗短，花瓣白色，基部紫红色或黄色，有清晰的脉纹，花盘的角状附属体橙黄色，花丝无毛，总花梗短，基部常有残存芽鳞；蒴果长达6cm，种子黑色而有光泽。春季开花，秋初结果。

文冠果喜阳，耐半阴，对土壤适应性很强，耐瘠薄、耐盐碱，抗寒能力强，−41.4℃安全越冬；抗旱能力极强，在年降雨量仅150mm的地区也有散生树木，但文冠果不耐涝、怕风，在排水不好的低洼地区、重盐碱地和未固定沙地不宜栽植。分布于我国北部和东北部，西至宁夏、甘肃，东北至辽宁，北至内蒙古，南至河南。

野生文冠果在丘陵山坡等处出现，各地也常栽培。文冠果是中国特有的一种食用油料树种。

## 5.1.13　蒙古扁桃［*Amygdalus mongolica*（Maxim.）Ricker］

蒙古扁桃又名乌兰–布衣勒斯，山樱桃，是蔷薇科桃属落叶灌木，被列为国家二级保护植物。株高1~2m，分枝较多，枝条开展，小枝顶端退化转变成枝刺，嫩枝红褐色，被短柔毛，老枝灰褐色；短枝上叶多簇生，长枝上叶常互生；叶片椭圆形、近圆形或倒卵形，叶缘有浅钝锯齿，侧脉约4对，中脉明显突起；小叶柄长2~5mm，无毛。花单生，短枝上偶有花朵簇生，花梗极短；萼筒钟形，萼片长圆形，顶端有小尖头，花瓣倒卵形，粉红色；雄蕊多数，长短不一致；子房被短柔毛；花柱细长，几乎与雄蕊等长，具短柔毛。果实宽卵球形，顶端急尖，外面密被柔毛，果梗短；成熟时开裂，离核；核卵形，顶端小尖头，基部两侧不对称，腹缝压扁，背缝不压扁，表面光滑，具浅沟纹；花期5月，果期8月。

主要分布于内蒙古、甘肃及宁夏部分地区海拔1000~2400m荒漠，荒漠草原区的山地、丘陵、石质坡地、山前洪积平原及干河床等地。为喜光性树种，根系发达，耐旱、耐寒、耐瘠薄。花期4~5月，果熟7~8月。

## 5.1.14　长柄扁桃（*Amygdalus pedunculata* Pall）

长柄扁桃是蔷薇科桃属落叶灌木，高1~2m，主枝开展，主枝上着生大量短枝，小枝浅褐色至暗灰褐色，幼时被短柔毛；叶片在短枝上密集簇生，在一年生枝条上互生，叶片椭圆形、近圆形或倒卵形，先端急尖或圆钝，基部宽楔形，两面疏生短柔毛，叶缘具锯齿，侧脉4~6对；花单生，先于叶开放，花5瓣，粉红色，花梗上着生短柔毛，萼筒宽钟形，萼片三角状卵形，先端稍钝，有时边缘疏生浅锯齿；雄蕊多；子房密被短柔毛，花柱稍长或几与雄蕊等长。果实近球形或卵球形，顶端具小尖头，成熟时暗紫红色，密被短柔毛；果肉薄而干燥，成熟时开裂，离核，核宽卵形，顶端具小突尖头，基部圆形，两侧稍扁，浅褐色，表面平滑或稍有皱纹；种仁宽卵形，棕黄色。花期5月，果期7~8月。

长柄扁桃常生于丘陵地区向阳石砾质坡地或坡麓，也见于干旱草原或荒漠草原。内蒙古、陕西北部较多。蒙古和西伯利亚也有。

长柄扁桃是优良的木本油料树种，据西北大学研究表明，长柄扁桃的种仁中含有42%~

58%的油脂，出油率高，平均可达46%。长柄扁桃油中不饱和脂肪酸总量高达96%～98%，居所有植物油榜首，其中油酸含量高于70%，亚油酸含量高于26%，并富含维生素E，属于高油酸、高亚油酸植物油，与素有"食用植物油皇后"美称的橄榄油相当。长柄扁桃油的不饱和脂肪酸及维生素E含量远远高于橄榄油、核桃油、玉米油和花生油等其他一般及特种食用油，具有非常出色的抗氧化、抗衰老功效。而这些健康卫士本身的分子结构具有特殊性，故长柄扁桃油在冷食的时候对人体最有益，被称为"沙漠黄金"的同时也被称为"冷餐第一用油"。

## 5.1.15 欧李 [*Cerasus humilis*（Bge.）Sok.]

欧李为蔷薇科李属落叶灌木，因果实含钙高又称高钙果。株高0.4～1.5m。小枝灰褐色或棕褐色，被短柔毛，冬芽卵形，疏被短柔毛或几无毛。叶片倒卵状长椭圆形或倒卵状披针形，侧脉6～8对，托叶线形，长5～6mm，边有腺体；花单生或2～3花簇生，花叶同开；花瓣白色或粉红色，长圆形或倒卵形；雄蕊30～35枚。核果成熟后近球形，黄色或紫红色，直径1.5～1.8cm；核表面除背部两侧外无棱纹。花期4～5月，果期6～10月。

欧李分布在黑龙江、吉林、辽宁、内蒙古、河北、山东、河南。常生于阳坡砂地、山地灌丛中，或庭园栽培。欧李一般在变化较大的垂直高大山脉和背阴坡分布很少或没有，而缓坡、丘陵区、梯田向阳面分布最多。分布与海拔无明显差异，一般海拔300～1800m的地方均有分布。

欧李具有特殊的抗旱本领，适合干旱地区种植。旱时能避旱，雨季能蓄积水分。在干旱的春季，欧李不仅叶片含水量较高，而且保水力强。欧李叶片小而厚，虽然气孔密度大，但气孔小，水分散失的少。在干旱季节地上部生长速度减缓，土壤植株基部产生多量基生芽，这些芽不萌发，一旦遇到降雨时基生芽可形成地下茎在土壤中伸长，形成根状茎或萌出地表形成新的植株。这种生理特点是欧李抗旱的内在因素。种仁入药，有利尿、缓下作用，主治大便燥结、小便不利。果实酸甜可口，风味独特，营养丰富，其钙和铁的含量为水果之最。每100g果肉中含钙360mg、铁58mg。

# 5.2 主要乡土树种分布特征及生物学特性

主要乡土树种有山杏、山桃、刺槐、沙棘、柠条、油松、旱柳、文冠果、山杨、榆树、核桃、臭椿。

## 5.2.1 山杏（*Armeniaca sibirica* L.）

山杏是蔷薇科李亚科杏属木本植物，属于强阳性树种，灌木或小乔木，是黄土丘陵区的乡土树种和生态经济型树种，果肉与杏仁营养丰富，是加工食品、医药、油漆涂料、化妆品及优质香皂的重要原料来源，是极具开发潜质的野生果树资源。

山杏广泛分布于我国东北、华北各省和西伯利亚、远东、蒙古东部及东南部等地区的平原、高山、丘陵及沙漠地带，喜光不耐荫蔽，抗逆性强，对环境条件要求不严。山杏根系发达，可改良土壤。

山杏为落叶灌木或小乔木，高 2~5m；树皮暗灰色；小枝无毛，稀幼时硫生短柔毛，灰褐色或淡红褐色。叶片卵形或近圆形，长 5~10cm、宽 4~7cm，先端长渐尖至尾尖，基部圆形至近心形，叶边有细钝锯齿，两面无毛，稀下面脉腋间具短柔毛；叶柄长 2~3.5cm，无毛，有或无小腺体。花单生，直径 1.5~2cm，先于叶开放；花梗长 1~2mm；花萼紫红色；萼筒钟形，基部微被短柔毛或无毛；弯片长圆状椭圆形先端尖，花后反折；花瓣近圆形或倒卵形，白色或粉红色雄医几乎与花瓣近等长；子房被短柔毛。果实扁球形，直径 1.5~2.5cm，黄色或橘红色，有时具红，被短柔毛；果肉较薄而干燥，成熟时开裂，味酸涩不可食，成熟时沿瘦缝线开裂；核扁球形，易与果肉分离，两侧扁，顶端圆形，基部一侧偏斜，不对称，表面较平滑，腹面宽而锐利；种仁味苦。花期 3~4 月，果期 6~7 月。

## 5.2.2 山桃 [*Amygdalus davidiana* (Carrière) de Vos ex Henry]

山桃是蔷薇科李亚科桃属木本植物，别名花桃，常见的观赏果树。落叶小乔木，广泛分布在吉林、辽宁、北京、山东、山西、江苏、安徽、河北等地。生于山坡、山谷沟底或荒野疏林及灌丛内，海拔 800~3200m。

山桃乔木，高可达 10m；树冠开展，树皮暗紫色，光滑；小枝细长，直立，幼时无毛，老时褐色。叶片卵状披针形，长 5~13cm、宽 1.5~4cm，先端渐尖，基部楔形，两面无毛，叶边具细锐锯齿；叶柄长 1~2cm，无毛，常具腺体。

花单生，先于叶开放，直径 2~3cm；花梗极短或几乎无梗；花萼无毛；萼筒钟形；萼片卵形至卵状长圆形，紫色，先端圆钝；花瓣倒卵形或近圆形，长 10~15cm、宽 8~12mm，粉红色，先端圆钝，稀微凹；雄蕊多数，几乎与花瓣等长或稍短；子房被柔毛，花柱长于雄蕊或近等长。果实近球形，直径 2.5~3.5cm，淡黄色，外面密被短柔毛，果梗短而深入果注；果肉薄而干，不可食，成熟时不开裂；核球形或近球形，两侧不压扁，顶端圆钝，基部截形，表面具纵、横沟纹和孔穴，与果肉分离。花期 3~4 月，果期 7~8 月。

山桃喜光，耐寒，对土壤适应性强，耐干旱、瘠薄，怕涝。原野生于各大山区及半山区，对自然环境适应性很强，一般土质都能生长。对土壤要求不严。主要分布于我国黄河流域、内蒙古及东北南部，西北也有，多生于向阳的石灰岩山地。

分布区主要包括北部暖温带落叶阔叶林区（主要城市有沈阳、葫芦岛、大连、丹东、鞍山、辽阳、锦州、营口、盘锦、北京、天津、太原、临汾、长治、石家庄、秦皇岛、保定、唐山、邯郸、邢台、承德、济南、德州、延安、宝鸡、天水）和温带草原区（主要城市有兰州、平凉、阿勒泰、海拉尔、满洲里、齐齐哈尔、阜新、丹东、大庆、西宁、银川、通辽、榆林、呼和浩特、包头、张家口、集宁、赤峰、大同、锡林浩特）。

本种抗旱耐寒，又耐盐碱土壤，在华北地区主要作桃、梅、李等果树的砧木，也可供观赏。木材质硬而重，可作各种细工及手杖。果核可做玩具或念珠。种仁可榨油供食用。

山桃山桃花期早，花时美丽可观，并有曲枝、白花、柱形等变异类型。园林中宜成片植于山坡并以苍松翠柏为背景，方可充分显示其娇艳之美。在庭院、草坪、水际、林缘、建筑物前零星栽植也很合适。山桃在园林绿化中的用途广泛，绿化效果非常好，深受人们的喜爱。山桃的移栽成活率极高，恢复速度快。

## 5.2.3　刺槐 (*Robinia pseudoacacia* L. )

刺槐又名洋槐，豆科刺槐属落叶乔木，树皮灰褐色至黑褐色，浅裂至深纵裂，稀光滑。原生于北美洲，现被广泛引种到亚洲、欧洲等地。

刺槐树皮厚，暗色，纹裂多；树叶根部有一对 1 ~ 2mm 长的刺；花为白色，有香味，穗状花序；果实为荚果，每个果荚中有 4 ~ 10 粒种子。刺槐木材坚硬，耐腐蚀，燃烧缓慢，热值高。刺槐花可食用。刺槐花产的蜂蜜很甜，蜂蜜产量也高。栽培变种有泓森槐、红花刺槐、金叶刺槐等。在所有刺槐树当中泓森槐生长最快，被称为刺槐树之王。

落叶乔木，高 10 ~ 25m；树皮灰褐色至黑褐色，浅裂至深纵裂，稀光滑。小枝灰褐色，幼时有棱脊，微被毛，后无毛；具托叶刺，长达 2cm；冬芽小，被毛。羽状复叶长 10 ~ 25cm；叶轴上面具沟槽；小叶 2 ~ 12 对，常对生，椭圆形、长椭圆形或卵形，长 2 ~ 5cm、宽 1.5 ~ 2.2cm，先端圆，微凹，具小尖头，基部圆至阔楔形，全缘，上面绿色，下面灰绿色，幼时被短柔毛，后变无毛；小叶柄长 1 ~ 3mm；小托叶针芒状。

总状花序花序腋生，长 10 ~ 20cm，下垂，花多数，芳香；苞片早落；花梗长 7 ~ 8mm；花萼斜钟状，长 7 ~ 9mm，萼齿 5，三角形至卵状三角形，密被柔毛；花冠白色，各瓣均具瓣柄，旗瓣近圆形，长 16mm、宽约 19mm，先端凹缺，基部圆，反折，内有黄斑，翼瓣斜倒卵形，与旗瓣几乎等长，长约 16mm，基部一侧具圆耳，龙骨瓣镰状，三角形，与翼瓣等长或稍短，前缘合生，先端钝尖；雄蕊二体，对旗瓣的 1 枚分离；子房线形，长约 1.2cm，无毛，柄长 2 ~ 3mm，花柱钻形，长约 8mm，上弯，顶端具毛，柱头顶生。

荚果褐色，或具红褐色斑纹，线状长圆形，长 5 ~ 12cm、宽 1 ~ 1.3cm，扁平，先端上弯，具尖头，果颈短，沿腹缝线具狭翅；花萼宿存，有种子 2 ~ 15 粒；种子褐色至黑褐色，微具光泽，有时具斑纹，近肾形，长 5 ~ 6mm、宽约 3mm，种脐圆形，偏于一端。花期 4 ~ 6 月，果期 8 ~ 9 月。

温带树种。在年平均气温 8 ~ 14℃、年降雨量 500 ~ 900mm 的地方生长良好；特别是空气湿度较大的沿海地区，其生长快，干形通直圆满。抗风性差，在冲风口栽植的刺槐易出现风折、风倒、倾斜或偏冠的现象。

对水分条件很敏感，在地下水位过高、水分过多的地方生长缓慢，易诱发病害，造成植株烂根、枯梢甚至死亡。有一定的抗旱能力。喜土层深厚、肥沃、疏松、湿润的壤土、沙质壤土、沙土或黏壤土，在中性土、酸性土、含盐量在 0.3% 以下的盐碱性土上都可以正常生长，在积水、通气不良的黏土上生长不良，甚至死亡。喜光，不耐荫蔽。萌芽力和根蘖性都很强。

## 5.2.4 沙棘（*Hippophae rhamnoides* Linn.）

沙棘是一种胡颓子科沙棘属落叶性灌木，其特性是耐旱、抗风沙，可以在盐碱化土地上生存，因此被广泛用于水土保持。中国西北部大量种植沙棘，用于沙漠绿化。沙棘果实中维生素 C 含量高，素有维生素 C 之王的美称。沙棘是植物和其果实的统称。植物沙棘为胡颓子科沙棘属，是一种落叶性灌木。

落叶灌木或乔木，高 l.5m，生长在高山沟谷中可达 18m，棘刺较多，粗壮，顶生或侧生；嫩枝褐绿色，密被银白色而带褐色鳞片或有时具白色星状柔毛，老枝灰黑色，粗糙；芽大，金黄色或锈色。

单叶通常近对生，与枝条着生相似，纸质，狭披针形或矩圆状披针形，长 30～80mm、宽 4～10mm，两端钝形或基部近似圆形，基部最宽，上面绿色，初被白色盾形毛或星状柔毛，下面银白色或淡白色，被鳞片，无星状毛；叶柄极短，几乎无或长 1～1.5mm。

果实圆球形，直径 4～6mm，橙黄色或橘红色；果梗长 1～2.5mm；种子小，阔椭圆形至卵形，有时稍扁，长 3～4.2mm，黑色或紫黑色，具光泽。花期 4～5 月，果期 9～10 月。

沙棘喜光，耐寒，耐酷热，耐风沙及干旱气候。对土壤适应性强。

沙棘是阳性树种，喜光照，在疏林下可以生长，但对郁闭度大的林区不能适应。沙棘对于土壤的要求不很严格，在粟钙土、灰钙土、棕钙土、草甸土、黑垆土上都有分布，在砾石土、轻度盐碱土、沙土，甚至在砒砂岩和半石半土地区也可以生长但不喜过于黏重的土壤。沙棘对降水有一定的要求，一般应在年降水量 400mm 以上，如果降水量不足 400mm，但属河漫滩地、丘陵沟谷等地也可生长，但不喜积水。

沙棘对温度要求不很严格，极端最低温度可达-50℃，极端最高温度可达 50℃，年日照时数 1500～3300h。沙棘极耐干旱，极耐贫瘠，极耐冷热，为植物之最。

分布于中国河北、内蒙古、山西、陕西、甘肃、青海、四川西部。常生长于海拔 800～3600m 温带地区向阳的山脊、谷地、干涸河床地或山坡，多砾石或沙质土壤或黄土上。中国黄土高原极为普遍。

## 5.2.5 柠条（*Caragana korshinskii* Kom）

柠条是豆科锦鸡儿属灌木，又叫毛条、白柠条，为豆科锦鸡儿属落叶大灌木饲用植物，根系极为发达，主根入土深，株高为 40～70cm，最高可达 2m 左右。适生长于海拔900～1300m 的阳坡、半阳坡。耐旱、耐寒、耐高温，是干旱草原、荒漠草原地带的旱生灌丛。目前，柠条是中国西北、华北、东北西部水土保持和固沙造林的重要树种之一，属于优良固沙和绿化荒山植物，良好的饲草饲料。根、花、种子均可入药，为滋阴养血、通经、镇静剂等。

在黄土丘陵地区、山坡、沟岔也能生长。柠条适应性强，成活率高，是中西部地区防风固沙，保持水土的优良树种。它在经济效益和防护效益上所发挥的巨大作用，越来越引起人们的高度重视。

柠条对环境条件具有广泛的适应性，柠条在形态方面具有旱生结构，其抗旱性、抗热性、抗寒性和耐盐碱性都很强。土壤 pH 6.5 ~ 10.5 的环境下都能正常生长。由于柠条对恶劣环境条件的广泛适应性，使它对生态环境的改善功能很强。一丛柠条可以固土 23m³，可截留雨水 34% 。减少地面径流 78% ，减少地表冲刷 66% 。柠条林带、林网能够削弱风力，降低风速，直接减轻林网保护区内土壤的风蚀作用，变风蚀为沉积，土粒相对增多，再加上林内有大量枯落物堆积，使沙土容重变小，腐殖质，氮、钾含量增加，尤以钾的含量增加较快。

柠条为豆科锦鸡儿属落叶大灌木饲用植物，根系极为发达，主根入土深，株高为 40 ~ 70cm，最高可达 2m 左右。老枝黄灰色或灰绿色，幼枝被柔毛。羽状复叶有 3 ~ 8 对小叶；托叶在长枝者硬化成长刺，长 4 ~ 7mm，宿存；叶轴长 1 ~ 5cm，密被白色长柔毛，脱落；小叶椭圆形或倒卵状圆形，长 3 ~ 10mm、宽 4 ~ 6mm，先端圆或锐尖，很少截形，有短刺尖基部宽楔形，两面密被长柔毛。

花梗长 10 ~ 16mm，关节在中部以上，很少在中下部；花萼管状钟形，长 7 ~ 12mm、宽 5 ~ 6mm，密被短柔毛，萼齿三角状；花冠黄色，长 20 ~ 25mm，旗瓣宽卵形或近似圆形，瓣柄为瓣片的 1/4 ~ 1/3，翼瓣长圆形，先端稍尖，瓣柄与瓣片近似等长，耳不明显；子房无毛。荚果披针形或长圆形状披针形，扁，长 205 ~ 305cm、宽 5 ~ 6mm，先端短渐尖。柠条叶簇生或互生，偶数羽状复叶。叶轴、托叶脱落或宿存而硬化成针刺。花单生，蝶形花冠，黄色，少有带红色。荚果椭圆形或肾形，膨胀或扁干，顶端尖。

种子椭圆形或球形。树皮黄灰色、黄绿色或黄白色；种子红色。花期 5 ~ 6 月，果期 7 月。

柠条是中国西北、华北、东北西部水土保持和固沙造林的重要树种之一。耐旱、耐寒、耐高温，是干旱草原、荒漠草原地带的旱生灌丛。在黄土丘陵地区、山坡、沟岔也能生长。在肥力极差，沙层含水率 2% ~ 3% 的流动沙地和丘间低地以及固定、半固定沙地上均能正常生长。即使在降雨量 100mm 的年份，也能正常生长。柠条为深根性树种，主根明显，侧根根系向四周水平方向延伸，纵横交错，固沙能力很强。柠条不怕沙埋，沙子越埋，分枝越多，生长越旺，固沙能力越强。

## 5.2.6　油松（*Pinus tabuliformis* Carrière）

油松为松科针叶常绿乔木，高达 25m，胸径可达 1m 以上；树皮灰褐色或褐灰色，裂成不规则较厚的鳞状块片，裂缝及上部树皮红褐色；枝平展或向下斜展，老树树冠平顶，小枝较粗，褐黄色，无毛，幼时微被白粉；冬芽矩圆形，顶端尖，微具树脂，芽鳞红褐色，边缘有丝状缺裂。

针叶 2 针一束，深绿色，粗硬，长 10 ~ 15cm、径约 1.5mm，边缘有细锯齿，两面具气孔线；横切面半圆形，二型层皮下层，在第一层细胞下常有少数细胞形成第二层皮下层，树脂道 5~8 个或更多，边生，多数生于背面，腹面有 1~2 个，稀角部有 1~2 个中生树脂道，叶鞘初呈淡褐色，后呈淡黑褐色。

雄球花圆柱形，长 1.2~1.8cm，在新枝下部聚生成穗状。球果卵形或圆卵形，长 4~9cm，有短梗，向下弯垂，成熟前绿色，熟时淡黄色或淡褐黄色，常宿存树上近数年之久；中部种鳞近矩圆状倒卵形，长 1.6~2cm、宽约 1.4cm，鳞盾肥厚、隆起或微隆起，扁菱形或菱状多角形，横脊显著，鳞脐凸起有尖刺；种子卵圆形或长卵圆形，淡褐色有斑纹，长 6~8mm、径 4~5mm，连翅长 1.5~1.8cm；子叶 8~12 枚，长 3.5~5.5cm；初生叶窄条形，长约 4.5cm，先端尖，边缘有细锯齿。花期 4~5 月，球果第二年 10 月成熟。

油松为喜光、深根性树种，喜干冷气候，在土层深厚、排水良好的酸性、中性或钙质黄土上均能生长良好。

中国特有树种，产吉林南部、辽宁、河北、河南、山东、山西、内蒙古、陕西、甘肃、宁夏、青海及四川等省（区），生于海拔 100~2600m 地带，多组成单纯林。其垂直分布由东到西、由北到南逐渐增高。辽宁、山东、河北、山西、陕西等省有人工林。

## 5.2.7  旱柳 (*Salix matsudana* Koidz)

旱柳落叶乔木，高达可达 20m，胸径达 80cm。大枝斜上，树冠广圆形；树皮暗灰黑色，有裂沟；枝细长，直立或斜展，浅褐黄色或带绿色，后变褐色，无毛，幼枝有毛。芽微有短柔毛。叶披针形，长 5~10cm、宽 1~1.5cm，先端长渐尖，基部窄圆形或楔形，上面绿色，无毛，有光泽，下面苍白色或带白色，有细腺锯齿缘，幼叶有丝状柔毛；叶柄短，长 5~8mm，在上面有长柔毛；托叶披针形或缺，边缘有细腺锯齿。花序与叶同时开放；雄花序圆柱形，长 1.5~2.5 (-3) cm、粗约 6~8mm，多少有花序梗，轴有长毛；雄蕊 2，花丝基部有长毛，花药卵形，黄色；苞片卵形，黄绿色，先端钝，基部多少有短柔毛；腺体 2；雌花序较雄花序短，长达 2cm、粗 4mm，有 3~5 小叶生于短花序梗上，轴有长毛；子房长椭圆形，近乎无柄，无毛，无花柱或很短，柱头卵形，近似圆裂；苞片同雄花；腺体 2，背生和腹生。果序长达 2 (2.5) cm。花期 4 月，果期 4~5 月。

喜光，耐寒、湿地、旱地均能生长，但以湿润而排水良好的土壤上生长最好；根系发达，抗风能力强，生长快，易繁殖。

生长于东北、华北平原、西北黄土高原，西至甘肃、青海，南至淮河流域以及浙江、江苏，为平原地区常见树种。耐干旱、水湿、寒冷，模式标本采自甘肃兰州，朝鲜、日本、俄罗斯远东地区也有分布。

## 5.2.8  文冠果 (*Xanthoceras sorbifolium* Bunge)

文冠果，无患子科文冠果属落叶灌木或小乔木，高 2~5m；小枝粗壮，褐红色，无毛，顶芽和侧芽有覆瓦状排列的芽鳞。

叶连柄长 15 ~ 30cm；小叶 4 ~ 8 对，膜质或纸质，披针形或近卵形，两侧稍不对称，长 2.5 ~ 6cm、宽 1.2 ~ 2cm，顶端渐尖，基部楔形，边缘有锐利锯齿，顶生小叶通常 3 深裂，腹面深绿色，无毛或中脉上有疏毛，背面鲜绿色，嫩时被绒毛和成束的星状毛；侧脉纤细，两面略凸起。

花序先叶抽出或与叶同时抽出，两性花的花序顶生，雄花序腋生，长 12 ~ 20cm，直立，总花梗短，基部常有残存芽鳞；花梗长 1.2 ~ 2cm；苞片长 0.5 ~ 1cm；萼片长 6 ~ 7mm，两面被灰色绒毛；花瓣白色，基部紫红色或黄色，有清晰的脉纹，长约 2cm、宽 7 ~ 10mm，爪之两侧有须毛；花盘的角状附属体橙黄色，长 4 ~ 5mm；雄蕊长约 1.5cm，花丝无毛；子房被灰色绒毛。蒴果长达 6cm；种子长达 1.8cm，黑色而有光泽。花期春季，果期秋初。

文冠果原产于中国北方黄土高原地区，天然分布于北纬 32° ~ 46°、东经 100° ~ 127°，即北到辽宁西部和吉林西南部，南自安徽省萧县及河南南部，东至山东，西至甘肃宁夏。集中分布在内蒙古、陕西、山西、河北、甘肃等地，辽宁、吉林、河南、山东等地均有少量分布。在黑龙江南部、吉林和宁夏等地还有较大面积的栽培树林。在垂直方向上，文冠果分布于海拔 52 ~ 2260m，甚至更高的区域。

文冠果适应在草沙地、撂荒地、多石的山区、黄土丘陵和沟壑等处，甚至在崖畔上都能正常生长发育。中国北方许多地区如内蒙古、山西、陕西、河北等省（区）曾大面积栽培。

文冠果喜阳，耐半阴，对土壤适应性很强，耐瘠薄、耐盐碱，抗寒能力强，−41.4℃ 安全越冬；抗旱能力极强，在年降雨量仅 150mm 的地区也有散生树木，但文冠果不耐涝、怕风，在排水不好的低洼地区、重盐碱地和未固定沙地不宜栽植。

## 5.2.9 山杨（*Populus davidiana* Dode）

山杨是杨柳科杨属的植物，落叶乔木，高达 25m，胸径约 60cm。树皮光滑灰绿色或灰白色，老树基部黑色粗糙；树冠圆形。小枝圆筒形，光滑，赤褐色，萌枝被柔毛。芽卵形或卵圆形，无毛，微有黏质。

叶三角状卵圆形或近似圆形，长宽近似相等，长 3 ~ 6cm，先端钝尖、急尖或短渐尖，基部圆形、截形或浅心形，边缘有密波状浅齿，发叶时显红色，萌枝叶大，三角状卵圆形，下面被柔毛；叶柄侧扁，长 2 ~ 6cm。

花序轴有疏毛或密毛；苞片棕褐色，掌状条裂，边缘有密长毛；雄花序长 5 ~ 9cm，雄蕊 5 ~ 12，花药紫红色；雌花序长 4 ~ 7cm；子房圆锥形，柱头 2 深裂，带红色。

果序长达 12cm；蒴果卵状圆锥形，长约 5mm，有短柄，2 瓣裂。花期 3 ~ 4 月，果期 4 ~ 5 月。

山杨多生长于山坡、山脊和沟谷地带，常形成小面积纯林或与其他树种形成混交林。为强阳性树种，耐寒冷、耐干旱瘠薄土壤，对土壤要求在微酸性至中性土壤均可生长，适于山腹以下排水良好肥沃土壤。天然更新能力强，在东北及华北常于老林破坏后，与桦木类混生或成纯林，形成天然次生林。

分布广泛，中国北自黑龙江、内蒙古、吉林、华北、西北、华中及西南高山地区均有分布，垂直分布自东北低山海拔 1200m 以下，到青海 2600m 以下，湖北西部、四川中部、云南在海拔 2000～3800m 之间。朝鲜、俄罗斯东部也有分布。

## 5.2.10 榆树 (*Ulmus pumila* L.)

榆树又名春榆、白榆等，素有"榆木疙瘩"之称，为榆科落叶乔木，高达 25m，胸径 1m，在干瘠之地长成灌木状；幼树树皮平滑，灰褐色或浅灰色，大树之皮暗灰色，不规则深纵裂，粗糙；小枝无毛或有毛，淡黄灰色、淡褐灰色或灰色，稀淡褐黄色或黄色，有散生皮孔，无膨大的木栓层及凸起的木栓翅；冬芽近球形或卵圆形，芽鳞背面无毛，内层芽鳞的边缘具白色长柔毛。叶椭圆状卵形、长卵形、椭圆状披针形或卵状披针形，长 2～8cm、宽 1.2～3.5cm，先端渐尖或长渐尖，基部偏斜或近对称，一侧楔形至圆，另一侧圆至半心脏形，叶面平滑无毛，叶背幼时有短柔毛，后变无毛或部分脉腋有簇生毛，边缘具重锯齿或单锯齿，侧脉每边 9～16 条，叶柄长 4～10mm，通常仅上面有短柔毛。花先叶开放，在生枝的叶腋成簇生状。

翅果近圆形，稀倒卵状圆形，长 1.2～2cm，除顶端缺口柱头面被毛外，余处无毛，果核部分位于翅果的中部，上端不接近或接近缺口，成熟前后其色与果翅相同，初淡绿色，后白黄色，宿存花被无毛，4 浅裂，裂片边缘有毛，果梗较花被为短，长 1～2mm，被（或稀无）短柔毛。花果期 3～6 月（东北较晚）。

生于海拔 2500m 以下的山坡、山谷、川地、丘陵及沙岗等处。

阳性树种，喜光，耐旱，耐寒，耐瘠薄，不择土壤，适应性很强。根系发达，抗风力、保土力强。萌芽力强耐修剪。生长快，寿命长。能耐干冷气候及中度盐碱，但不耐水湿（能耐雨季水涝）。具抗污染性，叶面滞尘能力强。

在土壤深厚、肥沃、排水良好之冲积土及黄土高原生长良好。可作西北荒漠、华北及淮北平原、丘陵及东北荒山、砂地及滨海盐碱地的造林或"四旁"绿化树种。

分布于中国东北、华北、西北及西南各省区。长江下游各省有栽培。朝鲜、俄罗斯、蒙古也有分布。

## 5.2.11 核桃 (*Juglans regia* L.)

核桃，又称胡桃，羌桃，为胡桃科植物。一般高达 3～5m，树皮灰白色，浅纵裂，枝条髓部片状，幼枝先端具细柔毛（2 年生枝常无毛）。也有高达 20～25m，树干较别的种类矮，树冠广阔。树皮幼时灰绿色，老时则灰白色而纵向浅裂。小枝无毛，具有光泽，被盾状着生的腺体，灰绿色，后来带褐色。

羽状复叶长 25～50cm，小叶 5～9 个，稀有 13 个。椭圆状卵形至椭圆形，顶生小叶通常较大，长 5～15cm、宽 3～6cm，先端急尖或渐尖，基部圆或楔形，有时为心脏形。全缘或有不明显钝齿，表面深绿色，无毛，背面仅脉腋有微毛，小叶柄极短或无，有些外壳坚硬，有些比较软。

奇数羽状复叶长 25～30cm，叶柄及叶轴幼时被有极短腺毛及腺体小叶通常 5～9 枚，稀 3 枚，椭圆状卵形至长椭圆形，长 6～15cm、宽 3～6cm，顶端钝圆或急尖、短渐尖，基部歪斜、近于圆形，边缘全缘或在幼树上者具稀疏细锯齿，上面深绿色，无毛，下面淡绿色，侧脉 11～15 对，腋内具簇短柔毛，侧生小叶具极短的小叶柄或近乎无柄，生于下端者较小，顶生小叶常具长 3～6cm 的小叶柄。

雄柔荑花序长 5～10cm，雄花有雄蕊 6～30 个，萼 3 裂，雌花 1～3 朵聚生，花柱 2 裂，赤红色。

花期 5 月，雄性葇荑花序下垂，长 5～10cm、稀达 15cm。雄花的苞片、小苞片及花被片均被腺毛。雄蕊 6～30 枚，花药黄色，无毛。雌花的总苞被极短腺毛，柱头浅绿色。

果实椭圆形，直径约 5cm，灰绿色。幼时具腺毛，老时无毛，内部坚果球形，黄褐色，表面有不规则槽纹。

果序短，杞俯垂，具 1～3 果实；果实近于球状，直径 4～6cm，无毛。果核稍具皱曲，有 2 条纵棱，顶端具短尖头。隔膜较薄，内里无空隙，内果皮壁内具不规则的空隙或无空隙而仅具皱曲。核桃壳是内果皮，外果皮和内果皮在未成熟是为青色，成熟后脱落。新核桃种皮甚苦。

核桃喜光，耐寒，抗旱、抗病能力强，适应多种土壤生长，喜肥沃湿润的沙质壤土，喜水、肥，喜阳，同时对水肥要求不严，落叶后至发芽前不宜剪枝，易产生伤流。适宜大部分土地生长。喜石灰性土壤，常见于山区河谷两旁土层深厚的地方。

产于华北、西北、西南、华中、华南和华东，新疆南部。分布于中亚、西亚、南亚和欧洲。生于海拔 400～1800m 的山坡及丘陵地带，中国平原及丘陵地区常见栽培。

中国核桃的分布很广，黑龙江、辽宁、天津、北京、河北、山东、山西、陕西、宁夏、青海、甘肃、新疆、河南、安徽、江苏、湖北、湖南、广西、四川、贵州、云南和西藏等 22 个省（区、市）都有分布。内蒙古、浙江及福建等省（区）有少量引种或栽培。主要产区在云南、陕西、山西、四川、河北、甘肃、新疆、安徽等省（区）。其中安徽省亳州市三官林区被誉为亚洲最大核桃林场。

核桃在中国的水平分布范围：从北纬 21°08′32″的云南勐腊县到北纬 44°54′的新疆博乐市，纵越纬度 23°25′；西起东经 75°15′的新疆塔什库尔干，东至东经 124°21′的辽宁丹东，横跨经度 49°06′。

## 5.2.12 臭椿（*Ailanthus altissima*）

臭椿是苦木科臭椿属落叶乔木，高可达 20 多米，树皮平滑而有直纹；嫩枝有髓，幼时被黄色或黄褐色柔毛，后脱落。

叶为奇数羽状复叶，长 40～60cm，叶柄长 7～13cm，有小叶 13～27；小叶对生或近乎对生，纸质，卵状披针形，长 7～13cm、宽 2.5～4cm，先端长渐尖，基部偏斜，截形或稍圆，两侧各具 1 个或 2 个粗锯齿，齿背有腺体 1 个，叶面深绿色，背面灰绿色，碎后具臭味。

圆锥花序长 10 ~ 30cm；花淡绿色，花梗长 1 ~ 2.5mm；萼片 5，覆瓦状排列，裂片长 0.5 ~ 1mm；花瓣 5，长 2 ~ 2.5mm，基部两侧被硬粗毛；雄蕊 10，花丝基部密被硬粗毛，雄花中的花丝长于花瓣，雌花中的花丝短于花瓣；花药长圆形，长约 1mm；心皮 5，花柱黏合，柱头 5 裂。

翅果长椭圆形，长 3 ~ 4.5cm、宽 1 ~ 1.2cm；种子位于翅的中间，扁圆形。花期 4 ~ 5 月，果期 8 ~ 10 月。

喜光，不耐阴。适应性强，除黏土外，各种土壤和中性、酸性及钙质土都能生长，适生于深厚、肥沃、湿润的沙质土壤。耐寒，耐旱，不耐水湿，长期积水会烂根死亡。深根性。垂直分布在海拔 100 ~ 2000m。

在年平均气温 7 ~ 19℃、年降雨量 400 ~ 2000mm 内生长正常；在年平均气温 12 ~ 15℃、年降雨量 550 ~ 1200mm 内最适生长。产各地，为阳性树种，喜生于向阳山坡或灌丛中，村庄家前屋后多栽培，常植为行道树。

对土壤要求不严，但在重黏土和积水区生长不良。耐微碱，适宜的 pH 为 5.5 ~ 8.2。对中性或石灰性土层深厚的壤土或沙壤土适宜，对氯气抗性中等，对氟化氢及二氧化硫抗性强。生长快，根系深，萌芽力强。

分布于中国北部、东部及西南部，东南至台湾省。中国除黑龙江、吉林、新疆、青海、宁夏、甘肃和海南外，各地均有分布。向北直到辽宁南部，共跨 22 个省（区、市），以黄河流域为分布中心。世界各地广为栽培。

## 5.3 引进物种的适应性分析

经过三年的引种观察，引进的 6 种抗旱植物 5 种能够正常生长、安全越冬，并繁育幼苗，1 种植物不能安全越冬；引种驯化的 4 种乡土树种中有 3 种能正常生长、安全越冬、成功繁育幼苗。

经观察，在宁南山区彭阳县中庄引进种植的四翅滨藜 4 月 3 日开始萌芽，至 10 月 10 日达到果熟期。在临夏州（美国科罗拉多州引进）引进种植的四翅滨藜，4 月 5 日开始萌芽，至 10 月 20 日达到果熟期，物候期相比宁南山区出现时间稍早。乌兰察布种植的乌兰察布型华北驼绒藜，4 月中下旬返青，10 月中旬枯黄，生长期 180 ~ 200d，宁南山区彭阳县中庄（宁夏大学引进）引进种植的华北驼绒藜物候期与乌兰察布型华北驼绒藜出现时间基本一致（表 5-2）。

表 5-2　引种植物的物候期

| 植物种 | 萌芽期<br>（月/日） | 抽梢展叶期<br>（月/日） | 花蕾始现期<br>（月/日） | 开花期<br>（月/日） | 结实期<br>（月/日） | 落叶期/生长停止期<br>（月/日） |
|---|---|---|---|---|---|---|
| 四翅滨藜 | 4/3 | 4/22 | 4/19 | 5/15 ~ 7/15 | 7/12 | 不落叶/10/10 |
| 华北驼绒藜 | 4/15 | 5/15 | 7/26 | 8/18 | 9/6 | 不落叶/10/10 |

续表

| 植物种 | 萌芽期<br>（月/日） | 抽梢展叶期<br>（月/日） | 花蕾始现期<br>（月/日） | 开花期<br>（月/日） | 结实期<br>（月/日） | 落叶期/生长停止期<br>（月/日） |
|---|---|---|---|---|---|---|
| 灰榆 | 3/5 | 3/20 | — | — | — | 10/1 |
| 金露梅 | 4/7 | 4/10 | 5/15 | 5/25~9/10 | 7/10~9/10 | 9/10 |
| 银露梅 | 4/7 | 4/10 | 5/24 | 6/6~9/30 | 7/19~9/30 | 9/30 |

2018 年观测的引种种植的灰榆树龄为 6 年，整个生育期内未开花结果，10 月 1 日开始落叶并停止生长，彭阳中庄年平均气温及降水高于灰榆的原生地（年平均气温 5~6℃，年平均降水量在 300mm 左右），故其在彭阳种植后萌芽及展叶时间出现较早。通常，金露梅花果期 6~9 月、银露梅花果期 6~11 月，引进地区由于秋季低温到来早，两种植物的花果期差别不大，只是金露梅花果时间出现稍早。

综上可知，引进种植的 5 种植物的物候期与不同地区同一植物物候期存在一定差异，这与各地的气候条件、苗木类型及品种有关。总体来看，都能正常生长并完成整个生育期。

试验调查结果如表 5-3 所示，在宁南山区彭阳县中庄种植的四翅滨藜（扦插苗）在第五年的平均株高为 136.33cm，地径为 23.77mm，新梢年生长量 21.60cm。李新志等（2016）在宁夏各地栽植四翅滨藜（扦插苗）造林，经观测当年枝条平均生长量 27.3~43.6cm。敏正龙（2016）在甘肃省中部的临夏州地区进行 1 年生实生苗木盐碱地造林，当年苗木的地径约为 7.8mm，新梢生长量约 37cm。栽培试验相关生长指标均大于本试验调查的五年苗木年生长量，这可能是因为四翅滨藜早期生长比较快。

表 5-3　引种植物的生长量及病虫害发生状况

| 植物种 | 树龄<br>/a | 株高<br>/cm | 地径<br>/mm | 冠幅/cm | | 新梢年生<br>长量/cm | 枯梢率<br>/% | 病虫危害程度 |
|---|---|---|---|---|---|---|---|---|
| | | | | 南北 | 东西 | | | |
| 四翅滨藜 | 6 | 136.3 | 23.74 | 197.33 | 213.33 | 21.60 | 0 | 无 |
| 华北驼绒藜 | 6 | 123.3 | 14.01 | 133.33 | 150.00 | 12.67 | 0 | 无 |
| 灰榆 | 6 | 190.7 | 14.12 | 73.33 | 51.67 | 22.53 | 0 | 无 |
| 金露梅 | 6 | 108.7 | 13.25 | 103.67 | 92.67 | 5.78 | 16.67 | 轻 |
| 银露梅 | 6 | 95.0 | 9.91 | 117.00 | 129.33 | 6.31 | 63.33 | 轻 |
| 灰叶铁线莲 | 8 | 73.7 | 6.72 | 103.00 | 104.67 | 11.40 | 80.00 | — |

华北驼绒藜的生长发育速度很快，在适宜的条件下，2~3 年就能长为成株（种子繁殖），可形成枝叶茂密的灌丛。在灌水条件下，第 2 年株高 80~120cm（时永杰，2003）。徐军和于冰（2001）移栽华北驼绒藜实生苗，第三年（2000 年）测定生长量，结果显示对照（不施肥、浇水）的平均株高 58.3cm，冠幅 81.1cm。在宁南山区彭阳县中庄种植的华北驼绒藜（实生苗）在第五年的平均株高为 123.3cm，冠幅为 141.7mm。相比较而言，本试验中华北驼绒藜能正常生长，生长量较大，后期生长得慢。李文奇和姚小燕（2007）

调查天然分布的灰榆在灰榆林相中，3~4 年生实生苗生长量为 68~83cm，在灰榆疏林林相中，3~4 年生实生苗生长量为 71~75cm。

天然分布的贺兰山灰榆在灰榆林相中，3~4 年生实生苗生长量为 68~83cm，在灰榆疏林林相中，3~4 年生实生苗生长量为 71~75cm。在彭阳县中庄栽培的灰榆实生苗，第五年时株高为 190.7cm，新梢年生长量 22.53cm，可以看出驯化栽植的灰榆生长量很大，适应性较强。四翅滨藜、华北驼绒藜、灰榆引进种植后，连续五年监测发现其枯梢率全部为 0，且无病虫害发生，说明三种植物在中庄的适应性很好。

金露梅、银露梅在彭阳中庄引种栽培后，虽然能够顺利完成全部生育阶段，但生长缓慢，且枯梢率超过 15.0%，经观察果实中的种子不能成熟，适应性一般。灰叶铁线莲引种栽培后，5 年内其枯梢率超过 50%，适应性差。

## 5.4　两种藜科植物抗旱性对比

### 5.4.1　抗干旱试验设计

取长势基本一致的一年生实生苗，移栽于内径 26cm、深 30cm 的塑料桶中，每桶 1 株，移栽基质为表层土，每桶土重约 20kg，土壤田间持水量约 23.0%。从栽种之日起至开始试验这段时间，保证土壤水分充足，确保其正常生长，以保苗木成活和试验处理的一致性。

#### 5.4.1.1　华北驼绒藜和四翅滨藜抗旱生理及形态特征

开始胁迫试验后设 4 个水分梯度处理，它们的土壤含水量分别为田间持水量的 85%~90%（土壤含水量为 19.55%~20.7%）、65%~70%（土壤含水量为 14.95%~16.10%）、50%~55%（土壤含水量为 11.5%~12.65%）和 35%~40%（土壤含水量为 8.05%~9.2%），依次用 CK、T1、T2、T3 表示。每个处理 9 桶，2 种植物，共 72 桶。7 月底所有的试验土都达到预定含水量后即开始控水，每天 18：00 称取桶重，及时补充当天散失的水分，使各处理土壤含水量保持在设定的水平，干旱胁迫 24 天后测定各处理植株的光合生理指标。

#### 5.4.1.2　8 种植物的生化指标

对前期一致性处理好的引种植物进行连续干旱胁迫处理，试验期间搭建遮雨棚，无雨时苗木露天；下雨时遮盖，防止雨水进入花盆。干旱胁迫 20 天后采集新鲜叶片并用冷藏箱保存后送入实验室测定质膜透性等 6 项生理指标。

### 5.4.2　生长指标的测定

物候期观测：物候期主要包括萌芽期、抽梢展叶期、花蕾始现期、开花期、结实期、落叶期或生长停止期 6 个时期。每 7 ~ 10 天进行观察记录 1 次。

生长量测定：植物生长停止时每个树种随机选取 10 株，测量株高、地径、冠幅、新梢生长量，取其平均值。于植物生长停止前，每个树种按东、南、西、北四个方向分别选取 3 个枝条，统计枯梢枝条数量并计算枯梢率。

根冠比测定：每处理随机取 3 株具有代表性的完整植株，尽量避免对根部的伤害。清洗植株，用滤纸吸干水分。同时取样经杀青、烘干测得干重，并计算各处理植物的根冠比：

$$根冠比 = 根干重/冠干重$$

叶片、根系相对含水量的测定：叶片相对含水量（RWC）按邹琦方法测定。取鲜叶称其鲜质量，然后在蒸馏水中浸泡 24h 后称饱和鲜质量，最后在 105℃ 下烘干称其干质量。计算公式为

$$相对含水量（RWC,\%）= \frac{鲜质量-干质量}{饱和鲜质量-干质量} \times 100\%$$

根系相对含水量的测定与叶片类似。

## 5.4.3 光合指标的测定

光和色素的测定：用 95% 乙醇提取叶片光合色素，测定提取液在波长 665nm、649nm 和 470nm 下吸光值，按公式计算出叶绿素 a（Chla）、叶绿素 b（Chlb）和类胡萝卜素（Car）的含量。

## 5.4.4 主要生化指标的测定

### 5.4.4.1 质膜透性

将叶片样品用一定直径（0.5 ~ 1.0cm）的打孔器（切口要洁净）打取小圆片（避开大叶脉）。为了减少伤口处物质外流的影响，还需将小圆片用无离子水充分冲洗后再用滤纸吸干外附水备用。对于小叶片最好用完整叶，以消除伤口的影响。用天平准确称取 0.05g 的样品对应放入已编号的试管或三角瓶中，加入 10mL 的无离子水浸泡，自然浸泡 4h（10h）以上，在振荡器上浸泡为 1 ~ 2h，即可测定，此为初电导率。测定前将试管摇匀为了测定相对外渗电导率值，需将各试管再放入沸水中煮沸 20min，冷却至室温后再测一次，此为终电导率。

为了消除实验中多种误差的影响和便于各研究结果之间的相互比较，采用相对值表示：

$$相对电导率(\%) = \frac{初电导-空白电导}{终电导-空白电导} \times 100$$

### 5.4.4.2 叶片超氧化物歧化酶（SOD）活性

按邹琦方法测定。取酶液 0.05mL 加入 2.95mL 反应液（0.05mmol/L PBS 1.5mL，130mmol/L Met 0.3mL，750mmol/L NBT 0.3mL，100μmol/L EDTA-$Na_2O$ 0.3mL，20μmol/L 核黄素，蒸馏水 0.25mL），在 4000lx 日光下反应 20min，在 560nm 下测定光密度 SOD 活性单位以抑制 NBT 光化还原的 50% 为一个酶活性单位。

### 5.4.4.3 叶片过氧化物酶（POD）活性测定

按李合生方法测定。取酶液 1mL 加入 0.1% 愈创木酚 1mL，蒸馏水 6.9mL，摇匀，最后加入 0.18% $H_2O_2$ 1.0mL，立即计时 25℃ 反应 10min，加入 5% 偏磷酸 0.1mL，终止反应，并在 470nm 下比色。

### 5.4.4.4 游离脯氨酸（Pro）含量的测定

按邹琦方法测定：绘制标准曲线，称取 0.5g 样品放入具塞试管中，加入 5mL 3% 磺基水杨酸溶液，沸水 15min，冷却得 Pro 提取液，每个滤液样品 3 个重复，在试管中加入 0.5mL 滤液、1.5mL 水、2mL 冰醋酸、2mL 酸性茚三酮，沸水浴 30min 后冷却，加入 5.0mL 甲苯充分摇匀静置 2~3h，520nm 比色。

### 5.4.4.5 过氧化氢酶（CAT）活性测定

按李合生方法测定。取酶液 0.1mL 加入 2.9mL 反应液（pH 7.0 Tris-HCl 1.0mL，200mmol/L $H_2O_2$ 0.2mL，蒸馏水 1.7mL）在 240nm 下测定吸光度，每隔 1min 读数一次，共测 4min。1min 内 A240 减少 0.01 的酶量为 1 个酶活单位（u）。

### 5.4.4.6 丙二醛（MDA）的测定

采用王学奎的方法，取测定 SOD 后的上清液 1mL 于试管中，加入浓度为 0.5% 的硫代巴比妥酸。在沸水浴中反应 20min，立即置于冰浴中冷却。迅速冷却后再离心，取上清液，分别在 430nm、530nm、600nm 下测定 OD 值。

## 5.4.5 形态和叶片受害程度

通过盆栽试验可以观察到，华北驼绒藜分枝多集中于上部，较长，通常长 10~25cm。叶较长，柄短；叶片披针形或矩圆状披针形，长 2~5cm、宽 7~10~(15)mm，向上渐狭，先端急尖或钝，基部圆楔形或圆形，通常具明显的羽状叶脉。四翅滨藜为典型灌木，高约 50cm。枝条密集，嫩枝灰绿色。叶互生，条型和披针型，全绿，长 1.5~4.3cm；叶正面绿色，稍有白色粉粒，叶背面灰绿色粉粒较多，有被毛。无明显主茎，分枝较多，当年生嫩枝绿色或绿灰色。

表 5-4 显示，华北驼绒藜、四翅滨藜在胁迫 0d 时，CK1、T1 及 T2，叶片未表现出明

显症状，随着干旱胁迫梯度的增加，华北驼绒藜出现个别叶片发黄的现象，而四翅滨藜表现出个别叶尖卷曲，叶缘干枯的现象；随着干旱时间的延长，胁迫 24d 时，华北驼绒藜在水分梯度为 65%~70%（土壤含水量为 14.95%~16.10%）时出现部分底叶发黄，少量叶片干枯，而四翅滨藜则表现正常；在水分梯度为 50%~55%（土壤含水量为 11.5%~12.65%）时，华北驼绒藜部分叶片脱落，而四翅滨藜则表现为少量叶片发黄干枯，在水分梯度为 35%~40%（土壤含水量为 8.05%~9.2%）时，华北驼绒藜表现为部分叶片整叶发黄，脱落，而四翅滨藜则表现为部分叶片发黄脱落。从叶片的受害症状来看，华北驼绒藜受害严重，四翅滨藜次之。

表 5-4　干旱胁迫下华北驼绒藜、四翅滨藜叶片受害症状

| 物种 | 处理 | 胁迫症状 | |
| --- | --- | --- | --- |
| | | 0d | 24d |
| 华北驼绒藜 | CK1 | 正常 | 正常 |
| | T1 | 正常 | 部分底叶发黄，少量叶片干枯 |
| | T2 | 正常 | 部分叶片脱落 |
| | T3 | 个别叶片发黄 | 部分叶片整叶发黄，脱落 |
| 四翅滨藜 | CK1 | 正常 | 正常 |
| | T1 | 正常 | 正常 |
| | T2 | 正常 | 少量叶片发黄干枯 |
| | T3 | 个别叶尖卷曲，叶缘干枯 | 部分叶片发黄脱落 |

## 5.4.6　生长指标的变化

由表 5-5 可知，随着抗旱程度的增加，华北驼绒藜、四翅滨藜两种植物的根系干重均大于对照。就华北驼绒藜而言，当土壤含水量充足时，根系干重最小为 7.94g，与 T2 处理相比，降低了 4.75g；四翅滨藜在土壤含水量充足时，根系干重最小为 9.36g，与 T3 处理相比，减少了 6.02g；差异显著性比较结果显示，各抗旱处理与对照相比存在显著差异，T1、T2 及 T3 处理下根系干重虽有差异，但差异不显著。由表 5-5 还可知，随着抗旱处理程度的增加，华北驼绒藜地上部干重呈现出先增加后减少的趋势，而四翅滨藜地上部干重则表现出随着干旱程度的增加地上部干重下降的趋势。就华北驼绒藜来说，与 CK 相比，T3 处理下地上部干重最小，为 18.63g；四翅滨藜在 T3 处理下地上部干重最小为 8.04g，与对照相比下降了 3.54g。T1、T2 及 T3 三个处理对两种植物地上部干重影响不明显。

由表 5-5 还可知，华北驼绒藜、四翅滨藜均表现出三个处理间 T3 处理下的根冠比最大，T1 处理的根冠比最小。华北驼绒藜在 T3 处理下与对照相比增加了 0.33，四翅滨藜在 T3 处理下与对照相比增加了 1.09；与对照相比，随着抗旱程度的增加，两种植物的根冠比均表现出增大的趋势，差异达到极显著。这说明，当土壤水分不足时，对地上部分的影响比对根系的影响更大，使根冠比增大。从根冠比的变化来看，两种植物对干旱胁迫的响

应基本一致。

表 5-5  干旱胁迫下华北驼绒藜、四翅滨藜干重及根冠比的变化

| 种类 | 处理 | 根系干重/g | 差异显著性 | | 茎叶干重/g | 差异显著性 | | 根冠比 | 差异显著性 | |
|---|---|---|---|---|---|---|---|---|---|---|
| 华北驼绒藜 | CK | 7.94 | b | A | 27.96 | a | A | 0.28 | b | B |
| | T1 | 9.70 | ab | A | 23.98 | a | A | 0.41 | a | A |
| | T2 | 12.69 | a | A | 25.66 | a | A | 0.50 | a | A |
| | T3 | 11.18 | a | A | 18.63 | ab | A | 0.61 | a | A |
| 四翅滨藜 | CK | 9.36 | ab | A | 11.58 | a | A | 0.80 | b | B |
| | T1 | 10.73 | a | A | 10.46 | a | A | 1.03 | a | A |
| | T2 | 10.15 | a | A | 8.04 | ab | A | 1.28 | a | A |
| | T3 | 15.38 | a | A | 8.16 | ab | A | 1.89 | a | A |

注：表中不同大写字母表示各处理间差异极显著（$P<0.01$），不同小写字母表示各处理间差异显著（$P<0.05$），下同。

## 5.4.7  叶片、根系相对含水量

叶片相对含水量（RWC）能真实地反映土壤缺水时植物体内的水分亏缺程度。由表 5-6 可以看出，随着干旱胁迫程度的加剧，两种植物的叶片相对含水量总体呈现下降趋势。在 T1、T2 及 T3 处理下，华北驼绒藜叶片 RWC 与对照相比各下降了 14.44%、17.83%、23.35%；从显著性来看，各处理下叶片的相对含水量与对照差异显著，而 T3 与 T1 处理相比，叶片 RWC 下降了 8.91%，达到了极显著水平。四翅滨藜叶片 RWC 在 T1、T2 及 T3 处理下与对照相比各下降了 20.37%、27.4%、39.6%；从显著性来看，T1 处理下叶片相对含水量与对照没有明显差异，而 T2 处理下叶片相对含水量与对照相比差异显著，T3 与对照相比达到了极显著。从表 5-6 和图 5-1 可以看出，华北驼绒藜、四翅滨藜叶片随着干旱梯度的增加，保水能力下降，但是下降幅度略有不同。在抗旱胁迫 24d 后，华北驼绒藜叶片相对含水量，各处理与对照相比，下降幅度较大，之后趋于平缓；四翅滨藜叶片 RWC 在 T2 处理前基本与华北驼绒藜叶片相对含水量变化趋势一致，而在 T3 处理下，叶片 RWC 下降迅速，曲线比较陡峭。

同样，在研究抗旱植物与水分利用关系时，根系相对含水量与叶片相对含水量一样，已被广泛作为反映植物根系水分状况的重要指标。由表 5-6 和图 5-1 可知，两种植物的根系相对含水率随土壤水分的减少呈下降趋势，华北驼绒藜根系相对含水量各处理与对照相比降幅极其明显，各下降了 31.69%、65.05%、77.52%，而且各处理间，根系相对含水量的降幅极其明显，从显著性水平来看，各处理与对照间差异极显著，且各处理之间差异也达到了极显著；四翅滨藜根系相对含水量与对照相比，各处理呈现下降趋势，不过 T1 与对照相比降幅不明显，从 T2 开始下降幅度增大，与对照相比下降了 25.43%，T3 与对照相比，下降了 43.39%，根系相对含水量的变化呈现先迅速下降再缓慢下降；从显著性

水平来看，T2 处理与对照相比，差异达到了显著，而 T3 与 T1、对照相比达到了极显著。由此看出，华北驼绒藜根系相对含水量的变化与四翅滨藜相比更敏感，从叶片、根系相对含水量的变化来看，华北驼绒藜较四翅滨藜的抗旱性略差一些。

表 5-6　干旱胁迫下华北驼绒藜、四翅滨藜叶片、根系相对含水量的变化

| 种类 | 处理 | 叶片相对含水量/% | 差异显著性 | | 根系相对含水量/% | 差异显著性 | |
| --- | --- | --- | --- | --- | --- | --- | --- |
| 华北驼绒藜 | CK | 40.60 | a | A | 81.22 | a | A |
| | T1 | 26.16 | b | A | 49.53 | b | A |
| | T2 | 22.77 | b | A | 16.17 | c | B |
| | T3 | 17.25 | bc | B | 3.70 | d | C |
| 四翅滨藜 | CK | 60.65 | a | A | 58.87 | a | A |
| | T1 | 40.28 | a | A | 40.05 | a | A |
| | T2 | 33.25 | ab | AB | 33.44 | ab | AB |
| | T3 | 21.05 | bc | BC | 15.48 | bc | B |

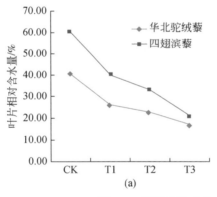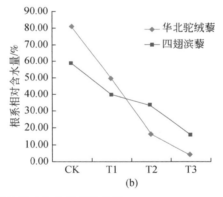

图 5-1　两种植物叶片、根系相对含水量变化曲线

## 5.4.8　干旱胁迫对两种植物光合色素的影响

叶片中的光和色素参与光合作用过程中光能的吸收、传递和转化，光合色素含量直接影响植物的光合能力。随着干旱胁迫程度的加剧，华北驼绒藜叶叶绿素 a、类胡萝卜素含量呈下降趋势，但下降幅度不明显，显著性检验不明显（$P>0.05$）；叶绿素 b 呈现先增后降趋势，T2 处理与对照相比，叶绿素 b 增加了 0.34mg/g，同样增加幅度不明显（表 5-7）。而四翅滨藜叶绿素 a、叶绿素 b 含量随着干旱程度的加剧，均呈现下降趋势，在 T3 处理下，下降幅度最大，与对照相比分别下降了 3.10mg/g、1.14mg/g，差异达到了极显著（$P<0.01$）；类胡萝卜素含量与对照相比也呈下降趋势，下降了 0.34mg/g，下降幅度显著。由此说明，不同程度的干旱胁迫显著影响着四翅滨藜的光合色素的含量及比例，从而制约了其光合能

力，对华北驼绒藜影响却不明显。

表 5-7　干旱胁迫下华北驼绒藜、四翅滨藜光合色素含量的变化　　（单位：mg/g）

| 种类 | 处理 | 叶绿素 a | 差异显著性 | | 叶绿素 b | 差异显著性 | | 类胡萝卜素 | 差异显著性 | |
| | | | $\alpha=0.05$ | $\alpha=0.01$ | | $\alpha=0.05$ | $\alpha=0.01$ | | $\alpha=0.05$ | $\alpha=0.01$ |
| --- | --- | --- | --- | --- | --- | --- | --- | --- | --- | --- |
| 华北驼绒藜 | CK | 3.94 | a | A | 1.31 | a | A | 1.01 | a | A |
| | T1 | 3.14 | a | A | 0.94 | a | A | 0.8 | a | A |
| | T2 | 2.08 | a | A | 1.65 | a | A | 0.71 | a | A |
| | T3 | 2.92 | a | A | 0.90 | a | A | 0.94 | a | A |
| 四翅滨藜 | CK | 6.31 | a | A | 2.43 | a | A | 1.40 | a | A |
| | T1 | 7.12 | a | A | 2.77 | a | A | 1.67 | a | A |
| | T2 | 4.32 | a | A | 1.83 | a | A | 1.11 | a | A |
| | T3 | 3.21 | b | B | 1.29 | b | B | 1.06 | b | A |

## 5.4.9　引种植物的生理生化指标

　　一切生命活动或生物化学、生物物理过程是有条不紊地在一个有序结构中进行的，生物膜就是一个重要的方面。植物组织在受到干旱危害时，细胞膜的结构和功能首先受到伤害，细胞膜透性增大。若将受伤害的组织浸入无离子水中，其外渗液中电解质的含量比正常组织外渗液中含量增加。组织受伤害越严重，电解质含量增加越多。用电导仪测定外渗液电导率的变化，可反映出质膜受伤害的程度。

　　表 5-8 是干旱胁迫下 8 种植物的电导率。图 5-2 是干旱胁迫下 8 种植物的电导率比较。可以看出，8 种植物的电导率为 4.26%~53.73%，其中华北驼绒藜、东方山羊豆和马茹子三种植物的电导率较小，表明其干旱条件下细胞组织受害程度相对较小；四翅滨藜、银露梅、金露梅三种植物电导率居中，表明干旱胁迫下细胞组织受到的一定的损害；火焰卫矛和灰叶铁线莲两种植物电导率较高，表明干旱胁迫下细胞组织损害较严重。从细胞组织受伤害的情况来看，火焰卫矛和灰叶铁线莲两种植物组织较易受到干旱胁迫的危害；其他几种植物细胞组织具有一定的耐旱性。

表 5-8　干旱胁迫下植物的电导率

| 植物 | 电导率/% |
| --- | --- |
| 东方山羊豆 | 6.34±1.09 |
| 金露梅 | 17.99±1.1 |
| 灰叶铁线莲 | 53.75±5.0 |
| 华北驼绒藜 | 4.26±1.1 |
| 火焰卫矛 | 27.53±5.0 |

续表

| 植物 | 电导率/% |
| --- | --- |
| 银露梅 | 16.52±5.1 |
| 马茹子 | 8.19±1.11 |
| 四翅滨藜 | 12.19±0.44 |

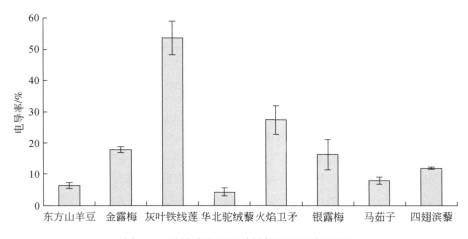

图 5-2　干旱胁迫下 8 种植物的电导率比较

丙二醛（MDA）是膜质过氧化作用的主要产物之一，在相同程度的干旱胁迫下，丙二醛含量增幅小的品种较耐旱，增幅越大的品种耐旱力越低。许多研究结果表明，膜脂过氧化是干旱对植物细胞膜造成伤害的原初机制。干旱导致叶片细胞膜脂过氧化增强。一方面造成膜脂肪酸配比发生改变，使膜脂中不饱和脂肪酸含量下降，饱和脂肪酸增加，使生物膜由液晶相转变为凝胶相，膜透性增强；另一方面，过氧化产物丙二醛使膜中的酶蛋白发生交联、失活，以致使膜产生空隙，透性增强。因而丙二醛含量可用来衡量细胞膜结构破坏的原因和程度。

图 5-3 是干旱胁迫下 8 种植物的 MDA 含量比较。可以看出，在干旱胁迫下东方山羊豆、金露梅、灰叶铁线莲、华北驼绒藜几种植物 MDA 含量高、膜质过氧化作用较强；马茹子、四翅滨藜、火焰卫矛等植物 MDA 含量低、膜质过氧化作用相对较弱，细胞膜结构损伤小。

超氧化物歧化酶（SOD）是植物细胞中清除自由基的酶之一，与逆境及衰老生理关系密切。它与过氧化物酶（POD）、过氧化氢酶等协同作用，防御活性氧或其他过氧化物自由基对细胞膜系统的伤害。超氧化物歧化酶可以催化氧自由基的歧化反应，生成过氧化氢，过氧化氢又可被过氧化物酶等转化成 $O_2$ 和 $H_2O$。SOD 是一个清除活性氧的关键酶。SOD 的作用是将 $O_2$ 歧化为 $H_2O_2$。一般认为，水分胁迫下植物体内 SOD 活性与植物抗氧化胁迫能力呈正相关。

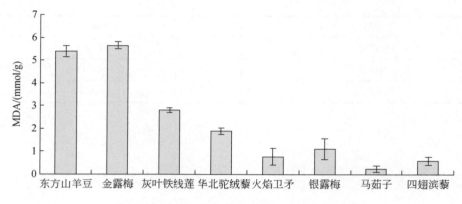

图 5-3　干旱胁迫下 8 种植物的 MDA 含量比较

图 5-4 是干旱胁迫下 8 种植物 SOD 含量比较。可以看出，干旱胁迫下几种植物叶片 SOD 含量由高到低依次为华北驼绒藜>火焰卫矛>东方山羊豆>四翅滨藜>马茹子>灰叶铁线莲>金露梅>银露梅，表明干旱胁迫下华北驼绒藜、火焰卫矛、东方山羊豆、四翅滨藜和马茹子抗氧化胁迫能力较强，而其余三种植物抗氧化胁迫能力较弱。

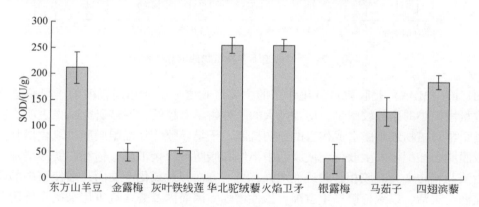

图 5-4　干旱胁迫下 8 种植物 SOD 含量比较

过氧化物酶是植物体内重要的呼吸酶类，其活性高低与酚类物质代谢、抗性密切相关。图 5-5 是干旱胁迫下 8 种植物 POD 含量比较。可以看出，POD 含量由高到低依次是东方山羊豆>四翅滨藜>华北驼绒藜>火焰卫矛>马茹子>灰叶铁线莲>金露梅>银露梅，表明干旱胁迫下酚类物质代谢较强的是东方山羊豆和四翅滨藜，对干旱胁迫的抗拒能力较强；金露梅和银露梅酚类物质代谢较弱，对抗拒干旱的能力也相应偏弱。

游离脯氨酸（Pro）是一种偶极含氮化合物，以游离状态广泛存在于植物体内，当植物受到干旱胁迫时，体内的游离脯氨酸会大量增加。Pro 在植物体内作为渗透物质，起渗透调节作用；作为干旱条件下植物氮源的储藏形式，待植物干旱胁迫解除后用来参与叶绿素的合成；Pro 具有较强的水合能力，可结合较多的水，而减少水分的散失；也可能作为受旱期间植物生成氨的解毒剂。

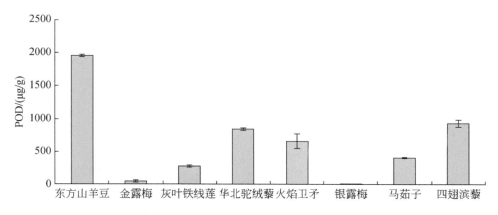

图 5-5　干旱胁迫下 8 种植物 POD 含量比较

图 5-6 是干旱胁迫下 8 种植物 Pro 含量比较。可以看出，干旱胁迫下几种植物 Pro 含量由高到低依次是四翅滨藜>东方山羊豆>马茹子>灰叶铁线莲>华北驼绒藜>金露梅>火焰卫矛>银露梅，从 Pro 的渗透调节作用来看，四翅滨藜、东方山羊豆和马茹子在干旱胁迫下渗透调节作用较强，保水能力较强；而其他几种植物渗透调节作用相对较弱，保水能力也较弱。

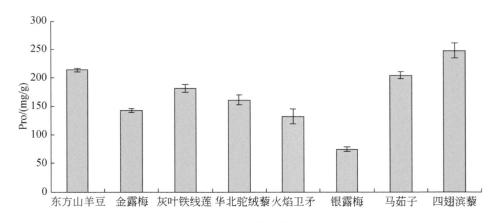

图 5-6　干旱胁迫下 8 种植物 Pro 含量比较

过氧化氢酶又称触酶，属末端氧化酶类，广泛存在于植物、动物和微生物体内。通过催化一对电子的转移，将过氧化氢分解为水和氧气，从而清除植物光呼吸、脂肪酸 β-2 氧化和线粒体电子传递等过程中产生的 $H_2O_2$，从而提高植物的抗逆境的能力，在植物防御、胁迫应答、控制细胞的氧化还原平衡和延缓衰老等方面起着重要作用。

图 5-7 是干旱胁迫下 8 种植物 CAT 含量比较。可以看出，干旱胁迫下几种植物 CAT 含量为银露梅>华北驼绒藜>火焰卫矛>四翅滨藜>东方山羊豆>金露梅>灰叶铁线莲>马茹子，表明银露梅、华北驼绒藜和火焰卫矛在防御、胁迫应答方面能力较强，而其他几种植

物相对较弱。

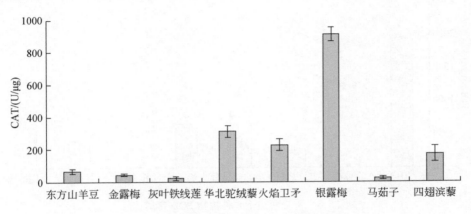

图 5-7　干旱胁迫下 8 种植物 CAT 含量比较

# |第6章| 基于水分平衡的流域植被结构体系构建

宁夏黄土丘陵区生态环境敏感且脆弱、水土流失严重、植被覆盖度低,多年来,国家为改善该区域的严酷环境条件,实施退耕还林还草、人工造林、天然林保护、"三北"防护林等生态修复措施,植被覆盖度明显提高、水土流失得到有效控制,但随之而来的是造成土壤干燥化加剧,出现土壤干层,径流减小、土地生产力减弱等问题,造成这些情况出现的原因主要是植被与水分之间的矛盾没有得到有效缓解。水分是限制干旱半干旱区植被恢复和重建的关键性因子,如何缓解植被生存与水分之间的矛盾是宁夏南部黄土丘陵区植被结构优化的主要措施,减缓植被与水分矛盾的有效措施是将植被的蒸散耗水量(土壤水分支出项)小于或者等于降雨量(土壤水分收入项),研究植被的水分平衡是制定植被结构优化方案的基础。

群落结构是指群落的所有种类及个体在空间中的配置状态,包括层片结构、垂直结构、水平结构、时间结构等,而各物种在群落中占有一定的生存空间,构成群落的空间结构。结构是群落最明显的一个重要特征,它反映了群落对环境的适应、动态和机能。群落的垂直结构是指群落的垂直分化或成层现象。它最直观的就是其成层性,其中层片是指群落中属于同一生活型的不同种的个体的总体,它是群落最基本的结构单元,而成层性是由植物群落结构的基本特征之一。成层现象是群落中各种群落之间以及种群与环境之间相互竞争和相互选择的结果。群落的水平结构是指群落在空间上的水平分化或镶嵌现象。镶嵌性是由植物个体在水平方向上的分布不均匀造成的,它的基本结构单元是小群落,小群落的形成是由生态因子的不均衡及群落内部环境的差异造成的。群落的时间结构是指群落结构在时间上的分化或配置。它反映了群落结构随着时间周期性变化而相应地发生更替,主要是由层片结构的季节性等变化引起的。

植被结构体系构建必须基于水分平衡原理,保证土壤水库不出现负增长,土壤蓄水量稳定增加是植被可持续发展的重要条件之一。

## 6.1 典型植被水量平衡的研究

水分平衡很多学者在诸多区域均有研究。其中,康文星等(1992)在湖南省会同杉木人工林研究表明,系统最大的水分输出项是蒸散,年均占同期降水量的81.3%。在蒸散组分中,31.6%来自于林冠截留蒸发;影响蒸散的最重要环境因子是温度。冯金朝等(1995)用大型称重式电子蒸散系统测定了沙坡头地区人工植被的蒸散耗水量与水分平衡,发现油蒿(*Artemisia ordosica* Kraschen)、柠条(*Caragana korshinskii* Kom.)的蒸散量分别占同期降水量的136.6%、131.1%,即在生长季的土壤水分消耗会超过同期降水补给,但全年降水量可满足其生长季耗水需求;油蒿的蒸散/降水比值基本稳定,柠条的蒸散/降水比值则随降水的减少而增大，反映出两种植物水分利用方式的差异。与沙漠地区不同，王安志和裴铁藩（2002）应用水量平衡法测定了长白山阔叶红松林蒸散量；陈丽华和王礼先（2002）基于 Penman 法计算了北京地区阔叶林、针叶林、针阔混交林和灌木的蒸散耗水量，并发现相对多年平均降水量而有水分盈余。李银芳和杨戈（1996）通过土壤含水量变化推算了新疆荒漠白梭梭（*Haloxylon persicum*）人工林和天然林的水量平衡，也发现该地区人工林和天然林耗水量均低于同期降水量。在全球气候变化背景下，降水量变化的不确定性增强，植被对土壤水分的消耗及对土壤水分亏缺的响应将格外受到关注，特别是在干旱半干旱等水资源匮乏的地区。

宁南黄土丘陵区的主要植被有山桃、山杏、柠条、沙棘、刺槐、云杉、油松、山杨等，本书选择山杏纯林、山桃纯林、山杏柠条混交林、山杏沙棘混交林为研究对象，分析植被的水量平衡。林分水量平衡分项包括林分蒸散、土壤水分变化、径流、研究土层与深层或侧向的水分交换等。基于研究时段水量平衡方程如式（6-1）所示。

$$P = ET + \Delta W + R + Q \tag{6-1}$$

式中，$P$ 为林外降水量（mm）；ET 为林分蒸散量（mm），包括冠层截持量、林木蒸腾量和林下蒸散量；$\Delta W$ 为 0～100cm 土层的土壤蓄水量变化（mm），正值为增加，负值为减少；$R$ 为 100cm 层土壤的地表径流和壤中流；$Q$ 为 100cm 土层与深层或侧向的水分交换（mm），正值表示土壤水分由计算土层向深层渗漏或下侧方输出，负值表示得到侧上方的来水输入。由于研究林分所在位置全部采用"88542"整地工程，和径流林业是一个相似的概念，因此没有径流产生，考虑到整地工程造成土壤水分传输的特殊性，因此 $Q$ 为正值时认为土壤水分向深层渗漏，$Q$ 为负值时认为研究土层得到上方的水分补充。山杏纯林和山桃纯林的水量平衡特征使用式（6-2）计算。

$$P = ET + \Delta W + Q \tag{6-2}$$

## 6.1.1　山杏纯林水量平衡研究

### 6.1.1.1　山杏纯林林冠截留特征的研究

研究区选择在宁南黄土丘陵区的牛湾小流域，在代表性地点设置了面积为 20m×20m 的山杏纯林标准样地，山杏是 2002 年前后退耕还林工程栽植的，对样地位置标定和样地内的每株林木进行测量（树高、地径、林木密度、冠幅等指标），其样地基本信息和林木的基本特征见表 6-1。

表 6-1　研究林分的样地基本信息和林木基本特征

| 经度 | 纬度 | 海拔 /m | 坡度 /(°) | 坡向 | 坡位 | 密度 /(株/hm²) | 株高 /m | 地径 /cm | 南北冠幅 /m | 东西冠幅 /m | 郁闭度 | 地表覆盖度 |
|---|---|---|---|---|---|---|---|---|---|---|---|---|
| 106°45′29.66″E | 35°57′1.84″N | 1723 | 22 | 西 | 坡中 | 675 | 3.77 (2.3～5.2) | 12.45 (5.9～21.35) | 3.01 (1.3～4.71) | 3.5 (1.55～5.5) | 0.28 | 0.67 |

研究时段为 2017 年 4 月 17 日至 2017 年 10 月 26 日、2018 年 4 月 10 日至 2018 年 9 月 28 日。在研究时段内测定空旷地雨量及其林内再分配。林外降雨（$P$，mm）是样地附近空旷处的标准雨量筒（直径 20cm）测定。穿透雨量（TF，mm）是在样地内林木生长和冠层分布相对均衡处布设的 6~9 个标准雨量筒测定雨量的平均值。干流量（SF，mm）测定是在样地内不同径级林木选择标准株 3~5 株，将直径 3~4cm 的塑料软管剪开后呈螺旋状在树干上缠绕 2~3 圈，用钉子固定并用玻璃胶密封防止侧漏，在塑料管下端连接 1 个 35L 的塑料筒收集干流，然后［按照式（6-3）］计算林分干流量：

$$SF = \sum_{i=1}^{n} \frac{SF_i \cdot M_i}{10^4 A} \tag{6-3}$$

式中，SF 为样地的干流深（mm）；$n$ 为树干径级数；$SF_i$ 为第 $i$ 径级的单株干流量（mL）；$M_i$ 为第 $i$ 径级的林木株数；$A$ 为样地面积（m²）。

冠层截留（$I$，mm）基于水量平衡计算：

$$I = P - TF - SF \tag{6-4}$$

研究期间山杏纯林降水的冠层再分配特征如表 6-2 所示。在冠层水量平衡中，穿透降雨量最大，分别占林外降雨量的 91.7%（2017 年）、92.5%（2018 年）；树干茎流量最小，占林外降雨量的 2.3%~2.8%；林冠截留率占林外降雨量的 4.7%~6.0%。

**表 6-2　研究期间山杏纯林降水的冠层再分配特征**

| 年份 | 时段 | 林外降雨量/mm | 穿透降雨量/mm | 树干茎流量/mm | 林冠截留量/mm | 穿透降雨率/% | 树干茎流率/% | 林冠截留率/% |
|---|---|---|---|---|---|---|---|---|
| 2017 | 4 月 17 日~6 月 6 日 | 93.0 | 81.6 | 2.4 | 9.0 | 87.8 | 2.5 | 9.7 |
| | 6 月 7 日~7 月 6 日 | 52.8 | 48.8 | 1.7 | 2.3 | 92.4 | 3.2 | 4.3 |
| | 7 月 7 日~8 月 11 日 | 53.5 | 50.1 | 1.0 | 2.5 | 93.6 | 1.8 | 4.6 |
| | 8 月 12 日~9 月 8 日 | 131.0 | 119.9 | 2.4 | 8.7 | 91.6 | 1.8 | 6.6 |
| | 9 月 9 日~9 月 28 日 | 8.3 | 7.5 | 0.3 | 0.5 | 90.3 | 3.6 | 6.1 |
| | 9 月 29 日~10 月 26 日 | 95.2 | 89.8 | 2.4 | 3.0 | 94.3 | 2.5 | 3.2 |
| | 4 月 17 日~10 月 26 日 | 433.8 | 397.7 | 10.1 | 26.0 | 91.7 | 2.3 | 6.0 |
| 2018 | 4 月 10 日~4 月 17 日 | 18.4 | 17.2 | 0.8 | 0.5 | 93.3 | 4.3 | 2.5 |
| | 4 月 18 日~5 月 16 日 | 40.8 | 37.2 | 1.6 | 1.9 | 91.2 | 4.0 | 4.7 |
| | 5 月 17 日~6 月 3 日 | 29.2 | 26.6 | 1.6 | 1.0 | 91.1 | 5.3 | 3.6 |
| | 6 月 4 日~6 月 27 日 | 79.0 | 71.6 | 2.3 | 5.1 | 90.6 | 2.9 | 6.5 |
| | 6 月 28 日~7 月 22 日 | 162.8 | 151.7 | 4.7 | 6.3 | 93.2 | 2.9 | 3.9 |
| | 7 月 23 日~7 月 24 日 | 8.8 | 8.2 | 0.2 | 0.4 | 93.0 | 2.4 | 4.6 |
| | 7 月 25 日~8 月 23 日 | 167.3 | 155.1 | 2.4 | 9.9 | 92.7 | 1.4 | 5.9 |
| | 8 月 24 日~9 月 11 日 | 30.5 | 28.3 | 1.0 | 1.2 | 92.7 | 3.3 | 4.0 |
| | 9 月 12 日~9 月 28 日 | 24.0 | 22.6 | 1.2 | 0.2 | 94.3 | 5.0 | 0.7 |
| | 4 月 10 日~9 月 28 日 | 560.8 | 518.5 | 15.8 | 26.6 | 92.5 | 2.8 | 4.7 |

研究期间不同时段内的穿透降雨量（TF）与林外降雨量（P）有较好的线性关系，拟合结果（图6-1）为：TF = 0.9243P－0.2087（$R^2$＝0.9992），穿透降雨率在生长季内呈波浪状变化；树干茎流量（SF）与林外降雨量（P）有很好的对数关系，其回归方程为 SF = 2.7653＋1.1388ln（P＋4.15）（$R^2$＝0.7512），树干茎流率的季节变化不明显；林冠截留量（I）与林外降雨量（P）也具有对数关系，其拟合方程为 I＝70.7194＋13.7504ln（P＋159.9843）（$R^2$＝0.8107），林冠截留率的季节变化也不明显。

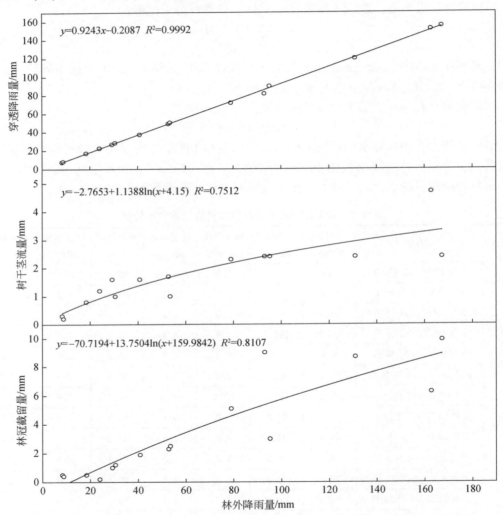

图6-1 山杏林外降雨量与穿透降雨量、树干茎流量、林冠截留量的关系

### 6.1.1.2 山杏纯林林下蒸散特征的研究

研究区的山杏纯林林分总体来讲，呈条带状分布，林冠郁闭度相对较低，这种条件下林下蒸散在总林分蒸散所占的比例就会升高，研究林下蒸散的变化特征对理解山杏林水量

平衡有重要意义。

　　研究时段为 2017 年 4 月 17 日至 2017 年 10 月 26 日、2018 年 4 月 10 日至 2018 年 10 月 17 日。如表 6-3 所示，研究期间林下蒸散占同期降雨量的比率分别为 56.13%（2017 年）、48.13%（2018 年）。

表 6-3　研究期间山杏纯林林下蒸散及环境因子

| 年份 | 时段 | 总林下蒸散量/mm | 日均林下蒸散量/mm | 降雨量/mm | 日均气温/℃ | 日均空气相对湿度/% | 日均太阳辐射强度/(W/m²) |
|---|---|---|---|---|---|---|---|
| 2017 | 4 月 17 日～6 月 6 日 | 50.40 | 0.99 | 93.0 | 15.31 | 44.33 | 406.94 |
| | 6 月 7 日～7 月 6 日 | 50.46 | 1.68 | 52.8 | 20.06 | 57.78 | 469.04 |
| | 7 月 7 日～7 月 8 日 | 4.80 | 2.40 | 0.0 | 24.79 | 35.83 | 488.36 |
| | 7 月 9 日～7 月 18 日 | 28.60 | 2.60 | 38.0 | 24.51 | 51.43 | 526.06 |
| | 7 月 19 日～7 月 20 日 | 4.71 | 2.36 | 0.0 | 25.84 | 58.04 | 527.58 |
| | 7 月 21 日～8 月 11 日 | 59.85 | 2.72 | 15.5 | 22.63 | 60.21 | 407.93 |
| | 8 月 12 日～9 月 9 日 | 6.61 | 0.23 | 131.0 | 16.60 | 79.47 | 245.84 |
| | 9 月 10 日～9 月 28 日 | 29.63 | 1.56 | 8.3 | 15.82 | 71.27 | 286.49 |
| | 9 月 29 日～10 月 26 日 | 8.47 | 0.29 | 95.0 | 8.06 | 83.25 | 187.23 |
| | 4 月 17 日～10 月 26 日 | 243.53 | 1.26 | 433.8 | 16.77 | 62.44 | 356.05 |
| 2018 | 4 月 10 日～4 月 17 日 | 6.39 | 0.80 | 18.4 | 10.00 | 48.39 | 417.24 |
| | 4 月 18 日～5 月 16 日 | 50.09 | 1.73 | 40.8 | 14.83 | 55.93 | 494.62 |
| | 5 月 17 日～6 月 3 日 | 34.80 | 2.05 | 29.2 | 15.95 | 57.26 | 485.00 |
| | 6 月 4 日～6 月 27 日 | 53.22 | 2.22 | 79.0 | 19.86 | 59.73 | 507.20 |
| | 6 月 28 日～7 月 22 日 | 27.58 | 1.10 | 162.8 | 20.03 | 78.73 | 346.35 |
| | 7 月 23 日～8 月 23 日 | 35.45 | 1.11 | 176.1 | 21.39 | 75.16 | 458.38 |
| | 8 月 24 日～9 月 11 日 | 34.70 | 1.93 | 30.5 | 17.62 | 71.28 | 352.66 |
| | 9 月 12 日～9 月 28 日 | 17.69 | 1.04 | 24.0 | 12.69 | 73.57 | 263.78 |
| | 9 月 29 日～10 月 17 日 | 10.01 | 0.53 | 0.0 | 10.22 | 56.70 | 348.70 |
| | 4 月 10 日～10 月 17 日 | 269.94 | 1.41 | 560.8 | 16.77 | 65.60 | 417.39 |

　　山杏纯林林下蒸散时间变化特征明显，6～8 月林下蒸散量日均值较大，季节变化呈明显的单峰型曲线，从生长季初期到末期先升高到达顶点后再降低，主要是受气温和太阳辐射等环境因子影响。2017 年日均林下蒸散量为 1.26mm，比 2018 年低 10.64%，两年的日均气温相同，可能是由于太阳辐射的差异；另外研究期间 2018 年的降雨量（560.8mm）高于 2017 年（433.8mm）可能造成 2018 年的土壤含水量高于 2017 年。

　　图 6-2 显示山杏日均林下蒸散量与日均气温、太阳辐射强度之间的关系，整体上说随着气温的升高和太阳辐射的增强，日均林下蒸散量有一个明显的增加趋势，呈线性关系。

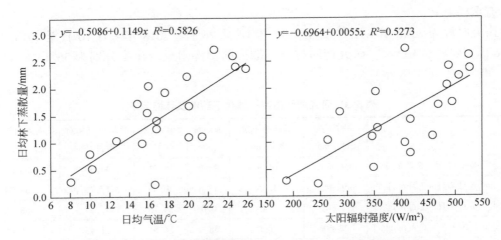

图 6-2　山杏日均林下蒸散量与日均气温、太阳辐射强度的关系

### 6.1.1.3　山杏纯林林木蒸腾特征的研究

山杏纯林的林木蒸腾耗水特征参考本书第 4 章的内容。

### 6.1.1.4　山杏纯林土壤蓄水量变化特征研究

本书利用 Insentek 传感器（北京东方润泽生态科技股份有限公司，中国北京）监测土壤含水量（SWC，cm³/cm³）。使用烘干法校准，Insentek 传感器是一种监测各种土壤质地土壤水分的可靠工具（Qin et al.，2019）。每层 10cm，深度为 100cm，数据 30min 记录一次，数据整理成日均值，研究时间为 2017 年 5 月 1 日至 2018 年 12 月 31 日。土壤蓄水量的计算公式如下：

$$S = ( \sum_{1}^{i} SWC_i \times D ) \times 10 \tag{6-5}$$

式中，$S$ 为土壤蓄水量，本书为 100cm 土壤的蓄水量（mm）；$SWC_i$ 为各土层的土壤含水率（%）；$D$ 为各土壤含水率代表的土层厚度，本书为 10cm。

山杏纯林土壤蓄水量和研究点位降雨量的季节变化见图 6-3。由于 2018 年 4 月 1 日之前没有安装自动收集降雨的雨量筒，导致之前没有日降雨量。土壤蓄水量直接受到降雨量的影响，2018 年 7~8 月，降雨量和降雨次数相对较多，故土壤蓄水量一直处于较高水平，大约为 240mm，随后，降雨次数和降雨量骤减，土壤蓄水量持续下降。

### 6.1.1.5　山杏纯林研究时段水量平衡研究

山杏纯林水量平衡特征见表 6-4。由于林木蒸腾观测的滞后性，导致重要的水量平衡分项缺失，2018 年 6 月 4 日至 10 月 17 日，总蒸散占降雨量的 54.31%；水分的散失主要依靠林下蒸散，比重很大，占总蒸散的 69.64%；林木蒸腾量次之，占总蒸散的 21.36%；林冠截留所占比例最小，为 9.00%；平衡项基本都为正值。

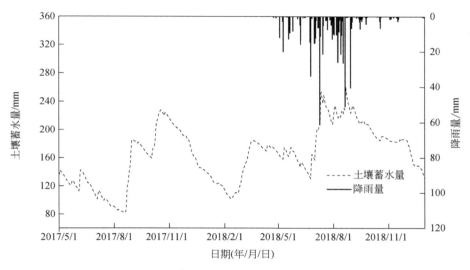

图 6-3  山杏纯林土壤蓄水量与研究区降雨量的时间动态特征

**表 6-4  山杏纯林 0～100cm 土层研究时段水量平衡特征**　　　　（单位：mm）

| 年份 | 时段 | 降水量 | 蒸散量 | 林冠截留量 | 林木蒸腾量 | 林下蒸散量 | 土壤蓄水量变化 | 平衡项 |
|---|---|---|---|---|---|---|---|---|
| 2017 | 4 月 17 日～6 月 6 日 | 93.0 | — | 9.0 | — | 50.40 | — | — |
|  | 6 月 7 日～7 月 6 日 | 52.8 | — | 2.3 | — | 50.46 | −28.24 | — |
|  | 7 月 7 日～7 月 8 日 | 0.0 | — | 0.0 | — | 4.80 | −1.94 | — |
|  | 7 月 9 日～7 月 18 日 | 38.0 | — | 1.8 | — | 28.60 | −10.01 | — |
|  | 7 月 19 日～7 月 20 日 | 0.0 | — | 0.0 | — | 4.71 | −1.73 | — |
|  | 7 月 21 日～8 月 11 日 | 15.5 | — | 0.7 | — | 59.85 | −14.53 | — |
|  | 8 月 12 日～9 月 9 日 | 131.0 | — | 8.7 | — | 6.61 | 95.17 | — |
|  | 9 月 10 日～9 月 28 日 | 8.3 | — | 0.5 | — | 29.63 | −16.96 | — |
|  | 9 月 29 日～10 月 26 日 | 95.2 | — | 3.0 | — | 8.47 | 60.95 | — |
|  | 4 月 17 日～10 月 26 日 | 433.8 | — | 26.0 | — | 243.53 | 82.71 | — |
| 2018 | 4 月 10 日～4 月 17 日 | 18.4 | — | 0.5 | — | 6.39 | 5.74 | — |
|  | 4 月 18 日～5 月 16 日 | 40.8 | — | 1.9 | — | 50.09 | −9.53 | — |
|  | 5 月 17 日～6 月 3 日 | 29.2 | — | 1.0 | — | 34.80 | −11.58 | — |
|  | 6 月 4 日～6 月 27 日 | 79.0 | 76.2 | 5.1 | 17.88 | 53.22 | 9.41 | −6.61 |
|  | 6 月 28 日～7 月 22 日 | 162.8 | 46.95 | 6.7 | 12.67 | 27.58 | 65.41 | 50.44 |
|  | 7 月 23 日～8 月 23 日 | 176.1 | 62.91 | 9.9 | 17.56 | 35.45 | 20.47 | 92.72 |
|  | 8 月 24 日～9 月 11 日 | 30.5 | 40.82 | 1.2 | 4.92 | 34.70 | −36.54 | 26.22 |
|  | 9 月 12 日～9 月 28 日 | 24.0 | 18.96 | 0.2 | 1.07 | 17.69 | −6.53 | 11.57 |
|  | 9 月 29 日～10 月 17 日 | 0.0 | 10.71 | 0.0 | 0.70 | 10.01 | −22.15 | 11.44 |
|  | 4 月 10 日～10 月 17 日 | 560.8 | — | 26.6 | — | 269.94 | 14.70 | — |

## 6.1.2 山桃纯林水量平衡研究

### 6.1.2.1 山桃纯林林冠截留特征的研究

研究区选择在宁南黄土丘陵区的中庄小流域，在代表性地点设置了面积为 30m×30m 的山桃纯林标准样地，山桃是 2002 年前后退耕还林工程栽植的，对样地位置标定和样地内的每株林木进行测量（树高、分枝数、分枝地径、林木密度、冠幅等指标），其样地基本信息和林木基本特征见表 6-5。

表 6-5　研究林分的样地基本信息和林木基本特征

| 海拔 /m | 坡度 /(°) | 坡向 | 坡位 | 密度 /(株/hm²) | 株高/m | 分枝数 | 分枝地径/cm | 南北冠幅 /m | 东西冠幅 /m | 郁闭度 | 地表覆盖度 |
|---|---|---|---|---|---|---|---|---|---|---|---|
| 1603 | 20 | 西 | 坡中 | 382 | 3.00 (1.7~3.96) | 5 (1~11) | 4.45 (0.51~11.06) | 2.55 (0.7~5.3) | 3.45 (1.1~5.3) | 0.26 | 0.66 |

研究时段为 2018 年 4 月 18 日至 2018 年 9 月 27 日。测定空旷地雨量及其降雨再分配。林外降雨（$P$, mm）是样地附近空旷处的标准雨量筒（直径 20cm）测定。穿透雨量（TF, mm）是在样地内林木生长和冠层分布相对均衡处布设的 6~9 个标准雨量筒测定雨量的平均值。干流量（SF, mm）测定是在样地内不同径级林木选择标准株 3~5 株，将直径 3~4cm 的塑料软管剪开后呈螺旋状在树干上缠绕 2~3 圈，用钉子固定并用玻璃胶密封防止侧漏，在塑料管下端连接 1 个 35L 的塑料筒收集干流，然后计算林分干流量，参考式（6-3）。

冠层截留（$I$, mm）基于水量平衡计算，参考式（6-4）。

研究期间山桃纯林降水的冠层再分配特征如表 6-6 所示。在冠层水量平衡中，穿透降雨量最大，分别占林外降雨量的 91.16%；树干茎流量最小，占林外降雨量的 3.13%；林冠截留量约占林外降雨量的 5.71%。

表 6-6　研究期间山桃纯林降水的冠层再分配特征

| 时段 | 林外降雨量/mm | 穿透降雨量/mm | 树干茎流量/mm | 林冠截留量/mm | 穿透降雨率/% | 树干茎流率/% | 林冠截留率/% |
|---|---|---|---|---|---|---|---|
| 4 月 18 日~5 月 16 日 | 47.0 | 41.3 | 1.2 | 4.5 | 87.94 | 2.58 | 9.48 |
| 5 月 17 日~6 月 4 日 | 29.8 | 26.9 | 1.1 | 1.8 | 90.21 | 3.62 | 6.16 |
| 6 月 5 日~6 月 27 日 | 68.1 | 62.7 | 2.5 | 3.0 | 92.00 | 3.65 | 4.35 |
| 6 月 28 日~7 月 24 日 | 165.0 | 153.6 | 7.0 | 4.5 | 93.07 | 4.23 | 2.71 |
| 7 月 25 日~8 月 23 日 | 202.2 | 183.3 | 4.2 | 14.6 | 90.67 | 2.10 | 7.23 |
| 8 月 24 日~9 月 11 日 | 58.5 | 52.5 | 1.9 | 4.1 | 89.81 | 3.23 | 6.96 |
| 9 月 12 日~9 月 27 日 | 23.5 | 21.3 | 0.7 | 1.5 | 90.50 | 2.98 | 6.51 |
| 4 月 18 日~9 月 27 日 | 594.1 | 541.6 | 18.6 | 33.9 | 91.16 | 3.13 | 5.71 |

研究期间不同时段内的穿透雨量（TF）与林外降雨量（$P$）有较好的线性关系，拟合结果为：$TF = 0.9193P - 0.653$（$R^2 = 0.9995$），穿透降雨率在生长季内呈波浪状变化；树干茎流量（SF）与林外降雨量（$P$）有很好的对数关系，其回归方程为：$SF = -7.4813 + 2.4382\ln P$（$R^2 = 0.7704$），树干茎流率的季节变化不明显；树冠截留量（$I$）与林外降雨量（$P$）也具有对数关系，其拟合方程为 $I = -12.806 + 4.2479\ln P$（$R^2 = 0.5897$），林冠截留率的季节变化也不明显。

### 6.1.2.2 山桃纯林林下蒸散特征的研究

山桃纯林林下蒸散的研究时段为 2018 年 5 月 16 日至 2018 年 10 月 17 日。山桃纯林林下蒸散时间变化特征明显，7 ~ 8 月林下蒸散量日均值相对较大，季节变化呈明显的单峰型曲线，从生长季初期到末期，先升高到达顶点后再降低，主要是受气温和太阳辐射等环境因子影响（表6-7）。

表 6-7　研究期间山桃纯林林下蒸散及环境因子

| 时段 | 总林下蒸散量/mm | 日均林下蒸散量/mm | 降雨量/mm | 日均气温/℃ | 日均空气相对湿度/% | 日均太阳辐射强度/（W/m²） |
|---|---|---|---|---|---|---|
| 5 月 16 日 ~ 6 月 3 日 | 33.16 | 1.66 | 29.8 | 15.95 | 57.26 | 485.00 |
| 6 月 4 日 ~ 6 月 27 日 | 28.25 | 1.23 | 68.1 | 19.86 | 59.73 | 507.20 |
| 6 月 28 日 ~ 7 月 24 日 | 72.18 | 2.58 | 165 | 20.03 | 78.73 | 346.35 |
| 7 月 25 日 ~ 8 月 23 日 | 90.64 | 3.02 | 202.2 | 21.39 | 75.16 | 458.38 |
| 8 月 24 日 ~ 9 月 11 日 | 40.87 | 2.15 | 58.5 | 17.62 | 71.28 | 352.66 |
| 9 月 12 日 ~ 9 月 27 日 | 19.35 | 1.21 | 23.5 | 12.69 | 73.57 | 263.78 |
| 9 月 28 日 ~ 10 月 17 日 | 37.59 | 1.79 | 0 | 10.22 | 56.70 | 348.70 |
| 5 月 16 日 ~ 10 月 17 日 | 322.03 | 2.08 | 547.1 | 16.77 | 65.60 | 417.39 |

### 6.1.2.3 山桃纯林林木蒸腾特征的研究

山桃纯林的林木蒸腾耗水特征参考本书第 4 章的内容。

### 6.1.2.4 山桃纯林土壤蓄水量变化特征研究

本书利用 Insentek 传感器（北京东方润泽生态科技股份有限公司，中国北京）监测山桃林的土壤含水量（SWC，$cm^3/cm^3$）。使用烘干法校准，Insentek 传感器是一种监测各种土壤质地含水量的可靠工具（Qin et al., 2019）。每层 10cm，深度为 100cm，数据 30min 记录一次，数据整理成日均值，研究时间为 2018 年 5 月 1 日至 2018 年 12 月 31 日。土壤蓄水量的计算公式参考式（6-5）。

山桃纯林土壤蓄水量与研究点位降雨量的时间动态特征见图 6-4。土壤蓄水量受降雨量影响，2018 年 7 ~ 8 月，降雨量和降雨次数相对较多，故土壤蓄水量一直处于较高水平，大约为230mm，随后，降雨次数和降雨量骤减，土壤水分得不到有效补给，土壤蓄水量持续下降。

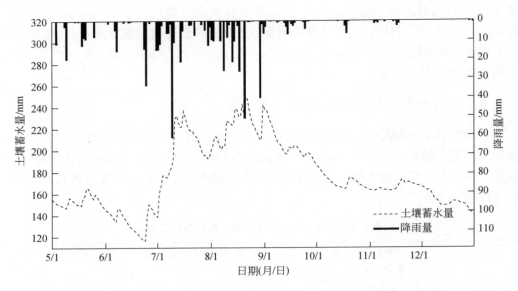

图6-4　2018年山桃纯林土壤蓄水量与研究点位降雨量的时间动态特征

### 6.1.2.5　山桃纯林研究时段水量平衡特征

山桃纯林水量平衡特征见表6-8。2018年6月5日至10月17日，总蒸散占降雨量的70.80%；水分的散失主要依靠林下蒸散，占总蒸散的78.88%；林木蒸腾量次之，占总蒸散的13.56%；林冠截留所占比例最小，为7.56%；平衡项基本都为正值。

表6-8　山桃纯林 0~100cm 土层研究时段水量平衡特征　　（单位：mm）

| 时段 | 降水量 | 蒸散量 | 林冠截留量 | 林木蒸腾量 | 林下蒸散量 | 土壤蓄水量变化 | 平衡项 |
|---|---|---|---|---|---|---|---|
| 4 月 18 日~5 月 16 日 | 47.0 | — | 4.5 | — | — | — | — |
| 5 月 17 日~6 月 4 日 | 29.8 | — | 1.8 | — | 33.16 | −9.56 | — |
| 6 月 5 日~6 月 27 日 | 68.1 | 41.86 | 3.0 | 10.61 | 28.25 | 6.93 | 19.31 |
| 6 月 28 日~7 月 24 日 | 165.0 | 86.56 | 4.5 | 9.88 | 72.18 | 63.56 | 14.88 |
| 7 月 25 日~8 月 23 日 | 202.2 | 118.2 | 14.6 | 12.96 | 90.64 | 25.98 | 58.02 |
| 8 月 24 日~9 月 11 日 | 58.5 | 51.76 | 4.1 | 6.79 | 40.87 | −35.40 | 42.14 |
| 9 月 12 日~9 月 27 日 | 23.5 | 25.55 | 1.5 | 4.70 | 19.35 | −5.62 | 3.57 |
| 9 月 28 日~10 月 17 日 | 0.0 | 42.3 | 0.0 | 4.71 | 37.59 | −32.25 | −10.05 |
| 4 月 18 日~10 月 17 日 | 594.1 | — | 33.9 | — | — | — | — |

## 6.1.3 山杏沙棘混交林水量平衡研究

山杏沙棘混交林、山杏柠条混交林与山杏纯林、山桃纯林不同，因为沙棘和柠条林木密度较大且林木蒸腾不易观测，因此采用郭忠升和邵明安（2004）计算植被承载力的方法来分析两种混交林的土壤水分消耗量和土壤水分补给量，即

$$土壤水分消耗量(蒸发散) = \sum 前期土壤蓄水量 - \sum 后期土壤蓄水量$$
$$+ \sum 观测期间降雨的土壤水分补给量$$

$$土壤水分补给量 = \sum 观测期间林外降雨量 - \sum 观测期间林冠截留量$$

利用以上公式来计算一段时间（月际和年际）内混交林分的水量平衡。

### 6.1.3.1 山杏沙棘混交林林冠截留特征的研究

研究地点选择在宁南黄土丘陵区的中庄小流域，在代表性地点设置了面积为 20m×20m 的山杏沙棘混交林标准样地，对样地位置标定和样地内的每株林木进行测量（树高、地径、林木密度、冠幅等基本指标），其样地基本信息和林木基本特征见表 6-9。

**表 6-9 山杏沙棘混交林的样地基本信息和林木基本特征**

| 经度 | 纬度 | 海拔/m | 坡度/(°) | 坡向 | 坡位 | 密度/(株/hm²) | 株高/m | 地径/cm | 冠幅直径/m | 郁闭度（盖度） | 地表覆盖度 |
|---|---|---|---|---|---|---|---|---|---|---|---|
| 106°43′25.68″E | 35°56′42.53″N | 1627 | 20 | 西 | 坡上 | 375〈2259〉 | 3.64〈1.04〉 | 9.93〈1.87〉 | 2.93〈0.64〉 | 0.17(0.69) | 0.81 |

注：〈〉里面是沙棘的情况；（）里面是草本植物的基本情况。

研究时段为 2017 年 4 月 17 日至 2017 年 10 月 26 日、2018 年 4 月 10 日至 2018 年 9 月 27 日。因研究样地内沙棘的林木株高、地径等生长特征均较低，林冠截留的贡献率极小，故本书没有考虑，只分析了山杏的林冠截留量。在研究时段内测定空旷地雨量及其林内再分配。林外降雨（$P$，mm）是样地附近空旷处的标准雨量筒（直径 20cm）测定。穿透雨量（TF，mm）是在样地内林木生长和冠层分布相对均衡处布设的 6~9 个标准雨量筒测定雨量的平均值。干流量（SF，mm）测定是在样地内不同径级林木选择标准株 3~5 株，将直径 3~4cm 的塑料软管剪开后呈螺旋状在树干上缠绕 2~3 圈，用钉子固定并用玻璃胶密封防止侧漏，在塑料管下端连接 1 个 35L 的塑料筒收集干流，然后计算林分干流量，参考式（6-3）。

冠层截留（$I$，mm）基于水量平衡计算，参考式（6-4）。

研究期间山杏沙棘混交林降水的冠层再分配特征如表 6-10 所示。研究期间不同时段内的穿透雨量（TF）与林外降雨量（$P$）有较好的线性关系，拟合结果（图 6-5）为 TF = 0.9730$P$ - 1.0593（$R^2$ = 0.9994），穿透降雨率在生长季内呈波浪状变化；树干茎流量（SF）与林外降雨量（$P$）有很好的对数关系，其回归方程为 SF = -0.7675 + 0.3660ln($P$ -

1.3507）（$R^2 = 0.4587$），树干茎流率的季节变化不明显；林冠截留量（$I$）与林外降雨量（$P$）也具有对数关系，其拟合方程为 $I = -20.0036 + 4.4338\ln(P + 90.7596)$（$R^2 = 0.5488$），林冠截留率的季节变化也不明显。

表 6-10 研究期间山杏沙棘混交林降水的冠层再分配特征

| 年份 | 时段 | 林外降雨量/mm | 穿透降雨量/mm | 树干茎流量/mm | 林冠截留量/mm | 穿透降雨率/% | 树干茎流率/% | 林冠截留率/% |
|---|---|---|---|---|---|---|---|---|
| 2017 | 4月17日~6月6日 | 90.8 | 87.6 | 1.7 | 1.5 | 96.49 | 1.85 | 1.65 |
| | 6月7日~7月6日 | 54.0 | 52.0 | 0.5 | 1.4 | 96.33 | 1.00 | 2.67 |
| | 7月7日~8月11日 | 53.3 | 52.7 | 0.5 | 0.1 | 98.88 | 1.01 | 0.11 |
| | 8月12日~9月8日 | 125.5 | 116.8 | 1.0 | 7.7 | 93.03 | 0.81 | 6.16 |
| | 9月9日~9月28日 | 10.6 | 10.1 | 0.2 | 0.3 | 95.25 | 1.86 | 2.89 |
| | 9月29日~10月26日 | 82.5 | 78.2 | 1.4 | 2.9 | 94.84 | 1.68 | 3.48 |
| | 4月17日~10月26日 | 416.7 | 397.4 | 5.4 | 13.9 | 95.38 | 1.29 | 3.34 |
| 2018 | 4月10日~4月17日 | 20.0 | 18.6 | 0.2 | 1.2 | 93.09 | 1.12 | 5.79 |
| | 4月18日~5月16日 | 41.5 | 39.1 | 0.4 | 1.9 | 94.31 | 1.08 | 4.61 |
| | 5月17日~6月3日 | 27.1 | 25.0 | 0.4 | 1.7 | 92.25 | 1.46 | 6.28 |
| | 6月4日~6月27日 | 74.0 | 70.2 | 0.9 | 2.9 | 94.85 | 1.18 | 3.96 |
| | 6月28日~7月24日 | 165.0 | 159.6 | 1.2 | 4.2 | 96.72 | 0.73 | 2.55 |
| | 7月25日~8月23日 | 237.0 | 231.5 | 0.6 | 4.8 | 97.69 | 0.27 | 2.04 |
| | 8月24日~9月11日 | 42.0 | 40.7 | 0.3 | 1.1 | 96.88 | 0.60 | 2.52 |
| | 9月12日~9月27日 | 22.5 | 20.6 | 0.4 | 1.8 | 91.40 | 0.81 | 7.79 |
| | 4月10日~9月27日 | 629.1 | 605.3 | 4.2 | 19.6 | 96.22 | 0.67 | 3.11 |

### 6.1.3.2 山杏沙棘混交林土壤蓄水量变化特征研究

本书利用 Insentek 传感器（北京东方润泽生态科技股份有限公司，中国北京）监测土壤含水量（SWC，$cm^3/cm^3$）。使用烘干法校准，Insentek 传感器是一种监测各种土壤质地土壤水分的可靠工具（Qin et al., 2019）。每层 10cm，深度为 100cm，数据 30min 记录一次，数据整理成日均值，研究时间为 2017 年 5 月 16 日至 2018 年 12 月 31 日。土壤蓄水量的计算公式参考式（6-5）。

山杏沙棘混交林土壤蓄水量与研究点位降雨量的时间动态特征见图 6-6。由于 2018 年 4 月 1 日之前没有安装自动收集降雨的雨量筒，导致之前没有日降雨量。土壤蓄水量直接受降雨量的影响，2018 年 7~8 月，降雨量和降雨次数相对较多，故土壤蓄水量一直处于较高水平，大约为 220mm，随后，降雨次数和降雨量骤减，土壤蓄水量持续下降。

### 6.1.3.3 山杏沙棘混交林研究时段水量平衡特征

山杏沙棘混交林水量平衡特征见表 6-11。2017 年研究的时间段没有包括整个生长季，

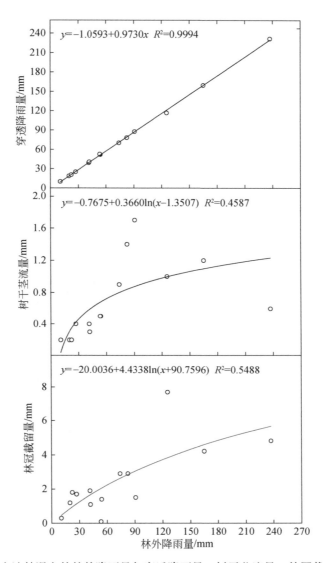

图 6-5　山杏沙棘混交林林外降雨量与穿透降雨量、树干茎流量、林冠截留量的关系

而 2018 年整个生长季的水量平衡来看，山杏沙棘混交林的土壤水分补给量大于土壤水分消耗量。此外，图 6-6 也显示出 2018 年的土壤蓄水量高于 2017 年。

在 2017 年，研究时段内降雨量大于 82.5mm 时，土壤水分补给量明显大于土壤水分消耗量；降雨量小于 54mm 时，土壤水分消耗量大于土壤水分补给量。在 2018 年，4 月初，温度、太阳辐射较低，植被生长缓慢，虽然降雨量为 20mm，但土壤水分的补给量大于消耗量；其他研究时段，当降雨量大于 74mm 时，土壤水分补给量大于土壤水分消耗量，当降雨量小于 42mm 时，土壤水分的消耗量大于土壤水分补给量。从不同月份看，4 月初、6~8 月，土壤水分补给量大于土壤水分消耗量；其余月份，土壤水分消耗量大于土壤水分补给量。

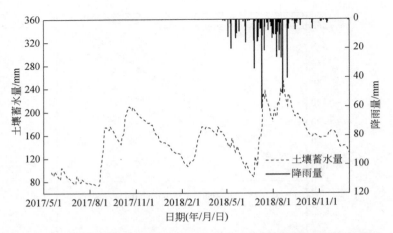

图 6-6　山杏沙棘混交林土壤蓄水量与研究点位降雨量的时间动态特征

表 6-11　山杏沙棘混交林 0~100cm 土层研究时段水量平衡特征　（单位：mm）

| 年份 | 时段 | 前期土壤蓄水量 | 后期土壤蓄水量 | 观测期间降雨的土壤水分补给量 | 土壤水分消耗量 | 观测期间林外降雨量 | 观测期间林冠截留量 | 土壤水分补给量 |
|---|---|---|---|---|---|---|---|---|
| 2017 | 6月7日~7月6日 | 102.5 | 88.6 | 52.6 | 66.5 | 54.0 | 1.4 | 52.6 |
| | 7月7日~8月11日 | 88.6 | 74.5 | 53.2 | 67.3 | 53.3 | 0.1 | 53.2 |
| | 8月12日~9月8日 | 74.5 | 170.2 | 117.8 | 22.1 | 125.5 | 7.7 | 117.8 |
| | 9月9日~9月28日 | 170.2 | 148.3 | 10.3 | 32.2 | 10.6 | 0.3 | 10.3 |
| | 9月29日~10月26日 | 148.3 | 208.6 | 79.6 | 19.3 | 82.5 | 2.9 | 79.6 |
| | 6月7日~10月26日 | 102.5 | 208.6 | 313.5 | 207.4 | 325.9 | 12.4 | 313.5 |
| 2018 | 4月10日~4月17日 | 161.7 | 167.6 | 18.8 | 12.9 | 20.0 | 1.2 | 18.8 |
| | 4月18日~5月16日 | 167.6 | 134.0 | 39.6 | 73.2 | 41.5 | 1.9 | 39.6 |
| | 5月17日~6月3日 | 134.0 | 110.2 | 25.4 | 49.2 | 27.1 | 1.7 | 25.4 |
| | 6月4日~6月27日 | 110.2 | 116.4 | 71.1 | 64.9 | 74.0 | 2.9 | 71.1 |
| | 6月28日~7月24日 | 116.4 | 204.9 | 160.8 | 72.3 | 165.0 | 4.2 | 160.8 |
| | 7月25日~8月23日 | 204.9 | 234.8 | 232.2 | 202.3 | 237.0 | 4.8 | 232.2 |
| | 8月24日~9月11日 | 234.8 | 196.2 | 40.9 | 79.5 | 42.0 | 1.1 | 40.9 |
| | 9月12日~9月27日 | 196.2 | 189.7 | 20.7 | 27.2 | 22.5 | 1.8 | 20.7 |
| | 4月10日~9月27日 | 161.7 | 189.7 | 609.5 | 581.5 | 629.1 | 19.6 | 609.5 |

## 6.1.4　山杏柠条混交林水量平衡研究

山杏柠条混交林采用与山杏沙棘混交林相同的方法分析水量平衡特征。

### 6.1.4.1 山杏柠条混交林林冠截留特征的研究

研究地点选择在宁南黄土丘陵区的中庄小流域,在代表性地点设置了面积为 20m×20m 的山杏柠条混交林标准样地,对样地位置标定和样地内的每株林木进行测量(树高、地径、林木密度、冠幅等基本指标),其样地基本信息和林木基本特征见表 6-12。

**表 6-12  山杏沙棘混交林的样地基本信息和林木基本特征**

| 经度 | 纬度 | 海拔/m | 坡度/(°) | 坡向 | 坡位 | 密度/(株/hm²) | 株高/m | 地径/cm | 冠幅直径/m | 郁闭度(盖度) | 地表覆盖度 |
|---|---|---|---|---|---|---|---|---|---|---|---|
| 106°43′29.05″E | 35°56′28.95″N | 1685 | 22 | 东北 | 坡上 | 575〈1125〉 | 4.19〈1.47〉 | 12.62 | 3.56〈1.50〉 | 0.25(0.66) | 0.71 |

注:〈 〉里面是柠条的情况;( )里面是草本植物的基本情况。

研究时段为 2017 年 4 月 17 日至 2017 年 10 月 26 日、2018 年 4 月 10 日至 2018 年 9 月 27 日。山杏柠条混交林降雨再分配的研究方法与山杏沙棘混交林相同,柠条胸径较小,冠幅较小,树干茎流很小,故本书忽略柠条的作用,没有观测。研究期间山杏柠条混交林降水的冠层再分配特征如表 6-13 所示,在冠层水量平衡中,穿透降雨量最大,分别占林外降雨量的 91.34%(2017 年)、92.21%(2018 年);树干茎流量最小,占林外降雨量的 1.84%~2.11%;林冠截留量约占林外降雨量的 5.95%~6.56%。

**表 6-13  研究期间山杏柠条混交林降水的冠层再分配特征**

| 年份 | 时段 | 林外降雨量/mm | 穿透降雨量/mm | 树干茎流量/mm | 林冠截留量/mm | 穿透降雨率/% | 树干茎流率/% | 林冠截留率/% |
|---|---|---|---|---|---|---|---|---|
| 2017 | 4 月 17 日~6 月 6 日 | 86.5 | 79.2 | 1.9 | 5.5 | 91.54 | 2.16 | 6.30 |
| | 6 月 7 日~7 月 6 日 | 51.5 | 46.4 | 0.8 | 4.3 | 90.14 | 1.54 | 8.32 |
| | 7 月 7 日~8 月 11 日 | 39.0 | 37.5 | 1.1 | 0.4 | 96.18 | 2.74 | 1.08 |
| | 8 月 12 日~9 月 8 日 | 117.5 | 104.7 | 2.0 | 10.8 | 89.12 | 1.72 | 9.15 |
| | 9 月 9 日~9 月 28 日 | 12.2 | 10.7 | 0.3 | 1.3 | 87.41 | 2.27 | 10.32 |
| | 9 月 29 日~10 月 26 日 | 84.2 | 78.5 | 2.2 | 3.5 | 93.27 | 2.62 | 4.11 |
| | 4 月 17 日~10 月 26 日 | 390.9 | 357.0 | 8.2 | 25.6 | 91.34 | 2.11 | 6.56 |
| 2018 | 4 月 10 日~4 月 17 日 | 19.1 | 17.7 | 0.5 | 0.9 | 92.46 | 2.66 | 4.88 |
| | 4 月 18 日~5 月 16 日 | 44.0 | 39.2 | 0.9 | 3.8 | 89.19 | 2.11 | 8.71 |
| | 5 月 17 日~6 月 3 日 | 28.8 | 25.2 | 0.8 | 2.9 | 87.66 | 2.94 | 9.40 |
| | 6 月 4 日~6 月 27 日 | 66.0 | 59.4 | 1.4 | 5.1 | 90.04 | 2.18 | 7.78 |
| | 6 月 28 日~7 月 24 日 | 155.5 | 144.6 | 3.5 | 7.5 | 92.99 | 2.22 | 4.79 |
| | 7 月 25 日~8 月 23 日 | 202.2 | 190.2 | 2.0 | 10.0 | 94.07 | 1.00 | 4.93 |
| | 8 月 24 日~9 月 11 日 | 44.0 | 39.5 | 0.8 | 3.7 | 89.75 | 1.85 | 8.40 |
| | 9 月 12 日~9 月 27 日 | 20.4 | 18.9 | 0.7 | 0.8 | 92.77 | 3.37 | 3.86 |
| | 4 月 10 日~9 月 27 日 | 580.0 | 534.8 | 10.7 | 34.5 | 92.21 | 1.84 | 5.95 |

　　研究期间不同时段内的穿透雨量（TF）与林外降雨量（$P$）有较好的线性关系，拟合结果（图6-7）为：TF$=0.9357P-1.979$（$R^2=0.9991$），穿透降雨率在生长季内呈波浪状变化；树干茎流量（SF）与林外降雨量（$P$）有很好的对数关系，其回归方程为：SF$=-2.9663+1.0561\ln(P-6.1)$（$R^2=0.7556$），树干茎流量的季节变化不明显；树冠截留量（$I$）与林外降雨量（$P$）也具有对数关系，其拟合方程：$I=-34.5393+8.0045\ln(P+67.5449)$（$R^2=0.8024$），林冠截留量的季节变化也不明显。

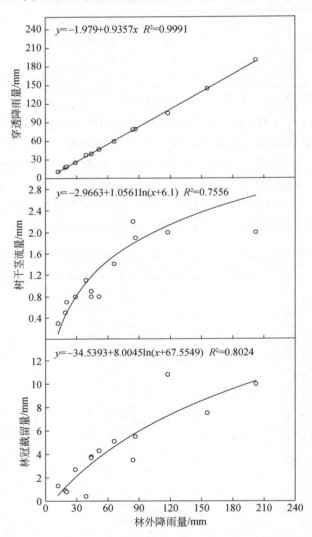

图6-7　山杏沙棘混交林林外降雨量与穿透降雨量、树干茎流量、林冠截留量的关系

## 6.1.4.2　山杏柠条混交林土壤蓄水量变化特征研究

山杏柠条混交林土壤水分的收集仪器和土壤蓄水量的计算方法与山杏沙棘混交林相

同，这里不再赘述。土壤蓄水量的研究时间为 2018 年 5 月 1 日至 2018 年 12 月 31 日。山杏柠条混交林土壤蓄水量与研究点位降雨量的时间动态特征见图 6-8。土壤蓄水量直接受到降雨量的影响，2018 年 5 ~ 6 月降雨量总和为 147.2mm，土壤蓄水量呈波浪状但总体向下的变化趋势，土壤蓄水量从 150mm 下降至 80mm，2018 年 7 ~ 8 月，降雨次数相对较多，降雨量总和为 414.4mm，占研究期间降雨总量的 67.54%，故土壤蓄水量一直处于较高水平，大约为 200mm，随后，降雨次数和降雨量骤减，土壤蓄水量持续下降。

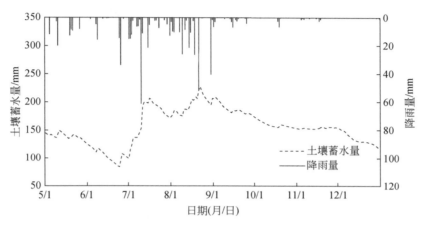

图 6-8　2018 年山杏柠条混交林土壤蓄水量与研究点位降雨量的时间动态特征

### 6.1.4.3　山杏柠条混交林研究时段水量平衡特征

研究期间山杏柠条混交林水量平衡特征见表 6-14。总体来说，土壤水分的消耗量小于土壤水分的补给量，从不同月份看，7 ~ 8 月降雨量大，林冠截留量和土壤蓄水量也较大，土壤水分的补给量大于土壤水分的消耗量，其他月份则出现相反的特征。

表 6-14　2018 年山杏柠条混交林 0 ~ 100cm 土层研究时段水量平衡特征　　　（单位：mm）

| 时段 | 前期土壤蓄水量 | 后期土壤蓄水量 | 观测期间降雨的土壤水分补给量 | 土壤水分消耗量 | 观测期间林外降雨量 | 观测期间林冠截留量 | 土壤水分补给量 |
|---|---|---|---|---|---|---|---|
| 5 月 17 日 ~ 6 月 3 日 | 137.4 | 121.0 | 26.1 | 42.5 | 28.8 | 2.7 | 26.1 |
| 6 月 4 日 ~ 6 月 27 日 | 121.0 | 107.1 | 60.9 | 74.8 | 66.0 | 5.1 | 60.9 |
| 6 月 28 日 ~ 7 月 24 日 | 107.1 | 189.7 | 148 | 65.4 | 155.5 | 7.5 | 148 |
| 7 月 25 日 ~ 8 月 23 日 | 189.7 | 220.8 | 192.2 | 161.1 | 202.2 | 10.0 | 192.2 |
| 8 月 24 日 ~ 9 月 11 日 | 220.8 | 186.4 | 40.3 | 74.7 | 44.0 | 3.7 | 40.3 |
| 9 月 12 日 ~ 9 月 27 日 | 186.4 | 179.5 | 19.6 | 26.5 | 20.4 | 0.8 | 19.6 |
| 5 月 17 日 ~ 9 月 27 日 | 137.4 | 179.5 | 487.1 | 445.0 | 516.9 | 29.8 | 487.1 |

# 6.2 典型植被配置模式对水量平衡的影响研究

植被作为陆地生态系统的中心要素，决定了陆地生态系统的基础和结构，而水则是影响植被生长的要素之一。生态系统的水分输入对植被的生长状况有决定性的影响；而植被的蒸腾作用构成了蒸散发的重要组成部分，其变化会导致水循环中其他环节的水量分配发生改变。对于陆地自然生态系统来说，降雨是主要的水分输入项，它既直接影响水循环的各个过程，又通过影响植被的生长状况间接地改变了水分在不同环节中的分配。已有研究指出降雨总量及降雨特性均对植被盖度有所影响，也有研究表明植被动态变化会对区域径流、蒸散发等水循环过程造成影响。然而，造成流域内水量平衡发生变化的因素是多方面的，如何区分不同因素及不同植被配置方式（模式）对水量平衡的影响成为研究者们关注的重要课题。

## 6.2.1 植被与水分的相互作用

在干旱半干旱地区，水资源是植物生长的主要限制因子，植被生产力和分布与降雨量（$P$）和蒸散量（ET）紧密相关。树木不仅在水循环和碳循环中起到至关重要的作用，可以防止环境中土壤流失，而且树木产生的枯落物（如落叶）比其他植被类型给土壤增加更多的有机质，使水分可以在土壤中较大的渗透和保留。种植树木可以防止土壤荒漠化，也可在一定程度上修复退化土地。但树木的蒸腾可能会超过降雨量，减少土壤中的可利用水分，降低径流和水库的降雨量，进而减少地下水的储存量。

水量平衡反映了生态系统水分收支情况，是蒸散、地表径流和土壤水分存储变化量与降雨之间的平衡，是一种动态平衡状态，是评价降水和植被之间关系的有效方式之一，为区域内的水资源分配和管理提供参考。在黄土高原地区，蒸散主要受水分控制。因为近年来降水逐渐减少，温度逐渐升高，水分消耗加大，蒸散量也逐年上升，进一步导致黄土高原的水分损失更加严重。区域内常年承受水分亏缺，降雨得不到有效补充，在这种情况下，种植大量的耗水人工林，可能会导致该地区的生态环境进一步恶化。

森林生态系统是地球上生产力最高的生态系统，是生物圈能量基地。水分运动是系统中最活跃的因素。当代森林生态系统水分循环和水量平衡的研究主要是围绕大气降水、地表水、植物水、土壤水及地下水互相循环和转化来进行的（李世荣等，2006），侧重于研究森林植被变化对水文循环过程量和质的影响以及水文循环机制的影响，其中主要是径流形成机制及化学物质传输机制的影响（张志强，2002）。而对水分影响植被的生长和分布格局等生态过程研究的较少，尤其是在研究水量平衡时未将森林生态系统蒸散发量（截留蒸发、植被蒸腾及土壤蒸发）区分开研究，也忽视了这三个分量之间的比例关系，从而降低了水量平衡理论在林业生态建设实践中的指导意义。

植被的存在对地表能量平衡和水循环水平衡过程产生了深刻的影响。流域森林植被的水文效应一直是受关注的问题，对该问题的深入认识可为流域水资源管理、植树造林和生态重建等提供科学依据。目前研究较多的是采用流域比较法，分析森林植被变化对流域水量平衡的影响，所得结论也因流域面积、气候、土壤和植被类型等因素的不同而不同。

## 6.2.2 植被类型对水量平衡的影响

近年来，由于气候变化和人类活动的加剧，植被生态退化问题日益严峻，植被生态水文过程成为国内外研究热点之一。作为土壤–植被–大气系统水分与能量传输过程中的重要一环，植被的生长既受到水分环境的影响，同时也影响着其周围的水分环境。植被一方面通过根系吸水和气孔蒸腾对水分循环具有直接作用，同时也通过其垂直方向的冠层结构和水平方向的群落分布对降雨、下渗、坡面产汇流以及蒸散过程产生间接影响。有研究显示，当地面为阔叶林覆盖时，系统蒸散量最大而深层渗透最小，阔叶林以更高的郁闭度、更复杂的冠层结构、更旺盛的蒸腾作用将降雨输入65%的水量以气态形式散发返回到大气中，同时也消耗了大量土壤水分，这是引起阔叶林地土壤储水呈现季节性负补偿现象的主要原因。而农作物是人为控制最严格的植被类型，虽然土壤储水最多，但作物的叶面积最小，作物对水分的利用效率（或者说用于蒸腾的水量）最低。反过来讲，也正是因为农作物叶面积小、耗水量低，农地才有可能积蓄更多的水分。农地和林地系统水分条件具有较大差异，不同植被类型通过自身生长直接或间接改变地表特性、调节水量平衡中的各分项，从而影响土壤–植被–大气系统水分循环。

从涵养水源的角度，过密的阔叶林并没有储存多少土壤水分，深层渗透水分较少，也没有更多的水分补给地下水。相反，土壤水分过多消耗、供给不足也会影响阔叶林树木的生长，不利于土地生产力的保持和农林经济的可持续发展。有研究者对黄土高原农林地土壤水分研究发现，林地土壤含水率通常低于农地，林地耗水过大可能会形成土壤干层。同样，三峡库区植被的不合理配置也会加重季节性干旱问题，导致进一步生态退化。在目前林地管理模式下，建议对阔叶林采取适当间伐，控制林分密度以达到涵养水源的作用。在实施植被建设、退耕还林时，选择与当地水分条件相适应的树种、采取合理的抚育措施是必要的。农地系统水分供应充足，但水分的有效利用效率较低，若构建农林复合系统，就能够更加合理有效地利用水资源、提高土地生产力。

森林生态系统水量平衡主要包括降雨、截留、蒸散发、土壤水分及径流等水文过程，水量平衡方程可以通过对这些水文过程参数的测定而建立，从而反映出森林生态系统内部储水的变化及水分的输入、输出。杨海军等（1993）分别对晋西黄土区水土保持林研究发现，晋西黄土区水土保持林存在蒸散发量过大的问题，主要原因是造林密度过大，因此为了充分发挥水土保持林涵养水源、保持水土的作用，应该按照水分分配规律营造水保林，采取乔灌草相结合的方式，适当减少乔木的密度，对原有的水保林进行间伐。余新晓和陈丽华（1996）依据黄土区防护林生态系统的水量平衡特征，提出了该生态系统的水量平衡方程，通过分析6种生态系统（刺槐林、油松林、沙棘林、虎榛子林、草地及其裸地）的水量平衡发现，降雨是系统主要水分输入量，刺槐林和油松林根际层以下的土壤水分上升补给也是重要的水分输入量，尤其是在4~6月，上升补给量占降雨量的6.32%~11.55%；

蒸发散和林冠截留量是系统主要水分输出量，地表径流量较小，一般发生在 7 ~ 9 月，地表径流只占到同期降雨量的 1.51% ~ 3.87%。翟洪波等（2004）研究北京西山的油松栓皮栎混交林的水量平衡发现，在林地生长季内（6 ~ 8 月）的降雨量（512.8mm）可以供给林地的蒸散（373.02mm），但是 4 月、5 月、9 月、10 月的降雨量不足供给林地的蒸散发，尤其是在 4 月、5 月亏缺最大（两个月累计达 51.1mm），因此北京西山的油松栓皮栎林地存在严重的季节性干旱，林分的存活与否关键是林地能否经受住春季降雨稀少、气温高、湿度低及土壤残留水分少等干旱因素的考验。李世荣等（2006）研究青海云杉和华北落叶松混交林林地的蒸散和水量平衡时发现，青海云杉和华北落叶松混交林在生长季内的蒸散发包括林木蒸腾、灌草蒸散及土壤蒸发，总量为 251.80mm，三者分别占同期总蒸散发量的 80%、13%、7%。

## 6.2.3 黄土丘陵区主要植被配置模式对水量平衡的影响

在广大的宁夏南部黄土丘陵区，20 世纪末、21 世纪初退耕还林和人工造林的主要树种为山杏、山桃、沙棘和柠条等，主要的植被配置模式为山杏纯林、山桃纯林及这四个树种的混交，如山杏沙棘混交、山杏山桃柠条混交等，本研究选取山杏纯林、山桃纯林、山杏沙棘混交林、山杏柠条混交林为研究对象来探讨植被配置模式对水量平衡的影响。

四种植被配置模式所选择典型样地的基本信息在 6.1 节中已有详细介绍，这里不再赘述，这四种植被类型的林冠截留量均不大，都在 10% 以下，由于灌木的蒸腾量暂时没有准确的测量方法，故没有监测，采用以下公式计算在相同研究时段四种植被模式的水量平衡特征。

$$土壤水分消耗量(蒸发散) = \sum 前期土壤蓄水量 - \sum 后期土壤蓄水量$$
$$+ \sum 观测期间降雨的土壤水分补给量$$

$$土壤水分补给量 = \sum 观测期间林外降雨量 - \sum 观测期间林冠截留量$$

利用以上公式就可以分析出四种植被模式的水量平衡特征，在一段监测时间内计算出土壤水分补给量和土壤水分消耗量。本研究的仪器测量土层深为 0 ~ 100cm，每 10cm 土层测量一组数据，数据记录间隔为 1h，土壤蓄水量采用各层土壤含水量的日均值计算得出。

研究时间为 2018 年 5 ~ 12 月，由于降雨的脉冲式输入，四种配置模式土壤蓄水量的季节变化呈波浪状，变化趋势大致相同，总体呈先降低后升高再降低的一个变化过程，具体的变化特征如图 6-9 所示。从研究初期（2018 年 5 月 1 日）可以看出，土壤蓄水量的变化规律大致为山杏>山桃>山杏沙棘>山杏柠条；研究末期（2018 年 12 月 31 日）土壤蓄水量的变化规律为山桃>山杏>山杏沙棘>山杏柠条；研究中期的变化规律出现略微的变动。四种植被模式对于降雨的补给量和土壤水分的消耗量存在不同，利用以上差异来分析植被配置模式对水量平衡的影响。由于黄土丘陵区，植被（林木和草本）相对稀疏，植被对降雨的拦截都较小，故本研究主要讨论土壤水分消耗量的植被配置模式差异。

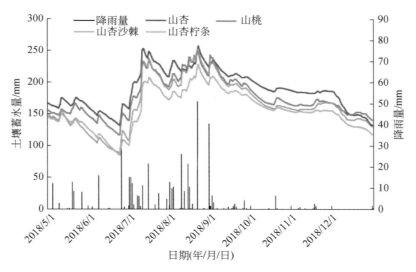

图 6-9　四种植被配置模式土壤蓄水量与研究期间降雨量的时间动态特征

四种植被配置模式土壤水分消耗与补给量在研究时段的变化特征如表 6-15 所示。因研究时段的时间间隔长短并不完全一致，但土壤水分的补给和消耗的特征与研究时段的降雨量高度一致，表现为研究时段降雨量高，土壤水分的补给量大，相对应的土壤水分消耗量也较高。

表 6-15　研究时段内四种植被配置模式土壤水分消耗与补给特征　（单位：mm）

| 林种 | 指标 | 5 月 17 日～6 月 3 日 | 6 月 4 日～6 月 27 日 | 6 月 28 日～7 月 24 日 | 7 月 25 日～8 月 23 日 | 8 月 24 日～9 月 11 日 | 9 月 12 日～9 月 27 日 | 5 月 17 日～9 月 27 日 |
|---|---|---|---|---|---|---|---|---|
| 山杏纯林 | 林外降雨量 | 29.2 | 79.0 | 162.8 | 176.1 | 30.5 | 24.0 | 501.6 |
| | 林冠截留量 | 1.0 | 5.1 | 6.7 | 9.9 | 1.2 | 0.2 | 24.1 |
| | 土壤水分补给量 | 28.2 | 73.9 | 156.1 | 166.2 | 29.3 | 23.8 | 477.5 |
| | 土壤水分消耗量 | 16.6 | 83.3 | 191.5 | 186.7 | 22.8 | 17.3 | 518.1 |
| 山桃纯林 | 林外降雨量 | 29.8 | 68.1 | 165.0 | 202.2 | 58.5 | 23.5 | 547.1 |
| | 林冠截留量 | 1.8 | 3.0 | 4.5 | 14.6 | 4.1 | 1.5 | 29.5 |
| | 土壤水分补给量 | 28.0 | 65.1 | 160.5 | 187.6 | 54.4 | 22.0 | 517.6 |
| | 土壤水分消耗量 | 18.4 | 72.0 | 224.1 | 213.6 | 19.0 | 16.4 | 563.5 |
| 山杏沙棘混交林 | 林外降雨量 | 27.1 | 74.0 | 165.0 | 237.0 | 42.0 | 22.5 | 567.6 |
| | 林冠截留量 | 1.7 | 2.9 | 4.2 | 4.8 | 1.1 | 1.8 | 16.5 |
| | 土壤水分补给量 | 25.4 | 71.1 | 160.8 | 232.2 | 40.9 | 20.7 | 551.1 |
| | 土壤水分消耗量 | 49.2 | 64.9 | 72.3 | 202.2 | 79.5 | 27.2 | 495.4 |
| 山杏柠条混交林 | 林外降雨量 | 28.8 | 66.0 | 155.5 | 202.2 | 44.0 | 20.4 | 516.9 |
| | 林冠截留量 | 2.7 | 5.1 | 7.5 | 10.0 | 3.7 | 0.8 | 29.8 |
| | 土壤水分补给量 | 26.1 | 60.9 | 148.0 | 192.2 | 40.3 | 19.6 | 487.1 |
| | 土壤水分消耗量 | 42.5 | 74.8 | 65.4 | 161.1 | 74.7 | 26.5 | 445.0 |

从整个研究时段看，四种植被配置模式的土壤水分补给量与土壤水分消耗量存在差异，用土壤水分补给量与土壤水分消耗量的比值来分析不同植被配置模式土壤水分补给消耗的差异。研究显示：土壤水分补给量与土壤水分消耗量比值的大小顺序为山杏沙棘混交林（1.1124）>山杏柠条混交林（1.0946）>山杏纯林（0.9216）>山桃纯林（0.9185）。从100cm土壤深度相同研究时段（2018年5月17日至2018年9月27日）来探讨不同植被配置模式的水量平衡特征，当土壤水分补给量与土壤水分消耗量的比值大于1时，说明研究时段内土壤水分的补给大于消耗，土壤水分仍有盈余；当比值小于1时，说明研究时段内土壤水分的补给小于消耗，土壤水分产生亏缺。

本研究显示，两种混交林土壤水分的补给量与土壤水分的消耗量比值均大于1，两种纯林土壤水分的补给量与土壤水分的消耗量比值均小于1，两种纯林或两种混交林之间的差异较小。因此在植被恢复时，从土壤水分补给与消耗的角度考虑时，尽量选择混交林的植被配置模式，这样就能在一定程度上保证土壤水库的作用。

## 6.3 基于水量平衡植被结构的优化研究

林分结构一直是人们研究的重点问题，但林分结构没有一个统一的概念。胡文力认为林分结构是指一个林分或整个森林经营单位的树种、株数、年龄、径级及林层等构成的类型；李毅等（1994）认为林分结构是指林分中树种、株数、胸径、树高等因子的分布状态；陈东来和秦淑英（1994）指出林分结构是指林分所包含的树种及林木大小值分布而言；孟宪宇（1996）指出，不论是人工林还是天然林，在未遭受严重干扰的情况下，林分内部许多特征因子，如直径、树高、形数、材积、材种、树冠以及复层异龄混交林中的林层、年龄和树种组成等，都具有一定的分布状态，而且表现出较为稳定的结构规律性，称它为林分结构规律。

森林是陆地上分布最广、结构最复杂、生物产量最高、蕴藏生物物种最丰富的生态系统，在维持全球生态系统平衡与稳定方面发挥着重要的和不可替代的主导作用（朱金兆等，2002a）。林分结构是决定森林类型的重要参数，同样林分结构也影响着生物多样性。所以，林分结构的研究一直是林学家、生态学家及环境学家等的研究热点。迄今为止的世界林业发展历史，主要经历了森林的原始利用阶段（19世纪70年代之前）、森林的工业利用阶段（19世纪70年代至20世纪90年代）和森林的可持续利用阶段（20世纪90年代以来）。不同的森林利用阶段与不同的社会经济发展水平相适应，产生不同的经营目标和对林分结构不同的研究重点。原始利用阶段对林分结构的研究较少。其结果是稳定的林分结构大量消失。工业利用阶段对林分结构的研究，主要集中在对人工林密度、胸径的生长和材积量的研究。进入可持续利用阶段，在现代生态学理论的指导下，林分结构的重点发生转移，注重对不同林分结构物种多样性、生态功能和社会效益的研究，其中林分结构对水土流失和防风固沙的研究是其生态功能的研究重点之一。

大多数国家处在第二个阶段和第三个阶段之间，也就是由单纯追求林业产量到注重森林的多种效益的共同发展与利用。随着时间的推移，人工林暴露出越来越多弊端，树种单一，抗自然灾害性差，造成土地生产力下降，自然结构随大规模的造林而丧失，人工林培育引起森林遗传基因贫乏化。各国也对林业政策做了相应的调整，提出了新的理论。如美国的"新林业"学说，德国的"近自然林业"理论，我国的"生态林业""林业分工论"等。本研究主要讨论林分的水平结构和垂直结构。

## 6.3.1 植被的结构特征

植被结构是对森林生长发育过程与经营，如更新、竞争、自然稀疏和采伐的综合反映（于政中，1993；亢新刚，2001），它决定着森林多种功能的发挥，因此，林分结构是森林经营控制的一个重要方面"研究角度不同，对林分结构划分也有所差异"（雷相东和唐守正，2002），林分结构按是否考虑林分中树木的空间位置，可分空间结构和非空间结构两类，其中，林分的非空间结构一般情况下主要包括树种结构、直径结构、树高结构、年龄结构、蓄积（生物量）结构、林分密度等，这些结构因子容易测量，能够快速反映林分的部分信息（Biging and Dobbertin，1995；Hanu et al.，1998），但作为一种静态描述林分特征结构指标，对于林分中更多的空间信息贡献不足；因此，在大多研究中希望将林分空间结构引入（Kuuluvainen et al.，1996），从而能够较全面地反映出林分的结构。

根据前人的研究（Weiner，1984；Tome and Burkhart，1989）林分空间结构指标包括混交度、角尺度、大小比数（惠刚盈和胡艳波，2001）、聚集指数 $R$（Biging and Dobbertin，1995）、精确最近邻体法等，目前，较常采用的方法主要是从混交、竞争与空间分布格局三个方面进行，分别采用混交度、竞争指数和空间分布格局指数描述林分空间结构（惠刚盈和胡艳波，2001），而林木空间分布格局能够反映出林分的初始格局、微环境差异、气候和光照因子、竞争以及单株林木生长特征等综合作用结果（Moeur，1993），它体现了林分内林木的空间分布特征。

### 6.3.1.1 植被水平结构研究

林分分布的空间分布分可为丛生、随机分布和有序分布"大多数应用水平投影来研究林分的水平分布"对林分水平结构的研究还包括各组成物种对空间占有能力。

胡艳波等（2003）利用林木的水平投影图，应用平均角尺度和角尺度分布分析了红松阔叶天然林水平分布格局，得到该种林分以随机分布为主等结论，前人为了研究树木分布的空间类型和强度，用 K-function analysis 分析树木投影图，结果表明在较低的高地，阔叶树林的成年林接近随机分布，然而在一个较高的海拔，常绿松类向着森林界限呈簇状，Lust 在研究生态多样的经营对沙地松多样性的影响中应用林分结构的断面分析，这里的断面分析是指林分结构的水平投影，结果表明延长轮伐期对内部的几种阔叶树是有益的，Dieter（2002）用水平投影图反映热带太平洋地区植被的水平分布。

郑景明等（2003）采用目测分层盖度结合无样地点一四分取样法进行林分结构因子调查，对长白山红松阔叶混交林及其次生林进行了林分结构多样性的测定研究，基于分层盖度构建的水平结构异质性指数，可以较好地表示林分的基本结构特征，林分内部的水平结构表现出的异质性，可以通过比较样地 8 个小样方之间的各层盖度的差异来表示，两个小样方之间的差异采用简化群落相异百分率计算，采用该方法能有效说明水平结构异质性及重要的林分结构因子存在状况，因而更适合当前森林生态系统管理的要求。

### 6.3.1.2　植被垂直结构研究

大部分对林分垂直结构的研究是将林分划分为乔、灌和草三层，该方法易于操作，也比较直观地反映林分结构问题。如研究不同林分结构的水土保持功能，结果表明单纯以乔木树种、灌木树种或乔灌木树种的林分结构水土流失严重，以乔灌草配置的多层次生林分结构保持水土较好，其次是灌草种林分结构类型（杨陈坤等，1998）。

林分垂直结构的研究方法，归纳起来主要三种：树干分析法、层化法、目测分层盖度结合无样地点一四分取样法以及垂直投影法。

树干分析法是最新的一个描述方法。Daria 和 Serge（1998）应用树干分析法研究了黑云杉受积雪和海拔的影响，层化在森林生态学中是一个有效研究森林垂直结构的工具，层化有孔性是由垂直结构的侧面像决定的二维尺度，它是由飞机拍摄森林垂直方向上的图像来计算孔隙度，可以反映森林在垂直结构的孔隙分布。郑景明等（2003）采用目测分层盖度结合无样地点一四分取样法进行林分结构因子调查，设计了一套简便的林分结构指标体系，并对长白山红松阔叶混交林及其次生林进行了林分结构多样性的测定研究，而垂直投影法应用可以较直接反映出植被的垂直分布，直观地看出植被的分布范围和空间占有能力（Dieter，2002）。

## 6.3.2　植被的结构特征和空间配置存在的研究问题

### 6.3.2.1　高效空间配置和稳定林分结构的理论依据欠缺，营建技术不成熟

从国内外植被结构体系空间配置和林分结构的研究现状上看，目前还是刚刚开始研究，正处于探索阶段，尚无足够说服力理论的支持，因而在技术体系上缺乏连贯性，也不成熟，而且由于林分稳定性机理不清楚，在营建人工林过程中缺乏理论依据，人为主观因素占主导地位，所以出现问题是必然的。目前的研究尚不深入，因此在研究上呈现观点多样、不统一的局面。由于高效空间配置是对植被结构体系在立体和水平的布局进行优化，采用什么理论和方法，如何优化才能达到高效，是其中的关键，所以迫切需要寻找或建立合适的理论来支持。只有在理论指导下，完善空间配置和林分结构及营建技术，才能真正地达到林分的高效和稳定。

### 6.3.2.2　林分稳定性方面的研究力度不够，近自然林业理论的应用还未引起足够重视

林分稳定性是检验高效空间配置和稳定林分结构的重要指标，是植被结构体系可持续

发展的基础和前提，也是森林持续经营追求的目标。目前而言，林分稳定性尚无确切的指标，也没有检验稳定性的方法，林分稳定性研究重视程度还远远不够。人工林植被与天然林植被相比，在稳定性方面还存在较大差距。采取什么措施，稳定性机理是什么，怎样才能尽快增加人工林植被的稳定性，使其稳定性达到或接近天然林水平，还有待于进一步深入研究。

近年来，近自然林业理论已逐渐被大多数人接受，发展近自然林业正在成为人工林的目标。特别是在欧洲各国，已开始大面积推广应用，但从目前国内外林草植被结构体系发展的现状上看，近自然林业理论的研究和应用才刚刚开始，还未引起足够重视。因此，林草植被结构体系近自然营造。经营管理技术的研究还有待进一步加强。

### 6.3.2.3 纯林或两个树种组成的混交林研究较多，多树种的研究重视程度不够

研究证明，纯林和两个树种组成的混交林都不是理想的林分结构体系，但目前的人工林体系恰恰多是这两种树种结构或单一树种，因而研究较多，纵观国内外原始森林的树种结构特点，绝大多数是多树种组成的混交林，纯林只存在于生境条件极端恶劣的区域，如山脊、高寒地带等等。原始森林是健康发展人工植被结构体系最好的也是最具说服力的样板，而且许多试验也证明，多层次的乔灌草结构是植被生态功能最强，且较为理想的林分结构，多层次乔灌草结构形成与多树种组成有较大的相关性。在人工植被体系营建中模仿原始森林的多树种结构，是最快捷、最有效的提高人工林植被稳定性的措施，因此在植被营建过程中应重视发展多树种组成的混交林。

综合以往研究，我国在人工林植被建设研究上取得了一系列的科研成果，且具有一定的应用性，但从人工植被高质量、高效能、持续发展的角度来看，还需进一步调整与完善。目前关于人工植被结构体系建设技术研究方面，主要开展人工林分结构设计及植被结构空间配置模式的研究，而在林分设计研究中，主要是针对林分在不同林龄时的密度控制；在林分结构研究中的树种选择主要是从乡土树种即树种防蚀功能方面做了开展，基于区域植被演替规律与植被抗旱、抗寒生理等反面选择树种的研究，还很薄弱。由于目前大面积人工林成林及部分天然次生林防护效能低下，而在植被高功能定向调控和改造方面，显然也没有较为成熟的理论和技术。另外，从我国过去多年围绕人工林开展的研究来看，基础理论研究不够、管护模式单一，技术体系研究零星，一直缺乏必要的系统研究，与生产管理实践严重脱节，急需开展深入系统的研究。

综上所述，在人工植被体系建设方面，还必须注重基础理论的研究，包括适宜抗旱低耗水植物材料选择技术、防护功能强的稳定林分结构设计技术、低效防护林植被生态修复技术等。在人工林培育方面，开展基于区域植被演替和植物生理的低耗水、抗性强的树种选择研究、稳定林分结构设计研究中，除密度控制外，还需开展林分适宜郁闭度和适宜林分层次结构研究。针对目前低质、低效人工林，开展林分结构定向调控技术研究，并最终有效将各个关键技术科学组装与集成，形成完备的人工林关键技术研究与示范体系。

### 6.3.3 植被的结构特征优化与调整的原则

#### 6.3.3.1 坚持以人为本，人与自然和谐相处的原则

以人为本，即把人作为社会主体，实现好和维护好人民群众的根本利益，人与自然和谐相处即生产发展，生活富裕，生态良好。

#### 6.3.3.2 综合效益最大化原则

以实现生态效益、体现生态服务功能为主体，多种效益相结合。在人工植被结构体系的空间配置中，强调以生态效益为主，以经济和社会效益为辅，实现人工林体系的效益最大化，有利于赢得社会各界了解、支持并积极参与生态环境保护、人工植被结构体系建设。

#### 6.3.3.3 坚持分类经营、分类指导和森林可持续经营的原则

对流域森林类型进行合理区划，根据林分类型，采取不同的经营管理措施及方法，走可持续经营的道路，实现森林生态系统经营的可持续发展。

#### 6.3.3.4 坚持科学营林，推广先进科技成果，提高建设成效的原则

从科学营林的角度出发，在对流域进行科学分析及研究的基础上，利用先进营林技术，推广各类人工植被结构体系空间配置的先进科技成果，从而提高流域人工植被结构体系的建设成效。

#### 6.3.3.5 因地制宜、适地适树，以乡土树种为主的原则

紧密结合植被恢复区域的实际情况，充分利用原有的地形地貌，科学规划各山体和森林生态系统；把握适地适树的原则、改造林分结构，优先考虑利用乡土树种，适当的引起外来树种。

### 6.3.4 基于水量平衡植被结构优化的具体案例（以山杏和山桃为例）

干旱区植被生态耗水和水资源承载力均属于水资源的矛盾。植被生态耗水属于在干旱区水资源总量一定的情况下人类活动用水与自然界维持平衡完整性用水的矛盾。水资源生态系统承载力在西北干旱地区指的就是土壤水分植被承载力，土壤水分植被承载力则是土壤水分补给与植物生长需水的矛盾，两者相互作用维持生态系统的平衡稳定。植被生态耗水越多，土壤水分的补给量越多，从而使土壤植被承载力提高。此外，植被的种类、生长发育阶段等都会影响土壤植被承载力。一般观点认为，植被能够保持水土，减少地表径流，增大入渗率，从而改善小气候环境，然而过多的植被则会导致土壤旱化。以下探讨水资源可承载（水量平衡）的前提下植被的合理经营与管理方式，以 2017 年、2018 年和 2019 年调查的

山杏和山桃地径、林龄、边材面积的基础数据，假设生长季林分蒸腾耗水与多年平均降雨量相等时，即可以计算出不同年龄段的山杏和山桃为所能承载的最大林分密度。

### 6.3.4.1　山杏不同年龄段合理密度的确定

**1）山杏单株林木地径、林龄与边材面积的关系**

为研究山杏林木生长特征与林龄之间的关系，对林分、植被结构特征等进行全面调查，基本得出山杏林木地径、边材面积与林龄之间的关系。

在不同研究地区和不同树种之间，地径与边材面积的数量关系不同。在六盘山地区华北落叶松林木呈现幂指数关系，黄土高原刺槐林木呈现线性关系，而在彭阳山杏林木也呈现线性关系，具体情况如图6-10所示。随着山杏地径的增加，边材面积成线性逐渐增大。

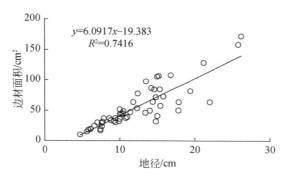

图6-10　山杏地径与边材面积的关系

在黄土丘陵地区，受水分这个限制性因素的影响，植被生长缓慢，林木年龄的逐年增加，林木逐年的生长特征不同，调查彭阳山杏林龄与地径的关系如图6-11所示。随着林木年龄的逐渐增加，地径逐渐增大，但增加的幅度逐年减小，20a是一个明显的分界点，林龄大于20a，地径增加迅速，小于20a，地径增加缓慢，逐渐趋于稳定。

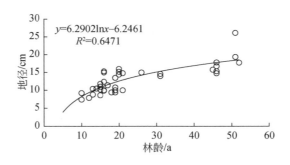

图6-11　山杏林龄与地径的关系

山杏林龄增加，地径不同程度增大，相应的林木边材面积也呈现不同程度的增大，其关系如图6-12所示。林龄与边材面积的关系和与地径的关系相似，林龄的拐点都是20a，林木林龄超过 20a 后，边材面积增加缓慢。

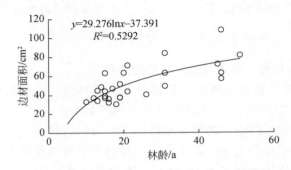

图 6-12　山杏林龄与边材面积的关系

**2）山杏地径、林龄与单株林木蒸腾量的关系**

2017 年在牛湾和中庄山杏林木上安装了树干液流计（SF-L），监测林木的蒸腾耗水特征，利用单株林木边材面积与树干液流速率的数量关系计算单株的林木蒸腾量（kg/d）。单株林木地径与蒸腾量的关系如图 6-13 所示。图 6-13 中的单株蒸腾量是生长季的日均值，随着地径的增大，单株林木蒸腾量逐渐增加，呈现很好的线性关系。

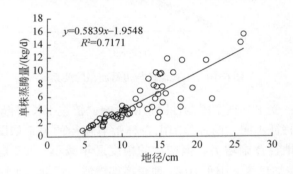

图 6-13　山杏单株林木地径与蒸腾量的关系

通常情况下，随着林木年龄的增加，其单株蒸腾耗水量逐渐增大，两者间的关系如图 6-14 所示。在林龄小于 20a 时，蒸腾量增加迅速；在林龄大于 20a 时，蒸腾量增加速度逐渐缓慢。

**3）不同年龄合理的林分密度**

2017 年在牛湾和中庄山杏林木上安装了树干液流计（SF-L），监测生长季林木的蒸腾耗水特征。不同林龄的单株边材面积和耗水量由图 6-12 和图 6-14 中的数据计算得出，具体数值见表 6-16。本地区生长季多年降雨量为 440mm，假设整个生长季的降雨量为 440mm，且降雨量全部用于林木生长，利用降雨量与生长季单株所消耗水量的数量关系可以计算出每公顷所能承载的总林木边材面积，再利用林龄与边材面积的关系，计算出不同林龄所能承载的合理林分密度。

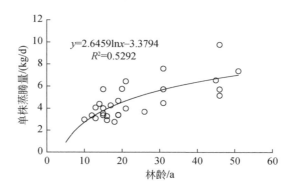

图 6-14　山杏单株林木林龄与蒸腾量的关系

**表 6-16　山杏不同林龄的耗水特征与所能承载的合理林分密度**

| 林木年龄/a | 单株耗水量 /（L/d） | 单株边材面积 /cm² | 生长季单株消耗的 水量/L | 每公顷能承载的边材 面积/cm² | 每公顷所承载的 合理林分密度/株 |
|---|---|---|---|---|---|
| 10 | 2.71 | 30.02 | 334.24 | 13 164.08 | 439 |
| 20 | 4.55 | 50.31 | 560.19 | 7 854.46 | 156 |
| 30 | 5.62 | 62.18 | 692.36 | 6 355.05 | 102 |
| 40 | 6.38 | 70.60 | 786.14 | 5 596.97 | 79 |
| 50 | 6.97 | 77.14 | 858.88 | 5 122.96 | 66 |
| 60 | 7.45 | 82.48 | 918.31 | 4 791.40 | 58 |

　　随着林龄的增加，单株林木需水量增大，合理的林分密度应该逐渐减小，不同林龄合理的林分密度见图 6-15，林龄为 10a 时，林分密度为 440 株/hm²，随着林龄的逐渐增加，合理林分密度逐渐减小。

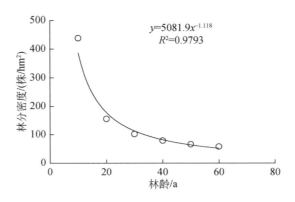

图 6-15　山杏林龄所能承载的合理林分密度

### 6.3.4.2 山桃不同年龄段合理密度的确定

**1）山桃单株林木地径、林龄与边材面积的关系**

在宁南黄土丘陵区彭阳县境内山桃林木地径与边材面积呈线性关系（图 6-16），关系式为 $y=3.4307x$。随着山桃地径的增加，边材面积成线性逐渐增大。

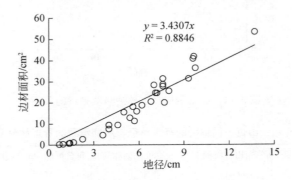

图 6-16　山桃地径与边材面积的关系

随山桃林龄的逐渐增加，林木逐年的生长特征不同，山桃林龄与地径呈现线性关系（图 6-17），关系式为 $y=0.4323x$。

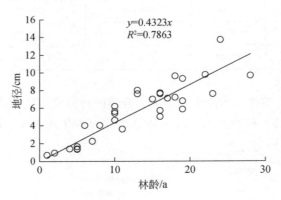

图 6-17　山桃林龄与地径的关系

山桃林龄的增加，地径不同程度的增大，相应的林木边材面积也呈现不同程度的增大，如图 6-18 所示，其关系为 $y=1.4719x$。

**2）山桃地径、林龄与单株林木蒸腾量的关系**

2017 ～ 2019 年生长季（5 ～ 10 月）在牛湾和中庄山桃林木上安装了树干液流计（SF-L），监测林木的蒸腾耗水速率，三年生长季的日平均液流速率为 0.0596mL/（cm² · min），利用单株林木边材面积与树干液流速率的数量关系计算单株的林木蒸腾量（kg/d）。单株林木地径与蒸腾量呈现很好的线性关系（图 6-19），关系为 $y=0.2943x$。其中，单株蒸腾量指生长季单株蒸腾的日均值，随着地径的增大，单株林木蒸腾量逐渐增加。

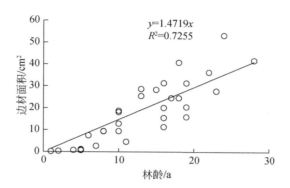

图 6-18　山桃林龄与边材面积的关系

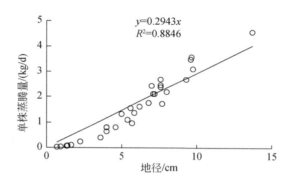

图 6-19　山桃地径与单株蒸腾量的关系

通常情况下，随着林木年龄的增加，其单株蒸腾耗水量逐渐增大，如图 6-20 所示，两者间的关系为 $y = 0.1263x$。

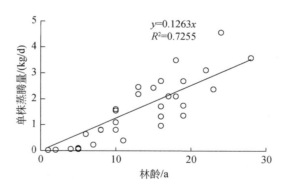

图 6-20　山桃林龄与单株蒸腾量的关系

**3） 山桃不同林龄合理林分密度的确定**

不同林木年龄的单株边材面积和耗水量由上面的关系计算得出，具体数值见表 6-17。

本地区生长季多年降雨量为440mm，假设整个生长季的降雨量为440mm，利用降雨量与生长季单株所消耗水量的数量关系可以计算出每公顷所能承载的总林木边材面积，再利用林龄与边材面积的关系，计算出不同林龄所能承载的合理林分密度。

表 6-17 山桃不同林龄的耗水特征与所能承载的合理林分密度

| 林木年龄/a | 单株耗水量/(L/d) | 单株边材面积/cm² | 生长季单株消耗的水量/L | 每公顷能承载的边材面积/cm² | 每公顷所承载的合理林分密度/株 |
|---|---|---|---|---|---|
| 10 | 1.26 | 14.72 | 232 | 18 934 | 1 286 |
| 15 | 1.89 | 22.08 | 349 | 12 622 | 572 |
| 20 | 2.53 | 29.44 | 465 | 9 467 | 322 |
| 25 | 3.16 | 36.80 | 581 | 7 573 | 206 |
| 30 | 3.79 | 44.16 | 697 | 6 311 | 143 |
| 35 | 4.42 | 51.52 | 813 | 5 410 | 105 |
| 40 | 5.05 | 58.88 | 930 | 4 733 | 80 |

随着林龄的增加，单株林木需水量增大，合理的林分密度应该逐渐减小，山桃不同林龄合理的林分密度如图 6-21 所示，林龄为 10a 时，林分密度为 1286 株/hm²，随着林龄的逐渐增加，合理林分密度逐渐减小。

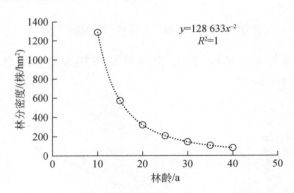

图 6-21 山桃不同林龄所能承载的合理林分密度

# 6.4 基于水量平衡原理的流域植被结构体系构建

森林生态系统作为陆地生态系统的主体，能维持和调节陆地生态系统平衡，改善生态环境基础。森林生态水文过程是森林生态系统重要的组成部分，它参与了系统的能量流动以及物质循环过程，改变和影响了水资源的分布。

从理论上来讲，植被的建设与水资源配置的关系是辩证的。森林植被的建设能积极影响水资源的开发与利用，能有效涵养水源、控制水土流失、削洪补枯及改善水质等。另外，植被自身的蒸腾会消耗部分水分，减少了坡面的产流量。尤其是在干旱地区，产流量会随着森林植被的覆盖率的增加而有明显的减少（王礼先，2000）。纵观 1949 年以来，我国干旱半干旱区的植被建设特点，具有成活率和保存率不高、林分生长不良、稳定性不好等特点。同时，植被类型选择不当及植被空间结构配置不合理等导致了林水之间存在激烈矛盾（王九龄，2000）。因此，人们开始将生态学的理论和方法应用到森林植被的建设中（杨光和王玉，2000），从林水平衡角度去探讨和研究植被建设与恢复的问题（朱金兆等，2002a）。

## 6.4.1 植被结构与水资源的关系

由于气候变化、森林植被的破坏和水资源的过度开发利用等因素共同作用，水资源短缺问题严重制约着区域的可持续发展。长久以来，区域生态环境建设备受重视，植被恢复与重建也取得了巨大成就。但营造的人工林普遍存在以中幼龄林为主、树种结构单一、林分质量较差等问题。植物的生长需要消耗大量水分，尤其在水资源缺乏的干旱半干旱区，不合理的植被种类、数量和结构都会造成水资源的不合理利用，这不仅对植被自身的生存及生态效益的发挥造成了威胁，同时对未来植被建设的水分生态环境和水资源的优化利用都造成不同程度的负面影响。在严重缺水的北京山区，从森林生态系统水分循环和水量平衡的角度分析水分在系统内的分配，从而了解森林生态系统与水资源分配之间的关系的特征和机理，在此基础上对森林植被建设和水资源进行有效调控，可为解决区域森林植被建设与水资源短缺之间矛盾提供一定的科学依据。

## 6.4.2 植被景观结构特征与其功能的关系

景观是由大大小小的斑块组成，斑块的空间分布形成景观格局（马克明和傅伯杰，2000），所以对景观格局的研究大多从斑块着手。斑块的类型、起源、形状、面积大小、空间格局和动态是景观的重要代表特征（Deana，2002）。其中影响斑块起源的主要因素包括环境异质性（environmental heterogeneity）、自然干扰（natural disturbance）和人类活动（周华锋等，1999）；而最容易识别的斑块外貌是其大小或面积，大、小斑块之间差异明显，这种差异不仅包括物种，还包括物质和能量（孙晓娟等，2007；胡国红等，2008）；景观多样性是指景观在结构、功能和时间动态上的多样化和变异性，它揭示了景观的复杂性，是对景观水平上生物组成多样化程度的表征（Das，1998）。

流域结构作为一种在较大尺度上的空间格局，给研究带来了很多困难，在众多的研究方法中，景观分析方法已成为重要的方法之一（肖笃宁，1999；Loehle et al.，2002；Maness and Farrell，2004）。通过景观结构分析，可以确定结构形成的影响因子及其形成的内在机制，进而揭示景观结构和景观功能的关系，最后找出目前景观结构中存在的问题。

最终将在此基础上，根据景观生态学中的结构-功能原理，调整景观结构，优化景观功能（邬建国，2000；傅伯杰，2010）。景观结构、功能及其动态变化是生态学研究的三大核心问题。结构决定功能，不同的结构决定了景观的不同功能，功能的改变最终将从结构的变化中反映出来。景观结构通常是指不同生态系统或景观组分的分布格局，尤其是能量、物质和物种的分布与生态系统的大小、形状、数量、种类及生态系统的空间配置或排列方式之间的关系（石青等，2005；胡国红等，2008）；而景观功能则体现出空间要素之间的关系与作用，即组成景观的生态系统之间的能量、动物、植物、矿质营养及水的流动（Bresler and Lagan，1984；Webster，1985）。

景观尺度效应一直是景观生态学理论研究的热点问题，也是人工林植被体系空间配置必须面对的问题。景观生态学认为，研究结果与研究的范围和尺度密切相关，研究尺度不同，往往会得出不同结论，甚至出现相反的结果。从国内外人工林植被体系的高效空间配置研究现状可以看出，研究的范围往往仅局限于小范围的区域、流域，大尺度景观水平的研究还很少，难以有效解释景观水平的问题。景观水平空间配置问题不解决，在人工植被体系的建设中往往就会出现忽视区域（或流域）的整体效益和环境容量现象。

## 6.4.3　基于水量平衡条件下合理植被结构的研究

植被空间结构的研究源于防护林空间结构的研究。国外注重不同土地利用类型的土壤侵蚀量和适宜树种、草种和乔木、灌木、草本的配置结构方式（Scott，2002；Ulises，2006；Lisa F Duriancik et al.，2008）。世界各国根据各自的自然地理条件，对各林种及其配置结构体系和合理的森林覆盖率进行了不少的研究（Karin and Ljusk，1998；Zaimes et al.，2004；Richard and Joseph，2005；Mason et al.，2007），如20世纪70年代末，苏联学者莫尔恰诺夫的研究认为，苏联中部黑盖土地区水源林的合理覆盖率水土保持林为12%~35%，水源林和水分调节林为25%~30%。山区小流域治理中分不同地貌及不同区域建设不同植被，最佳森林结构模式、森林净化水质、大气污染和酸雨引起树木死亡的病理及防治措施等被列为当前最重要的研究课题（Arthur，1998）。

植被结构在空间上是分层次的，通常可以分为林分、流域（景观）、区域和国家等层次。不同的层次，有不同的森林结构，发挥着不同的功能。而流域（小流域）层次上的空间配置研究一直是包括植被结构体系研究的重点内容。由于小流域是一个完整、独立的自然集水区域，它便成为权衡水土资源、水土流失、生态效益程度和生态平衡的基本单元。以小流域为单元进行治理能更好地按照生态功能发展的规律，针对生态功能发挥的情况，采取有效的治理措施（陈祥伟，2004）。小流域综合治理是以小流域植被生态功能产生的原因、规律和特点为基础，通过系统分析和系统的合乎逻辑的叙述，找出小流域生态经济系统发展的主要问题，从资源研发利用和生态环境保护角度出发建立合理的土地利用方案、生态保护措施配置和优化的经济与治理相结合的开发模式（陈祥伟，2007）。有研究者针对金沙江流域山地系统的特点，在分析系统土壤侵蚀规律的基础上，提出了山地植被体系空间配置的依据和原则，主要功能是发挥保持水土、保养水源方面的功能，而功能的发挥取决于林分结构的稳定和配置。也有研究者采用优化规划的方法，开展了黄土高原沟壑区小流域人工植被体系优化配置研究，建立了小流域植被体系优化配置的数学模型。朱金兆等（2002b）通过多年研究，对黄土残塬沟壑区和丘陵沟壑区小流域人工植被体系高效空间配置问题进行系统总结，提出了以小流域为单元，基于林水平衡，达到人工植被体系高效空间配置，以实现水土保持功能持续提高。

不同流域的最佳森林覆盖率确定方法和数值不同，普遍认为覆盖率达到30%以上，分布均匀，结构合理，发挥着巨大的经济、社会和生态效益，是合理覆盖率的标志（姜志林，1984；余新晓和于志民，2000）。从最大限度地发挥森林资源经济效益的角度来考虑，许多学者对最佳森林覆盖率的确定方法和指标进行了研究。前人的研究建立了森林覆盖率与其影响因子如降水、陡坡所占面积、沟壑密度、农业人口密度、平均海拔之间的数学模型，通过模型求解出黄土高原15个类型区的综合森林覆盖率介于10%~68%（平原区-水源林区）。

以最佳森林植被覆盖率为核心的大尺度范围内植被空间配置的研究在宏观上为区域的森林资源配置提供了决策的依据，但这还远远不能满足实际林业生产实践的需要。后者更需要将研究的结果落实到具体的流域单元上（李锦育，2005）。由于下垫面因素的复杂性和不可预见性，大尺度范围内研究森林植被变化的水文效应具有相当的困难，因此一些学者提出以小流域（小集水区）为对象的森林植被空间配置的研究。

## 6.4.4 理想植被体系构建

理想植被结构体系的构建是人工植被空间配置研究的关键问题。公益林人工植被结构体系达到理想结构，就是在人工植被体系建设过程中，强调以生态效益为主，兼顾社会效益和经济效益，实现综合效益最大化，有利于取得社会和公众对公益林体系建设的理解、支持和广泛参与，以保证整个区域协调、稳定、健康、持续的发展。从这个思想出发，公益林体系的理想结构主要包括三个方面，即合理的植被类型结构、合理的林种结构和合理的林龄结构。

植被类型结构的合理与否是影响人工植被体系综合效益的关键。通过对植被类型结构进行建模分析，通过各植被类型的重要性排序，确定合理的植被类型结构，使区域的植被类型结构得到量化，为区域的人工植被体系的经营管理提供可靠的理论依据。

合理的林种结构不仅能充分发挥人工植被体系的生态效益，还能带动当地经济的发展，在一定程度上解决富裕的劳动力，实现效益的最大化。

不同林龄组成的林分对人工植被体系的整体寿命的延长具有很重要的作用。

# |第 7 章|　典型脆弱生态恢复模式
## 　　　　 及生态环境效应

　　本研究所涉及的半干旱黄土丘陵区的生态恢复具有一些明显的地域特点，从而使当地的生态恢复既有一定的难度也有突出的相对优势。这一地区生态恢复所面临的主要困难在于破碎的地形以及分配不均的降雨所共同造成的严重潜在土壤侵蚀风险，而这里所具备的有利于生态恢复的条件主要在于深厚的土层以及能维持草原景观的年均降雨量。换言之，半干旱黄土丘陵区的生态恢复难度较适中，自然恢复的内在驱动力较强，只要遵循科学的生态恢复原则，在有效防治土壤侵蚀的基础上，合理设计生态恢复模式，就能在较短的时间内使当地的林草植被得到相当程度的恢复。自 20 世纪末开始实施的退耕还林还草工程在当地所取得的明显成效已经充分证明了这一点。基于上述原因，本研究在进行生态恢复模式的设计过程中，充分借鉴并沿用了当地干部群众所总结的荒山造林经验，即修筑高质量的水平沟作为林草植被恢复的工程基础。水平沟工程几乎消除了坡面的土壤侵蚀风险，保证了全部降雨就地入渗拦蓄，为后续的植被恢复创造了良好的微地形基础。同时，水平梯田的大面积修筑也在极大减少水土流失的前提下保证了当地的粮食安全。近年来，随着经济发展有部分梯田存在撂荒现象，但是撂荒梯田也正在成为植被自然恢复以及进一步利用的良好场所。在水平沟、水平梯田等工程措施的保障下，生态恢复模式的设计主要以人工林地、人工草地以及撂荒地自然恢复为主，其中人工林地主要布设在修筑了水平沟的坡面上，人工草地和撂荒地自然恢复措施主要布设在水平梯田以及少量隔坡梯田上。在各类生态恢复模式实施多年以后，需要对其进行恢复效益评价，以积累有关数据，进一步指导今后的生态恢复实践。本研究主要关注并调查了各类恢复模式下，土壤环境特征和草本植被群落特征在恢复进程中的演变趋势，通过这两方面的特征研究能够基本反映不同生态恢复模式的环境效应。不同生态恢复模式对土壤环境的影响评价，可以直接反映当地土壤健康状况在生态恢复进程中的改善程度，只有土壤健康状况得到了明显改善，才能说明某种生态恢复模式是合理有效的。换言之，因为土壤健康状况直接决定着植被群落的稳定，也可将土壤健康状况作为生态恢复效益评价的基础。而不同恢复模式下草本植被的群落特征不仅是当前生态恢复成效的直接表征，也是今后进一步恢复、开发、利用的潜力指标。只有当草本植被群落的物种多样性、覆盖度、生物量等指标达到一定的水平，半干旱黄土丘陵区的生态恢复才能有进一步结合产业开发升级的前景，才能在多年以生态效益为主的生态恢复的基础上将社会经济系统整合到自然生态系统之中，使自然生态系统能够承载相当水平的社会经济可持续发展，而社会经济的良性发展又能反哺自然生态系统，使之在全球气候变化的大背景下保持相当程度的稳定和永续利用。

# 7.1 脆弱生态系统主要恢复模式研究

## 7.1.1 生态恢复模式应遵循的原则

在黄土丘陵区脆弱生态系统进行生态恢复，要结合当地地形、地质、土壤、气候、水文、植被等自然条件和社会经济条件，在不同尺度上实施不同的恢复措施。不同的恢复措施的特定时空组合形成了生态恢复的模式。恢复模式是经过实践证明的行之有效的生态恢复措施方法组合，其有效实施，必须在一定的地域尺度、一定的时间范围内，否则有可能达不到最佳生态恢复效果。整合实施生态恢复模式，一般要遵循以下一些原则：

第一，尺度适宜原则。黄土丘陵区地形复杂破碎，总体上是以沟道为主形成一条条小流域。该地区的沟道系统体现出明显的分形特征，即自相似特性，各级沟道具有向下和向上的相似性和标度不变性。但是，这种自相似特征只是在地图上显示出来的一种几何特征，地图上往往不会显示各个尺度下的生态条件细节，也无从显示。所以，在进行生态恢复模式整合规划设计时，要注意尺度的适宜性。在某一个尺度上设计的恢复模式不能轻易直接扩大至或缩小至其他尺度。黄土丘陵区的主要生态恢复模式一般是以大型沟道为基础的比较完整的小流域为实施背景的。这样的小流域一般包含数个自然村，某些情况下是一个完整的行政村。例如，依据自然村的社会经济条件而整合设计的恢复模式，如果不经过调整，盲目地应用到行政村的尺度，则模式效果有可能达不到最优。因为自然村和行政村不只是地域面积大小不同，其各自的组织方式、运行特点都不相同。自然村作为最小的村民组织单位，户数少，村民之间较为熟悉，而且很多时候是以大家族形式联结在一起的，是一个完全的熟人社会。在自然村范围内布设某种恢复措施，若涉及不同农户的承包耕地或林地，容易与村民协商达成一致，这样的情形在行政村范围内就不一定存在。这就是社会经济因素在恢复模式尺度效应上的一个具体体现，这样的效应还有很多。再比如说，一个以果树种植为主的恢复项目在一户或几户农户的尺度上或许比较容易设计和实施，过程控制会比较顺畅，效果容易预测，如果在实施过程中有需要微调改进的地方，也容易操作。相同模式的项目如果简单地扩大到数十公顷甚至上百公顷的规模，则项目组织实施难度将会成倍增加，过程和结果难以预测，因为系统规模不一样，其内部的动力学过程可能完全改变。完全由自然的或技术的因素影响的尺度效应更是广泛存在。例如，在田块、坡面等尺度上进行生态恢复，很多时候只需进行林草措施的布设，工程措施是可选项，主要看投资力度和工程组织程度，当尺度扩大到包含沟道的时候，必须布设沟道治理工程。凡此种种尺度适宜问题，需要在详细考察生态恢复项目实施地点的总体地形前提下加以解决。

第二，因地制宜原则。因地制宜原则在先前的植被建设工程中是第一准则，也就是所谓的"适地适树"原则，而在更为综合的生态恢复工程中，不只是单纯的植树种草的问题，还包括林、草、农、畜、果等诸多方面要素的密切配合，更应该注意因地制宜原则。

黄土丘陵区地形复杂，不同地貌部位的环境条件差异较大，在实施恢复项目之前必须详细加以考察，这是充分利用各地貌部位优势，避免劣势的前提。一般要以恢复模式的主体工程来确定适宜地段，如以果树种植为主体工程的模式下，首先要考虑选择适合果园建植的地段，总体原则是背风向阳的地段，不能选择在低洼地带，以避免晚霜冻害。其他经济树种各自的生理学特性也将限制其适宜地段的选择。一个恢复模式下的不同组成部分之间的空间位置关系也极为重要，这也是因地制宜原则的一部分。还是以果树种植为例，果园所需的有机肥料数量巨大，因此也是吸收消化畜禽粪便并高效利用的主要途径。果园位置的确定还有必要与配套的养殖户或养殖场进行协调，使得有机肥料运输效率最高，成本最低。建立一定规模的养殖场又必须考虑饲草来源问题，这又涉及饲料作物种植地块与养殖场的位置关系，以及饲料作物种类的选择。某种恢复模式在具体设计实施的时候，情况是千差万别的，没有一个普遍适用的模板，只能具体问题具体分析。

第三，延长产业链原则。黄土丘陵区的生态建设应该在以自然恢复为主的基础上，整合农、林、牧、农产品加工、手工、旅游休闲等产业，做到一二三产业融合发展，尽量延长产业链，提高农业产品附加值。自然恢复构成了黄土丘陵区以草原植被为本底的草地、林地、农地镶嵌格局，自然恢复后的生态系统结构合理，抗逆性强，是实施后续生态恢复项目的良好基础。当然，自然恢复后的生态系统，如果不加以合理利用，就不能发挥其应有的经济效益。只有充分发挥了生态系统的经济效益，才能进一步激发社会经济系统对自然生态系统的保护作用，使得二者步入相互促进、融合发展的良性循环轨道。例如，研究区现有大面积的山杏林、山桃林，这些林地都是近年来营造的水土保持林，主要发挥生态效益，经济效益较低。如果通过技术创新，提高其果实产量，就能够在很大程度上增加经济效益。山杏的果肉可以制杏干、杏脯等产品，杏仁是价值较高的食品、药品原料，杏核可制活性炭，山桃核可制成样式繁多的手工艺品。可见，果实充分利用之后的林地经济效益将有极大增加。在林草恢复的基础上，大力和适当地发展畜牧业，将植物的第一性生产力转化为动物的第二性生产力，是当地生态经济良性循环的必由之路。研究区已经封山禁牧多年，禁止放牧牛、羊等牲畜，所以应当以舍饲养殖为基础设计以畜牧业为中心的生态恢复模式。要做到产业链延长，就必须建立不同程度的农产品加工和销售体系，如发展以山桃核为基础的手工艺品加工产业等。

## 7.1.2 主要恢复模式

黄土丘陵区脆弱生态系统可以大致以土地利用方式的不同而划分为农地生态系统、林地生态系统和草地生态系统，这三类生态系统的特点各不相同，在设计生态恢复模式的时候要依据各类生态系统的特点，扬长避短。

（1）农地生态系统以当地主要作物玉米、小麦、胡麻、荞麦等为基础，物种结构单一，地表覆盖呈周期性剧烈变化，表层土壤扰动强烈，农业化学物质输入量巨大。截至目前，农地生态系统是研究区主要的农业经济产出来源。由于复种指数高，耕地几乎没有休闲，存在地力退化的突出问题。另外，还因地膜使用面积大而面临残膜污染的环境问题。

研究区的农地基本上都是水平梯田，已经在极大程度上消除了严重水土流失的隐患，这是一个巨大的成就和优势。

（2）林地生态系统以近年来营造的人工林为主要基础，另有少量的天然次生林。造林树种以山杏、山桃、沙棘、柠条等为主，林分结构相对单一。造林时，水平沟整地措施的实施面积大，人工林几乎都是营造于水平沟之内。由于林木管护、封山禁牧等工作落实较好，林地植被生长不受破坏，基本上实现了自然恢复。林地生态系统的主要问题在于效益单一，几乎没有经济产出。针对这些问题，在得到良好恢复的林地生态系统中，适当进行产业链延长，发展一定程度的林下经济，是增加林地经济效益的重要途径。

（3）草地生态系统包括人工草地和天然草地，其中人工草地面积最大，以苜蓿为主要植物种；天然草地主要是面积较大的林地间隙、未造林地，植物种繁多。就生产力而言，人工草地比天然草地高得多，然而苜蓿属于高耗水抗旱性植物种，而不是低耗水耐旱性的乡土植物种。多年种植之后，深层土壤水分消耗较大，引起土壤干层现象，所以人工草地的生态功能存在一定的争议。针对这一问题，必须调整人工草地的群落结构，把以苜蓿为唯一草种的群落改造成为苜蓿和禾本科牧草混播的草地，以降低土壤水分消耗。

### 7.1.2.1　农地撂荒再利用模式

目前，由于社会经济的发展，研究区有大面积的农地被撂荒多年。撂荒地是完全自然恢复的宝贵样本，在研究土地从零开始的植被恢复过程中有重要的科学意义。撂荒地的存在，也在很大程度上增加了草地面积，而且是自然恢复的杂草地，其植物种较多、群落复杂、稳定性高。与林地类似，如果不对撂荒地进行任何管理，任其撂荒，则不产生任何经济效益。对撂荒地进行利用，可以在一定程度上增加其生态效益或经济效益，对于脆弱生态系统恢复及管理具有重要意义。研究区撂荒地的优点在于其原来几乎都是水平梯田，对后续的恢复工程操作比较有利，如进行造林时的整地工作将较为简单，成本也比较低。经过一段时间的撂荒，土壤理化性质得到了较大的改善，耕种时期的长期水分亏缺也得到了弥补，这都有利于林木存活。撂荒地再利用模式的基本做法是进行低密度的造林，增加单位土地面积的固碳量，并对雨水资源进行合理利用，这是纯生态效益做法。如果要适当增加经济效益，可以在低密度营造乔灌树种之后，在撂荒地周围设置围栏网，然后在撂荒地内养殖朝那鸡（一种地方特产）。将撂荒地原有的草地环境改造为灌丛草地，接近鸡的祖先原鸡的栖息环境，有利于鸡的养殖。鸡粪可以直接返回生态系统，增加土壤养分含量，更有利于植被的生长。这种家禽养殖方式是一种生态化的养殖方式，易于达到有机农产品的标准。撂荒地再利用模式的前期投入较小，可以在农户尺度上进行规划设计。前期的投入主要包括乔灌树木种植、草种补播改良、围栏网、简易鸡舍等。如果有较大面积的集中连片撂荒地，该模式的实施效果会更好，可以规划比较大型的养殖基地。需要注意的问题是养殖密度，要维持养殖数量和草本植物生长的平衡，否则草本植被将严重退化，失去生态功能。

### 7.1.2.2　林地引种改良模式

研究区的林地生态系统树种较单一，这与造林工程实施、苗木市场供给、育苗技术等多方面原因相关。后果就是形成了比较单一的林分结构，进而林地生物多样性缺乏，抗虫、抗病、抗旱等能力弱。若遭遇极端干旱年份，现有的林地恢复成果有可能发生一定程度的损失。因此，需要从改造林分结构出发，通过嫁接、引种等手段，对现有比较单一的林分结构进行混交改造，形成比较丰富的林地群落结构，以提高林地生态系统的生物多样性、稳定性和抗逆性。该模式的一个主要做法是对面积广大的山杏林进行嫁接改良，以高接换头的方式，将山杏林改造为红梅杏或仁用杏林，以提高林地的经济效益。在现有山杏、山桃林地引入其他树种，构建混交林，也可在一定程度上增加群落的稳定性。在研究区内，引入的混交树种有沙棘、柠条、蒙古扁桃、文冠果等，混交的主要原则是引入灌木，与原有的乔木形成林分层次结构，同时考虑树种耗水量，保证林地水量平衡，土壤水库不发生长期亏缺。从目前的情况来看，混交的效果是比较好的。以山杏沙棘混交林为例，沙棘是黄土高原地区传统的水保树种，其耐旱耐贫瘠，具有固氮作用，对土壤改良作用强，土壤团聚体发育良好，混交林里山杏植株生长状况比山杏纯林有所改善。林地引种改良模式是偏向于生态效益的一种恢复模式，其目的是形成比现有林地生态系统更加稳定的结构，避免在某些极端条件下发生再次退化。

### 7.1.2.3 草-畜模式

草地生态系统的恢复主要是指人工草地生态系统的恢复，因为研究区内目前不存在较大面积的成片天然草地，小片天然草地都是与林地镶嵌分布，成为林地生态系统的一部分。天然草地生态系统主要存在于撂荒地，也不是大面积成片分布的。从目前的情况看，天然草地生态系统面临的退化危险并不严重，因为以耐旱乡土植物种为主的群落对土壤水分的消耗并不大，天然草地的土壤水库正在逐步恢复。与此相反，以苜蓿为建群种的人工草地生态系统面临严重的土壤水分亏缺危险，需要对其进行结构调整，降低土壤水分消耗，然后延长产业链。

草-畜模式的主要做法是在已经发生退化的人工草地中降低苜蓿植株密度，同时补播禾本科草种，把纯苜蓿地改造为苜蓿和禾本科混合草地。这样做的目的是减少草地水分消耗，优化草地群落结构。由于该模式下，各农户种植的草地物种构成不一样，群落中各物种比例不同，收获时又不能各草种分别收割，使得各农户的鲜草植株营养价值不一，难以采取鲜草折算干草的方法，故各农户的鲜草所加工的青干草仍然归各农户所有，农户只需支付一定的加工费用。草地混播改良后所获得的混合青干草含有苜蓿成分，营养价值较高，可以与农户种植的玉米青干草配合饲喂。如果农户采用了草-畜和农-畜两种模式，则两种模式下获得的青干草当然可以自行决定配合饲喂，如果农户只采用了其中一种模式，则可以与其他农户协商交换不同的青干草。事实上，草-畜模式至少在行政村尺度上实施，不同的青干草产品可以分级，农户间可以自行协商交换。

## 7.2 不同林草生态恢复模式对生态环境的影响

宁夏南部山区位于黄土高原西部，是黄土高原梁状丘陵区的典型区域和"黄土高原-

川滇生态屏障"的重要组成部分，在国家生态功能区划中具有重要地位。宁南山区既是"丝绸之路"的重要节点，也是国家重点贫困地区，同时还是少数民族聚居区。该区域长期以来，受恶劣的自然环境和严重的人类活动干扰，生态环境极为脆弱，生态系统逐渐退化，严重制约着区域经济社会的持续发展。多年来，宁夏南部山区通过植树造林、小流域治理等多项生态工程，致力于改善区域农业基础条件、控制水土流失。尤其是近几年，随着国家退耕还林还草工程、封山禁牧、"三北"防护林工程以及区域小流域综合治理、基本农田建设、整村推进等一系列的生态治理工程，显著改善了宁夏南部山区的生态面貌，并取得了良好的植被恢复效果，初步遏制了区域生态系统退化趋势。

在宁南山区退化生态恢复进程中，形成了多种以群落合理构建为核心的水土流失治理技术和植被恢复模式，为区域生态良性循环、社会稳定和经济持续发展提供了有力科技支撑，如雨水资源高效利用技术、抗旱造林技术、小流域防护林体系、退化农田地力恢复等，其中乔灌草相结合的空间配置模式在宁南山区乃至整个黄土丘陵区得到大面积推广应用，能够有效控制水土流失，增加植被盖度。彭阳县林业部门提出的"88542"抗旱造林整地技术，在全县 75.6 万亩退耕还林、69.0 万亩荒山造林工程中大面积推广应用，在生态建设中发挥了显著作用。随着退耕还林、封山育林等重大生态工程的实施，宁南山区植被恢复积累了大量的先进实用技术和生态治理经验，国内外相关研究部门和专家学者也做了大量卓有成效的研究，但总体看来，该区域的生态治理依然存在重治轻管、治理手段单一、支撑技术理论缺乏等问题，从而导致了大量植被恢复和水土保持技术不能形成及时有效的理论支撑，影响了工程技术效果，在一定程度上造成目前黄土丘陵区生态恢复结构和功能效果不尽合理的现状，新形势下需要继续通过强化科学监测和综合评估，才能使生态恢复的理论和实践更加紧密结合，才能为下一步生态恢复工程的生态设计提供成功经验。

生态系统恢复和恢复生态学是当前我国生态系统研究的优先领域（傅伯杰，2010），其中生态恢复的目标包括恢复退化生态系统的结构、功能、动态和服务。对各种恢复与重建措施后土壤、植物群落、小气候等生态环境效应的研究，则被认为是评价生态系统服务功能及重建效果的基础。随着生态建设过程中植被的恢复，土壤环境也发生了一系列变化。近年来，在黄土丘陵区进行的退耕还林、封山育林工程已经为该地区植被恢复积累了大量的技术理论和实用经验，一系列的研究在一定程度上阐明了黄土丘陵地区植被恢复过程中的土壤环境效应，但受区域环境异质性影响，加上植被恢复过程中对土壤的扰动程度不一致，不同林草植被结构差异等特点造成了植被恢复的过程和效果有很大不同。目前，对黄土梁状丘陵区林草植被恢复土壤环境效应的研究还较少，因此，对黄土梁状丘陵区长期植被恢复下典型林草植被结构模式土壤环境效应的变化进行研究是很有必要的。通过选择宁南黄土区典型林草植被类型（山桃林、山杏林、沙棘林、苜蓿地、山杏×柠条混交林、撂荒地）为研究对象，研究不同植被类型土壤物理、化学、生物性状以及群落结构等特征，分析典型植被类型对土壤的环境效应，可以对宁南山区植被恢复进行客观的评价，对水土保持与生态环境建设所取得的成果有进一步的认识，从而在接下来的生态恢复工作有更明确的目标。

## 7.2.1　不同林草生态恢复模式下土壤容重变化

土壤容重受成土母质、气候、微生物活动及土地利用方式等因素的影响，在不同的土地利用模式、不同的地域存在较大的变异（邱邦桂和杨小林，2015；傅子洹等，2015），土壤容重在土壤垂直剖面上的变化很显著，随着土层深度的加深，土壤容重下降。6 种不同植被类型 0 ~ 100cm 土壤容重变化如表 7-1 所示。不同土层深度各植被类型土壤容重变化规律不一致，0 ~ 20cm 深度土壤容重大小顺序为苜蓿地>撂荒地>混交林>山桃林>沙棘林>山杏林，各植被类型之间容重有显著性差异（$P<0.05$）；20 ~ 40cm 深度土壤容重大小顺序为撂荒地>苜蓿地>沙棘林>山杏林>山桃林>混交林，各植被类型之间容重有显著性差异（$P<0.05$）；40 ~ 100cm 深度各植被类型之间土壤容重差异不显著（$P>0.05$）。撂荒地和苜蓿地的平均土壤容重相比其他植被类型高，山杏林、山桃林、沙棘林、混交林（山杏×柠条）4 中植被类型之间土壤容重差距不大。

**表 7-1　不同植被类型间土壤容重变化**　　　（单位：g/cm³）

| 植被类型 | 0 ~ 20cm | 20 ~ 40cm | 40 ~ 60cm | 60 ~ 80cm | 80 ~ 100cm | 平均值 |
| --- | --- | --- | --- | --- | --- | --- |
| 山杏林 | 1.07±0.08bB | 1.20±0.07bcA | 1.20±0.05bA | 1.23±0.09abA | 1.27±0.06abA | 1.20 |
| 山桃林 | 1.15±0.06abC | 1.18±0.04cBC | 1.22±0.05bAB | 1.24±0.05abA | 1.25±0.04abA | 1.21 |
| 沙棘林 | 1.11±0.06bC | 1.21±0.03bcB | 1.23±0.05abAB | 1.24±0.06abAB | 1.27±0.04abA | 1.21 |
| 混交林 | 1.17±0.03abB | 1.18±0.08cAB | 1.22±0.03bAB | 1.21±0.04bAB | 1.24±0.04bA | 1.20 |
| 苜蓿地 | 1.25±0.08aA | 1.26±0.02abA | 1.29±0.03aA | 1.30±0.03aA | 1.30±0.03aA | 1.28 |
| 撂荒地 | 1.22±0.15aA | 1.33±0.10aA | 1.24±0.11abA | 1.23±0.08abA | 1.23±0.06bA | 1.25 |

注：表中同一列为平均值±标准差，不同小写字母表示同一土层不同植被间差异显著（$P<0.05$）；大写字母表示同一植被不同土层间差异显著（$P<0.05$）。下同。

各植被类型土壤容重均随土层深度的加深而增大，山杏林、山桃林、沙棘林 3 种植被类型 0 ~ 100cm 土层深度之间差异显著（$P<0.05$），混交林、苜蓿地、撂荒地 3 种植被类型 0 ~ 100cm 土层深度之间无显著性的差异（$P>0.05$）。

## 7.2.2　不同林草生态恢复模式下的土壤持水性能

土壤保持水分的能力即土壤的持水力，土壤保持水分的量即土壤的持水量。土壤持水量是土壤水分的重要指标，土壤持水量的变化会对土壤物理性质有很大的影响（李涛等，2015）。土壤田间持水量是指土壤中悬着在毛细管中的水到达最大限度时土壤所含有的水量，是土壤不受地下水的影响所能保持的最大的持水量，是评价土壤保水能力的一个重要指标，通常被认为是对作物有效水的最大限度（袁娜娜，2014）；饱和持水量反映土壤涵养水源的能力，指土壤的孔隙中充满了水时所持有的水量，即土壤能够容纳的最大持水量（邹文秀等，2015）；土壤毛管水被看作土壤中最宝贵的水分，可以依附毛管的作用力移动，水分会顺着毛管孔隙最终输送到植物的根系附近，溶解各种营养物质，被植物所吸收利用（常征和徐海轶，2009）。

### 7.2.2.1 土壤饱和持水量

不同植被类型恢复下土壤饱和持水量如表 7-2 所示。0～20cm 土层山杏林饱和持水量最大（为 55.04%），苜蓿地持水量最小（为 43.05%），大小顺序为山杏林>沙棘林>山桃林>混交林>撂荒地>苜蓿地，各植被类型之间土壤饱和持水量有显著性差异（$P<0.05$）；20～40cm，山桃林持水量最大（为 50.65%），撂荒地最小（为 38.46%），大小顺序为山桃林>混交林>山杏林>沙棘林>苜蓿地>撂荒地，各植被类型之间土壤饱和持水量有显著性差异（$P<0.05$）；40～100cm 土层深度各植被类型土壤饱和持水量之间无显著性差异（$P>0.05$）。苜蓿地和撂荒地土壤饱和持水量明显比山杏林、山桃林、沙棘林、混交林土壤饱和持水量小。

表 7-2 同一植被不同土层土壤饱和持水量

| 土层深度/cm | 饱和持水量/% | | | | | |
| --- | --- | --- | --- | --- | --- | --- |
| | 山杏 | 山桃 | 沙棘 | 混交 | 苜蓿 | 撂荒 |
| 0～20 | 55.04±6.72a | 49.98±5.10ab | 52.47±5.26a | 48.74±1.56a | 43.05±4.42a | 44.79±10.26a |
| 20～40 | 45.11±3.42b | 50.65±10.15a | 44.30±2.27b | 47.41±6.34ab | 42.09±0.92a | 38.46±4.88a |
| 40～60 | 45.62±1.97b | 44.64±2.04abc | 43.55±2.55b | 45.15±2.84ab | 43.08±1.02a | 44.20±3.70a |
| 60～80 | 45.76±3.29b | 43.45±2.37c | 43.42±2.11b | 46.65±2.73ab | 43.74±0.74a | 44.39±2.86a |
| 80～100 | 43.92±2.57b | 43.72±2.34bc | 42.56±1.82b | 44.38±2.09b | 43.45±1.25a | 43.95±1.65a |
| 平均值 | 47.09 | 46.49 | 45.26 | 46.47 | 43.08 | 43.16 |

同一植被不同土层土壤饱和持水量，山杏林、山桃林、沙棘林、混交林 4 种植被类型土壤饱和持水量均随土层深度的加深呈明显下降趋势，苜蓿地和撂荒地土壤饱和持水量随土层深度的加深无明显的变化。方差分析显示：山杏林和沙棘林 0～100cm 土层深度之间土壤饱和持水量差异显著（$P<0.05$）；其他植被类型 0～100cm 土层深度之间土壤饱和持水量无显著性的差异（$P>0.05$）。

### 7.2.2.2 土壤毛管持水量

不同植被类型土壤毛管持水量如表 7-3 所示。不同土层深度土壤毛管持水量变化基本一致，山杏林土壤毛管持水量最大，撂荒地土壤毛管持水量最小，大小顺序为山杏林>混交林>山桃林>沙棘林>苜蓿地>撂荒地。0～80cm 土层深度各植被类型之间土壤毛管持水量均有显著性差异（$P<0.05$）；80～100cm 土层深度各植被类型之间土壤毛管持水量差异不显著（$P>0.05$）。

同一植被不同土层土壤毛管持水量，不同植被类型土壤毛管持水量变化同土壤饱和持水量，山杏林、山桃林、沙棘林、混交林 4 种植被类型土壤饱和持水量均随着土层深度的加深呈明显下降趋势，苜蓿地和撂荒地土壤饱和持水量随土层深度的加深无明显的变化。

方差分析显示：6 种植被类型 0～100cm 土层深度之间土壤毛管持水量均无显著性差异（$P>0.05$）。

表 7-3　同一植被不同土层土壤毛管持水量

| 土层深度/cm | 毛管持水量/% | | | | | |
|---|---|---|---|---|---|---|
| | 山杏 | 山桃 | 沙棘 | 混交 | 苜蓿 | 撂荒 |
| 0～20 | 42.50±3.13a | 39.49±2.64a | 37.58±2.72a | 39.32±3.44a | 36.25±2.70a | 34.11±4.95a |
| 20～40 | 39.77±2.50b | 38.18±1.88ab | 37.01±1.19a | 38.79±2.36a | 36.82±1.03a | 33.37±3.93a |
| 40～60 | 39.76±1.16b | 37.80±1.13ab | 36.95±1.58a | 38.51±2.82a | 36.78±0.76a | 35.67±2.46a |
| 60～80 | 39.39±0.89b | 37.04±1.52b | 37.00±1.40a | 39.36±2.90a | 36.77±0.60a | 35.86±1.12a |
| 80～100 | 38.88±2.58b | 37.24±1.42b | 36.57±1.58a | 38.33±1.88a | 36.55±0.62a | 36.46±1.16a |
| 平均值 | 40.06 | 37.95 | 37.02 | 38.86 | 36.63 | 35.10 |

### 7.2.2.3　土壤田间持水量

土壤田间持水量是指土壤中悬着在毛细管中的水到达最大限度时土壤所含有的水量，是评价土壤保水能力的一个重要指标，其通常被认为是对作物有效水的最大限度。不同植被类型土壤田间持水量如表 7-4 所示。0～20cm 土层山桃林田间持水量最大（为 31.68%），山杏林持水量最小（为 25.71%），大小顺序为山桃林>沙棘林>混交林>苜蓿地>撂荒地>山杏林，各植被类型之间土壤田间持水量有显著性差异（$P<0.05$）；20～40cm、40～60cm 各植被类型土壤田间持水量变化相同，苜蓿地持水量最大（分别为 31.51%、32.33%），山杏林最小（分别为 22.80%、24.24%），大小顺序为苜蓿地>山桃林>沙棘林>撂荒地>混交林>山杏林，各植被类型之间土壤田间持水量有显著性差异（$P<0.05$）；60～80cm、80～100cm 土层深度各植被类型土壤田间持水量变化一致，苜蓿地田间持水量最大（分别为 32.87%、33.17%），山杏林持水量最小（分别为 24.78%、24.03%），大小顺序为苜蓿地>沙棘林>山桃林>混交林>撂荒地>山杏林，各植被类型之间土壤田间持水量差异显著（$P<0.05$）。

表 7-4　同一植被不同土层土壤田间持水量

| 土层深度/cm | 田间持水量/% | | | | | |
|---|---|---|---|---|---|---|
| | 山杏 | 山桃 | 沙棘 | 混交 | 苜蓿 | 撂荒 |
| 0～20 | 25.71±2.46a | 31.68±2.52a | 31.33±1.72a | 30.34±1.42a | 29.65±0.97c | 27.48±4.44a |
| 20～40 | 22.80±3.64b | 31.06±3.25a | 30.85±1.60a | 27.72±3.36a | 31.51±1.49b | 28.79±2.53a |
| 40～60 | 24.24±0.87ab | 31.77±2.39a | 31.50±2.05a | 29.91±2.16a | 32.33±1.15ab | 30.48±2.16a |
| 60～80 | 24.77±1.57ab | 30.95±2.12a | 31.92±1.73a | 30.02±3.08a | 32.87±1.53ab | 29.21±1.44a |
| 80～100 | 24.03±1.82ab | 31.09±2.98a | 32.12±1.36a | 30.29±3.69a | 33.17±0.74a | 29.48±1.69a |
| 平均值 | 24.31 | 31.31 | 31.54 | 29.66 | 31.91 | 29.09 |

同一植被不同土层土壤田间持水量，各植被类型土壤田间持水量随土层深度没有明显的变化趋势，数值差异不大。方差分析显示：山杏林、山桃林、沙棘林、混交林、撂荒地5种植被类型0~100cm土层深度之间土壤田间持水量均无显著性差异（$P>0.05$），苜蓿地在0~100cm土层深度田间持水量差异性显著（$P<0.05$）。

## 7.2.3 不同林草生态恢复模式下土壤孔隙度变化

土壤孔隙度是指土壤孔隙容积占土壤总容积的百分比，土壤中的团聚体以及团聚体内部结构之间的排列所形成的土壤中的孔隙。土壤孔隙根据直径的大小被分为毛管孔隙、非毛管孔隙（夏志光，2015）。毛管孔隙中的水分是可以被植物吸收的；非毛管孔隙孔隙较大，孔隙中的水分会在重力作用下排出，毛管孔隙和非毛管孔隙的综合是土壤的总孔隙度。

### 7.2.3.1 土壤非毛管孔隙度

不同植被类型土壤非毛管孔隙度如表7-5所示。各植被类型土壤非毛管孔隙度变化规律不一致，0~20cm土壤非毛管孔隙度变化大小顺序为沙棘林>山杏林>撂荒地>山桃林>混交林>苜蓿地，各植被类型间差异显著（$P<0.05$）；20~40cm土壤非毛管孔隙度变化顺序为混交林>山桃林>沙棘林>撂荒地>苜蓿地>山杏林，各植被类型间差异不显著（$P>0.05$）；40~60cm土壤非毛管孔隙度变化大小顺序为撂荒地>山桃林>苜蓿地>混交林>沙棘林>山杏林，各植被类型间差异显著（$P<0.05$）；60~80cm土壤非毛管孔隙度大小顺序为撂荒地>苜蓿地>混交林>山桃林>沙棘林>山杏林，各植被类型间无显著差异（$P>0.05$）；80~100cm土壤非毛管孔隙度大小顺序为撂荒地>苜蓿地>山桃林>沙棘林>混交林>山杏林，各植被类型间差异显著（$P<0.05$）。

表7-5 同一植被不同土层土壤非毛管孔隙度

| 土层深度/cm | 非毛管孔隙度/% | | | | | |
| --- | --- | --- | --- | --- | --- | --- |
| | 山杏 | 山桃 | 沙棘 | 混交 | 苜蓿 | 撂荒 |
| 0~20 | 13.25±3.62a | 11.87±2.60a | 16.18±4.49a | 10.94±4.32a | 8.36±1.88a | 12.19±5.63a |
| 20~40 | 6.37±1.03b | 9.40±2.59b | 8.66±2.39b | 9.67±6.08a | 6.66±0.67b | 6.71±1.82b |
| 40~60 | 7.00±1.87b | 8.24±0.87b | 8.04±1.35b | 8.07±1.77a | 8.16±0.84b | 10.36±2.41ab |
| 60~80 | 7.74±3.18b | 7.91±1.00b | 7.90±1.05b | 8.75±1.64a | 9.03±0.65b | 10.31±2.71ab |
| 80~100 | 6.45±1.66b | 8.04±1.08b | 7.58±0.46b | 7.49±1.92a | 8.95±0.79b | 9.21±1.01ab |
| 平均值 | 8.16 | 9.09 | 9.67 | 8.98 | 8.23 | 9.76 |

同一植被类型不同土层土壤非毛管孔隙度，山杏林、山桃林、沙棘林、混交林、撂荒地5种植被类型土壤非毛管孔隙度随着土层深度的加深而减小，苜蓿地土壤非毛管孔隙度随土层深度的加深变化不明显。方差分析显示：山杏林、山桃林、沙棘林、苜蓿地4种植

被类型 0～100cm 土层深度之间土壤非毛管孔隙度均差异性显著（$P<0.05$）；混交林、撂荒地在 0～100cm 土层深度土壤非毛管孔隙度均无显著性差异（$P>0.05$）。

### 7.2.3.2 土壤毛管孔隙度

不同植被类型土壤毛管孔隙度如表 7-6 所示。各植被类型间土壤毛管孔隙度相差不大，0～20cm 土壤毛管孔隙度混交林最大（为 45.86%），变化大小顺序为混交林>山杏林>山桃林>苜蓿地>沙棘林>撂荒地，各植被类型间差异显著（$P<0.05$）；20～80cm 各植被类型土壤毛管孔隙度变化顺序一致，为山杏林>苜蓿地>混交林>山桃林>沙棘林>撂荒地，各植被类型间差异不显著（$P>0.05$）；80～100cm 土壤毛管孔隙度变化大小顺序为山杏林>混交林>苜蓿地>山桃林>撂荒地>沙棘林，各植被类型间差异不显著（$P>0.05$）。

表 7-6 同一植被不同土层土壤毛管孔隙度

| 土层深度/cm | 毛管孔隙度/% | | | | | |
| --- | --- | --- | --- | --- | --- | --- |
| | 山杏 | 山桃 | 沙棘 | 混交 | 苜蓿 | 撂荒 |
| 0～20 | 45.52±1.17b | 45.38±1.22a | 41.55±3.14b | 45.86±3.99a | 45.19±0.79c | 41.00±2.34b |
| 20～40 | 47.61±0.87a | 45.09±2.82a | 44.58±1.89a | 45.49±3.71a | 46.53±0.68b | 44.09±2.49ab |
| 40～60 | 47.77±1.54a | 45.95±1.53a | 45.43±1.48a | 46.84±2.39a | 47.55±0.65a | 44.09±3.24ab |
| 60～80 | 48.43±2.39a | 45.95±1.68a | 45.93±1.62a | 47.43±2.00a | 47.59±0.47a | 44.12±3.47ab |
| 80～100 | 49.39±1.45a | 46.43±1.53a | 46.38±1.56a | 47.60±1.93a | 47.46±0.31a | 44.96±2.02a |
| 平均值 | 47.74 | 45.76 | 44.77 | 46.64 | 46.86 | 43.65 |

同一植被类型不同土层土壤毛管孔隙度，各植被类型之间土壤毛管孔隙度均随土层深度的加深而增加。方差分析结果显示：山杏林、沙棘林、苜蓿地 3 种植被类型 0～100cm 土层深度土壤毛管孔隙度均有显著性差异（$P<0.05$）；山桃林、混交林、撂荒地 3 种植被类型在 0～100cm 土层深度土壤毛管孔隙度均差异性不显著（$P>0.05$）。

### 7.2.3.3 土壤总孔隙度

各植被类型不同土层深度土壤总孔隙度如表 7-7 所示。各植被类型间土壤总孔隙相差不大，0～20cm 土壤总孔隙度山杏林最大（为 58.77%），撂荒地最小（为 53.19%），大小顺序为山杏林>沙棘林>山桃林>混交林>苜蓿地>撂荒地，各植被类型间差异显著（$P<0.05$）；20～40cm 土壤总孔隙度混交林最大（为 55.16%），大小顺序为混交林>山桃林>山杏林>沙棘林>苜蓿地>撂荒地，各植被类型间差异显著（$P<0.05$）；40～80cm 土壤总孔隙度变化一致，大小顺序为苜蓿地>混交林>山杏林>撂荒地>山桃林>沙棘林，各植被类型间差异不显著（$P>0.05$）；80～100cm 土壤总孔隙度大小顺序为苜蓿地>山杏林>混交林>山桃林>撂荒地>沙棘林，各植被类型之间差异不显著（$P>0.05$）。

表 7-7  同一植被不同土层深度土壤总孔隙度

| 土层深度/cm | 总孔隙度/% | | | | | |
|---|---|---|---|---|---|---|
| | 山杏 | 山桃 | 沙棘 | 混交 | 苜蓿 | 撂荒 |
| 0 ~ 20 | 58.77±3.17a | 57.25±2.51a | 57.73±2.81a | 56.81±0.62a | 53.55±2.49b | 53.19±6.52a |
| 20 ~ 40 | 53.97±1.78b | 54.49±1.33b | 53.23±1.34b | 55.16±3.00a | 53.19±0.39b | 50.81±3.83a |
| 40 ~ 60 | 54.77±1.04b | 54.19±1.43b | 53.47±1.11b | 54.91±2.22a | 55.71±1.21a | 54.45±1.94a |
| 60 ~ 80 | 56.17±3.03ab | 53.87±2.16b | 53.83±1.20b | 56.18±1.44a | 56.62±1.02a | 54.43±2.40a |
| 80 ~ 100 | 55.83±2.54b | 54.48±2.16b | 53.96±1.35b | 55.08±1.18a | 56.41±0.70a | 54.17±2.70a |
| 平均值 | 55.90 | 54.85 | 54.44 | 55.63 | 55.10 | 53.41 |

同一植被类型不同土层土壤总孔隙度，山杏林、山桃林、沙棘林、混交林 4 种植被类型土壤总孔隙度均随土层深度的加深而减小，苜蓿地、撂荒地土壤总孔隙度随土层深度的加深反而增加。方差分析显示：山杏林、山桃林、沙棘林、苜蓿地 4 种植被类型 0 ~ 100cm 土层深度土壤总孔隙度均有显著性差异（$P<0.05$）；混交林、撂荒地在 0 ~ 100cm 土层深度土壤总孔隙度均差异性不显著（$P>0.05$）。

## 7.2.4  不同林草生态恢复模式下的土壤水稳性团聚体变化特征

土壤团聚体是土壤结构的基本单元，是土壤生物、物理、化学等因素相互作用的结果，是土壤的养分库和微生物的生境（何淑勤等，2009）。团聚体的不同粒级及所占比例影响土壤的肥力、碳保蓄能力、孔隙度、微生物活动与团聚体稳定性（黎宏祥等，2016），土壤团聚体稳定性表示土壤结构的稳定性，对土地持续开发利用、维持生产力、养分循环、抗侵蚀能力等有很大作用（林培松和高全洲，2010）。

### 7.2.4.1  水稳性团聚体分布特征

由表 7-8 可以看出，各植被类型下 0 ~ 100cm 土层深度下，各粒径土壤团聚体含量均呈现先下降后上升的变化趋势，即>2mm 和 0.106 ~ 0.25mm 粒径的土壤团聚体含量所占比例较高。混交林>2mm 粒径的水稳性团聚体含量最多，撂荒地的含量最少，其他粒径团聚体含量分布较均匀，没有明显的变化规律。通过方差分析表明，各植被类型间<0.5mm 土壤水稳性团聚体的分布基本无显著差异（$P<0.05$）。

表 7-8  不同植被类型下土壤的水稳性团聚体分布特征

| 植被类型 | 各粒级土壤水稳性团聚体的质量百分比 | | | | |
|---|---|---|---|---|---|
| | >2mm | 1 ~ 2mm | 0.5 ~ 1mm | 0.25 ~ 0.5mm | 0.106 ~ 0.25mm |
| 山杏林 | 0.14 ±0.02bc | 0.07 ±0.02a | 0.07±0.01a | 0.06±0.01a | 0.10 ±0.01b |

| 植被类型 | 各粒级土壤水稳性团聚体的质量百分比 | | | | |
|---|---|---|---|---|---|
| | >2mm | 1～2mm | 0.5～1mm | 0.25～0.5mm | 0.106～0.25mm |
| 山桃林 | 0.15±0.08b | 0.04±0.03b | 0.04±0.03ab | 0.05±0.03a | 0.16±0.06a |
| 沙棘林 | 0.12±0.04bc | 0.05±0.02ab | 0.04±0.02ab | 0.05±0.02a | 0.17±0.06a |
| 苜蓿地 | 0.10±0.04bc | 0.03±0.02b | 0.03±0.02b | 0.04±0.03a | 0.18±0.02a |
| 混交林 | 0.27±0.09a | 0.04±0.01b | 0.03±0.01b | 0.04±0.01a | 0.16±0.05a |
| 撂荒地 | 0.08±0.04c | 0.05±0.03b | 0.06±0.04ab | 0.07±0.04a | 0.16±0.04a |

### 7.2.4.2 不同土层>0.25mm土壤水稳性团聚体含量

通常>0.25mm的土壤团聚体称为大团聚体，是最稳定、最好的结构体，对于土壤的水肥热状况有很大的影响。由表7-9可以看出，各植被类型下，土壤>0.25mm团聚体随土层深度的增加逐渐减少；不同植被类型下上层土壤>0.25mm水稳性团聚体所占比例为混交林地最高，撂荒地最少，分别是0.67和0.41；各植被类型下>0.25mm水稳性团聚体含量为混交林>山杏林>山桃林>沙棘林>撂荒地>苜蓿地。通过方差分析表明，各植被类型间土壤水稳性大团聚体在土层深度>60cm后基本无显著差异（$P<0.05$）。

**表7-9　不同土层深度土壤的水稳性大团聚体所占比例**

| 土层深度/cm | >0.25mm土壤水稳性团聚体的质量百分比 | | | | | |
|---|---|---|---|---|---|---|
| | 山杏 | 山桃 | 沙棘 | 苜蓿 | 混交林 | 撂荒 |
| 0～20 | 0.56±0.078ab | 0.61±0.12ab | 0.56±0.12ab | 0.47±0.17bc | 0.67±0.15a | 0.41±0.10c |
| 20～40 | 0.50±0.17ab | 0.38±0.26abc | 0.35±0.18bc | 0.18±0.15c | 0.60±0.18a | 0.25±0.20c |
| 40～60 | 0.33±0.09a | 0.20±0.16ab | 0.18±0.10ab | 0.13±0.18b | 0.36±0.23a | 0.21±0.16ab |
| 60～80 | 0.23±0.14a | 0.13±0.12a | 0.11±0.07a | 0.08±0.08a | 0.18±0.17a | 0.21±0.18a |
| 80～100 | 0.10±0.08a | 0.09±0.08a | 0.08±0.07a | 0.18±0.29a | 0.10±0.04a | 0.16±0.13a |

### 7.2.4.3 土壤水稳性团聚体的平均重量直径、几何平均直径和分形维数差异

土壤水稳性团聚体平均重量直径 MWD 和几何平均直径 GMD 是反映土壤团聚体稳定性的重要指标。其值越大，土壤团聚体越稳定，土壤抗侵蚀能力越强；土壤水稳性团聚体分形维数 $D$ 越大，土壤结构的稳定性越差。由图7-1和图7-2可以看出，混交林地的土壤水稳性团聚体 MWD 和 GMD 值均比其他类型大；由图7-3可以看出，混交林地分形维数 $D$ 值明显小于其他植被类型，说明混交林地的团聚体稳定性最好。而苜蓿地和撂荒地的 MWD、GMD 值比其他林地略小，$D$ 值比其他林地略大，说明苜蓿地和撂荒地的土壤结构稳定性较差，土壤恢复不够好。

根据方差分析显示，各植被类型之间差异基本不显著，各土层深度之间，0～60cm深

度差异显著，>60cm 差异基本不显著（$P<0.05$）。

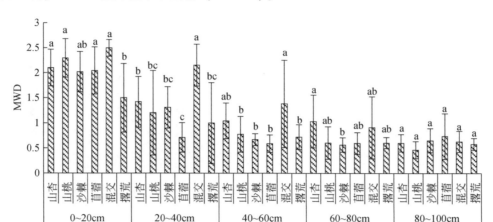

图 7-1　不同植被类型土壤水稳性团聚体的平均重量直径（单位：mm）

图中不同小写字母表示同一土层不同植被间差异显著（$P<0.05$），下同。

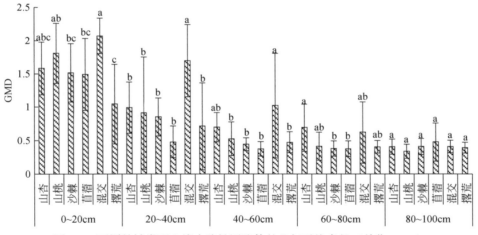

图 7-2　不同植被类型土壤水稳性团聚体的几何平均直径（单位：mm）

### 7.2.4.4　土壤容重及土壤水稳性团聚体各参数之间的相关性

通过土壤容重（SBD）及水稳性团聚体各参数之间的相关性来评价土壤的结构稳定性。如表 7-10 所示，土壤水稳性团聚体分形维数 $D$ 值与 MWD、GMD、>2mm 呈极显著负相关，相关系数分别为 -0.98、-0.99、-0.98，MWD、GMD 与 >2mm 呈极显著正相关，相关系数分别为 0.95、0.98，对土壤结构稳定性贡献最大。MWD 与 GMD 呈极显著正相关，相关系数为 0.99。

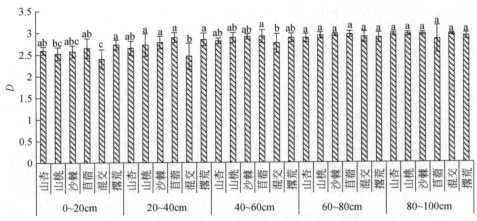

图 7-3　不同植被类型土壤水稳性团聚体的分形维数

表 7-10　土壤容重及水稳性团聚体各参数之间的相关性分析

| 参数 | SBD | MWD | GMD | $D$ | >2mm | 1~2mm | 0.5~1mm | 0.25~0.5mm | 0.106~0.25mm |
|---|---|---|---|---|---|---|---|---|---|
| SBD | 1 | -0.55 | -0.52 | 0.43 | -0.46 | -0.03 | 0.38 | 0.82* | 0.15 |
| MWD | | 1 | 0.99** | -0.98** | 0.95** | 0.17 | -0.22 | -0.58 | -0.39 |
| GMD | | | 1 | -0.99** | 0.98** | 0.09 | -0.28 | -0.58 | -0.32 |
| $D$ | | | | 1 | -0.98** | -0.13 | 0.21 | 0.48 | 0.36 |
| >2mm | | | | | 1 | -0.01 | -0.36 | -0.57 | -0.19 |
| 1~2mm | | | | | | 1 | 0.87* | 0.45 | -0.92** |
| 0.5~1mm | | | | | | | 1 | 0.81* | -0.77* |
| 0.25~0.5mm | | | | | | | | 1 | -0.3 |
| 0.106~0.25mm | | | | | | | | | 1 |

＊为 0.05 水平上显著相关。＊＊为 0.01 水平上显著相关。

## 7.2.5　不同林草生态恢复模式下的土壤养分变化

### 7.2.5.1　土壤酸碱度

土壤酸碱度是指土壤溶液呈现出的酸性、碱性、中性的程度（沙塔尔·司马义，2011），通常用 pH 来表示。各植被类型土壤酸碱度变化如表 7-11 所示。各植被类型土壤酸碱度之间相差不大，均呈碱性，大小变化基本一致，其中混交林地的土壤 pH 最大，其次是撂荒地、沙棘林、苜蓿地、山桃林、山杏林。方差分析结果：0~40cm 土层深度各植被类型土壤酸碱度之间差异性显著（$P<0.05$）；40~100cm 土层深度各植被类型土壤酸碱度无显著性差异（$P>0.05$）。

表 7-11　不同植被类型 0 ~ 100cm 深度土壤 pH

| 植被类型 | 0 ~ 20mm | 20 ~ 40mm | 40 ~ 60mm | 60 ~ 80mm | 80 ~ 100mm | 平均值 |
|---|---|---|---|---|---|---|
| 山杏林 | 8.32±0.06bcA | 8.30±0.08cA | 8.31±0.07cA | 8.35±0.11bA | 8.35±0.12bA | 8.32 |
| 山桃林 | 8.24±0.11cA | 8.32±0.11bcA | 8.36±0.13bcA | 8.36±0.14bA | 8.38±0.11bA | 8.33 |
| 沙棘林 | 8.40±0.04abB | 8.46±0.01abA | 8.47±0.01abcA | 8.47±0.01abA | 8.47±0.01abA | 8.45 |
| 混交林 | 8.50±0.01aC | 8.52±0.03aBC | 8.55±0.01aAB | 8.56±0.00aA | 8.57±0.01aA | 8.54 |
| 苜蓿地 | 8.39±0.04abA | 8.45±0.02abA | 8.41±0.08abcA | 8.48±0.06abA | 8.51±0.07abA | 8.45 |
| 撂荒地 | 8.46±0.05abA | 8.47±0.02aA | 8.50±0.03abA | 8.53±0.04abA | 8.52±0.03abA | 8.49 |

植被类型土壤酸碱度均随土层深度的加深呈现增加的趋势。方差分析显示：山杏林、山桃林、苜蓿地、撂荒地 4 种植被类型 0 ~ 100cm 土层深度之间土壤酸碱度均差异性不显著（$P>0.05$）；沙棘林、混交林在 0 ~ 100cm 土层深度之间土壤酸碱度有显著性差异（$P<0.05$）。

### 7.2.5.2　土壤有机质和全盐

土壤有机质是土壤中极为重要的一部分，对改善土壤的物理、化学性质，包括改善土壤的结构和酸碱性，增加土壤持水保肥能力，增强土壤的抗冲蚀能力，加快土壤的形成都有很大的影响（黄焱宁，2009；李文芳等，2004）。各植被类型土壤有机质含量和全盐含量如表 7-12 所示。0 ~ 40cm 土层深度各植被类型土壤有机质含量苜蓿地最多（分别为 33.55g/kg、30.53g/kg）；40 ~ 100cm 土层深度各植被类型土壤有机质含量混交林最多（分别为 9.73g/kg、8.10g/kg、6.59g/kg）。方差分析结果显示：0 ~ 80cm 各植被类型土壤有机质差异不显著（$P>0.05$）；80 ~ 100cm 各植被类型土壤有机质差异显著（$P<0.05$）。

山杏林、山桃林、沙棘林、苜蓿地、撂荒地 5 种植被类型土壤有机质均随土层深度的加深而减小，混交林地土壤有机质则呈先上升后下降的变化趋势。方差分析显示：山杏林、山桃林、沙棘林、苜蓿地 4 种植被类型 0 ~ 100cm 土层深度之间土壤有机质含量均差异性不显著（$P>0.05$）；混交林林、撂荒地 0 ~ 100cm 土层深度之间土壤有机质含量有显著性差异（$P<0.05$）。

各植被类型土壤全盐含量变化规律不一致，山杏林、山桃林全盐含量比其他植被类型多，平均值分别为 0.18g/kg、0.17g/kg，撂荒地全盐含量比其他植被类型少，平均值为 0.13g/kg。方差分析显示：0 ~ 80cm 土层深度各植被类型全盐含量差异不显著（$P>0.05$）；80 ~ 100cm 土层深度各植被类型全盐含量差异显著（$P<0.05$）。不同土层深度全盐含量变化不大，没有明显的变化趋势。方差分析结果显示：山杏林土壤全盐含量随土层深度变化差异显著（$P<0.05$）；山桃林、沙棘林、混交林、苜蓿地、撂荒地土壤全盐含量随土层深度变化均无显著性差异（$P>0.05$）。

**1）土壤氮**

土壤全氮较高，供氮能力相对高。土壤中全氮含量和速效氮含量如表 7-13 所示。各

**表 7-12 各植被类型土壤有机质含量和全盐含量**

| 土层深度/cm | 山杏 有机质含量/(g/kg) | 山杏 全盐含量/(g/kg) | 山桃 有机质含量/(g/kg) | 山桃 全盐含量/(g/kg) | 沙棘 有机质含量/(g/kg) | 沙棘 全盐含量/(g/kg) | 混交 有机质含量/(g/kg) | 混交 全盐含量/(g/kg) | 苜蓿 有机质含量/(g/kg) | 苜蓿 全盐含量/(g/kg) | 撂荒 有机质含量/(g/kg) | 撂荒 全盐含量/(g/kg) |
|---|---|---|---|---|---|---|---|---|---|---|---|---|
| 0~20 | 17.01±6.29aA | 0.21±0.01aA | 10.61±5.74aA | 0.17±0.00abA | 8.51±2.95aA | 0.18±0.06abA | 6.22±0.11aC | 0.13±0.00bB | 33.55±32.22aA | 0.14±0.01bA | 9.08±1.24aA | 0.14±0.01bA |
| 20~40 | 10.22±1.58aAB | 0.16±0.01aB | 5.34±1.00aA | 0.16±0.01aA | 10.32±5.43aA | 0.15±0.03aA | 13.76±0.48aA | 0.14±0.01aAB | 30.53±35.43aa | 0.15±0.00aA | 7.92±0.12aAB | 0.13±0.00aA |
| 40~60 | 7.43±2.42abB | 0.17±0.00aB | 4.67±0.29bA | 0.16±0.01aA | 6.19±0.25bA | 0.15±0.00abA | 9.73±2.02aB | 0.14±0.01bAB | 5.42±0.41bA | 0.14±0.01bA | 7.84±0.52abAB | 0.14±0.01bA |
| 60~80 | 6.54±2.11aB | 0.17±0.00aB | 4.97±0.01aA | 0.17±0.00aA | 5.27±0.84aA | 0.11±0.05bA | 8.10±0.10aBC | 0.15±0.00abAB | 6.40±2.25aA | 0.15±0.00abA | 6.57±0.35aB | 0.13±0.00abA |
| 80~100 | 5.40±0.31cdB | 0.17±0.00aB | 4.83±0.27dA | 0.17±0.01aA | 5.63±0.14cA | 0.14±0.01cdA | 6.59±0.12aC | 0.16±0.01abA | 5.74±4.63bcA | 0.15±0.00bcA | 6.44±0.16abB | 0.13±0.00dA |
| 平均值 | 9.32 | 0.18 | 6.08 | 0.17 | 7.18 | 0.15 | 8.88 | 0.14 | 16.33 | 0.15 | 7.57 | 0.13 |

**表 7-13 各植被类型土壤全氮含量和速效氮含量**

| 土层深度/cm | 山杏 全氮含量/(g/kg) | 山杏 速效氮含量/(mg/kg) | 山桃 全氮含量/(g/kg) | 山桃 速效氮含量/(mg/kg) | 沙棘 全氮含量/(g/kg) | 沙棘 速效氮含量/(mg/kg) | 混交 全氮含量/(g/kg) | 混交 速效氮含量/(mg/kg) | 苜蓿 全氮含量/(g/kg) | 苜蓿 速效氮含量/(mg/kg) | 撂荒 全氮含量/(g/kg) | 撂荒 速效氮含量/(mg/kg) |
|---|---|---|---|---|---|---|---|---|---|---|---|---|
| 0~20 | 0.97±0.40aA | 69.70±20.51aA | 0.63±0.32aA | 54.70±25.31aA | 0.77±0.23aA | 54.20±16.40aA | 0.76±0.04aA | 71.65±19.16aA | 0.61±0.01aA | 46.95±2.05aA | 0.55±0.12aA | 34.85±4.17aA |
| 20~40 | 0.59±0.11aAB | 63.85±15.06aA | 0.30±0.05cA | 25.20±4.10bAB | 0.42±0.08abcB | 29.05±8.27aB | 0.55±0.13aAB | 44.05±11.67abAB | 0.35±0.13bcB | 41.60±30.12abA | 0.48±0.00abcAB | 27.10±0.00abAB |
| 40~60 | 0.45±0.12aAB | 27.10±1.41aB | 0.28±0.02aA | 27.60±7.50aAB | 0.37±0.05aB | 24.70±4.81aB | 0.38±0.04aBC | 42.60±13.72aAB | 0.31±0.13aB | 30.00±13.72aA | 0.43±0.04aAB | 36.30±3.39aA |
| 60~80 | 0.41±0.16aB | 27.60±11.60aB | 0.31±0.00aA | 16.00±0.71aB | 0.34±0.01aB | 21.30±1.41aB | 0.31±0.00aC | 29.55±11.67aB | 0.27±0.07aB | 14.05±6.15aA | 0.33±0.08aB | 28.10±12.30aAB |
| 80~100 | 0.33±0.01aB | 26.85±7.14aB | 0.30±0.03aA | 28.55±14.35aAB | 0.32±0.02aB | 21.30±3.39aB | 0.31±0.02aC | 22.05±8.56aB | 0.29±0.04aB | 20.30±17.82aA | 0.34±0.07aB | 18.40±1.41aB |
| 平均值 | 0.55 | 43.02 | 0.36 | 30.41 | 0.44 | 30.11 | 0.46 | 41.98 | 0.37 | 30.58 | 0.43 | 28.95 |

表 7-14 各植被类型土壤全磷含量和速效磷含量

| 土层深度/cm | 山杏 | | 山桃 | | 沙棘 | | 混交 | | 苜蓿 | | 撂荒 | |
|---|---|---|---|---|---|---|---|---|---|---|---|---|
| | 全磷含量/(g/kg) | 速效磷含量/(mg/kg) | 全磷含量/(g/kg) | 速效磷含量/(mg/kg) | 全磷含量/(g/kg) | 速效磷含量/(mg/kg) | 全磷含量/(g/kg) | 速效磷含量/(mg/kg) | 全磷含量/(g/kg) | 速效磷含量/(mg/kg) | 全磷含量/(g/kg) | 速效磷含量/(mg/kg) |
| 0~20 | 0.73±0.01aa | 17.56±12.93aa | 0.66±0.05abA | 13.35±13.93aA | 0.56±0.08bcA | 7.25±5.02aA | 0.49±0.12cA | 3.20±0.14aB | 0.81±0.01aA | 4.50±1.13aA | 0.73±0.03aA | 4.95±0.21aA |
| 20~40 | 0.74±0.02aa | 3.20±0.71bA | 0.67±0.01aA | 16.07±2.36aA | 0.50±0.03bA | 8.75±7.99abA | 0.49±0.11bA | 9.50±0.00abA | 0.74±0.07aA | 3.85±1.34bA | 0.79±0.07aA | 3.45±0.50bA |
| 40~60 | 0.36±0.41aa | 6.55±2.05aA | 0.68±0.04aA | 2.95±0.50aA | 0.53±0.06aA | 11.60±2.69aA | 0.53±0.01aA | 3.55±1.91bB | 0.75±0.01aA | 8.95±8.84aA | 0.77±0.01aA | 5.95±4.31aA |
| 60~80 | 0.67±0.01bcA | 10.41±10.62aA | 0.70±0.02abcA | 7.42±3.99aA | 0.61±0.07bcA | 9.35±2.33aA | 0.57±0.05cA | 4.30±0.42aB | 0.83±0.13aA | 6.40±4.95aA | 0.76±0.02abA | 9.20±4.53aA |
| 80~100 | 0.71±0.01abA | 4.95±2.62bcA | 0.73±0.02abA | 12.30±4.10aA | 0.61±0.06bA | 5.45±2.05bcA | 0.65±0.06abA | 2.50±0.42cB | 0.72±0.08abA | 3.80±1.13bcA | 0.74±0.01aA | 9.60±3.96abA |
| 平均值 | 0.64 | 8.53 | 0.69 | 10.42 | 0.56 | 8.48 | 0.54 | 4.61 | 0.77 | 5.50 | 0.76 | 6.63 |

表 7-15 各植被类型土壤全钾含量和速效钾含量

| 土层深度/cm | 山杏 | | 山桃 | | 沙棘 | | 混交 | | 苜蓿 | | 撂荒 | |
|---|---|---|---|---|---|---|---|---|---|---|---|---|
| | 全钾含量/(g/kg) | 速效钾含量/(mg/kg) | 全钾含量/(g/kg) | 速效钾含量/(mg/kg) | 全钾含量/(g/kg) | 速效钾含量/(mg/kg) | 全钾含量/(g/kg) | 速效钾含量/(mg/kg) | 全钾含量/(g/kg) | 速效钾含量/(mg/kg) | 全钾含量/(g/kg) | 速效钾含量/(mg/kg) |
| 0~20 | 9.99±1.33bA | 57.58±26.86aA | 11.46±0.33abAB | 31.39±0.40aA | 11.93±0.15aA | 27.10±3.54aA | 22.39±10.90aA | 29.01±2.88B | 13.95±0.41aA | 43.01±5.18abAB | 12.32±3.70abA | 31.87±6.65aA |
| 20~40 | 9.61±1.65bA | 42.62±5.73aA | 11.19±0.95abB | 37.81±10.57aA | 12.45±0.74abA | 37.91±12.00aA | 20.42±9.23aA | 40.99±2.47aA | 14.11±0.11abA | 54.07±6.89aA | 12.04±1.52abA | 48.47±0.27aA |
| 40~60 | 11.18±0.41bA | 31.37±0.39abA | 12.83±0.66abAB | 28.68±3.66aA | 12.00±1.94bA | 26.40±0.95bA | 23.26±10.74aA | 27.55±4.57abB | 14.24±1.03aA | 34.76±0.52abA | 13.26±0.52abA | 35.62±6.3aA |
| 60~80 | 11.02±0.54bA | 27.37±1.43aA | 12.24±0.04abAB | 28.17±1.84aA | 12.99±0.22abA | 27.29±1.24aA | 22.26±10.21aA | 27.45±1.39aB | 14.44±0.43abA | 34.45±4.25aB | 13.95±0.13abA | 32.35±8.32aA |
| 80~100 | 11.30±0.45aA | 27.90±0.27aA | 12.80±0.20aA | 29.61±1.32aA | 12.28±0.33aA | 27.06±2.92aA | 18.71±10.37aA | 28.63±1.47aB | 13.66±0.74aA | 35.07±5.21aB | 14.25±0.30aA | 32.32±8.29aA |
| 平均值 | 10.62 | 37.37 | 12.10 | 31.13 | 12.33 | 29.15 | 21.41 | 30.72 | 14.08 | 40.27 | 13.16 | 36.12 |

植被类型土壤全氮含量山杏相对多（平均值为 0.55g/kg），山桃林含量相对较少（平均值为 0.36g/kg），大小顺序为山杏林>混交林>沙棘林>撂荒地>苜蓿地>山桃林。各植被类型土壤全氮含量在 0~100cm 土层深度之间差异性均不显著（$P>0.05$）。

各植被类型土壤全氮含量均随土层深度的加深而减小。方差分析显示：沙棘林和混交林土壤全氮含量随土层深度加深变化有显著性差异（$P<0.05$）；其他植被类型土壤全氮含量随土层深度加深变化均无显著性差异（$P>0.05$）。

各植被类型土壤速效氮含量山杏林、混交林含量相对较多（平均值分别为 43.02mg/kg、41.98mg/kg），撂荒地含量相对较少（平均值为 28.95mg/kg），大小顺序为山杏林>混交林>苜蓿地>山桃林>沙棘林>撂荒地。各植被类型之间土壤速效氮含量均差异性不显著（$P>0.05$）。各植被类型土壤速效氮含量随土层深度的变化同土壤全氮含量，随着土层深度的加深土壤速效氮含量明显减少。山杏林土壤速效氮含量随土层深度变化显著，其他植被类型土壤速效氮含量随土层深度的变化均不显著。

**2）土壤磷**

土壤速效磷是土壤中可被植被吸收的磷组分，是土壤磷素养分供应水平高低的指标。各植被类型土壤全磷含量和速效磷含量如表 7-14 所示。各植被类型土壤全磷含量苜蓿地和撂荒地相对多（平均值分别为 0.77g/kg、0.76g/kg），沙棘林、混交林全磷含量相对少（平均值分别为 0.56g/kg、0.54g/kg），大小顺序为山杏林>混交林>沙棘林>撂荒地>苜蓿地>山桃林。0~40cm、60~80cm 土层深度各植被类型土壤全磷含量差异性显著（$P<0.05$）；40~60cm、80~100cm 土层深度各植被类型全磷含量差异不显著（$P>0.05$）。各植被类型土壤全磷含量随土层深度的变化规律不一致，山杏林土壤全磷含量随土层深度的加深先减少后增加；山桃林、混交林土壤全磷含量随土层深度的加深呈上升趋势；沙棘林、苜蓿地、撂荒地土壤全磷含量随土层深度的加深变化规律不明显。6 种植被类型土壤全磷含量随土层深度加深变化均差异性不显著（$P>0.05$）。

各植被类型土壤速效磷含量山桃林相对多（平均值为 10.42mg/kg），混交林含量相对少（平均值为 4.61mg/kg），大小顺序为山桃林>山杏林>沙棘林>撂荒地>苜蓿地>混交林。各植被类型速效磷含量均无显著性差异（$P>0.05$）。

各植被类型土壤速效磷含量随土层深度的加深而波动，无明显的变化规律，除撂荒地以外其他植被类型速效磷含量随土层加深总体呈下降趋势，撂荒地呈上升趋势。方差分析结果显示，各植被类型之间土壤速效磷含量随土层深度加深变化均差异性不显著（$P>0.05$）。

**3）土壤钾**

土壤速效钾是可以被植物直接吸收利用，因此研究土壤中速效钾含量，可判断土壤肥力，有重要实践意义。各植被类型土壤全钾含量和速效钾含量如表 7-15 所示。除混交林以外其他各植被类型全钾含量相差不大，混交林含量相对较多（平均值为 21.41g/kg），山杏林含量相对较少（平均值为 10.62g/kg），大小顺序为混交林>苜蓿地>撂荒地>沙棘林>山桃林>山杏林。0~100cm 各植被类型之间土壤全钾含量差异均不显著（$P>0.05$）。

山杏林、山桃林、沙棘林、撂荒地 4 种植被类型土壤全钾含量随土层深度的加深而增大，混交林和苜蓿地土壤全钾含量随土层深度的加深反而减少。方差分析结果显示，6 种植被类型土壤全钾含量随土层深度的变化均无显著性差异（$P>0.05$）。

各植被类型土壤速效钾含量苜蓿地、山杏林相对多（平均值分别为 40.27mg/kg、37.37mg/kg），沙棘林速效钾含量相对低（平均值为 29.15mg/kg），大小顺序为苜蓿地>山杏林>撂荒地>山桃林>混交林>沙棘林，0～100cm 各植被类型之间土壤速效钾含量差异均不显著（$P>0.05$）。

山杏林、山桃林土壤速效钾含量随土层深度的加深而减少；沙棘林、混交林、苜蓿地、撂荒地 4 种植被类型土壤速效钾含量随土层深度的加深先增加，在 20～40cm 时达到最大值，之后减少。方差分析结果显示：混交林和苜蓿地土壤速效钾含量随土层深度的加深变化有显著性的差异（$P<0.05$）；其他植被类型土壤速效钾含量随土层深度变化均无显著性差异（$P>0.05$）。

**4）土壤 C∶N、C∶P、N∶P**

各植被类型土壤 C∶N、C∶P、N∶P 如图 7-4 所示。C∶N 是指土壤有机质中的有机碳和全氮含量之比，其大小反映了微生物对土壤有机质的分解转化能力。不同土层各植被类型土壤 C∶N、C∶P、N∶P 变化规律均不一致。0～20cm 土层深度土壤 C∶N 大小顺序为苜蓿地>山杏林>山桃林>撂荒地>沙棘林>混交林；20～40cm 土层深度土壤 C∶N 大小顺序为苜蓿地>混交林>沙棘林>山桃林>山杏林>撂荒地；40～60cm 土层深度土壤 C∶N 大小顺序为混交林>苜蓿地>撂荒地>沙棘林>山桃林>山杏林；60～80cm、80～100cm 土层深度土壤 C∶N 大小顺序与 40～60cm 的相似。

0～20cm 土层深度土壤 C∶P 大小顺序为苜蓿地>山杏林>山桃林>沙棘林>混交林>撂荒地；20～40cm 土层深度土壤 C∶P 大小顺序为苜蓿地>混交林>沙棘林>山杏林>撂荒地>山桃林；40～60cm 土层深度土壤 C∶P 大小顺序为山杏林>混交林>沙棘林>撂荒地>苜蓿地>山桃林；60～80cm 土层深度土壤 C∶P 大小顺序为混交林>山杏林>撂荒地>沙棘林>苜蓿地>山桃林；80～100cm 土层深度土壤 C∶P 大小顺序为混交林>沙棘林>撂荒地>苜蓿地>山杏林>山桃林。

0～20cm 土层深度土壤 N∶P 大小顺序为混交林>沙棘林>山杏林>山桃林>撂荒地>苜蓿地；20～40cm 土层深度土壤 N∶P 大小顺序与 0～20cm 的相似；40～60cm 土层深度土壤 N∶P 大小顺序为山杏林>混交林>沙棘林>撂荒地>苜蓿地>山桃林；60～80cm 土层深度土壤 N∶P 大小顺序与 40～60cm 的相似；80～100cm 土层深度土壤 N∶P 大小顺序为沙棘林>混交林>撂荒地>山杏林>山桃林>苜蓿地。

0～40cm 土层深度土壤 C∶N、C∶P 苜蓿地相对较大，N∶P 混交林相对大，其他植被类型之间变化不明显；40～100cm 土层深度土壤 C∶N、C∶P、N∶P 混交林和山杏林相对大，其他植被类型之间变化不明显。

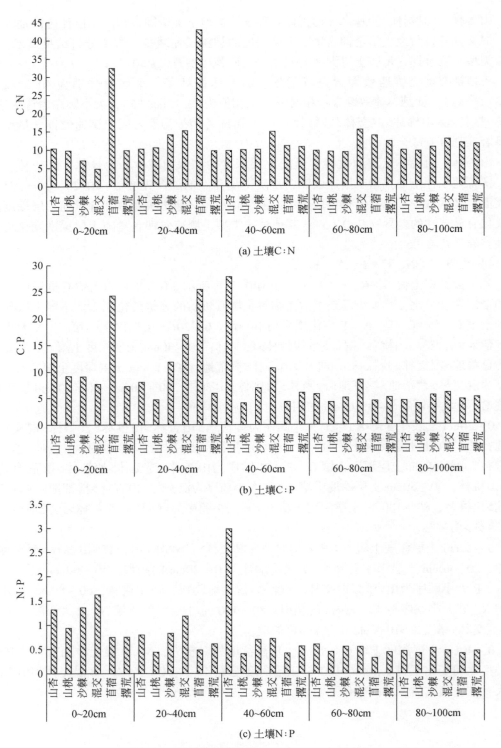

(a) 土壤C∶N

(b) 土壤C∶P

(c) 土壤N∶P

图7-4  各植被类型土壤 C∶N、C∶P、N∶P

## 7.2.6 不同林草生态恢复模式对草本植物群落的影响

植被是地球表面最重要的生态系统类型之一，具有维护全球 $CO_2$ 平衡和水分循环等重要的生态功能。植被作为重要的生态因子，是防止地面水土流失最积极的因素。随着人类对自然生态环境的不断干预，生态系统的类型在减少，物种多样性在降低，人类将面临一系列的生态环境危机。尤其是在我国半干旱黄土丘陵区，由于各种因素的影响，造成植被稀疏，水土流失严重，生态环境逐步恶化。

植物多样性是生物多样性的重要组成部分，也一直是生态学家研究的重点内容之一。不同的植被类型对植物多样性有较大影响，主要表现在两个方面，一是对植物物种组成和数量的影响，二是对植物群落结构特征的影响。对比分析不同植被类型的植物多样性也是进行土地利用合理规划的基础，不仅对黄土高原干旱半干旱地区植物多样性的保护具有重要意义，而且可为该区植被恢复与重建模式的确定提供参考依据。本研究针对宁南半干旱黄土丘陵区日益退化的生态环境，为继续追踪不同植被恢复模式下草地植物群落的恢复演替状况，在植物生长旺季7月，课题组采用典型样地调查方法，对研究区7个具有代表性的不同植被类型样地（山杏纯林、沙棘纯林、山桃纯林、山杏×柠条混交林、山杏×沙棘混交林、撂荒地、荒山自然坡面）群落多样性进行了初步调查，通过采用群落多样性指数计算，比较分析了半干旱黄土丘陵区不同植被恢复类型草地物种组成、物种丰富度指数、多样性指数和均匀度指数等；探讨了半干旱黄土丘陵区退化生态系统恢复过程中不同人工植被恢复模式下草本层物种组成和群落结构特征，为研究地区植被恢复与生态建设提供了科学决策。

### 7.2.6.1 群落物种组成

植物种类组成是群落的重要特征之一，是决定群落性质及鉴别不同群落类型的主要因素。在植物生长旺季8月，通过对半干旱黄土丘陵区不同植被恢复类型草地植物群落植物种类组成调查发现，不同类型植被的物种组成各不相同。

由表7-16可以看出，植物的种类组成在不同植被类型之间有明显差异。在林地类型中除沙棘纯林外，两种混交林和其他两种纯林的植物物种组成较丰富。其中以山杏×柠条混交林群落种类组成最丰富，杂草类占总种数的20%，禾本科、豆科、菊科、蔷薇科分别占15%、20%、15%、25%，并伴生有少量的灌丛。沙棘纯林的群落种类组成在林地中相对简单，各生活型所占比例相差不大。另外，林地草本层植物种类组成明显高于荒山自然坡面和撂荒地群落种类组成，这与生境条件有很大关系。总体呈现多年生草本与一年生草本伴生，且多年生草本优势较明显。从整个调查区域草本植物生长习性来看，主要在4类群，即禾本科植物、豆科植物、菊科植物和蔷薇科植物植被类型中出现的频率较高。

**表7-16 不同植被恢复模式下草本植物科属及种类组成**

| 植被类型 | | 山杏 | 沙棘 | 山桃 | 山杏×沙棘 | 山杏×柠条 | 天然草地 | 撂荒地 |
|---|---|---|---|---|---|---|---|---|
| 灌木 | | 0 | 0 | 0 | 0 | 0 | 0 | 0 |
| 半灌木 | | 2 | 3 | 3 | 2 | 3 | 3 | 1 |
| 多年生草本 | 禾本科草类 | 3 | 2 | 4 | 4 | 4 | 3 | 3 |
| | 豆科草类 | 3 | 3 | 3 | 3 | 3 | 3 | 3 |
| | 菊科草类 | 5 | 4 | 4 | 5 | 5 | 4 | 3 |
| | 蔷薇科草类 | 4 | 4 | 4 | 3 | 4 | 4 | 2 |
| | 杂草类 | 3 | 3 | 4 | 4 | 4 | 2 | 1 |
| 一年生 | | 1 | 1 | 1 | 1 | 1 | 0 | 1 |
| 物种数 | | 18 | 16 | 19 | 19 | 20 | 16 | 12 |

### 7.2.6.2 主要植物种类及重要值

群落植物物种的分布及组成受群落本身的物种特征、环境条件（如水分、光照、热）等多种因素的影响。组成群落的植被类型不同，草本层植物的组成和分布都会有很大差异。另外，如果坡度、坡向和海拔不同，植物群落特征也会有差异。植被优势种的差异在一定程度上体现了群落结构特征的多样性。

重要值是衡量不同物种在群落中优势地位的指标，是确定群落中优势种的重要依据。重要值是一个综合指标，可以较好地反映某个物种在群落中的地位和作用，由相对盖度、相对密度、相对高度和相对频度综合而成。由表7-17可以看出，不同植被恢复类型草本层植物群落的组成及其重要值变化明显不同。

山杏纯林草本层由18种植物组成，重要值最大的是百里香（为24.178），它是该林分草本层的优势种；其次为委陵菜、本氏针茅、西山委陵菜、达乌里胡枝子（重要值分别为13.392、8.804、8.536、7.613），为草本层的共优势种；其他重要值较大的有二裂委陵菜、糙隐子、阿尔泰狗娃花、棘豆、猪毛蒿、紫花地丁、赖草（重要值在2~8之间），是草本层的常见种。

沙棘纯林草本层由16种植物组成，重要值最大的是达乌里胡枝子（为16.973），它是该林分草本层的优势种；其次为猪毛蒿、本氏针茅、星毛委陵菜、西山委陵菜、糙隐子（重要值分别为16.571、15.701、9.481、9.178、7.883），为草本层的共优势种；其他重要值较大的有百里香、二裂委陵菜、阿尔泰狗娃花、棘豆、委陵菜（重要值为在2~6之间）。

山桃纯林草本层由19种植物组成，重要值最大的是西山委陵菜（为18.225），它是该林分草本层的优势种；其次为本氏针茅、猪毛蒿、委陵菜、阿尔泰狗娃花（重要值分别为15.106、13.375、9.343、7.585），为草本层的共优势种；其他重要值较大的有达乌里胡枝子、百里香、赖草、二裂委陵菜、硬质早熟禾、糙隐子（重要值在1~7之间）。

山杏×沙棘（混交林）草本层由18种植物组成，重要值最大的是百里香（为19.705），它是该林分草本层的优势种；其次为达乌里胡枝子、西山委陵菜、本氏针茅

（重要值分别为 16.270、14.611、11.314），为草本层的共优势种；其他重要值较大的有猪毛蒿、赖草、阿尔泰狗娃花、糙隐子、硬质早熟禾、二裂委陵菜、委陵菜（重要值在 2 ~ 8 之间），是草本层的常见种。

山杏×柠条（混交林）草本层由 20 种植物组成，重要值最大的是本氏针茅（为 14.704），它是该林分草本层的优势种；其次为西山委陵菜、二裂委陵菜、百里香、阿尔泰狗娃花（重要值分别为 9.581、9.535、8.989、8.272），为草本层的共优势种；其他重要值较大的有委陵菜、糙隐子、达乌里胡枝子、猪毛蒿、牻牛儿苗、星毛委陵菜、赖草、棘豆（重要值在 1 ~ 7 之间），是草本层的常见种。

荒山自然坡面草本层由 16 种植物组成，重要值最大的是甘肃蒿（为 14.569），它是该坡面草本层的优势种；其次为西山委陵菜、达乌里胡枝子、本氏针茅和阿尔泰狗娃花（重要值分别为 12.772、10.888、8.899、8.711），为草本层的优势种；其他重要值较大的有百里香、猪毛蒿、星毛委陵菜、花苜蓿、委陵菜、二裂委陵菜、棘豆、赖草等（重要值在 1 ~ 8 之间）。

摞荒地由 12 种植物组成，重要值最大的是猪毛蒿（为 45.837），它是该弃耕摞荒地草本群落的优势种；其次为本氏针茅、硬质早熟禾、米口袋和赖草（重要值分别为 12.068、9.929、9.638、6.658），为草本层的优势种；其他重要值较大的有棘豆、达乌里胡枝子和委陵菜等（重要值在 1 ~ 8 之间）。

在这 7 种不同的植被类型和荒山自然坡面中共记录了林下草本植物种类 26 种。其中，林地中以山杏×柠条混交林林下植物种类最丰富，为 20 种；山杏纯林的林下种类为 18 种；山桃林的林下种类为 19 种。沙棘林的林下种类仅为 16 种，与荒山植物种类相同；在所有的植被类型中，相比林地和荒山，摞荒地植物群落最少，仅为 12 种。5 种林分下均具有明显的优势种和次优势种，百里香、本氏针茅、西山委陵菜在 5 种以上林分中都有较高的重要值，达乌里胡枝子、二裂委陵菜、猪毛蒿、委陵菜等在 3 种林分中有较高的重要值。通过有林地、荒山自然坡面和弃耕摞荒地的植物种类的重要值可以明显看出，荒山自然坡面以甘肃蒿为优势种，有林地中极少发现。摞荒地以一年生的猪毛蒿为优势种，仅在沙棘林和山桃林中比较突出。总体反映出人工造林整地措施后植物群落的演替发生了重要的变化，而且不同的林分类型草本层植物群落的组成及重要值变化差异明显。

表 7-17　7 月主要植物种类及重要值变化

| 物种名称 | 山杏林<br>重要值 | 沙棘林<br>重要值 | 山桃林<br>重要值 | 山杏×沙棘<br>（混交林）<br>重要值 | 山杏×柠条<br>（混交林）<br>重要值 | 荒山坡面<br>重要值 | 摞荒地<br>重要值 |
|---|---|---|---|---|---|---|---|
| 本氏针茅 | 8.804 | 15.701 | 15.106 | 11.314 | 14.704 | 8.899 | 12.068 |
| 阿尔泰狗娃花 | 5.440 | 3.390 | 7.585 | 5.534 | 8.272 | 8.711 | 0.390 |
| 达乌里胡枝子 | 7.613 | 16.973 | 6.923 | 16.270 | 5.390 | 10.888 | 5.932 |
| 百里香 | 24.178 | 5.058 | 6.848 | 19.705 | 8.989 | 7.363 | 0.000 |
| 二裂委陵菜 | 7.097 | 3.968 | 4.846 | 3.193 | 9.535 | 3.972 | 0.567 |

| 物种名称 | 山杏林<br>重要值 | 沙棘林<br>重要值 | 山桃林<br>重要值 | 山杏×沙棘<br>（混交林）<br>重要值 | 山杏×柠条<br>（混交林）<br>重要值 | 荒山坡面<br>重要值 | 撂荒地<br>重要值 |
|---|---|---|---|---|---|---|---|
| 星毛委陵菜 | 3.628 | 9.481 | 0.840 | 0.000 | 4.024 | 4.934 | 0.000 |
| 西山委陵菜 | 8.536 | 9.178 | 18.225 | 14.611 | 9.581 | 12.772 | 0.000 |
| 棘豆 | 5.115 | 3.006 | 1.108 | 0.177 | 1.719 | 2.677 | 5.998 |
| 糙隐子 | 6.223 | 7.883 | 1.988 | 4.745 | 6.543 | 5.507 | 0.000 |
| 紫花地丁 | 2.380 | 1.633 | 0.089 | 0.703 | 1.828 | 0.000 | 0.278 |
| 委陵菜 | 13.392 | 2.743 | 9.343 | 2.993 | 6.792 | 4.519 | 1.805 |
| 蒲公英 | 0.293 | 0.000 | 0.572 | 0.246 | 0.123 | 0.000 | 0.000 |
| 猪毛蒿 | 3.538 | 16.571 | 13.375 | 7.226 | 4.476 | 6.872 | 45.837 |
| 火绒草 | 0.725 | 0.550 | 0.000 | 0.490 | 0.000 | 0.000 | 0.000 |
| 草木樨状黄芪 | 0.149 | 0.000 | 0.000 | 0.000 | 0.000 | 0.000 | 0.000 |
| 赖草 | 2.210 | 0.000 | 6.123 | 6.437 | 2.552 | 1.513 | 6.658 |
| 蚓果芥 | 0.149 | 0.000 | 0.000 | 0.000 | 0.000 | 0.000 | 0.000 |
| 凤毛菊 | 0.529 | 0.000 | 0.000 | 0.177 | 0.000 | 0.000 | 0.000 |
| 花苜蓿 | 0.000 | 0.761 | 0.734 | 0.674 | 7.903 | 4.665 | 0.000 |
| 狼毒 | 0.000 | 0.000 | 0.472 | 0.000 | 2.355 | 1.235 | 0.000 |
| 牦牛儿苗 | 0.000 | 1.450 | 0.407 | 0.815 | 4.224 | 0.000 | 0.000 |
| 硬质早熟禾 | 0.000 | 0.000 | 4.179 | 4.279 | 0.134 | 0.000 | 0.000 |
| 冷蒿 | 0.000 | 1.655 | 1.237 | 0.000 | 0.735 | 0.901 | 9.929 |
| 狭叶山苦麦 | 0.000 | 0.000 | 0.000 | 0.000 | 0.121 | 0.000 | 0.000 |
| 甘肃蒿 | 0.000 | 0.000 | 0.000 | 0.000 | 0.000 | 14.569 | 0.901 |
| 米口袋 | 0.000 | 0.000 | 0.000 | 0.000 | 0.000 | 0.000 | 9.638 |

### 7.2.6.3 草本植物物种多样性比较分析

群落的多样性主要表现在丰富度、均匀度、生态优势度和生物量等方面，植物种的丰富度是决定物种多样性的主要因子，均匀度表示物种在群落内分布的均匀程度，即群落内物种个体数越接近，均匀度越大；反之则越小。生态优势度的变化趋势与多样性的变化趋势相反，即物种多样性较低的群落表现出较高的生态优势度，而多样性较高的群落，其生态优势度偏低。较高的生态优势度反映群落内建群种或优势种较突出，个体数明显高于一般种；较低的生态优势度则反映群落内物种间竞争较弱，配置趋于均匀。

**1）物种丰富度**

在任何生态类型中，植物种的丰富度是决定物种多样性的主要因子，分析植物群落物种丰富度是物种多样性研究的基础。由图 7-5 可以看出，从两个指数上均反映出不同植被恢复模式下植物群落的丰富度指数依次表现为山杏×柠条>山杏×沙棘=山桃纯林>山杏纯林>沙棘纯林>荒山自然坡面>撂荒地，从两个指数上都反映出混交林样地植物群落丰富度比纯林高，山杏×柠条混交林分别为4.125、2.0，山杏×沙棘混交林分别为3.909、1.9；其次是山杏纯林（分别为3.691、1.8），沙棘纯林和荒山自然坡面的丰富度相同（均为3.257、1.6），撂荒地的丰富度最低（为2.389、1.2）。究其原因，沙棘纯林可能是因其郁闭度太大（达0.75），受茂密林冠的阻挡，到达林内的光照少，影响了一些喜光植物的定居和发展所致。

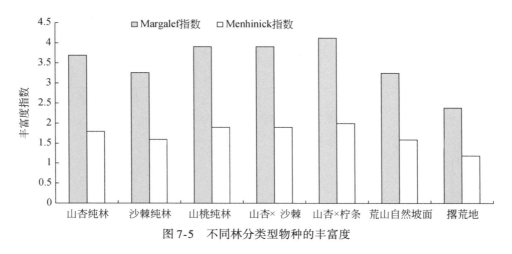

图 7-5　不同林分类型物种的丰富度

### 2）均匀度

均匀度表示物种在群落内分布的均匀程度，即群落内物种个体数越接近，均匀度越大；反之则越小。

由图7-6可以看出，从三个均匀度指数上均反映出不同植被恢复模式均匀度指数基本表现为荒山自然坡面>山杏×柠条>沙棘纯林>山杏纯林>山桃纯林>山杏×沙棘>撂荒地；山杏×柠条（混交林）和荒山坡面样地的植物群落均匀度要略高于山杏纯林、沙棘纯林、山桃林和山杏×沙棘（混交林）的样地，主要是由不同林分配置对植物群落个体的影响造成的，山杏×柠条（混交林）样地植物群落中，以本氏针茅为建群种，群落内其余各物种间的竞争较弱，而使种群的个体分布较均匀，从而表现出较高的均匀度，出现最大值。

### 3）生态优势度

生态优势度的变化趋势与多样性的变化趋势相反，即物种多样性较低的群落表现出较高的生态优势度，而多样性较高的群落，其生态优势度偏低。较高的生态优势度反映群落内建群种或优势种较突出，个体数明显高于一般种；较低的生态优势度则反映群落内物种间竞争较弱，配置趋于均匀。

由图7-7可以看出，不同植被恢复模式下植物群落生态优势度的变化依次表现为撂荒地>山杏×沙棘>山杏纯林>沙棘纯林>山桃纯林>荒山自然坡面>山杏×柠条，反映撂荒地最高，其次是出山杏×沙棘（混交林）较高，山杏×柠条（混交林）和荒山自然坡面的较低。

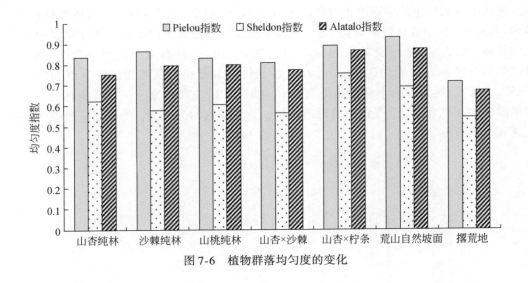

图 7-6　植物群落均匀度的变化

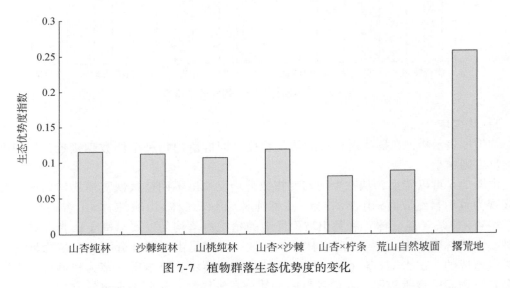

图 7-7　植物群落生态优势度的变化

山杏纯林、沙棘纯林和山桃纯林的相近，沙棘纯林由于郁闭度较高，群落内以达乌里胡枝子、猪毛蒿为优势种非常突出，其个体数明显高于其他一般种。

**4）物种多样性的变化**

物种多样性指数是群落物种丰富度和均匀度的综合反映，是评价系统结构、功能复杂性及其生态异质性的重要参数，是定量认识群落生态组织及生物–生态学特性的主要测度依据。

由图 7-8 可以明显看出，两种指数计算出的群落的多样性均为山杏×柠条（混交林）和荒山自然坡面较高，其次是山桃纯林、山杏纯林、沙棘纯林，山杏×沙棘（混交林）最低，这主要与其林冠郁闭度过大，导致林地水分养分被大量消耗以及林地下光照不足有直接关系。因此，为了保持林下丰富的植物多样性应进行适当的间伐和抚育。

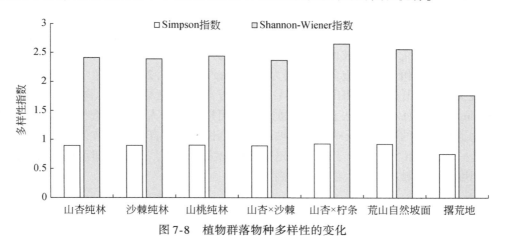

图7-8　植物群落物种多样性的变化

**5）植物群落总盖度的变化**

植物的盖度是构成植物产量的一个重要因素，一般情况下，与其生物量构成成正比。同时，它也是衡量植物生态系统恢复与退化程度的重要标志。

由于林分配置的不同，植物群落的总盖度也存在一定的差异，由图7-9可以看出，山桃纯林地植物群落的总盖度最大（达到了87.67%），山杏纯林的次之（为87%），其他依次为山杏×柠条（混交林）（为81.67%）、沙棘纯林（为81.33%）、山杏×沙棘（混交林）（为77.67%），荒山自然坡面样地的最小（为75.67%）。

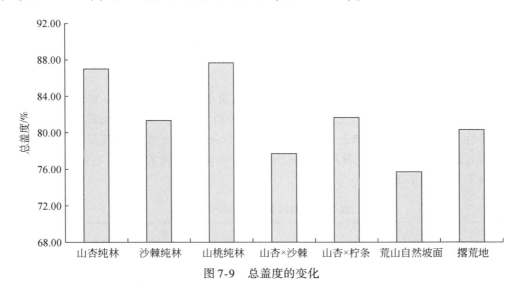

图7-9　总盖度的变化

**6）植物群落生物量的变化**

植物群落生物量的大小，是衡量植物光合作用大小和植物生长程度的重要标志之一，也是反映植物生态系统退化和恢复程度的一个重要指标。一般情况下，生物量越大，说明植物生长较旺盛，植被恢复状况较好。

由图 7-10 可以看出，不同林分配置下植物群落生物量变化差异较显著，植物群落生物量最大值出现在荒山自然坡面中（鲜重和干重分别达到为 337.65g/m$^2$、163.55g/m$^2$）；其次为沙棘纯林（鲜重和干重分别达到为 331.16g/m$^2$、158.27g/m$^2$）；其他依次为山杏×沙棘（混交林）、山桃纯林和山杏纯林；山杏×柠条（混交林）的生物量最小（分别为151.39g/m$^2$、72.51g/m$^2$）。从上面的数据分析也可以看出，人工整地造林后对坡面草本层物种生物量有较大的影响，反映出荒山坡面植被生长旺盛，自然恢复效果较好。另外，由于沙棘是一种分蘖生长植物，其根系能迅速分蘖出大量幼苗，几年中即可达到较大的生物量和郁闭度，故沙棘林样地生物量也较高。

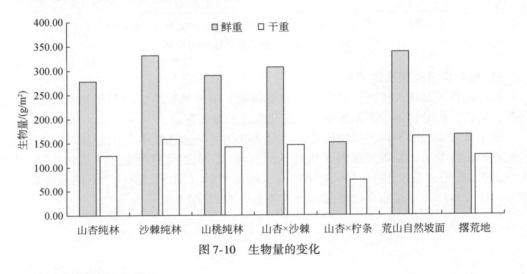

图 7-10　生物量的变化

### 7）植被多样性的差异

对不同植被恢复模式下的草本层植物物种丰富度（$R$）、Shannon-Wiener 指数（$H$）、Simpson 指数（$D$）和均匀度指数（$J$）进行方差分析，探索几种植被模式下物种各指数之间的差异性，方差分析结果如表 7-18 所示。由表 7-18 可知，6 种植被类型草本层物种丰富度和 Simpson 指数均存在显著差异，采用 LSD 在 $\alpha = 0.05$ 的水平上对它们进行多重比较，结果如表 7-19、表 7-20 所示。

表 7-18　物种多样性方差分析结果

| 项目 | $R$ | $H$ | $D$ | $J$ |
| --- | --- | --- | --- | --- |
| $F$ 值 | 4.748 | 0.593 | 5.431 | 1.321 |
| $P$ 值 | 0.0126 | 0.7063 | 0.0077 | 0.3191 |

注：$P < 0.05$ 为差异显著。

表 7-19　不同植被类型草本层物种丰富度多重比较

| 植被类型 | | 均值差 | 标准误 | 显著性 | 95% 置信区间 | |
|---|---|---|---|---|---|---|
| | | | | | 下限 | 上限 |
| 1 | 2 | −0.072 382 4 | 0.217 147 2 | 0.745 | −0.545 506 | 0.400 741 |
| | 3 | −0.651 441 7* | 0.217 147 2 | 0.011 | −1.124 565 | −0.178 319 |
| | 4 | −0.289 529 7 | 0.217 147 2 | 0.207 | −0.762 653 | 0.183 594 |
| | 5 | −0.868 589 0* | 0.217 147 2 | 0.002 | −1.341 712 | −0.395 466 |
| | 6 | −0.361 912 1 | 0.217 147 2 | 0.121 | −0.835 035 | 0.111 211 |
| 2 | 1 | 0.072 382 4 | 0.217 147 2 | 0.745 | −0.400 741 | 0.545 506 |
| | 3 | −0.579 059 3* | 0.217 147 2 | 0.021 | −1.052 183 | −0.105 936 |
| | 4 | −0.217 147 2 | 0.217 147 2 | 0.337 | −0.690 270 | 0.255 976 |
| | 5 | −0.796 206 6* | 0.217 147 2 | 0.003 | −1.269 330 | −0.323 083 |
| | 6 | −0.289 529 7 | 0.217 147 2 | 0.207 | −0.762 653 | 0.183 594 |
| 3 | 1 | 0.651 441 7* | 0.217 147 2 | 0.011 | 0.178 319 | 1.124 565 |
| | 2 | 0.579 059 3* | 0.217 147 2 | 0.021 | 0.105 936 | 1.052 183 |
| | 4 | 0.361 912 1 | 0.217 147 2 | 0.121 | −0.111 211 | 0.835 035 |
| | 5 | −0.217 147 2 | 0.217 147 2 | 0.337 | −0.690 270 | 0.255 976 |
| | 6 | 0.289 529 7 | 0.217 147 2 | 0.207 | −0.183 594 | 0.762 653 |
| 4 | 1 | 0.289 529 7 | 0.217 147 2 | 0.207 | −0.183 594 | 0.762 653 |
| | 2 | 0.217 147 2 | 0.217 147 2 | 0.337 | −0.255 976 | 0.690 270 |
| | 3 | −0.361 912 1 | 0.217 147 2 | 0.121 | −0.835 035 | 0.111 211 |
| | 5 | −0.579 059 3* | 0.217 147 2 | 0.021 | −1.052 183 | −0.105 936 |
| | 6 | −0.072 382 4 | 0.217 147 2 | 0.745 | −0.545 506 | 0.400 741 |
| 5 | 1 | 0.868 589 0* | 0.217 147 2 | 0.002 | 0.395 466 | 1.341 712 |
| | 2 | 0.796 206 6* | 0.217 147 2 | 0.003 | 0.323 083 | 1.269 330 |
| | 3 | 0.217 147 2 | 0.217 147 2 | 0.337 | −0.255 976 | 0.690 270 |
| | 4 | 0.579 059 3* | 0.217 147 2 | 0.021 | 0.105 936 | 1.052 183 |
| | 6 | 0.506 676 9* | 0.217 147 2 | 0.038 | 0.033 554 | 0.979 800 |
| 6 | 1 | 0.361 912 1 | 0.217 147 2 | 0.121 | −0.111 211 | 0.835 035 |
| | 2 | 0.289 529 7 | 0.217 147 2 | 0.207 | −0.183 594 | 0.762 653 |
| | 3 | −0.289 529 7 | 0.217 147 2 | 0.207 | −0.762 653 | 0.183 594 |
| | 4 | 0.072 382 4 | 0.217 147 2 | 0.745 | −0.400 741 | 0.545 506 |
| | 5 | −0.506 676 9* | 0.217 147 2 | 0.038 | −0.979 800 | −0.033 554 |

* 表示均值差的显著性水平为 0.05。

注：1 表示山杏纯林；2 表示沙棘纯林；3 表示山桃纯林；4 表示山杏×沙棘；5 表示山杏×柠条；6 表示荒山自然坡面。

表 7-20　不同植被类型草本层物种 Simpson 多样性指数多重比较

| 植被类型 | | 均值差 | 标准误 | 显著性 | 95% 置信区间 | |
|---|---|---|---|---|---|---|
| | | | | | 下限 | 上限 |
| 1 | 2 | −0.004 999 6 | 0.008 460 4 | 0.566 | −0.023 433 | 0.013 434 |
| | 3 | −0.003 739 0 | 0.008 460 4 | 0.666 | −0.022 173 | 0.014 695 |
| | 4 | 0.001 521 2 | 0.008 460 4 | 0.860 | −0.016 912 | 0.019 955 |
| | 5 | −0.029 825 6 * | 0.008 460 4 | 0.004 | −0.048 259 | −0.011 392 |
| | 6 | −0.026 863 3 * | 0.008 460 4 | 0.008 | −0.045 297 | −0.008 430 |
| 2 | 1 | 0.004 999 6 | 0.008 460 4 | 0.566 | −0.013 434 | 0.023 433 |
| | 3 | 0.001 260 5 | 0.008 460 4 | 0.884 | −0.017 173 | 0.019 694 |
| | 4 | 0.006 520 8 | 0.008 460 4 | 0.456 | −0.011 913 | 0.024 954 |
| | 5 | −0.024 826 0 * | 0.008 460 4 | 0.013 | −0.043 260 | −0.006 392 |
| | 6 | −0.021 863 8 * | 0.008 460 4 | 0.024 | −0.040 297 | −0.003 430 |
| 3 | 1 | 0.003 739 0 | 0.008 460 4 | 0.666 | −0.014 695 | 0.022 173 |
| | 2 | −0.001 260 5 | 0.008 460 4 | 0.884 | −0.019 694 | 0.017 173 |
| | 4 | 0.005 260 3 | 0.008 460 4 | 0.546 | −0.013 173 | 0.023 694 |
| | 5 | −0.026 086 6 * | 0.008 460 4 | 0.009 | −0.044 520 | −0.007 653 |
| | 6 | −0.023 124 3 * | 0.008 460 4 | 0.018 | −0.041 558 | −0.004 691 |
| 4 | 1 | −0.001 521 2 | 0.008 460 4 | 0.860 | −0.019 955 | 0.016 912 |
| | 2 | −0.006 520 8 | 0.008 460 4 | 0.456 | −0.024 954 | 0.011 913 |
| | 3 | −0.005 260 3 | 0.008 460 4 | 0.546 | −0.023 694 | 0.013 173 |
| | 5 | −0.031 346 8 * | 0.008 460 4 | 0.003 | −0.049 780 | −0.012 913 |
| | 6 | −0.028 384 6 * | 0.008 460 4 | 0.006 | −0.046 818 | −0.009 951 |
| 5 | 1 | 0.029 825 6 * | 0.008 460 4 | 0.004 | 0.011 392 | 0.048 259 |
| | 2 | 0.024 826 0 * | 0.008 460 4 | 0.013 | 0.006 392 | 0.043 260 |
| | 3 | 0.026 086 6 * | 0.008 460 4 | 0.009 | 0.007 653 | 0.044 520 |
| | 4 | 0.031 346 8 * | 0.008 460 4 | 0.003 | 0.012 913 | 0.049 780 |
| | 6 | 0.002 962 3 | 0.008 460 4 | 0.732 | −0.015 471 | 0.021 396 |
| 6 | 1 | 0.026 863 3 * | 0.008 460 4 | 0.008 | 0.008 430 | 0.045 297 |
| | 2 | 0.021 863 8 * | 0.008 460 4 | 0.024 | 0.003 430 | 0.040 297 |
| | 3 | 0.023 124 3 * | 0.008 460 4 | 0.018 | 0.004 691 | 0.041 558 |
| | 4 | 0.028 384 6 * | 0.008 460 4 | 0.006 | 0.009 951 | 0.046 818 |
| | 5 | −0.002 962 3 | 0.008 460 4 | 0.732 | −0.021 396 | 0.015 471 |

*表示均值差的显著性水平为 0.05。

注：1 表示山杏纯林；2 表示沙棘纯林；3 表示山桃纯林；4 表示山杏×沙棘；5 表示山杏×柠条；6 表示荒山自然坡面。

由表 7-19 可知，山杏林与山桃林（$P = 0.011$）之间，山杏林与山杏×柠条混交林

（$P=0.002$）、沙棘林与山桃林（$P=0.021$）、沙棘林与山杏×柠条混交林（$P=0.003$）之间，山杏×沙棘混交林与山杏×柠条混交林（$P=0.021$）之间的物种丰富度均存在显著性差异，山杏林与沙棘林（$P=0.745$），山杏林与山杏×沙棘混交林（$P=0.207$），山杏与荒山自然坡面（$P=0.121$）、沙棘林与山杏×沙棘混交林（$P=0.337$）、沙棘林与荒山自然坡面（$P=0.207$）、山杏×沙棘混交林与荒山自然坡面（$P=0.745$）之间的丰富度均不存在显著差异。

由表 7-20 可知，山杏林、沙棘林、山桃林、山杏×沙棘混交林各林分之间物种 Simpson 多样性指数差异不显著，山杏×柠条混交林与荒山自然坡面间物种 Simpson 多样性指数差异也不显著，而山杏林、沙棘林、山桃林、山杏×沙棘混交林均与山杏×柠条混交林、荒山自然坡面间物种 Simpson 多样性指数之间存在显著性差异。

# 7.3 农田撂荒模式对生态环境的影响

撂荒地是未利用土地中质量相对好的土地，是促进农林牧业发展的主要土地资源。近年来，随着我国城乡一体化建设和移民搬迁等工程的实施，农村耕地出现了不同程度的弃耕撂荒现象。就宁南山区而言，由于气候干旱、水资源匮乏、水土流失严重、生态系统脆弱、农业比较优势较弱，加之移民迁出及大量劳动力外出务工、人口老龄化等自然因素和社会因素的影响，耕地弃耕撂荒现象严重，这不仅是对土地资源的一种浪费，而且影响粮食产量和农民收益，甚至影响区域生态环境和社会经济的稳定发展。土地撂荒问题急需解决。本研究以宁南山区不同弃耕年限撂荒地为研究对象，结合野外调查和室内分析，研究不同弃耕年限撂荒地恢复演替过程中群落的结构特征及物种多样性变化规律、土壤物理性质、化学性质及生物性质的变化，分析撂荒地恢复演替的规律及土壤质量对植被恢复的响应，探索群落结构与环境因子的关系，进而分析植被恢复的机理，从而为进一步的撂荒地研究工作和区域生态建设提供理论依据。多年来，由于自然环境的变化和人为活动的影响，黄土高原地区的滥砍滥伐、过度放牧以及毁林开荒等现象越来越严重，原有的林草植被越来越少，大量的陡坡耕地由于不能得到林草植被的保护，发生了大量的水土流失，造成了土地生产力不断下降，土地资源日益枯竭，农业生态环境进一步恶化。植被作为重要的生态因子，是控制水土流失、改善生态环境的有效措施，在自然生态环境中占有及其重要的地位。植被是防止地面水土流失最积极的因素。它的繁生，不但使具有特殊结构的黄土成壤过程顺利进行，通过丰富的根系对土壤缠绕固结，巩固土壤的"点棱接触侧斜支架式多孔结构"，同时，地上生物量形成的枯枝落叶层和土壤有机质可以极大地提高土壤对降雨的入渗能力。与此同时，植被的恢复重建也促进了土壤的形成发育，使土壤的性质得到改善，土壤质量明显提高。

本研究选择了宁南山区不同弃耕年限撂荒地作为研究对象，采用野外调查与室内分析相结合，研究撂荒地植被在自然恢复过程中的群落结构特征、植被恢复过程，以及土壤物理、化学、生物学性质的变异规律，并建立宁南山区撂荒地植被恢复对土壤环境效应的综合评价体系，探索弃耕撂荒地自然恢复的植被演替规律及土壤质量对植被恢复的响应，从而为进一步对农村撂荒地资源的可持续开发利用及撂荒地植被恢复和重建提供科学依据。

## 7.3.1　不同年限撂荒梯田土壤容重、总孔隙度和持水量的动态变化

由不同年限撂荒梯田对土壤容重的影响可以看出，土壤容重在 1.04 ~ 1.48g/cm³ 之间变化（表7-21）。不同年限撂荒梯田对土层 0 ~ 30cm 土壤容重有显著影响（$P<0.05$）。2年的样地，由于前期耕作措施对土壤结构的破坏作用远未消除，表层土壤结构松散，土壤容重较小。在撂荒 5 年时，撂荒地土壤容重已达到最大，之后随着撂荒年限的增加，表层 0 ~ 10cm、中层 10 ~ 20cm 土壤容重显著低，下层 20 ~ 30cm 土壤容重变化规律不是很明显。这可能是由于农地撂荒后上层土壤人为扰动减少，加之植物根系的网络串联作用和生物化学作用促进团粒的形成，疏松土壤和增加了土壤孔隙度，土壤容重随着撂荒年限发生显著下降。而下层根系对土壤影响较弱，土壤容重变化较小。撂荒 17 年容重略有上升，撂荒 20 年时，土壤容重又开始降低，变化差异显著（$P<0.05$）。在垂直剖面上，随着土层深度的增加，不同年限撂荒梯田间土壤容重总体呈现增加的趋势，且差异显著（$P<0.01$）。因此，撂荒演替使土壤容重呈减少趋势，土壤结构得到一定程度的恢复。

土壤孔隙度是决定土壤结构好坏的重要指标，对土壤的水分及养分可以起保护作用。由不同年限撂荒梯田土壤总孔隙度变化可以看出，土壤总孔隙度在 45.61% ~ 62.58% 之间变化（表7-22）。0 ~ 10cm、10 ~ 20cm、20 ~ 30cm 土层的孔隙度变化趋势基本一致，随着撂荒年限的增加，呈现先降低后升高的趋势，且变化差异显著（$P<0.05$）。不同年限撂荒地 0 ~ 30cm 土层土壤总孔隙度的整体变化规律为 20a（57.01%）>17a（54.28%）>10a（53.77%）>2a（53.72%）>5a（48.38%）。在垂直剖面上，表土层 0 ~ 10 的孔隙度明显偏高，整个土层 0 ~ 30cm 土壤总孔隙度基本上是随着土层深度的加深，土壤孔隙度呈现减少的趋势，且差异极显著（$P<0.01$）。

土壤的持水性能决定土体内可能储存水量的多少，它包括饱和持水量（最大持水量）、毛管持水量和田间持水量。毛管持水量是土壤中既能被土壤保持又能被植物利用的主要水分。由表7-23、表7-24 可以看出：0 ~ 30cm 各土层不同年限撂荒地土壤最大持水量和毛管持水量变化趋势基本是一致的，随着撂荒年限的增加，呈现先降低后升高的趋势，且变化差异显著（$P<0.05$）。土壤最大持水量在 31.01% ~ 60.24% 之间变化，毛管持水量在 26.87% ~ 39.04% 之间变化。不同年限撂荒地 0 ~ 30cm 土层土壤最大持水量的整体变化规律为 20a（51.33%）> 2a（46.01%）> 17a（43.95%）> 10a（43.52%）> 5a（35.66%）。毛管持水量的整体变化规律为 20a（38%）>17a（35.07%）>2a（34.32%）>10a（33.20%）>5a（29.75%）。在垂直剖面上，表土层 0 ~ 10cm 的最大持水量和毛管持水量明显偏高，整个土层 0 ~ 30cm 基本上是随着土层深度的加深，土壤最大持水量和毛管持水量呈现减少的趋势，且变化差异显著（$P<0.01$）。

**表 7-21  土壤容重变化差异**　　　　　　　　　　（单位：g/cm³）

| 年限/a | 0~10cm | 10~20cm | 20~30cm |
|---|---|---|---|
| 2 | 1.05±0.027cA | 1.06±0.10dA | 1.21±0.042cdeA |
| 5 | 1.30±0.079aB | 1.48±0.078aA | 1.33±0.018bB |
| 10 | 1.12±0.089bcB | 1.21±0.032bcB | 1.46±0.031aA |
| 17 | 1.16±0.048bB | 1.26±0.063bA | 1.32±0.017bA |
| 20 | 1.04±0.063cA | 1.18±0.071cdA | 1.15±0.069eA |
| 均值 | 1.13 | 1.26 | 1.27 |

注：表中不同大写字母表示不同年限之间差异极显著（$P<0.01$），不同小写字母表示差异显著（$P<0.05$），下同。

**表 7-22  土壤总孔隙度变化差异**　　　　　　　　（单位:%）

| 年限/a | 0~10cm | 10~20cm | 20~30cm |
|---|---|---|---|
| 2 | 55.37+6.89cdA | 53.77+3.36abA | 52.02+2.06bA |
| 5 | 48.86+1.82bcA | 45.61+5.31bB | 50.67+1.85bAB |
| 10 | 59.50+1.75abA | 52.32+1.86abB | 49.50+0.78cC |
| 17 | 58.10+1.66bcA | 51.86+5.13abB | 52.13+2.94bAB |
| 20 | 62.58+2.32aA | 52.74+2.75abB | 55.5+1.59aB |
| 均值 | 56.88 | 51.26 | 51.96 |

**表 7-23  土壤最大持水量变化差异**　　　　　　　（单位:%）

| 年限/a | 0~10cm | 10~20cm | 20~30cm |
|---|---|---|---|
| 2 | 48.04+11.53bA | 46.87+7.29aA | 43.11+3.13bA |
| 5 | 37.72+5.66cAB | 31.01+3.79bB | 38.25+1.65cA |
| 10 | 53.29+5.50abA | 43.36+2.61aB | 33.91+0.75dC |
| 17 | 50.36+3.33bA | 41.28+4.85aB | 39.37+2.60cB |
| 20 | 60.24+5.56aA | 45.02+4.67aB | 48.27+3.81aB |
| 均值 | 49.93 | 41.51 | 40.58 |

**表 7-24  土壤毛管持水量的变化差异**　　　　　　（单位:%）

| 年限/a | 0~10cm | 10~20cm | 20~30cm |
|---|---|---|---|
| 2 | 33.27+3.03aA | 34.66+2.42aA | 35+1.61bA |
| 5 | 29.47+1.77dB | 26.87+2.26bB | 32.89+1.05cA |
| 10 | 37.07+0.86bA | 33.87+0.88aB | 28.64+0.75dC |
| 17 | 36.88+0.62bA | 33.92+2.66aA | 33.9+2.19bcA |
| 20 | 39.74+2.26aA | 34.86+2.72aB | 39.03+1.74aA |
| 均值 | 35.29 | 33.01 | 33.90 |

## 7.3.2 不同年限撂荒梯田土壤水稳性团聚体的变化特征

### 7.3.2.1 土壤水稳性团聚体的分布特征

在撂荒地的植被恢复过程中，随着植被恢复年限的增长，土壤水稳性团聚体含量也发生相应的变化。由表 7-25 可以看出，水稳性团聚体含量主要以>2 mm 和<0.106 mm 粒级居多，1~2mm 粒级较少。0~10cm 土层平均值分别占团聚体总量 20.54%、50.06%、4.37%，10~20cm 土层平均值分别占团聚体总量 9.87%、70.77%、2.91%，20~30cm 土层平均值分别占团聚体总量 0.78%、77.97%、3.42%。且 0~30cm 土层不同年限撂荒地，土壤水稳性团聚体含量除了>2 mm 粒级外，随着粒级的减小，团聚体所占的质量百分比逐渐增大。

表 7-25 不同年限撂荒地 0~30cm 土层土壤水稳性团聚体分布特征

| 土层/cm | 年限/a | 各粒级土壤水稳性团聚体的质量百分比 | | | | | |
|---|---|---|---|---|---|---|---|
| | | >2mm | 1~2mm | 0.5~1mm | 0.25~0.5mm | 0.106~0.25mm | <0.106mm |
| 0~10 | 2 | 2.70±0.035c | 6.26±0.027a | 9.61±0.033b | 17.00±0.011a | 21.75±0.026a | 42.67±0.066cd |
| | 5 | 6.29±0.077c | 4.94±0.029ab | 7.21±0.025bc | 10.70±0.039b | 13.46±0.020c | 57.41±0.055b |
| | 10 | 11.54±0.058c | 2.39±0.005a | 2.11±0.007e | 3.24±0.008d | 7.76±0.011def | 72.95±0.069a |
| | 15 | 34.19±0.222b | 3.79±0.010ab | 2.86±0.016de | 4.03±0.019cd | 7.44±0.020ef | 47.70±0.167bc |
| | 17 | 52.49±0.260a | 4.21±0.032ab | 2.92±0.019de | 3.04±0.019d | 5.52±0.026f | 31.82±0.170d |
| 10~20 | 2 | 15.52±0.171ab | 6.26±0.015a | 7.47±0.011a | 9.75±0.018a | 13.91±0.021a | 47.09±0.157de |
| | 5 | 13.47±0.157ab | 0.86±0.013d | 1.42±0.003d | 2.80±0.013b | 6.78±0.009bc | 74.67±0.157ab |
| | 10 | 0.28±0.004b | 1.05±0.004cd | 1.66±0.007d | 2.49±0.014b | 5.86±0.015c | 88.65±0.038a |
| | 15 | 17.10±0.234ab | 2.81±0.011bc | 4.26±0.031cd | 4.24±0.018b | 7.66±0.006bc | 63.93±0.186bc |
| | 17 | 18.71±0.191ab | 3.63±0.005b | 4.30±0.007bcd | 4.60±0.010b | 7.21±0.026bc | 61.56±0.197bcd |
| 20~30 | 2 | 1.67±0.027bc | 7.11±0.037a | 7.71±0.028ab | 8.58±0.015a | 12.29±0.007ab | 62.64±0.107de |
| | 5 | 1.17±0.014bc | 4.66±0.036ab | 4.80±0.026bc | 7.44±0.034ab | 11.70±0.043ab | 70.22±0.131cd |
| | 10 | 0.15±0.001c | 1.53±0.003c | 1.85±0.006c | 2.30±0.007c | 4.61±0.003d | 89.57±0.012a |
| | 15 | 1.75±0.034bc | 3.08±0.011bc | 3.97±0.018c | 4.34±0.021bc | 9.05±0.012bc | 77.82±0.069bc |
| | 17 | 0.70±0.006c | 2.04±0.015c | 3.06±0.022c | 4.46±0.032bc | 6.67±0.036cd | 83.06±0.104ab |

注：表中不同小写字母表示不同年限之间差异显著（$P<0.05$），下同。

不同土层的水稳性团聚体含量随着恢复年限的增加存在一定的差异。2a、5a 的撂荒地的变化规律相同，10a、15a、17a 撂荒地出现两头大、中间小的变化规律。在 0~10cm 土层中不同年限撂荒地>2mm 水稳性大团聚含量变化顺序为 17a>15a >10a>5a>2a，总体表现出>2mm 水稳性大团聚含量随着撂荒年限的延长而不断增加，在 2~10a 前期撂荒演替中，各年限间差异不显著，但是均与 15a、17a 达到显著水平（$P<0.05$）。在 10～20cm 土层中不同年限撂荒地>2mm 水稳性大团聚含量变化顺序为 17a>15a>2a>5a>10a，各年限间差异不显著（$P<0.05$）。在 20～30cm 土层中不同年限撂荒地>2mm 水稳性大团聚含量变化顺序为 15a>2a>5a>17a>10a，各年限间差异不显著（$P<0.05$）。<0.106mm 水稳性团聚体含量在 0～30 土层中，随着撂荒年限的延长呈先增加后降低的趋势，各年限间差异显著（$P<0.05$）。

### 7.3.2.2 土壤水稳性大团聚体的质量分数

由不同年限撂荒地 0～30cm 土层>0.25mm 土壤水稳性大团聚体所占比例（表 7-26）可知，>0.25mm 土壤水稳性大团聚体所占比例随着撂荒年限的延长先降低后增加。撂荒初期 2a 的土壤水稳性大团聚体含量较高，0～30cm 土层平均为 33.22%，随着撂荒年限的延长，5a 和 10a 撂荒地土壤水稳性大团聚体含量开始下降，在 10a 处最低（平均为10.20%），然后又开始增加，撂荒 17a 0～30cm 土层土壤水稳性大团聚体含量达到最大（平均为 34.72%）。方差分析表明：在 0～10cm 土层，2a、10a 及 17a 撂荒地>0.25mm 土壤水稳性大团聚体所占比例差异显著（$P<0.05$）；在 10～20cm 土层，2a、5a 及 10a 撂荒地>0.25mm 土壤水稳性大团聚体所占比例差异显著（$P<0.05$）；在 20～30cm 土层，2a、5a 与 10a 撂荒地>0.25mm 土壤水稳性大团聚体所占比例差异显著（$P<0.05$）。在 0～30cm 土层，不同年限撂荒地>0.25mm 土壤水稳性大团聚体所占比例随着土层深度的加深而减少。

**表 7-26　不同年限撂荒地 0～30cm 土层>0.25mm 土壤水稳性大团聚体所占比例**

| 土层/cm | >0.25mm 土壤水稳性大团聚体所占比例/% | | | | | |
| --- | --- | --- | --- | --- | --- | --- |
| | 2a | 5a | 10a | 15a | 17a | 均值 |
| 0～10 | 35.58cd | 29.13de | 19.29e | 44.86bc | 62.67a | 38.30 |
| 10～20 | 39.00ab | 18.55cd | 5.49d | 28.40bc | 31.23bc | 24.53 |
| 20～30 | 25.07bc | 18.07cd | 5.82e | 13.14de | 10.27de | 14.47 |
| 均值 | 33.22 | 21.92 | 10.20 | 28.80 | 34.72 | |

### 7.3.2.3 土壤水稳性团聚体平均重量直径、几何平均直径和分形维数

从团聚体平均重量直径和几何平均直径（表 7-27、表 7-28）来看，在 0～30cm 土层土壤水稳性团聚体 MWD 和 GMD 的变化趋势是相同的。在 0～10cm 土层，撂荒 2 年团聚体 MWD 和 GMD 较小，随着撂荒年限的延长，5a 和 17a 总体呈现增加趋势。在 10～20cm 土层，撂荒 2a 团聚体 MWD 和 GMD 较小，5a 处略有增加，在 10a 处明显下降，随后在 15a 和 17a 开始增加。在 20～30cm 土层，也是撂荒 2a 团聚体 MWD 和 GMD 较小，随后 5a 和 17a 变化不是很明显。0～30cm 不同土层间，土壤水稳性团聚体 MWD 和 GMD 随着土层的加深呈减小趋势，表明表土层 0～10cm 土壤团聚体比下层 10～30cm 稳定，土壤抗侵蚀能力较强。通过方差分析表明：在 0～10cm，2a 和 5a 与 10a、15a 和 17a 撂荒地团聚体

MWD 和 GMD 差异显著（$P<0.05$）；在 $10\sim20\mathrm{cm}$，10a 与其他各年限撂荒地团聚体 MWD 和 GMD 差异显著（$P<0.05$）；在 $20\sim30\mathrm{cm}$，2a 和 5a 与 10a、15a 和 17a 撂荒地团聚体 MWD 和 GMD 差异显著（$P<0.05$）。

　　土壤水稳性团聚体分形维数 $D$ 越大，土壤结构的稳定性越差。通过不同年限撂荒地的分形维数 $D$ 值（表 7-29）可知，$0\sim30\mathrm{cm}$，2a、5a 和 10a 撂荒地分形维数曲线比较接近，变化不是很明显，15a 和 17a 撂荒地变化比较明显。尤其在 $0\sim10\mathrm{cm}$ 土层，15a 和 17a 撂荒地土壤水稳性团聚体分形维数明显下降，说明 10 年之后，土壤结构的稳定性开始变好。方差分析结果表明：表土层 $0\sim10\mathrm{cm}$，2a、5a 和 10a 与 15a 和 17a 撂荒地土壤水稳性团聚体分形维数差异显著（$P<0.05$）；$20\sim30\mathrm{cm}$ 各年限撂荒地土壤水稳性团聚体差异不显著（$P<0.05$）。

**表 7-27　土壤水稳性团聚体平均重量直径**　　　　　（单位：mm）

| 土层/cm | 平均重量直径（MWD） | | | | | |
| --- | --- | --- | --- | --- | --- | --- |
| | 2a | 5a | 10a | 15a | 17a | 均值 |
| 0~10 | 0.83c | 1.22c | 2.07b | 2.35ab | 2.59a | 1.81 |
| 10~20 | 1.46ab | 1.61ab | 0.86b | 1.76a | 1.78a | 1.49 |
| 20~30 | 0.93bc | 0.93bc | 0.87bc | 1.02abc | 0.91bc | 0.93 |
| 均值 | 1.07 | 1.25 | 1.26 | 1.71 | 1.76 | |

**表 7-28　土壤水稳性团聚体几何平均直径**　　　　　（单位：mm）

| 土层/cm | 几何平均直径（GMD） | | | | | |
| --- | --- | --- | --- | --- | --- | --- |
| | 2a | 5a | 10a | 15a | 17a | 均值 |
| 0~10 | 0.66c | 0.93c | 1.64b | 2.04ab | 2.35a | 1.52 |
| 10~20 | 1.15ab | 1.42ab | 0.69b | 1.48a | 1.48a | 1.24 |
| 20~30 | 0.76bc | 0.74bc | 0.72bc | 0.82bc | 0.71bc | 0.0.75 |
| 均值 | 0.86 | 1.03 | 1.02 | 1.45 | 1.51 | |

**表 7-29　土壤水稳性团聚体分形维数**

| 土层/cm | 分形维数 $D$ | | | | | |
| --- | --- | --- | --- | --- | --- | --- |
| | 2a | 5a | 10a | 15a | 17a | 均值 |
| 0~10 | 2.78abc | 2.83ab | 2.90a | 2.69bc | 2.45d | 2.73 |
| 10~20 | 2.75de | 2.89abc | 2.97a | 2.82bcd | 2.80cd | 2.85 |
| 20~30 | 2.86cd | 2.90bc | 2.97a | 2.93ab | 2.95ab | 2.92 |
| 均值 | 2.80 | 2.88 | 2.95 | 2.81 | 2.73 | |

### 7.3.2.4　土壤容重、水稳性团聚体各参数之间的相关性

通过土壤容重（SBD）、水稳性团聚体各参数之间的相关系数来评价土壤团聚体数量组成对土壤结构稳定性的影响。

在表土层 0～10cm，如表 7-30 所示，土壤容重与分形维数相关不显著；土壤容重与土壤水稳性团聚体 MWD、GMD 和>2mm 大团聚体所占比例呈极显著负相关（$P<0.01$），相关系数分别为-0.49、-0.44、-0.32；土壤容重与 0.25～0.5mm、0.106～0.25mm 土壤水稳性团聚体所占比例呈极显著正相关，相关系数均为 0.40。土壤水稳性团聚体分形维数 $D$ 与 MWD、GMD、>2mm 呈极显著负相关，相关系数分别为-0.56、-0.66、-0.88；分形维数 $D$ 与 0.25～0.5mm、0.106～0.25mm 和<0.106mm 呈极显著正相关，相关系数分别为 0.35、0.45、0.87；其中，<0.106mm 的相关系数为 0.87，贡献最大。土壤水稳性团聚体 MWD 和 GMD 与>2mm 呈极显著正相关，相关系数分别为 0.87 和 0.92；与其他径级呈极显著负相关。分形维数 $D$ 与 MWD、GMD 的影响因子相反，>2mm 的土壤水稳性大团聚体越多，MWD 和 GMD 的值越大，分形维数 $D$ 值越小，土壤结构越稳定，土壤抗侵蚀能力越强；反之，则越差。MWD 与 GMD 呈极显著正相关，相关系数为 0.98。

表 7-30　0～10cm 土壤容重、水稳性团聚体各参数之间的相关性分析

| 参数 | SBD | $D$ | MWD | GMD | >2mm | 1～2mm | 0.5～1mm | 0.25～0.5mm | 0.106～0.25mm | <0.106mm |
|---|---|---|---|---|---|---|---|---|---|---|
| SBD | 1.00 | 0.13 | -0.49** | -0.44** | -0.32* | 0.00 | 0.29* | 0.40** | 0.40** | 0.07 |
| $D$ | | 1.00 | -0.56** | -0.66** | -0.88** | 0.15 | 0.29* | 0.35* | 0.45** | 0.87** |
| MWD | | | 1.00 | 0.98** | 0.87** | -0.42** | -0.84** | -0.91** | -0.91** | -0.26 |
| GMD | | | | 1.00 | 0.92** | -0.45** | -0.82** | -0.88** | -0.89** | -0.37* |
| >2mm | | | | | 1.00 | -0.36* | -0.66** | -0.70** | -0.75** | -0.66** |
| 1～2mm | | | | | | 1.00 | 0.66** | 0.46** | 0.45** | -0.16 |
| 0.5～1mm | | | | | | | 1.00 | 0.91** | 0.82** | -0.09 |
| 0.25～0.5mm | | | | | | | | 1.00 | 0.95** | -0.05 |
| 0.106～0.25mm | | | | | | | | | 1.00 | 0.04 |
| <0.106mm | | | | | | | | | | 1.00 |

＊为 0.05 水平上显著相关。＊＊为 0.01 水平上显著相关。

在土层 10～20cm，如表 7-31 所示，土壤容重与分形维数相关不显著；土壤容重与土壤水稳性团聚体 GMD 和>2mm 大团聚体所占比例呈显著正相关，相关系数分别为 0.32、0.29；土壤容重与 1～2mm、0.5～1mm、0.25～0.5mm、0.106～0.25mm 土壤水稳性团聚体所占比例呈极显著负相关，相关系数分别为-0.51、-0.44、-0.41、-0.43。土壤水稳性团聚体分形维数 $D$ 与 MWD、GMD、>2mm 呈极显著负相关，相关系数分别为-0.75、

–0.77、–0.90；分形维数 $D$ 与<0.106mm 呈极显著正相关，相关系数为 0.60；土壤水稳性团聚体 MWD 和 GMD 与>2mm 呈极显著正相关，相关系数分别为 0.91 和 0.93。分形维数 $D$ 与 MWD、GMD 的影响因子相反，>2mm 的土壤水稳性大团聚体越多，MWD 和 GMD 的值越大，分形维数 $D$ 值越小，土壤结构越稳定，土壤抗侵蚀能力越强；反之则越差。MWD 与 GMD 呈极显著正相关，相关系数为 0.99。

表 7-31　10～20cm 土壤容重、水稳性团聚体各参数之间的相关性分析

| 参数 | SBD | $D$ | MWD | GMD | >2mm | 1～2mm | 0.5～1mm | 0.25～0.5mm | 0.106～0.25mm | <0.106mm |
|---|---|---|---|---|---|---|---|---|---|---|
| SBD | 1.00 | –0.08 | 0.28 | 0.32* | 0.29* | –0.51** | –0.44** | –0.41** | –0.43** | 0.08 |
| $D$ | | 1.00 | –0.75** | –0.77** | –0.90** | –0.28 | –0.16 | –0.14 | –0.14 | 0.60** |
| MWD | | | 1.00 | 0.99** | 0.91** | –0.09 | –0.28 | –0.31* | –0.17 | –0.34* |
| GMD | | | | 1.00 | 0.93** | –0.14 | –0.32* | –0.35* | –0.23 | –0.33* |
| >2mm | | | | | 1.00 | –0.10 | –0.24 | –0.27 | –0.20 | –0.40** |
| 1～2mm | | | | | | 1.00 | 0.84** | 0.87** | 0.83** | –0.56** |
| 0.5～1mm | | | | | | | 1.00 | 0.94** | 0.80** | –0.54** |
| 0.25～0.5mm | | | | | | | | 1.00 | 0.89** | –0.46** |
| 0.106～0.25mm | | | | | | | | | 1.00 | –0.45** |
| <0.106mm | | | | | | | | | | 1.00 |

*为 0.05 水平上显著相关。**为 0.01 水平上显著相关。

在土层 20～30cm，如表 7-32 所示，土壤容重与分形维数呈极显著正相关；土壤容重与 1～2mm、0.5～1mm、0.25～0.5mm、0.106～0.25mm 和<0.106mm 土壤水稳性团聚体所占比例呈极显著负相关。土壤水稳性团聚体分形维数 $D$ 与 MWD、GMD、>2mm、1～2mm、0.5～1mm、0.25～0.5mm、0.106～0.25mm 和<0.106mm 土壤水稳性团聚体所占比例呈极显著负相关。土壤水稳性团聚体 MWD 和 GMD 与>2mm、<0.106mm 呈极显著正相关，其中，与>2mm 的相关系数分别为 0.92、0.95，贡献最大。分形维数 $D$ 与 MWD、GMD 的影响因子相反，>0.5mm 的土壤水稳性大团聚体越多，MWD 和 GMD 的值越大，分形维数 $D$ 值越小，土壤结构越稳定，土壤抗侵蚀能力越强；反之则越差。MWD 与 GMD 呈极显著正相关，相关系数为 0.99。

表 7-32　20～30cm 土壤容重、水稳性团聚体各参数之间的相关性分析

| 参数 | SBD | $D$ | MWD | GMD | >2mm | 1～2mm | 0.5～1mm | 0.25～0.5mm | 0.106～0.25mm | <0.106mm |
|---|---|---|---|---|---|---|---|---|---|---|
| SBD | 1.00 | 0.38** | –0.04 | –0.03 | –0.12 | –0.32* | –0.45** | –0.43** | –0.45** | 0.43** |
| $D$ | | 1.00 | –0.61** | –0.63** | –0.71** | –0.78** | –0.74** | –0.67** | –0.65** | –0.97** |
| MWD | | | 1.00 | 0.99** | 0.92** | 0.191 | 0.04 | –0.06 | –0.00 | 0.46** |

续表

| 参数 | SBD | D | MWD | GMD | >2mm | 1~2mm | 0.5~1mm | 0.25~0.5mm | 0.106~0.25mm | <0.106mm |
|------|-----|---|-----|-----|------|-------|---------|-----------|--------------|----------|
| GMD | | | | 1.00 | 0.95** | 0.201 | 0.04 | −0.06 | 0.01 | 0.48** |
| >2mm | | | | | 1.00 | 0.204 | 0.10 | 0.02 | 0.05 | −0.55** |
| 1~2mm | | | | | | 1.00 | 0.84** | 0.80** | 0.80** | 0.86** |
| 0.5~1mm | | | | | | | 1.00 | 0.87** | 0.81** | −0.83** |
| 0.25~0.5mm | | | | | | | | 1.00 | 0.93** | −0.82** |
| 0.106~0.25mm | | | | | | | | | 1.00 | −0.82** |
| <0.106mm | | | | | | | | | | 1.00 |

*为0.05水平上显著相关。**为0.01水平上显著相关。

## 7.3.3 土壤养分含量

如图 7-11 所示，同一年限撂荒地，土壤养分含量均随土层深度的增加而减少，0~10cm 土层深度的土壤有机质、全氮、全磷、速效氮、速效磷和速效钾含量最高，10~20cm 土层养分含量基本最低。土壤养分向表层聚集明显，表现出植被恢复对土壤养分的表聚作用。同一土层深度不同年限撂荒地土壤养分含量有所不同。土壤有机质、全氮、全磷、速效氮、速效磷和速效钾含量变化趋势相一致，随着撂荒年限的增加，均为先减小后增大，而全钾则呈先增大后减小的趋势。在 0~10cm 的土层深度，10 年的土壤有机质含量处于最低值（为 7.12g/kg），而 20 年土壤有机质含量为 9.18g/kg，相比 10 年的有机质含量增加了约 29%。10 年的全氮含量为 0.5g/kg，处于最低值，20 年的土壤全氮含量达到 0.62g/kg，比 10 年的土壤全氮含量增加了 24%。10 年的速效钾含量为 98mg/kg，20 年的速效钾含量为 135mg/kg，比 10 年的速效钾含量增加了约 38%。土壤全磷在 10 年和 17 年的含量相同，均为 0.6g/kg，为最低值，而在 20 年的全磷含量为 0.62g/kg，比最低值的速效钾含量增加了约 3%，增加较为缓慢。

0~20cm 中的土壤养分含量从总体上反映了土壤养分对植被恢复过程的响应，除全钾外，其余养分在恢复前即刚退耕的农地含量较高，主要是因前期农耕地施肥对土壤养分具有较大的影响。随着植被恢复过程的进行，养分逐渐降低，基本都在撂荒 10 年降到最低。主要是由于前期植被生物量较少，对养分的累积能力较低，养分消耗大于累积，土壤养分含量逐渐减少。此后，随着植被演替的进行，植物群落的生物量与枯落物增加，养分富集作用增加，土壤养分又开始逐渐累积。这表明，弃耕地恢复过程中土壤养分含量能够得到一定改善，但改善速度缓慢。

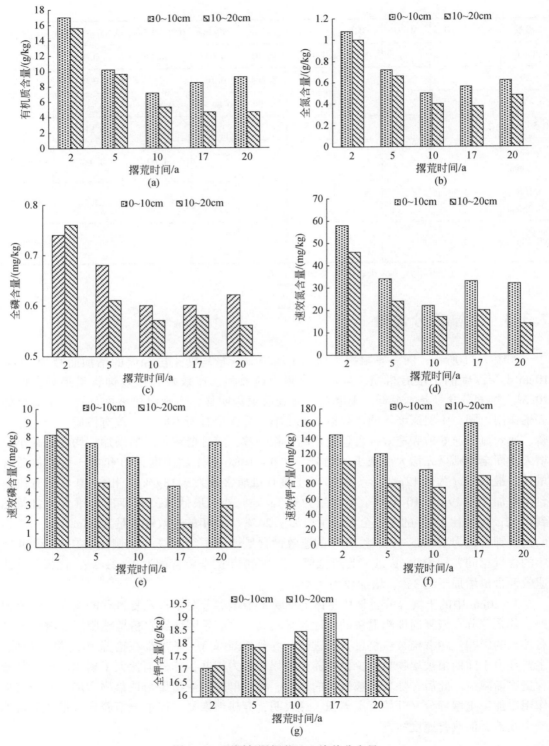

图 7-11 不同年限撂荒地土壤养分含量

## 7.3.4 不同年限摞荒地土壤化学计量特征

### 7.3.4.1 不同年限摞荒地土壤碳、氮、磷含量的分布特征

研究区摞荒地土壤有机碳含量变化范围为 2.08～9.38g/kg, 平均值（+标准差）为（5.31+2.62）g/kg。不同剖面层次 0～10cm、10～20cm、20～30cm、30～40cm、40～60cm 的土壤有机碳变化范围为 4.90～9.38g/kg、2.87～8.41g/kg、2.08～8.24g/kg、2.72～8.84g/kg、2.44～8.93g/kg；平均值为（6.79+1.72）g/kg、（4.90+2.62）g/kg、（4.82+2.99）g/kg、（5.06+3.06）g/kg、（5+3.08）g/kg。

从不同年限摞荒地 0～60cm 土层中的土壤有机碳含量分布（图 7-12）可以看出，0～20 年间表层（0～10cm）土壤有机碳含量比其他土层明显偏高，且随着摞荒年限的增加呈先降低后升高的趋势，其他 4 层土壤有机碳含量呈波动式下降趋势。在垂直剖面分布中，总体呈现出上层高于下层，并且随着土层深度的加深而减少，可见表土层对土壤有机碳的积累具有一定的贡献。主要是由于土壤表层是植物根系主要分布和枯落物聚集的土层，随着土层加深植物根系较少，枯落物分解减少，因此有机碳含量由表层向深层递减，这与相关研究结果是一致的（饶丽仙等，2017）。此外，植被生长状况、气候条件、土壤类型等环境因子对土壤有机碳含量的影响也至关重要。在宁南黄土区，降雨量较少、植被覆盖率低，使得土壤有机碳的输入较少，这也是该区域弃耕摞荒地土壤有机碳较少的主要原因。方差分析表明，不同年限摞荒地的土壤有机碳含量差异极显著（$P<0.01$），同一摞荒年限不同剖面层次土壤有机碳含量差异显著（$P<0.05$）。

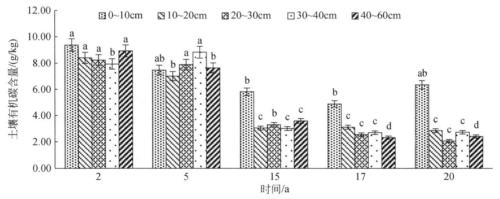

图 7-12 不同摞荒年限土壤有机碳含量的变化特征

不同小写字母表示不同摞荒年限同一土层的差异显著（$P<0.05$）。

氮作为植物生长的重要营养元素之一，在土壤中通常以有机态形式存在，土壤中全氮含量的多寡是衡量土壤供氮能力的一项重要指标，直接影响植物吸收及利用氮的状况。研究区摞荒地土壤全氮含量变化范围为 0.24～1.07g/kg，平均值（+标准差）为（0.62+0.29）g/kg。不同剖面层次 0～10cm、10～20cm、20～30cm、30～40cm、40～60cm 的土

壤全氮含量变化范围为 0.52 ~ 1.10g/kg、0.34 ~ 1.02g/kg、0.28 ~ 0.98g/kg、0.26 ~ 0.95g/kg、0.24 ~ 1.02g/kg；平均值为（0.75+0.22）g/kg、（0.60+0.30）g/kg、（0.61+0.32）g/kg、（0.58+0.33）g/kg、（0.57+0.34）g/kg。

由不同撂荒年限土壤全氮含量的变化特征（图7-13）可以看出，土壤全氮含量的变化趋势与有机碳相同，表层（0~10cm）土壤全氮含量比其他土层明显偏高，且随着撂荒年限的增加呈先降低后升高的趋势，其他4层土壤有机碳含量呈波动式下降趋势。在垂直剖面分布中，总体呈现出上层高于下层，并且随着土层深度的加深而减少。方差分析结果表明，不同年限撂荒地各层次间的土壤全氮含量差异极显著（$P<0.01$），同一撂荒年限不同剖面层次土壤全氮含量差异显著（$P<0.05$）。

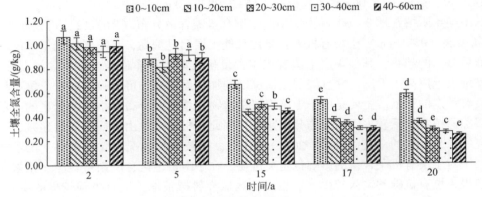

图7-13　不同撂荒年限土壤全氮含量的变化特征

不同小写字母表示不同撂荒年限同一土层的差异显著（$P<0.05$）。

磷也是植物生长所必需的重要营养元素之一，全磷含量反映了土壤磷元素潜在的供应能力。研究区撂荒地土壤全磷含量变化范围为 0.56 ~ 0.83g/kg，平均值（+标准差）为（0.69+0.08）g/kg。不同剖面层次 0 ~ 10cm、10 ~ 20cm、20 ~ 30cm、30 ~ 40cm、40 ~ 60cm 的土壤全磷含量变化范围为 0.61 ~ 0.80g/kg、0.56 ~ 0.82g/kg、0.58 ~ 0.80g/kg、0.56 ~ 0.80g/kg、0.58 ~ 0.78g/kg；平均值为（0.71+0.07）g/kg、（0.68+0.09）g/kg、（0.69+0.09）g/kg、（0.68+0.08）g/kg、（0.68+0.07）g/kg。由图7-14可以看出，不同年限撂荒地的土壤全磷含量变化趋势与全氮、有机碳相同。方差分析结果表明，不同年限撂荒地各层次间的土壤全磷含量差异极显著（$P<0.01$），同一撂荒年限不同剖面层次土壤有全磷含量差异显著（$P<0.05$）。

### 7.3.4.2　不同年限撂荒地土壤 C∶N、C∶P、N∶P 生态化学计量的特征

研究区撂荒地不同剖面层次 0 ~ 10cm、10 ~ 20cm、20 ~ 30cm、30 ~ 40cm、40 ~ 60cm 的土壤 C∶N 变化范围分别为 7.94 ~ 9.96g/kg、6.66 ~ 9.09g/kg、6.25 ~ 9.47g/kg、5.43 ~ 11.43g/kg、7.23 ~ 12.93g/kg；平均值（+标准差）分别为（8.84+0.61）g/kg、（8.11+0.81）g/kg、（7.66+0.89）g/kg、（8.78+1.63）g/kg、（8.76+1.31）g/kg。由图7-15可以看出，不同撂荒年限各土层间 C∶N 呈波动式变化，撂荒20年30~40cm 土层

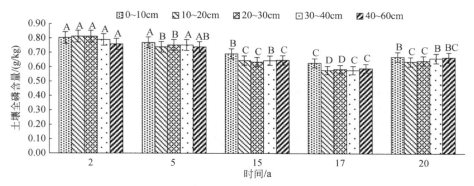

图 7-14　不同摞荒年限土壤全磷含量的变化特征

不同大写字母表示不同年限同一土层的差异显著（$P<0.01$）。

土壤 C：N 最高，并与其他各年呈显著性变化。土壤 C：N 与全氮含量呈正相关（$r = 0.205$，$P = 0.741$），与土壤有机碳含量呈正相关（$r = 0.178$，$P = 0.775$），与全氮含量和土壤有机碳含量相关性均未达到显著性水平（图 7-16）。

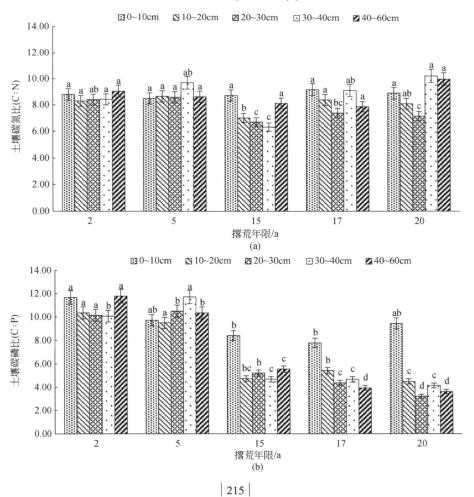

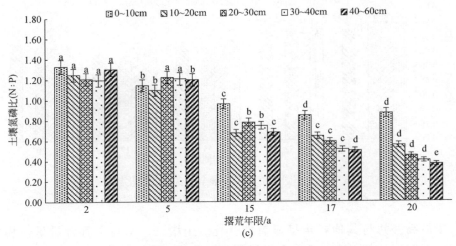

图 7-15　不同撂荒年限土壤 C∶N 、C∶P 、N∶P

不同小写字母表示不同年限同一土层的差异显著（$P<0.05$）。

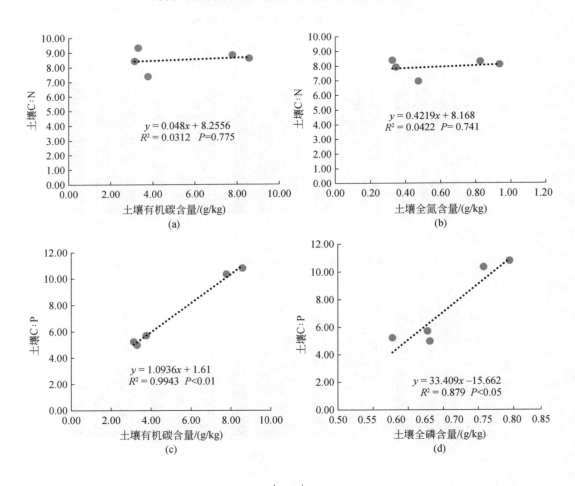

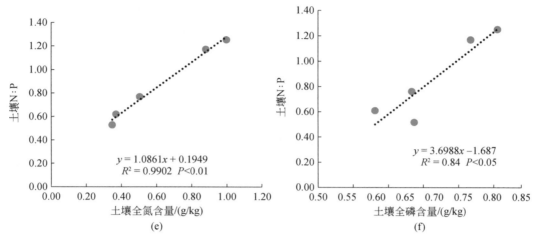

图 7-16　土壤 C∶N 、C∶P 、N∶P 与土壤 C、N、P 含量之间的关系

　　0～10cm、10～20cm、20～30cm、30～40cm、40～60cm 的土壤 C∶P 变化范围分别为 6.84～13.48g/kg、4.05～10.80g/kg、3.10～11.22g/kg、3.63～11.99g/kg、3.10～ 13.21g/kg；平均值（+标准差）分别为（9.41+1.96）g/kg、（6.89+2.62）g/kg、（6.69+ 3.15）g/kg、（7.06+3.34）g/kg、（7.05+3.54）g/kg。由图 7-15 可以看出，表层 0～ 10cm 土壤 C∶P 比值随着撂荒年限的增加，总体呈现出先降低后升高的趋势，且各年限差异显著（$P<0.05$）。其他各层 10～20cm、20～30cm、30～40cm、40～60cm 随着撂荒年限的增加，土壤 C∶P 比值总体呈现下降的趋势，且各年限不同土层间差异极显著（$P<0.01$）。土壤 C∶P 与土壤有机碳含量呈极显著的正相关（$P<0.01$），与全磷含量呈显著的正相关（$P<0.05$）（图 7-16）。

　　0～10cm、10～20cm、20～30cm、30～40cm、40～60cm 的土壤 N∶P 变化范围分别为 0.82～1.36g/kg、0.53～1.28g/kg、0.42～1.24g/kg、0.39～1.22g/kg、0.34～1.36g/kg；平均值（+标准差）分别为（1.03+0.19）g/kg、（0.85+0.28）g/kg、（0.85+0.33） g/kg、（0.81+0.35）g/kg、（0.81+0.39）g/kg。由图 7-15 可以看出，撂荒初期 2 年土壤 N∶P 比值最高，并与其他各年呈显著差异（$P<0.05$）。0～10cm 土层土壤 N∶P 表现为波动式上升的趋势。在垂直剖面上，基本呈现出随着土层深度的加深，土壤 N∶P 逐渐下降的趋势，尤其是 40～60cm 土层不同撂荒年限各土层间 N∶P 比值呈明显下降趋势，且差异极显著（$P<0.01$）。土壤 N∶P 与土壤全氮含量呈极显著的正相关（$P<0.01$），与全磷含量呈显著的正相关（$P<0.05$）（图 7-16）。

### 7.3.4.3　不同年限撂荒地优势植物与土壤碳、氮、磷相关性分析

　　在生物地球化学循环中植物与土壤之间存在必然联系。一方面植物通过根系从土壤中吸收养分；另一方面又以枯落物的形式向土壤归还碳、氮、磷等养分，构成生态系统养分转化的有效循环系统。如表 7-33 所示，通过对研究区不同年限撂荒地优势植物与土壤碳、氮、磷相关性研究发现，优势植物与土壤 C、N、P 及土壤 C∶N 、C∶P 、N∶P 的相关性

不同。植物全氮与土壤全氮、全磷、土壤 N：P 呈显著的负相关关系（$P<0.05$）；植物全磷与土壤有机碳具有显著的相关关系（$P<0.05$），与土壤全氮、全磷、土壤 N：P 具有极显著的相关关系（$P<0.01$）。这一研究结果与饶丽仙等的研究不完全一致。由于植物对土壤中营养元素的吸收和利用是一个极其复杂的过程，除了养分含量外，土壤微生物活性、pH、种间和种内竞争以及气候变化等因素也对其产生一定的影响，还有待继续长期监测研究。

**表 7-33 优势植物与土壤碳、氮、磷相关性**

| 项目 | SOC | POC | STN | PTN | STP | PTP | S C：N | P C：N | S C：P | P C：P | S N：P |
|---|---|---|---|---|---|---|---|---|---|---|---|
| POC | 0.07 | | | | | | | | | | |
| STN | 0.96* | -0.10 | | | | | | | | | |
| PTN | -0.84 | -0.12 | -0.91* | | | | | | | | |
| STP | 0.98** | -0.02 | 0.97** | -0.90* | | | | | | | |
| PTP | 0.95* | -0.08 | 0.98** | -0.94* | 0.99** | | | | | | |
| S C：N | -0.54 | 0.04 | -0.63 | 0.83 | -0.69 | -0.75 | | | | | |
| P C：N | 0.85 | 0.37 | 0.87 | -0.94* | 0.85 | 0.86 | -0.64 | | | | |
| S C：P | 0.99** | 0.17 | 0.89* | -0.76 | 0.94* | 0.88 | -0.44 | 0.81 | | | |
| P C：P | -0.59 | 0.74 | -0.73 | 0.55 | -0.68 | -0.73 | 0.53 | -0.34 | -0.48 | | |
| S N：P | 0.95* | -0.11 | 0.99** | -0.89* | 0.96* | 0.97** | -0.59 | 0.86 | 0.88* | -0.73 | |
| P N：P | -0.25 | -0.37 | -0.33 | 0.69 | -0.37 | -0.44 | 0.84 | -0.60 | -0.17 | 0.04 | -0.29 |

　　*表示在 0.05 水平（双侧）上显著相关。**表示在 0.01 水平（双侧）上显著相关。

　　注：SOC 表示土壤有机碳；POC 表示植物有机碳；STN 表示土壤全氮；PTN 表示植物全氮；STP 表示土壤全磷；PTP 表示植物全磷；S 表示土壤；P 表示植物。

## 7.3.5　不同年限撂荒地对土壤酶活性的影响

　　土壤酶活性也是表征土壤质量的重要指标。土壤酶活性是土壤生物活性的总体现，反映了土壤的综合肥力特征及土壤养分转化过程，所以它可以作为衡量土壤肥力水平高低的较好指标，对于土壤生态系统的维持和生产力的恢复具有重要意义。目前，很多学者使用土壤酶活性变化来指示植被恢复过程中土壤的质量状况。

　　通过对比分析不同年限撂荒地对土壤酶活性的影响，土壤中 4 种酶的活性基本上以表层土壤最高。脲酶是土壤水解酶类的一种，与某些营养元素的转化利用与植物营养状况密切相关。不同撂荒年限对土壤脲酶活性的影响如图 7-17（a）所示，土壤脲酶活性均随撂荒年限的增加先降低后增加，在撂荒 10 年时，土壤过氧化氢酶活性最低降到了 0.325mg/（g·24h）。在撂荒 2～10 年，表土层 0～10cm 和 10～20cm 土壤脲酶活性比较接近，撂荒10 年之后，随着恢复年限的增加，表土层 0～10cm 土壤过氧化氢酶活明显高于表下层10～20cm，而且表土层 0～10cm 增加幅度明显高于表下层。撂荒 20 年脲酶比 10 年增加了 0.16mg/（g·24h）。表下层脲酶无大的变化。

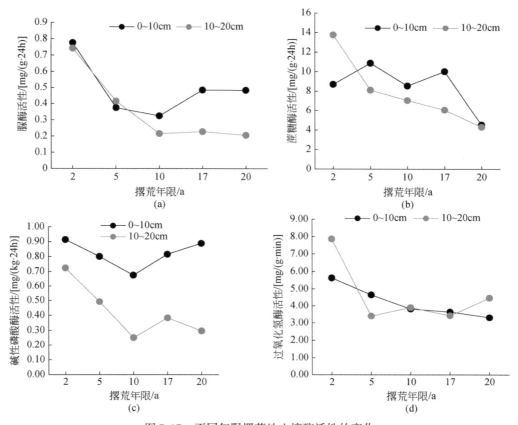

图 7-17 不同年限撂荒地土壤酶活性的变化

土壤蔗糖酶活性反映了土壤中碳的转化程度和吸收强度。如图 7-17（b）所示，在 0~10cm 和 10~20cm 土层，随着撂荒年限的延长，撂荒地蔗糖酶基本上呈降低趋势的，10~20cm 土层中降低趋势更明显，0~10cm 土层从 2 年到 20 年蔗糖酶活性降低了 4.182mg/（g·24h），10~20cm 土层蔗糖酶活性降低了 9.45mg/（g·24h）。

土壤碱性磷酸酶与土壤中磷的转化过程、方向和强度相关。不同撂荒年限对土壤碱性磷酸酶的影响如图 7-17（c）所示。可以看出，各土层碱性磷酸酶活性均随恢复年限增加先减小后增加，其中表上层 0~10cm 碱性磷酸酶从 2 年到 10 年降低了 0.238mg/（kg·24h），从 10 年到20 年升高了 0.213mg/（kg·24h），表下层 10~20cm 碱性磷酸酶从 2 年到 10 年降低了 0.473mg/（kg·24h），从 10 年到20 年升高了 0.045mg/（kg·24h）；表上层降低速度明显低于表下层，而表上层增加速度明显高于表下层。

过氧化氢酶是土壤中的一种氧化还原酶，其活性与土壤呼吸强度及土壤微生物的活动有关。如图 7-17（d）所示，在 0~10cm 土层，不同年限撂荒地土壤过氧化氢酶活性随着撂荒年限的增加而降低，在撂荒 20 年过氧化氢酶降低为 3.32mg/（g·min）；在 10~20cm 土层，不同年限撂荒地土壤过氧化氢酶活性随着撂荒年限的增加先降低后增加，在撂荒 5 年过氧化氢酶降低为 3.4mg/（g·min），在撂荒 20 年过氧化氢酶增加到 4.47mg/（g·min），增加速度缓慢。

综上所述，不同年限摞荒地随着年限的增加，脲酶和碱性磷酸酶活性的变化趋势基本一致，蔗糖酶和过氧化氢酶活性的变化趋势基本一致，这主要是因土壤酶活性与植被生境联系紧密，土壤的物理、化学特性及植物的生理生化特性不同，以及不同植物在生长过程中新陈代谢的差异，必然会造成某些酶活性的差异。

## 7.3.6 不同年限摞荒地植物群落的特征

### 7.3.6.1 不同年限摞荒地植物种类的变化

在植物生长旺季 7 月，通过对不同年限摞荒地植物群落植物种类组成调查发现，恢复年限不同，摞荒地植被的物种组成各不相同。

由表 7-34 可以看出，农耕地在停止耕作后，植被便开始自行演替。经过 20 年的植被演替，不同年限摞荒地群落种类组成差异较大。恢复初期 2 年，物种较为丰富，主要是一年生草本及杂草类，一年生草本占总种数的 54.55%；随着恢复时间的延长，一年生草本逐渐减少，植物群落物种增加，在弃耕 10a，植物群落由 14 种植物组成，一年生草本仅占总种数的 28.57%；之后随着时间的延长，在弃耕 20a，一年生草本已经消失，多年生草本优势明显。从草本植物生长习性来看，主要有 3 类群，即禾本科植物、豆科植物和菊科植物，其中以禾本科植物和菊科植物的比例稍高。

表 7-34　植物群落种类组成

| 种类组成 | | 摞荒年限 | | | | |
|---|---|---|---|---|---|---|
| | | 2a | 5a | 10a | 17a | 20a |
| 灌木 | | 0 | 0 | 0 | 0 | 0 |
| 半灌木 | | 1 | 1 | 1 | 1 | 1 |
| 多年生草本 | 禾本科草类 | 1 | 3 | 3 | 4 | 3 |
| | 豆科草类 | 0 | 2 | 2 | 2 | 1 |
| | 菊科草类 | 3 | 1 | 2 | 1 | 2 |
| | 蔷薇科草类 | 0 | 0 | 1 | 1 | 1 |
| | 杂草类 | 0 | 0 | 1 | 1 | 0 |
| 一年生 | | 6 | 1 | 4 | 1 | 0 |
| 总种数 | | 11 | 8 | 14 | 11 | 8 |

### 7.3.6.2 主要植物种类及重要值

重要值是衡量不同物种在群落中优势地位的指标，是确定群落中优势种的重要依据。重要值是一个综合指标，可以较好反映某个物种在群落中的地位和作用，由相对盖度、相对密度、相对高度和相对频度综合而成。

由表7-35可以看出，不同年限撂荒地植物群落的组成及其重要值变化明显不同。

**表 7-35　7 月主要植物种类及重要值变化**

| 物种名称 | 2a | 5a | 10a | 17a | 20a |
|---|---|---|---|---|---|
| 本氏针茅 | 0.000 | 3.855 | 23.472 | 20.866 | 36.994 |
| 达乌里胡枝子 | 0.575 | 0.333 | 21.291 | 14.143 | 1.787 |
| 赖草 | 0.000 | 38.696 | 11.192 | 8.973 | 31.808 |
| 山苦荬 | 1.748 | 3.230 | 2.715 | 0.269 | 3.874 |
| 猪毛蒿 | 9.784 | 42.163 | 8.155 | 32.255 | 0.000 |
| 硬质早熟禾 | 6.302 | 11.056 | 8.032 | 4.875 | 23.299 |
| 猪毛菜 | 38.166 | 0.000 | 0.000 | 0.000 | 0.000 |
| 狗尾草 | 17.052 | 0.000 | 0.000 | 0.000 | 0.000 |
| 角蒿 | 11.272 | 0.000 | 0.555 | 0.000 | 0.000 |
| 菊叶香藜 | 6.914 | 0.000 | 0.000 | 0.000 | 0.000 |
| 地锦草 | 0.956 | 0.000 | 0.000 | 0.000 | 0.000 |
| 阿尔泰狗娃花 | 1.183 | 0.000 | 4.894 | 0.000 | 0.000 |
| 刺儿菜 | 6.048 | 0.000 | 0.000 | 0.000 | 0.000 |
| 棘豆 | 0.000 | 0.333 | 1.096 | 6.506 | 0.000 |
| 米口袋 | 0.000 | 0.333 | 12.469 | 10.010 | 0.615 |
| 西山委陵菜 | 0.000 | 0.000 | 1.977 | 1.108 | 0.000 |
| 天蓝苜蓿 | 0.000 | 0.000 | 2.707 | 0.000 | 0.000 |
| 紫花地丁 | 0.000 | 0.000 | 0.128 | 0.521 | 0.000 |
| 苦苣菜 | 0.000 | 0.000 | 1.317 | 0.000 | 0.000 |
| 田旋花 | 0.000 | 0.000 | 0.000 | 0.000 | 0.000 |
| 糙隐子草 | 0.000 | 0.000 | 0.000 | 0.467 | 0.000 |
| 狭裂白蒿 | 0.000 | 0.000 | 0.000 | 0.000 | 1.190 |
| 二裂委陵菜 | 0.000 | 0.000 | 0.000 | 0.000 | 0.432 |

2a撂荒地由11种植物组成，重要值最大的是猪毛菜（为38.166），为该撂荒地的优势种；其次为狗尾草、角蒿、猪毛蒿（重要值分别为17.052、11.272、9.784），为草本层的共优势种；其他重要值较大的有菊叶香藜、硬质早熟禾、刺儿菜、山苦荬、阿尔泰狗娃花（重要值在1~7之间），是草本层的常见种。

5a撂荒地由8种植物组成，重要值最大的是猪毛蒿（为42.163），为该撂荒地的优势种；其次为赖草（重要值分别为38.696），为草本层的共优势种；其他重要值较大的有硬质早熟禾、本氏针茅、山苦荬（重要值在3~11之间），是草本层的常见种。

10a撂荒地由14种植物组成，重要值最大的是本氏针茅（为23.472），为该撂荒地的优势种；其次为达乌里胡枝子、米口袋、赖草（重要值分别为21.291、12.469、11.192），为草本层的共优势种；其他重要值较大的有猪毛蒿、硬质早熟禾、阿尔泰狗娃花、山苦荬和天蓝苜蓿（重要值在 2~9 之间），是草本层的常见种。

17a 撂荒地由 11 种植物组成，重要值最大的是猪毛蒿（为 32.255），为该撂荒地的优势种；其次为本氏针茅、达乌里胡枝子和米口袋（重要值分别为 20.866、14.143、10.010），为草本层的共优势种；其他重要值较大的有赖草、棘豆、硬质早熟禾和西山委陵菜（重要值在 1~9 之间），是草本层的常见种。

20a 撂荒地由 8 种植物组成，重要值最大的是本氏针茅（为 36.994），为该撂荒地的优势种；其次为赖草和硬质早熟禾（重要值分别为 31.808、23.299），为草本层的共优势种；其他重要值较大的有山苦荬、达乌里胡枝子和狭裂白蒿（重要值在 1~4 之间），是草本层的常见种。

在这 5 种不同年限的撂荒地共记录了草本植物种类 23 种。其中，10a 撂荒地植物种类较为丰富，达到 14 种；2a 和 17a、5a 和 20a 撂荒地种类均相同，分别为 11 种、8 种。通过上述分析，可以看出 5 种撂荒地均具有明显的优势种和次优势种，猪毛蒿、赖草、硬质早熟禾、本氏针茅在撂荒地恢复的 4 个阶段都有较高的重要值。总体反映出耕地撂荒后，随着植被演替的变化，不同阶段植物群落及其重要值变化差异明显。其演替的经历主要阶段有：一二年生草本群落阶段—多年生禾草阶段—多年生禾草与达乌里胡枝子混合形成多年生草本阶段。

### 7.3.6.3　不同年限撂荒地植物物种多样性

群落的多样性主要表现在丰富度、均匀度、生态优势度和生物量等方面，植物种的丰富度是决定物种多样性的主要因子，均匀度表示物种在群落内分布的均匀程度，即群落内物种个体数越接近，均匀度越大；反之则越小。生态优势度的变化趋势与多样性的变化趋势相反，即物种多样性较低的群落表现出较高的生态优势度，而多样性较高的群落，其生态优势度偏低。较高的生态优势度反映群落内建群种或优势种较突出，个体数明显高于一般种；较低的生态优势度则反映群落内物种间竞争较弱，配置趋于均匀。

由图 7-18 可以看出，不同年限撂荒地植物群落的丰富度相比，从两个指数上都反映出撂荒地在 20 年的植被恢复过程中，其物种丰富度呈先降低再上升再下降的趋势。撂荒初期 2 年样地植物群落丰富度较高，Margalef 指数和 Menhinick 指数分别为 2.17 和 1.1，撂荒 5 年植物群落丰富度降低，之后又开始升高，在 10 年丰富度达到最高，Margalef 指数和 Menhinick 指数分别为 2.82 和 1.4，在 10~20 年，又逐渐降低，在 20 年达到最低值，Margalef 指数和 Menhinick 指数分别为 1.52 和 0.8。

由群落物种多样性指数的变化（图 7-19）可以明显看出，两种指数计算出群落的多样性均呈现先降低再上升再下降的趋势。这和物种丰富度的变化趋势相一致。其中撂荒 10 年的植物群落物种多样性最高，10 年之后，随着撂荒时间的延长，植物群落多样性指数逐渐降低。

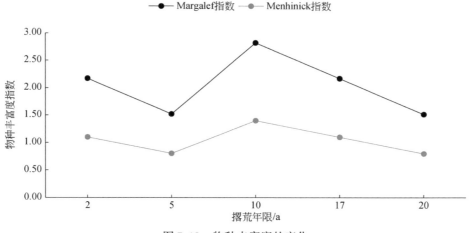

图 7-18　物种丰富度的变化

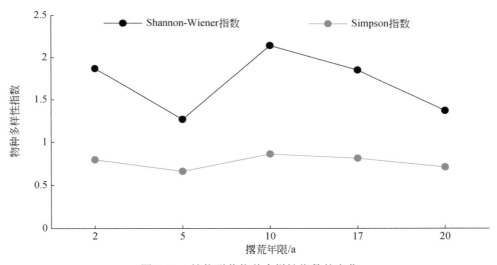

图 7-19　植物群落物种多样性指数的变化

由植物群落生态优势度的变化（图 7-20）可以看出，生态优势度的变化趋势与多样性的变化趋势刚好相反，即物种多样性较低的群落表现出较高的生态优势度，而多样性较高的群落，其生态优势度偏低。较高的生态优势度反映群落内建群种或优势种较突出，个体数明显高于一般种；较低的生态优势度则反映群落内物种间竞争较弱，配置趋于均匀。从恢复初期 2 年撂荒地生态优势度较低看，随着时间的延长，5 年撂荒地生态优势开始升高，10 年又开始下降到最低，之后随着植被的恢复，生态优势度又开始逐渐升高。20 年撂荒地植物群落内以本氏针茅为优势种非常突出，其个体数明显高于其他一般种。

由植物群落均匀度的变化（图 7-21）可以看出，两种均匀度指数变化均与生态优势度变化趋势相反，恢复初期 2 年撂荒地植物群落均匀度指数较高，之后在 5 年处降低，在

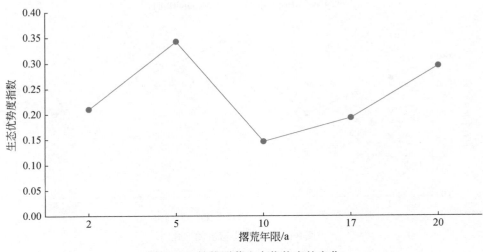

图 7-20　植物群落生态优势度的变化

10 年处又上升到最高，在 20 年处最低。这主要是由不同年限撂荒地对植物群落个体的影响造成的，在植被演替到 20 年时，以本氏针茅为建群种，群落内其余各物种间的竞争较强，而使种群的个体分布不均匀，从而表现出较低的均匀度，出现最小值。

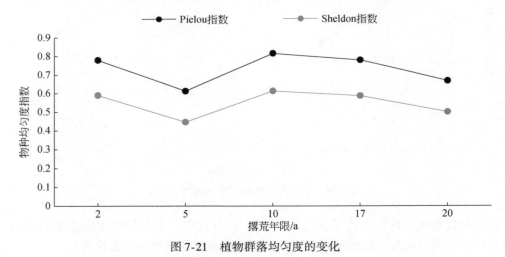

图 7-21　植物群落均匀度的变化

由于恢复年限的不同，植物群落的总盖度也存在一定的差异，由图 7-22 可以看出，恢复初期植物群落的总盖度较大，达到了 65%，随着恢复年限的延长，植物群落总盖度呈先降低后增加的趋势，20 年总盖度达到了 76%。

### 7.3.6.4　植物地上生物量

撂荒地演替过程中由于植物群落类型的变化和养分环境等的变化，撂荒群落的地上生物量呈现有规则的变化规律。

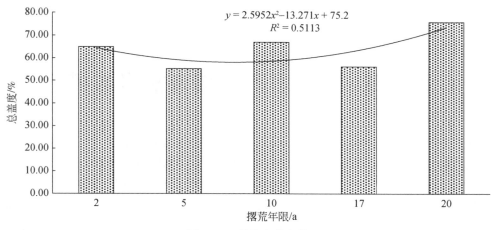

图 7-22 总盖度的变化

如图 7-23 所示，在 20 年的植被恢复过程中，植被生物量呈先减小后增加的趋势。撂荒初期 2 年的地上生物量较高，生物量鲜重和干重分别达到 447.31g/m²、123.64g/m²，然后开始下降，撂荒 10 年的生物量最低，生物量鲜重和干重分别为：123.43g/m²、58.03g/m²，之后又开始增加，而在 20 年，生物量鲜重和干重分别为：159.54g/m²、87.21g/m²，其比撂荒 10 年的地上生物量分别高出 36.11g/m²、29.18g/m²。这是因为撂荒初期主要为 1 年生杂类草群落，优势种主要为猪毛菜、猪毛蒿、狗尾草、刺儿菜等，它们生长快、生物量高，随着演替的进行，撂荒 5 年左右，1 年生杂草类群落逐渐被丛生禾草群落代替，生物量下降，再以后，丛生禾草群落被多年生草本群落、短根茎禾草和小灌木群落代替，生物量又开始增加。

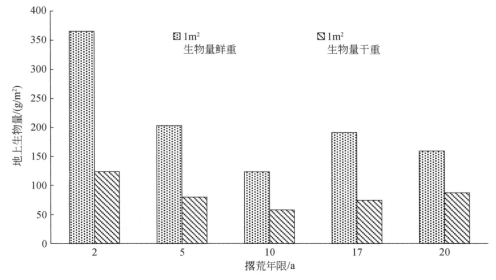

图 7-23 不同年限撂荒地植被群落地上生物量

# 第 8 章 | 生态产业培育技术与模式

生态产业是一类按循环经济规律组织起来的基于生态系统承载能力，具有完整的生命周期、高效的代谢过程及和谐的生态功能的网络型、进化型、复合型产业。生态产业运作的基本单元是产业生态系统，它以环境为体、经济为用、生态为纲、文化为常。它以对社会的服务功能而不是以产品为经营目标，将生产、流通、消费、回收、环境保护及能力建设纵向结合，将不同行业的生产工艺横向耦合，将生产基地与周边环境包括生物质的第一性生产、社区发展和区域环境保护纳入生态产业园统一管理（Lowe，2001）。生态产业是实现生产、生活和生态可持续发展的重要选择，是人类从农业文明、工业文明进入生态文明的必然产物。2018 年 5 月，习近平出席全国生态环境保护大会并发表重要讲话指出，生态文明建设是关系中华民族永续发展的根本大计。中华民族向来尊重自然、热爱自然，绵延 5000 多年的中华文明孕育着丰富的生态文化。生态兴则文明兴，生态衰则文明衰。中共中央、国务院印发了《乡村振兴战略规划（2018—2022 年）》，其中产业兴旺是重点、生态宜居是关键、乡风文明是保障、治理有效是基础、生活富裕是根本。生态产业的发展是乡村振兴的重要抓手。因此，必须加强生态产业在生态文明建设和乡村振兴战略规划中的应用，推动生态文明建设和乡村振兴战略，实现自然和人类的和谐发展。

## 8.1 发展生态产业的背景及意义

技术的变革随着科学的发展在不断变化，新的时代社会矛盾的变化也促使解决矛盾的措施发生与之对应的变化。新时期黄土高原的生态建设需求也发生了新的变化，要求生态建设要与区域资源环境相适应，要求生态建设要体现生态系统的多种功能性，具有经济功能的生态系统要体现生态系统的经济效益，生态建设与区域经济协调发展已成为全社会的共识，无论是纯粹的生态修复和环境治理措施，或者是以牺牲资源和环境为代价的经济手段，均已不能符合当今社会发展的主流和民生改善的需求。因此，将生态环境的改善和区域经济社会的发展紧密结合、将生态资源的合理利用和保护开发紧密结合，成为社会发展的必然选择。

黄土高原是中国四大高原之一，是中华民族古代文明的发祥地之一，是地球上分布最集中且面积最大的黄土区，是世界上水土流失最严重和生态环境最脆弱的地区之一，多年来生态建设取得了巨大成就，但是要实现该区域生态与经济双赢、实现乡村振兴战略、实现生态系统的可持续发展，就必须建立生态与经济兼顾及协调发展的支柱产业。宁南山区作为黄土高原的重要组成部分，脆弱的生态环境与经济、社会的发展之间缺乏有效整合，人工-自然复合生态系统结构单一、抗灾应变能力不足，综合效益较低、生态经济持续健康发展的后劲不足，导致该区社会-经济-自然复合生态系统的不稳定性，农业生产抗灾应变能力差，区域生态建设和经济可持续发展能力较低。因此，开展生态产业技术与模式的集成研究，是解决生态建设与生态经济发展脱节、生态建设"只投入，无产出"、生态建设成果难以巩固等问题，实现"生态、经济、社会"效益耦合发展的重要选择。

## 8.1.1 培育开发生态产业是区域经济发展的必然要求

由于宁南山区生态环境恶劣，严重的水土流失造成区域生态系统持续退化，土地生产力薄弱，生物资源匮乏，资源短缺成为地方政府面临的共性问题，生态恶化的现实和经济发展的客观需求使得快速提高土地的生产能力、提高资源的利用效率、发展生态产业成为摆在当地政府和群众面前的一项紧迫任务。近年来，各地在产业开发方面的力度逐渐加大，自治区党委、政府在产业开发方面也做出了重要的战略布局，生态农业成为宁南山区农业发展的主要方向，在坚持保护生态环境的前提下，大力发展地方农业经济，壮大和培育生态产业，成为区域经济发展的必然选择。

## 8.1.2 发展生态产业是新一轮西部大开发政策实施的重要内容

随着新一轮西部大开发战略的深入实施，西部地区的经济社会必将进入一个高速发展时期，对于宁南山区而言，如何改善脆弱的生态环境和薄弱的生态产业基础条件成为首要问题。实现生态恢复与生态后续产业的高效耦合，是实现区域生态、经济与社会生态系统良性循环的必然选择，也是科技部门的使命。本研究针对宁南山区农业和农村经济发展现状，围绕着该区域具有区位优势的资源，以集成创新为手段，进行高效利用与开发，着力培育具有区域特色的生态产业，并集成开发宁南山区生态产业发展模式，为宁南山区生态产业发展提供技术支撑。

## 8.1.3 发展生态产业是巩固退耕还林等生态建设工程成果的必要保证

"十二五"期间，是退耕还林成果巩固的关键时期，退耕还林对农户的直补政策深得人心，粮食和生活费补助已成为退耕农户收入的重要组成部分，但是，退耕农户长远生计问题的长效机制尚未完全建立。如何保证"退得下、稳得住、不反弹"，切实实现"谁退耕、谁管护、谁受益"的目标，对于巩固退耕还林成果，解决退耕农户长远生计具有至关重要的作用。宁南山区退耕的 936 万亩生态林在保持水土、涵养水源、固定碳源等方面的生态作用日渐显现，加快退耕还林后续产业的培育，大力发展经济林产业和草畜产业，可促进农民增收，对巩固退耕成果等生态建设成果具有重要作用。

### 8.1.4 发展生态产业培育关键技术研究是地方政府面临的迫切科技需求

生态产业的培育和开发有别于单纯的经济开发和产业发展，其包含生态保护和经济发展的双重目的，是在充分认识和尊重自然规律与生态资源特点基础上的一项人为生产活动。与单纯的以生态恢复为目的的生态措施或纯粹的以经济发展为目的的产业开发相比，生态产业的衍生和培育面临更多的科学问题与技术关键，地方政府在发展生态产业的过程中，具有更为迫切的科技需求。围绕着宁南山区生态产业发展过程中面临的关键技术问题，充分发挥科学技术的引领作用，凸显出地方产业化过程中的科技地位，成为科技部门和科技工作者面临的首要任务。

## 8.2 生态产业的选择依据

宁南山区要实现乡村振兴，必须以自然规律为指导，基于区域资源禀赋、资源环境承载力，通过区域空间结构优化、生态系统多种功能协调、节约利用资源、绿色发展等理念的融合，在突出特色的基础上，构建生态、生产和生活相协调的生态产业发展模式。

### 8.2.1 优势资源所占比例

选择区域主要造林树种，进行产业技术研发，要符合生态产业选择的基本要求。

宁南山区是我国乃至世界水土流失最严重、生态环境最脆弱的地区，也是国家西部开发战略中生态环境建设的重点地区。截至目前，国家已在这里实施了包括三北防护林建设工程、退耕还林工程等一大批生态建设项目，以及国家科技支撑等重大项目。通过项目的实施，该区林草盖度快速提高，生态环境明显改善。以彭阳县林业发展为例，彭阳县森林覆盖率从建县前的3%提高到2017年的27.5%，水土流失治理面积由11%提高到76%（2017年），彭阳县的优势林木资源山桃、柠条、沙棘、山杏面积最大（图8-1），2005年各树种所占比例为山桃（23.5%）＞柠条（22.88%）＞沙棘（22.44%）＞山杏（19.42%）＞刺槐（4.98%）（图8-2）。可以挖掘这四种优势植物的潜力，找准突破点进行生态产业开发。

### 8.2.2 优势资源生态系统服务功能

在生态功能的基础上，体现优势造林树种的特色功能，是发展产业发展的必需条件。

山杏作为乡土树种、优势水土保持树种，不仅具有生态系统服务价值中的调节支持功能和文化功能，还具有生态系统服务价值中的供给功能（图8-3）。供给功能主要体现在中药价值和食用价值，山杏所生产的苦杏仁是重要的中药材原料，同时山杏经过嫁接改造

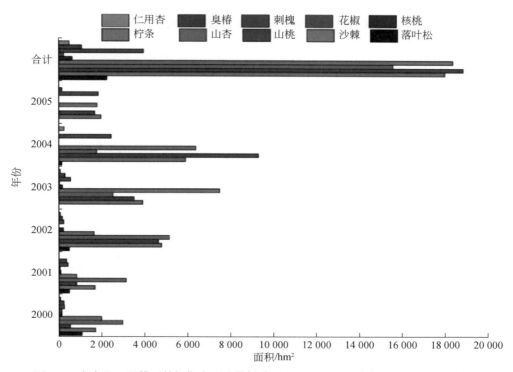

图 8-1　宁南山区退耕还林初期主要造林树种面积〔以彭阳县为主（2000～2005 年）〕

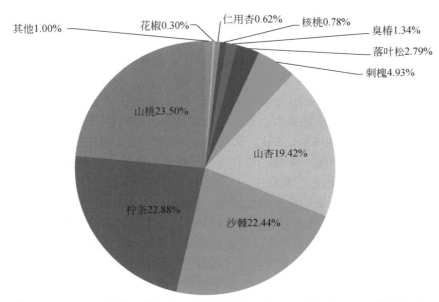

图 8-2　宁南山区退耕还林初期主要树种所占比例（以彭阳县 2005 年数据为主）

后，可以生产仁用杏和鲜食杏，因此，将山杏作为主要资源进行开发，构建山杏生态修复和产业耦合发展模式，对区域生态文明建设具有十分重要的意义。

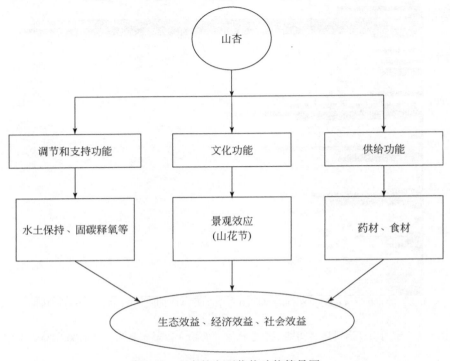

图 8-3　山杏的主要优势功能简易图

山杏的药用价值主要体现在山杏所生产的杏仁被《中华人民共和国药典》（2015 年）收录，其名称为苦杏仁（*Semen armeniaca* Amarum）：蔷薇科植物山杏（*Prunus armeniaca* L. var. *ansu* Maxim.）、西伯利亚杏（*Prunus sibirica* L.）、东北杏（*Prunus mandshurica* (Maxim.) Koehne）或杏（*Prunus armeniaca* L.）的干燥成熟种子，具有降气止咳平喘、润肠通便等功能。夏季采收成熟果实，除去果肉和核壳，取出种子，晒干。主要性状：呈扁心形，长 1～1.9cm、宽 0.8～1.5cm、厚 0.5～0.8cm，表面黄棕色至深棕色，一端尖，另端钝圆，肥厚，左右不对称，尖端一侧有短线形种脐，圆端合点处向上具多数深棕色的脉纹。种皮薄，子叶 2，乳白色，富油性。气微，味苦。药用成分苦杏仁苷（$C_{20}H_{27}NO_{11}$）。内服不宜过量，以免中毒。置阴凉干燥处储藏，防蛀。

山杏食用价值主要体现在山杏通过嫁接不同品种，主要是仁用杏品种和鲜食杏品种，结合相关管理技术，生产仁用杏和鲜食杏；或者在森林培育过程中直接规划设计仁用杏等杏树品种，实现同一树种多种功能综合开发利用，同时，还可以通过深加工，获得杏仁油、果脯等。彭阳红梅杏，是彭阳县特产，也是中国国家地理标志产品，发展红梅杏对区域生态建设和产业发展具有重要意义。因此，充分挖掘杏的生态和经济效益，即体现了生态建设的需求，也兼顾了区域经济社会发展，是实现区域生态文明和乡村振兴的有力抓手。

## 8.3 生态产业模式的构建及主要技术

### 8.3.1 山杏生态产业模式的构建及主要技术

#### 8.3.1.1 山杏生态恢复与生态产业耦合发展模式

山杏作为宁南山区的乡土树种，也是生态建设主要造林树种，挖掘、培育山杏的生态、经济和社会效益，就是在推进生态建设，就是在落实乡村振兴战略。如图 8-4 和图 8-5 所示，山杏首要功能是水土保持。其次山杏生产的苦杏仁既可以作为药材，还可以作为食品，还可以进行杏仁油等产品的深开发等。同时杏花，具有较好的景观效应，可以作为旅游资源具有较好的社会效益。再有山杏作为良好的砧木，可以嫁接改造为经济林，如红梅杏。彭阳红梅杏，具有甘甜爽口、清香怡人、天然健康、绿色原生态等优点，备受市场推崇，供不应求，近年来销售价格均达到了 15～30 元/kg。彭阳县 2014 年依靠发展彭阳红梅杏脱贫 10 个贫困村 7100 人，2015 年依靠发展彭阳红梅杏脱贫 20 个贫困村 12 200 人，2016 年彭阳红梅杏主产区农民人均纯收入 3450 元，占农民人均纯收入的 40%，2018 年在全县 10 个乡镇 7124 户新建红梅杏经济林 26 363.3 亩，栽植优质红梅杏 228 万多株，其中建档立卡贫困户 2426 户。彭阳第五届杏花旅游文化节，实现旅游社会收入 2.86 亿元，真正实现了生态效益和经济社会效益的同步提升（数据来源于政府文件及相关调查）。

基于山杏生态产业企业主导模式，建立"企业+科技+基地+合作社（农户）"生态产业模式（图 8-6）。主要技术特点：在政府的指导、监督下，引入企业通过土地流转等方式建立生产研发基地，农民与企业签订用工合同，从企业获取报酬，科研部门技术人员进入企业开展技术服务与相关技术的研究，既解决了企业技术问题，也通过深入生产一线获取了研究数据及创新源泉。企业也可通过基地产品的生产销售获取利润。

基于山杏生态产业村集体主导模式，建立"村集体+科技+农户"生态产业发展模式（图 8-7）。主要技术特点：村级组织在上级部门的指导下，在村民委员会的监督下利用扶贫资金、社会捐款和农户入股等资金借用现代管理理念建立村级合作社，根据合作社的组织建设构架，重点面向村内公开招聘了协会工作人员，并完成了定人定岗工作和人员业务培训和组织文化学习工作。资金缺乏农户根据区域资源环境特点，选择合适的发展方向，向协会提出申请，协会向相关科技部门进行贷款可行性咨询，在可行的情况下帮助农户获得技术支撑，发放贷款，农户借助贷款发展生态产业，获取收入后返还贷款及利息，科研部门根据情况建立科技小院，为村民提供技术支撑，该模式已经在项目试验示范区域取得了良好的效果。

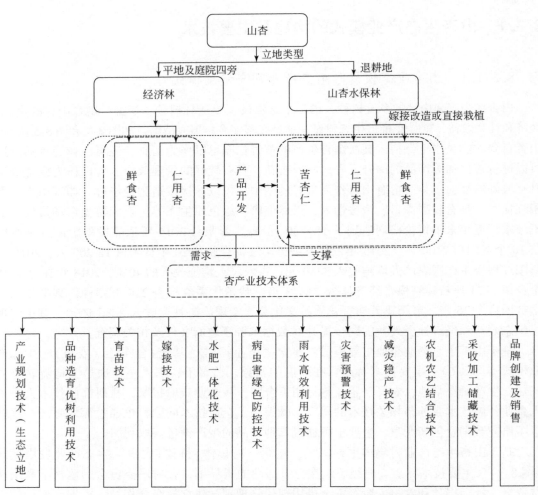

图 8-4　山杏生态恢复与生态产业耦合发展模式技术路线图

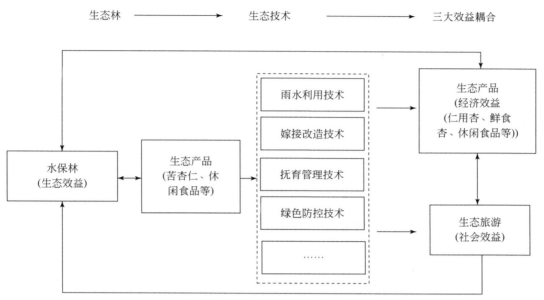

图 8-5 山杏生态恢复与生态产业耦合发展模式三大效益间的相互关系

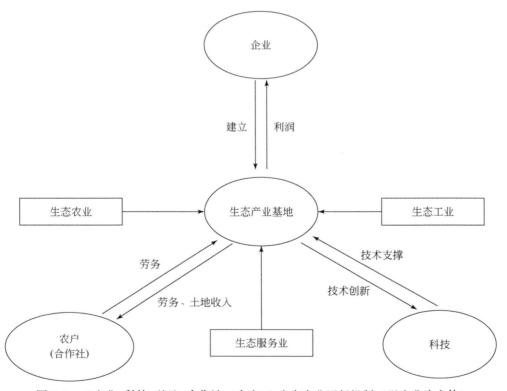

图 8-6 "企业+科技+基地+合作社（农户）"生态产业运行机制（以企业为主体）

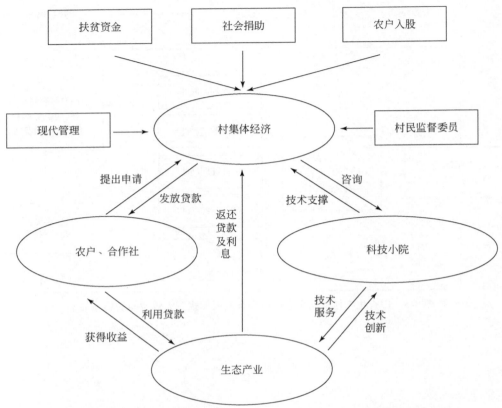

图 8-7 "村集体+科技+农户（合作社）"的生态产业运行机制（以村集体为主）

### 8.3.1.2 山杏生态恢复与生态产业耦合发展模式主要技术——山杏高接换种技术规程

**1）范围**

本标准规定了宁夏黄土丘陵区山杏高接换种的园地选择、适宜品种、接穗采集、嫁接时间、嫁接方法、嫁接树管理的要求。

本标准适用于宁夏南部黄土丘陵区山杏的高接换种。

**2）术语**

（1）劈接是在砧木的截断面中央，垂直劈开接口，插入接穗，并予绑扎的嫁接方法。

（2）插皮接是将接穗插入砧木的形成层（树皮与木质部之间），并予绑扎的嫁接方法。

（3）"T"字形芽接（又称盾状芽接法），是从枝上削取一芽，不带木质部，插入砧木上的切口中（砧木上切"T"字形接口），并予绑扎，使之密接愈合的嫁接方法。

（4）带木质嵌芽接指芽片上带有一小部分木质部，将芽片嵌在砧木上，并予绑扎，使之密接愈合的嫁接方法。

**3）园地选择**

（1）园址：选择海拔 1400 ~ 1900m，有山脊保护，不受冷风影响的山杏树园。

（2）树龄：3a 生以上。

**4）嫁接品种选择**

（1）仁用杏：围选 1 号、龙王帽、一窝蜂、优 1 等。

（2）鲜食杏：红梅杏、凯特杏、兰州大接杏等。

（3）加工杏：曹杏、串枝红、红梅杏等。

**5）接穗采集**

选生长健壮、无病虫危害优良品种盛果期杏树上一年生健壮的发育枝或结果枝。接穗随采随用。翌年备用的接穗，11 月中上旬可采集，50 根或 100 根一捆。用工业石蜡，加热熔化蜡温达到 95 ~ 105℃时，将剪好的接穗枝段一端迅速在蜡液中速蘸（1s 之内），再换另一端速蘸，冷却后储于温度 3 ~ 5℃的冷库或果窖内沙藏。

**6）高接时间**

（1）春季嫁接主要采用劈接和插皮接。①劈接：嫁接部位 $\phi$≤3cm 时采用劈接，从芽萌动到花期都可以进行，最适宜时间是花期 10 ~ 15 d 之内（4 月上中旬）。②插皮接：嫁接部位 $\phi$>3cm 且离皮时采用插皮接，从芽萌动到花期都可以进行，最适宜时间是花期 10 ~ 15 d 之内（4 月上中旬）。

（2）夏秋季嫁接主要采用"T"字形芽接和带木质嵌芽接。①"T"字形芽接：砧木和接穗木质部与韧皮部易剥离时采用"T"字形芽接，最适宜的时间 7 月下旬到 8 月上旬。②带木质嵌芽接：砧木、接穗不离皮时可采用带木质部芽接。最适宜的时间 7 月下旬到 8 月中上旬。

**7）高接高度和树体整形修剪**

高接高度主要原则：杏树高接高度越低越好，选择距地面 50cm 以上不同方位 5 ~ 6 个壮枝进行嫁接，嫁接枝距离主干或主枝约 30cm，其余枝条全部剪除。

**8）树形结构**

以自然圆头形树形为主。树高 300cm 左右，主干高 80 ~ 100cm；保留 5 ~ 6 个壮枝做主枝，错落分布；每个主枝上保留 2 ~ 3 个侧枝，第一侧枝距离第二侧枝 40 ~ 60cm，第二侧枝距离第三侧枝 80cm 左右。①3 ~ 8a 生杏树：按照树形整形修剪，全树嫁接 8 ~ 10 个接点。②8 ~ 15a 生杏树：按照树形整形修剪，全树嫁接 15 ~ 20 个接点。③15a 生以上杏树：按照树形整形修剪，全树嫁接≤30 个接点。④衰弱树：在加强水肥管理的基础上，按照树形，将选留的骨干枝回缩到壮枝分枝处嫁接。

**9）嫁接方法**

（1）劈接。

砧木处理：在嫁接部位截去上部并削平断面，用劈接刀垂直放在砧木断面中央下劈，深度 3 ~ 4cm。

接穗处理：插穗留 3 ~ 4 个芽，长 6 ~ 8cm，用劈接刀沿接穗下部两侧各削一刀，形成楔形削面，削面长度 2 ~ 3cm。

接合：用刀把砧木劈口撬开，将接穗垂直插入砧木切口，接穗的厚侧面和砧木的形成层对齐，削面上部露白 0.5cm，用塑料薄膜绑扎结实。

（2）插皮接。

砧木处理：选砧木树皮光滑处截断，从截面处向下纵切皮层一刀深至木质部，长 1.8 ~ 2.2cm，用刀将切口树皮向两边挑。

接穗处理：选取有 3 ~ 4 个饱满芽的接穗，在接穗下端削一个 2.5 ~ 3cm 的长斜面，再在下端背面削 0.5cm 的小斜面。

接合：将削好的接穗从切口处插入，大削面朝里，上部露白 0.5cm，用塑料绑带将接合部绑扎结实。

（3）"T"字形芽接。

取芽：在接穗饱满芽上 0.5cm 处横切一刀深达木质部，然后从芽下方约 1cm 处斜向上部连木质部逐渐加深切削，切入到芽上部横切刀口处停刀。以拇指和食指轻捏接芽两侧，慢慢瓣下芽皮，取下的芽呈"盾"形，长 1.5 ~ 2.0cm、宽 0.5 ~ 0.6cm。

砧木处理：选砧木外表光滑无节处横切一刀，以切透皮层不伤木质部为宜，再从横切口中间垂直向下纵切 1cm 长，成一个"T"字形切口。

接合：用刀顺纵切口左右扭动撬开皮层，在用刀撬开皮层的同时，插入接芽，将接芽上端与砧木对紧，用塑料绑带将接合部绑扎结实，将叶柄留在塑料绑带外面。

（4）带木质嵌芽接。

取芽：从 1 年生枝条上选好接芽，在芽下方距芽 1.0 ~ 1.5cm，向下约 45°角斜削一刀，深达接穗直径 1/3，再从芽上 0.5cm 向下斜削一刀，取下盾形接芽。

砧木处理：在砧木光滑处，削一个与接芽同形状稍大的切口。接芽与砧木切口的倾斜角度基本相同。切口深度与芽片厚度一致或少深。

接合：将接穗的盾片嵌入砧木的切口中，使形成层一侧对齐，用塑料膜扎紧、包严，使之不透气、不透水。

**10）嫁接树管理**

（1）检查成活与补接。接后 10 ~ 15 天检查成活，接芽新鲜，叶柄易脱落，表明成活；芽片萎缩、发黑，叶柄干不易脱落，表明未成活；未成活的要及时补接。无法补接的，可从接口剪去，促发萌蘗，待翌年补接。

（2）抹芽。嫁接后，及时抹去树干、主枝上萌发枝条，每 7 ~ 10 d 进行一次，抹早抹小抹净，全年 3 ~ 4 次。

（3）解除绑带。劈接和插皮接成活后，新梢长到 28 ~ 32cm 时，及时划破绑带，以后随着生长便自动解除。"T"字形芽接和嵌芽接当年需要萌发的芽，嫁接 20 天后解除绑带，秋季嫁接，第二年萌发的在第二年春季发芽前解除绑带。

（4）摘心设支柱。在新生枝 30 ~ 40cm 时，摘除枝条顶端嫩梢。靠原枝设支柱绑缚，防新生枝劈裂。

**11）抚育管理**

当新梢长到 15 ~ 20cm 时，每隔 7 ~ 10d，可用 0.3% ~ 0.5% 尿素和 0.2% 磷酸二氢钾，

进行叶面喷肥；降雨后及时中耕除草；秋季结合深翻，每株施腐熟农家肥 20～30kg。

**12）病虫防治**

（1）主要病害：杏疔病、流胶病、细菌性穿孔病等。

（2）主要虫害：桃小食心虫、蚜虫、朝鲜球蚧等。

（3）防治方法：按 DB64/T 422 执行。

**13）整形修剪和土壤水管理**

按 DB64/T 422 执行。

## 8.3.2 柠条生态产业模式的构建及主要技术

### 8.3.2.1 柠条生态恢复与生态产业耦合发展模式

柠条（*Caragana korshinskii*）作为最广泛可靠的先锋树种，具有抗旱、耐瘠、抗逆性和萌发能力强等特点，能够在极其贫瘠的土壤中生长，在我国北方干旱、半干旱地区防风固沙、水土保持过程中发挥着举足轻重的作用。据统计，我国目前有柠条林面积 670 万 $hm^2$，柠条资源的利用主要集中在能源、生产饲料、作为工业原料制造胶合板等，但由于受原料成本、产品价格等多种因素的影响，我国目前柠条资源的利用率还不到 40%。因此，大多数柠条林还处于荒芜状态，由于没有得到及时的管理和平茬，出现了植株衰老，生长缓慢，进而造成生态功能低下等问题。因此，探索柠条资源的高效利用途径，进而促进我国北方生态建设更好发展已成为研究的重要内容。

柠条生态产业的模式（图 8-8）可以归结为：种植柠条林实现生态服务功能—柠条平茬实现复壮更新可持续管理—枝条废弃物加工饲料、肥料、栽培基质、生物炭、重组方木—促进养殖业、菌菇产业、木材工业、种植业的发展。

### 8.3.2.2 柠条生物炭制备及其吸附性能

本试验方案以西北地区广泛种植的柠条为原料，基于铝和铝的氧化物都是两性物质，金属活性强，且大量存在于土壤和地壳中，没有二次污染，是理想的修饰物质；加之，$Al^{3+}$ 有很高的价态，具强氧化性。同时土壤矿物质中的铝氧八面体结构、硅酸盐晶体结构性能稳定。利用不同热裂解工艺制备柠条生物炭，并对生物炭进行改性负载铝处理，得到铝改性柠条生物炭复合材料（简写为 Al-NB），表征柠条生物炭和铝改性生物炭理化性质，应用于水溶液中 $Pb^{2+}$、$Cd^{2+}$、磷、硝态氮和铵态氮，研究其吸附特征与吸附效果，以期为探索柠条资源的高效利用途径、水体重金属污染修复和富营养化治理提供数据支持，进而促进我国生态建设更好发展做贡献。

**1）试验方法**

（1）柠条生物炭的制备。柠条采自宁夏回族自治区固原市上黄村，20 年限。将足量柠条原料切成指节大小长度，用蒸馏水冲洗若干次后烘干。填满于带盖的铁盒中，加盖密闭，放入箱式气氛炉中，设置热解恒温时间为 2h、3h、4h，恒定升温速率为 10℃/min，

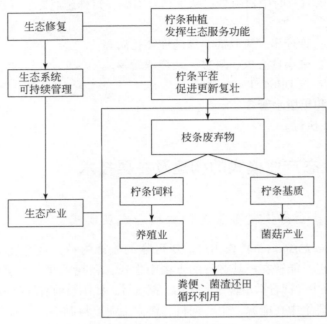

图 8-8　柠条生态产业模式

通入氮气保护塑造厌氧环境，设置热解温度分别为 450℃、500℃、550℃、600℃、650℃。采用三段式程序升温热裂解方法，统一升温时长为 1h，降温时长为 1h，之后冷却至室温。然后将生物炭材料用粉碎机破碎成 2cm 左右的小块。注意，制备的生物炭不经过蒸馏水淋洗过程。共计制备出 15 种不同工艺的柠条生物炭，简写为 NB（biochar production by *Caragana korshinskii*）。

采用扫描电子显微镜（SEM）、比表面积及孔径分析仪、元素分析仪、傅里叶变换红外光谱仪对以上 15 种不同工艺制备的生物炭进行表征。

（2）指标测定。

微观形貌表征：采用 SEM 观察生物炭的形貌结构，随机选取生物炭样品外表面部位，放置在黑色背景胶板上，调整视野清晰度，选择结构完整的部位拍照，分析并保存。额定扫描电压为 20kV。仪器为：日本电子公司 JSM-6510LV 型扫描电子显微镜。

表面积特性表征：生物炭样品比表面积、孔体积、孔径，测定方法采用国家标准方法 GB/T 19587—2004，"气体吸附 BET 法"测定，吸附气体采用氮气。仪器为北京金埃谱公司 V-Sorb 2800P 型比表面积及孔径分析仪。

元素含量表征：生物炭的元素种类和含量比例采用美国赛默飞世尔科技公司（Thermo Scientific）生产的 Escalab250 Xi 型 X 射线光电子能谱分析仪。本书利用 XPS 的测定结合 XPS peak 软件进行分峰测定分析，本部分样品被送往西安近代化学研究所进行测定。此外还采用美国赛默飞世尔科技公司（Thermo Scientific）生产的 Flash 2000 元素分析仪测定了备选的最佳工艺和铝改性柠条生物炭的 C、H、O、N、S。本部分样品被送往上海荟铭检测设备有限公司进行测定分析及数据处理。

物相结构表征：将生物炭样品磨碎至足够细（手摸无砂碌感），将样品粉末尽可能均匀地洒入样品架中，使样品在窗孔内摊匀堆好，采用压片法来制作试片。用玻璃垂直压片，不可旋转，要求所制备样品试片表面平整，要与样品架的基准面在同一个平面上。将样品压片置于仪器样品架中，在扫描步长为 0.02，扫描速度为 2deg/min，电压为 30 ~ 40kV，电流为 30 ~40mA，接受狭缝宽度为 0.15 条件下对样品进行测定，测定结果使用 XRD 分析软件进行分析。仪器为美国 RIGAKU 公司 D/max2400 转靶全自动 X 射线粉末衍射仪分析（XRD）。

官能团定性表征：将样品烘干 3 天，研磨过 1mm 筛，用 KBr 压片法在美国 Bruker 公司的 Vertex70 红外光谱仪上进行测定，波数范围为 4 000 ~400cm$^{-1}$，分辨率 2cm$^{-1}$，扫描次数为 16。

（3）模型分析。

a. 等温吸附模型。吸附剂的吸附量随着被吸附物浓度的增大而增大，最后达到吸附平衡。为了更好地研究吸附剂的吸附行为，常见的等温吸附模型有 Langmuir 吸附方程、Freundlich 吸附方程、Temkim 吸附方程、Dubinin-Radushkevich（D-R）吸附方程。

Langmuir 吸附方程：经常被用来模拟溶液中污染物的吸附行为，其建立在理想的条件下，即吸附物被吸附在吸附剂的均匀表面上且是单分子层吸附，最后达到稳定值，即最大吸附量（Fang et al., 2014; Demiral and Gündüzolu, 2010; Mittal et al., 2007）。

$$Q_e = \frac{aQ_mC_e}{1+aC_e} \tag{8-1}$$

式中，$Q_e$ 为吸附平衡的吸附量（mg/g）；$Q_m$ 为最大吸附量（mg/g）；$C_e$ 为吸附平衡时溶液浓度（mg/L）；$a$ 代表 Langmuir 吸附平衡常数。

Freundlich 吸附方程：假设吸附表面不均匀，吸附热不均匀分配，能模拟表面为高度不均匀吸附剂的吸附行为，其吸附中心的吸附热成指数下降（Fang et al., 2014; Jellali et al., 2011）。

$$Q_e = K_FC_e^{1/n} \tag{8-2}$$

式中，$K_F$ 和 $n$ 是 Freundlich 常数，分别代表吸附剂的吸附能力和吸附强度。

Temkim 吸附方程：吸附剂的吸附能随着吸附剂吸附中心的完成度而呈直线下降。

$$Q_e = B\ln A + B\ln C_e \tag{8-3}$$

式中，$A$ 为平衡结合常数（mg/L）；$B$ 是 Temkim 方程系数，与吸附热有关。

Dubinin-Radushkevich（D-R）吸附方程：能估算出平均吸附能，并根据其大小来确定吸附过程是物理吸附还是化学吸附为主（尚婷婷，2015；李佳等，2013）。

$$\ln Q_e = \ln Q_0 - \beta \varepsilon^2 \tag{8-4}$$

$$\varepsilon = RT\ln\left(1 + \frac{1}{C_e}\right) \tag{8-5}$$

$$E = \frac{1}{(2\beta)^{0.5}} \tag{8-6}$$

式中，$\beta$ 是 D-R 方程系数（$mol^2/J^2$）；$Q_0$ 是最大单位吸附量（mmol/g）；$\varepsilon$ 是 Polanyi 吸附势；$R$ 为热力学气体常数，$R=8.314J/(mol \cdot K)$；$T$ 为热力学温度；$E$ 是吸附自由能（J/mol）。

b. 吸附动力学模型。吸附剂的吸附量随着被吸附物时间的增大而增大，最后达到吸附平衡。为了明确吸附过程的反应级数和吸附机制，采用的吸附动力学模型如下：

准一级动力学方程：基于假定吸附受扩散步骤的控制，吸附速率正比于平衡吸附量与 $t$ 时刻吸附量的差值。它用于描述主要通过边界扩散完成的单层吸附（常春等，2016）。

$$Q_t = Q_e \left[ 1 - \exp\left( -\frac{k_1}{2.303}t \right) \right] \qquad (8-7)$$

式中，$Q_t$ 为 $t$ 时的吸附量（mg/g）；$Q_e$ 为吸附平衡的吸附量（mg/g）；$k_1$ 为准一级吸附速率常数（1/min）。

准二级动力学方程：基于假定吸附速率受化学吸附机制的控制，这种化学吸附涉及吸附剂与吸附质之间的电子共用或电子转移。整个吸附过程包括外部液膜扩散、表面吸附以及颗粒内扩散在内的复合吸附反应，表达了污染水体中重金属的多重吸附机制的复合效应。因此，准二级吸附动力学模型能够更加全面综合反映发生在液-固之间的吸附动力学机制（常春等，2016）。

$$\frac{t}{Q_t} = \frac{1}{k_2 Q_e^2} + \frac{1}{Q_e}t \qquad (8-8)$$

式中，$k_2$ 为准二级吸附速率常数 [g/(mg·min)]。

利用准二级动力学参数可以计算初始吸附速率 $h$：

$$h = k_2 Q_e^2$$

Elovich 模型：是对由反应速率和扩散因子综合调控的非均相扩散过程的描述，包括一系列反应机制的过程（Ho and McKay，2002；Peers，1965）。

$$Q_t = \frac{1}{b} \ln (abt+1) \qquad (8-9)$$

式中，$a$、$b$ 为 Elovich 方程常数，分别表示初始吸附速率 [g/(mg·min)] 及解吸常数（g/mg）。

颗粒内扩散模型：在吸附质从溶液主体传递到固相的过程中，颗粒内扩散是主要过程，对于许多吸附，颗粒内扩散过程经常是吸附的速率控制步骤，通常可以利用颗粒内扩散方程来判断其是否为吸附速率控制步骤（李际会，2012）。

$$Q_t = k_i t^{0.5} + C \qquad (8-10)$$

式中，$k_i$ 为颗粒内扩散速率常数 [mg/(g·min$^{0.5}$)]；$C$ 为常数，表示吸附剂的边界层数。对生物炭来说，$C$ 会随生物炭表面异质性和亲水性基团的增加而降低，$C$ 值越大说明边界层对吸附的影响越大。

**2）柠条生物炭对 Pb 的吸附性能**

测定了不同 pH 条件下柠条生物炭对 Pb$^{2+}$ 的吸附量，结果如图 8-9 所示。试验数据表明：pH 在 3~6 之间柠条生物炭对 Pb$^{2+}$ 具有很好的吸附效果，该吸附反应适应的 pH 范围较宽，这有利于柠条生物炭的实际应用。

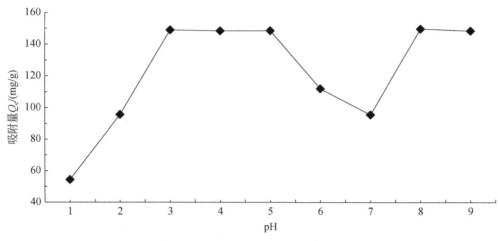

图 8-9　pH 对柠条生物炭吸附 Pb²⁺的影响

测定了不同淋洗时间下柠条生物炭 Pb²⁺吸附量，结果如图 8-10 所示。整体而言，无论是何种制备工艺，淋洗之后，NB 对 Pb²⁺的吸附明显降低，平均降幅达到 54.4%，即比一半还要多；最高降幅能达到 66%。对于淋洗的柠条生物炭而言，对 Pb²⁺吸附量最大依旧

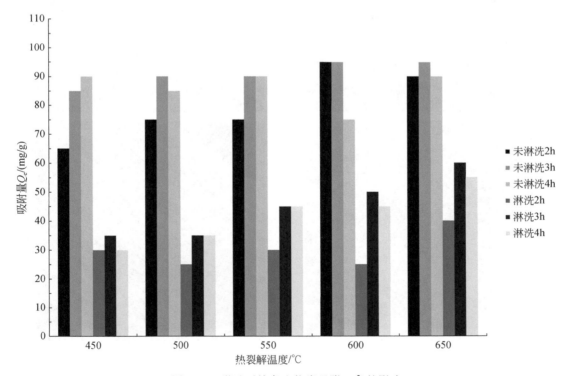

图 8-10　淋洗对柠条生物炭吸附 Pb²⁺的影响

是 650℃/3h 制备条件，与不淋洗具有相同结果。这说明，除了淋洗除灰分作用，生物炭自身的性质变化不大。这主要是柠条生物炭中的灰分对 $Pb^{2+}$ 的吸附具有积极作用。这更有利于节省成本，便于 NB 的推广应用。因为直接制备出来的 NB，不经过其他处理，就能达到对 $Pb^{2+}$ 的最良好的吸附效果。周丹丹（2016）也研究发现灰分中水溶性矿物组分种类及含量影响生物炭对溶液中 $Cu^{2+}$ 的吸附。对于含有 $PO_4^{3-}$、$SO_4^{2-}$ 等为灰分主要成分的生物炭，水处理或酸处理对生物炭吸附 $Cu^{2+}$ 起到负面作用；而以 $K^+$、$Ca^{2+}$、$Mg^{2+}$ 等为灰分主要成分的生物炭，水处理或酸处理对生物炭吸附 $Cu^{2+}$ 起到积极作用。

**3）铝改性柠条生物炭对 P 的吸附特性及其机制**

铝改性柠条生物炭（Al-NB）的 SEM 分析结果如图 8-11 所示。可以看出，Al-NB（0∶1）即未改性生物炭有纤维管状结构的薄片，清晰的多孔结构，表面富含颗粒，因为是 650℃ 高温下热裂解的，可以看出明显的断层。图 8-11（b）是图 8-11（d）的放大处理，

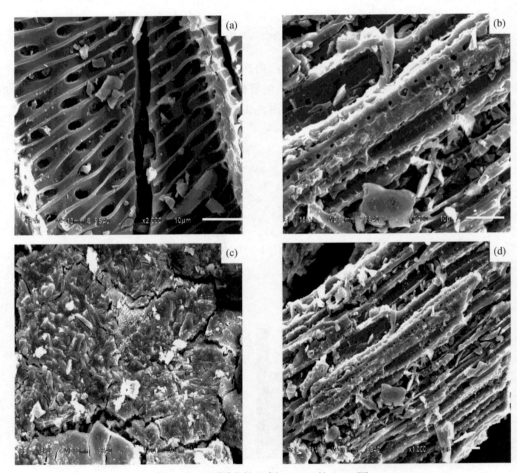

图 8-11　不同改性比例 Al-NB 的 SEM 图

（a）Al-NB 铝炭比为 0∶1，即未改性生物炭，2000 倍；（b）Al-NB 铝炭比为 0.2∶1，2000 倍；

（c）～（d）Al-NB 铝炭比为 0.2∶1，1000 倍

可以清楚地看到 Al-NB 的部分孔隙被某种物质填充，有种"堵塞"的感觉；由图 8-11（c）可以看到 Al-NB 的表面全部覆盖着金属光泽，连成一块。图 8-11（c）和（d）可观察到 Al-NB 的表面颗粒也带金属光泽，许多孔隙和颗粒被包裹，均匀一体，且保留柠条生物炭多孔的特性。这很可能是由 $Al^{3+}$ 被修饰到 NB 表面所引起的。

Al-NB 元素分析的结果见表 8-1。可以明显看出，Al-NB 生物炭的 Al 元素含量增加，增长了 63.4 倍，证明 $Al^{3+}$ 被修饰到柠条生物炭。此外，Al 改性前后，P 元素含量变化不大，差异可能是由 Al 修饰剂中含有部分杂质所致（王彤彤，2017）。

表 8-1　Al-NB 生物炭的 ICP 元素组成

| 元素含量/（mg/kg） | 样品类型 | |
| --- | --- | --- |
| | NB | Al-NB |
| Al | 650.942 5 | 41 263.157 89 |
| P | 1 447.937 5 | 1 470.298 246 |

**4）柠条生物炭对氮的吸附研究及最佳工艺筛选**

以基于 $NO_3^-$-N 吸附筛选出来的最佳柠条生物炭，即热解温度为 500℃、停留时间 3h 下制备的柠条生物炭为研究对象，改变液相吸附体系中的环境因子（主要是初始吸附质浓度、反应时间、溶液 pH、生物炭投加量、其他共存离子等）对柠条生物炭吸附 $NO_3^-$-N 造成了如下影响。

（1）柠条生物炭对 $NO_3^-$-N 去除率随着柠条生物炭投加量的增加而增大，最大去除率可以达到约 79.5%，此时柠条生物炭投加量为 0.5g/50mL（图 8-12）。

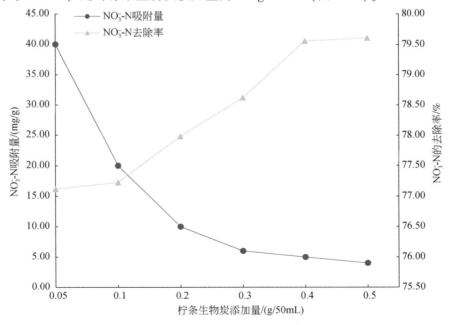

图 8-12　NB 投加量对 $NO_3^-$-N 去除率的影响

（2）改变吸附体系的溶液初始 pH 发现，柠条生物炭对 $NO_3^-$-N 的吸附量变化趋势为：pH＝3 时吸附量最高，随着 pH 的升高，吸附量迅速下降；pH 为 5～7 时，吸附量基本保持不变；pH 为 7～9 时，吸附量缓慢上升；pH>9 后吸附量又缓慢下降，到 pH＝11 时，吸附量与 pH 为 5～7 时基本持平（图 8-13）。

（3）柠条生物炭对 $NO_3^-$-N 的吸附量在吸附时间为 10min 时，就已达到平衡状态；随后吸附时间延长至 180min，$NO_3^-$-N 吸附量开始小幅度下降；时间延长至 1080min 时，开始缓慢上升（图 8-14）。

（4）Freundlich 吸附方程对柠条生物炭吸附 $NO_3^-$-N 的拟合效果最好（$R^2 = 0.97$），通过 Langmuir 吸附方程，得出其理论最大吸附量为 21.38mg/g。

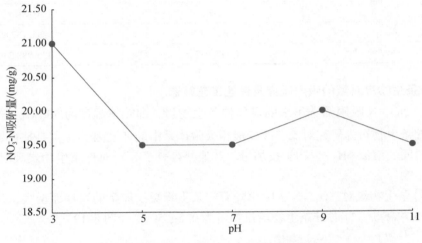

图 8-13　初始 pH 对 $NO_3^-$-N 吸附量的影响

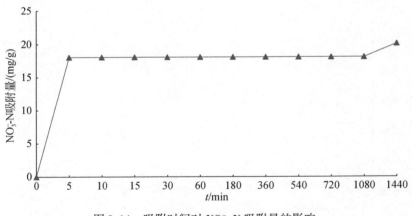

图 8-14　吸附时间对 $NO_3^-$-N 吸附量的影响

（5）柠条生物炭作为 $NO_3^-$-N 吸附剂，吸附溶液中 $NO_3^-$-N 的推荐条件为：吸附时间为

10min，吸附环境 pH 为 7~9，溶液含氮浓度为 70~90mg/L，以及柠条生物炭添加量控制在 0.4~0.5g。

不同热解条件下制备的柠条生物炭对 $NO_3^--N$ 都有一定的吸附效果。其吸附过程与热解温度、停留时间并无明显的关联性，而与每种柠条生物炭对应 CEC 的变化趋势非常一致。柠条生物炭的 CEC 由 O/C 比值决定。这进一步可以得出，柠条生物炭的 O/C 比值是决定柠条生物炭对 $NO_3^--N$ 吸附性能的主要因素。以对 $NO_3^--N$ 的吸附量为优选条件，确定了热解温度为 500℃、停留时间 3h 下制备的柠条生物炭为基于 $NO_3^--N$ 吸附的最佳柠条生物炭。

**5）柠条重组方材生产技术**

生物质重组方材是一种新型的人造材料，为了不破坏纤维强度，生物质原料没有被加工成传统的纤维或刨花，而是经过梳解加工成连片状、交错相连的网状生物质束单元，通过高温快速干燥，添加胶黏剂后，将网状单元铺装成板坯，再经上下和左右四面同时热压后形成人造方材，改变了生物质只能压制板材的历史。

（1）工艺流程。柠条生长过程中需要平茬促进更新和生长，采用柠条枝条生产重组方材是实现柠条资源化利用、促进柠条更新生长的一项可用技术。柠条生物质重组方材是最接近实木的人造材料，其制备的工艺流程如图 8-15 所示。

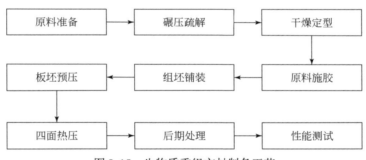

图 8-15　生物质重组方材制备工艺

实验室压制出的生物质重组方材及其加工设备如图 8-16 所示。

（2）梳解。生物质由输送装置进入第 1 对压辊，压辊先对生物质施加适当径向压力，使其径向裂开，初步分离成较大块且相互粘连但不完全分离的松散结构体；然后，进入第 2 对梳齿辊，梳齿对初步分离的松散结构体再进行纵向梳解，梳齿运动方向基本与生物质方向一致，梳齿切入时水平分速度大于进给速度，使生物质粗体再细分进入最后一对梳齿辊，其间距比前一对梳辊的小，梳解出的生物质束随之变细。

（3）干燥。网状生物质束单元含水率过高对生物质束施胶和热压都有不利的影响，如果操作不合理，会产生较大蒸气压力导致方材开裂。因此，必须通过干燥降低生物质束的含水率。生物质束单元可用网带式干燥机或烘箱高温快速干燥，而且不易产生变形或卷曲等缺陷，干燥过程中一定要抽样记录生物质束含水率的变化，终含水率控制在 6%~8% 较合适。由于生物质束粗细不均匀，快速干燥易导致生物质束水分分布不均，压制方材时易产生裂纹，因此干燥后的生物质束应密封保存 7d 以上，使生物质束含水率分布均匀后再

图 8-16　生物质重组方材及其加工设备

用于压制重组方材。

（4）施胶。网状生物质束单元既可通过手工或机械涂刷，将胶液涂布在网状生物质束上，又可将胶液通过高压雾化后喷洒在生物质束表面，还可将网状生物质束单元浸渍在稀释后的胶黏剂中施胶。浸渍施胶后生物质含水率增大，需要在 40～50℃进行二次干燥。由于网状生物质束表面积较大，一定要保证施胶的均匀性，否则会影响到重组方材的性能，施胶后应充分搅拌生物质束，使生物质束充分的摩擦，加强胶液在生物质束之间的传递，施胶量一般控制在 5%～12%。

（5）四面热压。热压成型时，施过胶的生物质束坯料被置于 4 个压板间的下压板上，利用压机原有油路系统控制上下两个热压板，上下压板先将坯料预压到一定程度；然后，利用增加的油路控制系统驱动前后两个压板将坯料压缩到设计宽度；最后，上下两压板再次将坯料压缩到设计厚度，经过一段时间的四面热压，就可制得所需的生物质重组方材。

**6）柠条生物炭/杜仲胶生物可降解薄膜**

采用柠条生物炭和杜仲胶，制作出了一种可降解的薄膜，这种薄膜可降解性好，在包装材料等领域是一种有应用价值的新材料。

（1）拉曼光谱。采用拉曼光谱分析复合薄膜的各个组分，对照薄膜和生物炭/杜仲胶复合薄膜的拉曼光谱如图 8-17 所示。对照薄膜（control）和生物炭/杜仲胶复合薄膜的拉曼在阴影部分 1280～1420cm$^{-1}$ 出现的 4 个较弱的特征峰属于杜仲胶分子结构中 C—H$_2$ 的弯曲振动，但随着生物炭含量的增加，特征峰逐渐形成一个宽的不定形峰。生物炭的拉曼光谱中，在 1328cm$^{-1}$ 处出现的峰为生物炭的 D 带特征峰，是由 SP$_3$ 杂化碳原子振动而产生的，主要是 C—C、—CH$_3$ 和 C—N 等的伸缩振动；此外，1603cm$^{-1}$ 处的峰是生物炭的 G 带特征峰，是由芳香类化合物的 C＝C 和 C＝O 伸缩振动引起的，而对照薄膜在 1603cm⁻¹ 处没有出现特征峰，这证明生物炭被成功地引入生物炭/杜仲胶复合薄膜中。对照薄膜和生物炭/杜仲胶复合薄膜在 1665cm⁻¹ 与 2910cm⁻¹ 出现的特征峰分别来自杜仲胶 C＝C 和 C—H，C—H₂ 的伸缩振动。

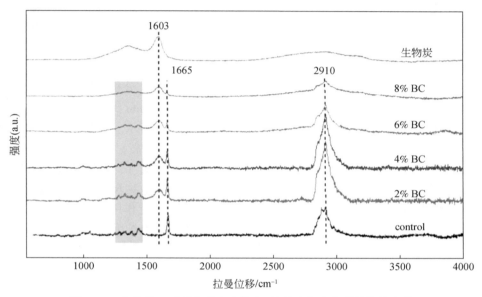

图 8-17　生物炭、对照薄膜和生物炭/杜仲胶复合薄膜的拉曼光谱

（2）X 射线衍射分析。生物炭的 X 射线衍射谱图如图 8-18（a）所示，在 $2\theta=23.10°$ 处出现了一个宽的衍射峰，这代表涡轮层碳的半晶体结构；在 $2\theta=42.51°$ 处宽而缓的峰则可能与双晶碳的形成和演变有关；生物炭在 $2\theta=29.3°$ 处存在一个小的衍射峰，对应的是碳酸盐类物质。对照薄膜和生物炭/杜仲胶复合薄膜的 XRD 谱图如图 8-18（b）所示。由

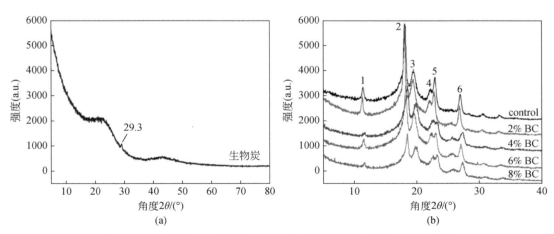

图 8-18　生物炭、对照薄膜和生物炭/杜仲胶复合薄膜的 XRD 谱图

于生物聚合物材料存在结晶相和无定形相，所以图中存在尖锐的结晶衍射峰和宽的非晶衍射峰。对照薄膜和生物炭/杜仲胶复合薄膜的谱图在 $2\theta = 11.57°$（1），$18.16°$（2），$19.45°$（3），$22.15°$（4），$23.02°$（5），$26.72°$（6）处均具有 6 个明显的衍射峰。杜仲胶纯 $\alpha$ 晶型的衍射峰在 1、2、3、4、5 和 6 处，而杜仲胶纯 $\beta$ 晶型的衍射峰在 3 和 5 处出现。因此，复合薄膜中同时存在两种结晶构型。从图 8-18 中可以看到，与对照薄膜相比，复合薄膜在位置 2、5 处的衍射峰强度随生物炭量的增加而减弱；此外，4%~8% BC 复合薄膜各个衍射峰的位置均向右稍微偏移，说明生物炭/杜仲胶复合薄膜的晶体构型可能发生了变化。

（3）X 射线光电子能谱分析。X 射线光电子能谱（XPS）分析可以提供关于薄膜表面化学成分的定性和定量信息，因为它能够检测距表面 10~20 nm 深度的元素。由 XPS 测定的对照薄膜和生物炭/杜仲胶复合薄膜广谱扫描谱如图 8-19 所示。由图 8-19 可知，在所有薄膜的 XPS 谱图中均出现了 C、N、O 峰，其中 C 的峰强最高，表明薄膜中 C 元素含量（81.39%~87.81%）最高，这主要归因于杜仲胶分子（反式-1, 4-聚异戊二烯）中所含的 C 元素，而在生物炭/杜仲胶复合薄膜中高温热解产生的生物炭也富含 C 元素；O 元素可归因于生物炭中的含氧官能团，以及杜仲胶在空气中的氧化作用；而所有薄膜中 N 元素的峰强都较弱，含量（1.52%~2.80%）最少，复合薄膜中的 N 元素来自于生物炭（在拉曼光谱分析部分），而对照薄膜中的 N 元素可能来自于制备杜仲胶中含有的少量杂质。

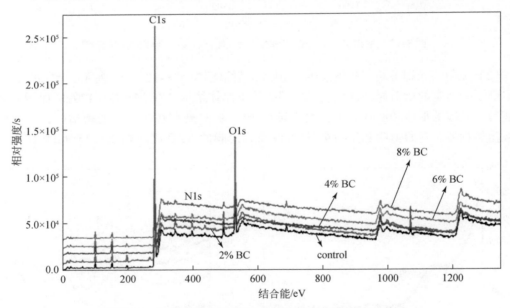

图 8-19　对照薄膜和生物炭/杜仲胶复合薄膜的 XPS 谱图

（4）差示扫描量热法分析。对照薄膜和生物炭/杜仲胶复合薄膜的玻璃化转变温度（$T_g$）、熔融温度（$T_m$）、熔融焓（$\Delta H_m$）和结晶度的结果如表 8-2 所示。生物炭/杜仲胶复合薄膜的热分析曲线与对照薄膜相似。对照薄膜的 $T_g$ 为 -65.6 ℃，随着生物炭含量的增加，生物炭/杜仲胶复合薄膜的 $T_g$ 值逐渐降低至 $-68.7℃$。薄膜的热分析曲线均在 $48.5℃$ 左右显示出典型的熔融峰，表明添加到杜仲胶基体中的生物炭对生物炭/杜仲胶复合薄膜的 $T_m$ 值没有影响。与对照薄膜（$50.04J/g$）的 $\Delta H_m$ 相比，添加生物炭的生物炭/杜仲胶复合薄膜的 $\Delta H_m$ 均减小。从薄膜样品的结晶度来看，添加生物炭的复合薄膜结晶度均低于对照薄膜（$38.25\%$）。生物炭/杜仲胶复合薄膜的结晶度降低是由于生物炭颗粒的团聚，这限制了聚合物链的自由运动，从而阻碍了杜仲胶分子链被有序组装成更有序的晶体形态。

**表 8-2　对照薄膜和生物炭/杜仲胶复合薄膜的 $T_g$、$T_m$、$\Delta H_m$ 和结晶度**

| 样品 | $T_g/℃$ | $T_m/℃$ | $\Delta H_m/(J/g)$ | 结晶度/% |
| --- | --- | --- | --- | --- |
| 对照 | −65.6 | 48.7 | 50.04 | 38.25 |
| 2% BC | −66.4 | 48.5 | 45.66 | 36.03 |
| 4% BC | −67.0 | 48.8 | 47.88 | 36.70 |
| 6% BC | −68.4 | 48.2 | 38.33 | 34.33 |
| 8% BC | −68.7 | 48.9 | 44.77 | 35.96 |

（5）机械性能分析。所有薄膜的抗拉强度、断裂伸长率和杨氏模量如表 8-3 所示。对照薄膜的抗拉强度、断裂伸长率和杨氏模量分别为 $18.7MPa$、$265.3\%$ 和 $95.5MPa$。随着生物炭含量的增加，生物炭/杜仲胶复合薄膜的抗拉强度、断裂伸长率和杨氏模量均先增大后减小。与对照薄膜相比，2% BC 复合薄膜的抗拉强度、断裂伸长率和杨氏模量分别提高了 $18.2\%$、$12.2\%$ 和 $17.8\%$；生物炭/杜仲胶复合薄膜的杨氏模量均高于对照薄膜。本研究中生物炭/杜仲胶复合薄膜的最大断裂伸长率（$297.6\%$）远高于其他研究中的复合材料。此外，这些结果表明添加少量的生物炭（2% 和 4%）可明显增强生物炭/杜仲胶复合薄膜的抗拉强度和断裂伸长率。然而，当生物炭含量继续增加至 6% 和 8% 时，复合薄膜的抗拉强度、断裂伸长率均低于对照薄膜，这是因为生物炭含量较高时，炭颗粒容易聚集，降低生物炭和基体间的相互作用。有研究发现，施加在薄膜上的应力容易集中于这些聚集的颗粒上，使应力分配不均从而降低了薄膜的机械性能。

**表 8-3　对照薄膜和生物炭/杜仲胶复合薄膜的机械拉伸结果**

| 样品 | 抗拉强度/MPa | 断裂伸长率/% | 杨氏模量/MPa |
| --- | --- | --- | --- |
| 对照 | 18.7 ± 2.8 | 265.3 ± 52.7 | 95.5 ± 12.9 |
| 2% BC | 22.1 ± 3.5 | 297.6 ± 23.5 | 112.5 ± 4.7 |
| 4% BC | 19.9 ± 3.3 | 271.3 ± 41.9 | 128.8 ± 5.7 |
| 6% BC | 16.5 ± 2.6 | 225.2 ± 5.9 | 111.2 ± 13.5 |
| 8% BC | 15.8 ± 1.6 | 212.6 ± 4.1 | 98.2 ± 2.4 |

（6）薄膜在土壤中的降解性。土壤掩埋期间膜的重量损失可以用作薄膜劣化的指标。图 8-20（a）显示了 60d 的 PE，对照和生物炭/杜仲胶复合薄膜的重量损失。所有薄膜的重量损失均随时间的增加而逐渐增大。与对照膜相比，低含量生物炭（2% 和 4%）增加

了生物炭/杜仲胶复合薄膜的疏水性，降低了复合薄膜的水分活性，从而减弱了土壤中微生物的活动。然而，6%和8% BC复合薄膜（15.04%和17.40%）的重量损失分别在60d后高于对照薄膜。总的来说，对照和生物炭/杜仲胶复合薄膜的重量损失均明显高于普通聚乙烯薄膜（1.50%），这表明生物炭/杜仲胶复合薄膜具有优异的可生物降解性。

同时，在土壤埋藏期间测定了所有薄膜的水吸附性。聚合物基质吸水率的增加易导致分子间相互作用的不稳定性，这促进了聚合物的分解。因此，薄膜的吸水率也可间接表明其可降解性。图8-20（b）显示聚乙烯薄膜，对照薄膜和生物炭/杜仲胶复合薄膜的吸水率。在40 d后生物炭/杜仲胶复合薄膜的吸水率均低于对照薄膜，这是由于生物炭的疏水性，降低了生物炭/杜仲胶复合薄膜的吸水性。相比之下，在60 d后聚乙烯薄膜的吸水率仅为1.04%，是所有薄膜中最低的，这也表明生物炭/杜仲胶复合薄膜的降解性优于聚乙烯薄膜。

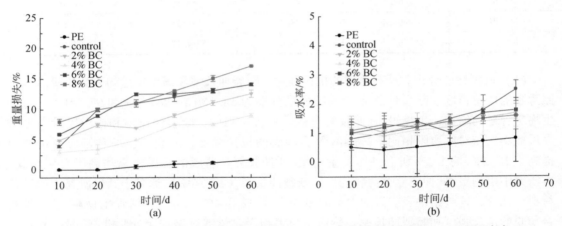

图8-20　聚乙烯薄膜（PE）、对照薄膜和生物炭/杜仲胶复合薄膜的重量损失（a）和吸水率（b）

### 7）柠条香菇产业技术

（1）引进香菇品种。从上海食用菌研究所、福建食用菌研究所、浙江庆元食用菌中心、河南西峡食用菌研究所、陕西省微生物所等引进香菇栽培品种16个，在固原站进行了品种比较试验，试验结果见表8-4，从中选育出L808、渭香1号表现最好（图8-21），为适于在宁南山区利用柠条枝栽培的香菇优良品种，制备了香菇的母种、原种及栽培种。

表8-4　引进香菇品种及其特性

| 菌株 | 出菇最适温度/℃ | 菌龄/天 | 产量/(g/袋) | 生物及效率/% |
|---|---|---|---|---|
| L-9015 | 8～23 | 90～120 | 2077.9 | 118.7 |
| L-939 | 9～18 | 90～120 | 1798.5 | 102.8 |
| 9608 | 7～20 | 120～150 | 2090.3 | 119.4 |
| 212 | 8～20 | 120～150 | 2015.4 | 115.2 |
| 申香93 | 8～22 | 90～120 | 1765.3 | 100.9 |

续表

| 菌株 | 出菇最适温度/℃ | 菌龄/天 | 产量/(g/袋) | 生物及效率/% |
|---|---|---|---|---|
| 沪农3号 | 8~22 | 90~120 | 1645.2 | 94.0 |
| V202 | 8~20 | 120~150 | 2045.6 | 116.9 |
| V203 | 8~20 | 120~150 | 2076.6 | 118.6 |
| 渭晋1号 | 8~20 | 120~150 | 2360.5 | 134.9 |
| L808 | 8~22 | 120~150 | 2420.3 | 138.3 |
| WL | 8~28 | 70~90 | 1842.1 | 105.1 |
| L-26 | 8~28 | 70~90 | 1894.4 | 108.2 |
| 申香10号 | 8~28 | 70~90 | 1839.8 | 105.1 |
| NH-1 | 8~28 | 70~90 | 1860.7 | 106.3 |
| GL-47 | 10~31 | 60~70 | 1729.8 | 98.8 |
| 武香1号 | 6~34 | 60~70 | 1796.4 | 102.6 |

(a) L808

(b) 渭香1号

图 8-21　香菇优良品种

（2）香菇营养成分分析。对宁南山区利用柠条枝栽培的香菇进行了分析测定，结果见表 8-5～表 8-8。从基本营养成分来看，香菇的粗蛋白含量达到了 24% 左右，营养成分较高。

表 8-5　香菇基本养分分析表　　　　　　　（单位：g/100g）

| 处理 | 干物质 | 灰分 | 脂肪 | 粗蛋白 | 粗纤维 |
|---|---|---|---|---|---|
| 处理 A | 91.71aA | 5.2bA | 3.5aB | 24.1bB | 15.90bA |
| 处理 B | 94.32bB | 5.1bA | 3.1bB | 24.6bB | 18.62aA |
| 处理 C | 92.79cA | 5.3bA | 2.6cB | 24.1bB | 13.80bA |

表 8-6　氨基酸养分含量　　　　　　　（单位：%）

| 氨基酸 | 处理 A | 处理 B | 处理 C |
|---|---|---|---|
| 氨基酸总量 | 20.04 | 19.51 | 19.88 |

续表

| 氨基酸 | 处理 A | 处理 B | 处理 C |
|---|---|---|---|
| 天冬氨酸 | 1.55 | 1.63 | 1.64 |
| 苏氨酸* | 0.85 | 0.89 | 0.91 |
| 丝氨酸 | 0.84 | 0.90 | 0.92 |
| 谷氨酸 | 4.67 | 3.48 | 3.43 |
| 脯氨酸 | 1.54 | 1.58 | 1.65 |
| 甘氨酸 | 0.80 | 0.81 | 0.83 |
| 丙氨酸 | 0.87 | 1.05 | 1.12 |
| 胱氨酸 | 2.01 | 1.94 | 1.99 |
| 缬氨酸* | 1.72 | 1.81 | 1.74 |
| 蛋氨酸* | 0.21 | 0.23 | 0.25 |
| 异亮氨酸* | 0.60 | 0.65 | 0.67 |
| 亮氨酸* | 1.02 | 1.10 | 1.15 |
| 酪氨酸 | 0.33 | 0.32 | 0.40 |
| 苯丙氨酸* | 0.655 | 0.67 | 0.70 |
| 赖氨酸* | 1.01 | 1.11 | 1.12 |
| 组氨酸* | 0.39 | 0.40 | 0.40 |
| 精氨酸 | 0.99 | 0.95 | 0.98 |

表 8-7　矿物质元素含量 （单位：mg/kg）

| 指标 | 处理 A | 处理 B | 处理 C |
|---|---|---|---|
| 钙 | 436.3aA | 427.1aA | 284.6bB |
| 镁 | 1 129.8aB | 1 309.1bB | 1 253.5aB |
| 铁 | 49.4bA | 103.6aB | 71.2aA |
| 锌 | 57.2bB | 77.1aA | 70.3aA |
| 钾 | 21 971.5aB | 18 905.7bA | 20 434.9aB |

注：不同大写字母表示各处理间差异极显著（$P<0.01$），不同小写字母表示处理间差异显著（$P<0.05$）。

表 8-8　重金属含量分析 （单位：mg/kg）

| 指标 | 宁夏固原上黄 A | 宁夏固原上黄 B | 陕西杨凌 A | 含量标准 |
|---|---|---|---|---|
| 铅 | 未检出 | 未检出 | 0.78 | 1.0 |
| 汞 | 0.001 17 | 0.003 95 | 0.001 73 | 0.1 |
| 砷 | 0.744 | 0.856 | 0.449 | 0.8 |
| 镉 | 0.18 | 0.17 | 0.37 | 0.5 |
| 铬 | 0.33 | 0.052 | 0.17 | 0.5 |

从氨基酸含量来看，不同处理中氨基酸总量可达 20% 左右。其中谷氨酸含量最高，其次为胱氨酸，含量达到 1% 以上的氨基酸还有天冬氨酸、脯氨酸、缬氨酸、亮氨酸和赖氨酸。氨基酸含量高可提高机体免疫功能、降血压和胆固醇，有益于身体健康。

（3）香菇菌棒生产与出菇示范。在上黄村和姚磨示范棚制备香菇菌袋 60 000 袋 [图 8-21（a）]，品种为 L808，示范出菇表现较好 [图 8-21（b）]，每袋鲜香菇的产量达 1.00kg 以上，销售收入超过 72.00 万元，经济效益可观。

### 8.3.3 柠条为栽培基质生产杏鲍菇栽培基质主要辅料配方的优化

采用混料设计对影响杏鲍菇栽培的 4 个因子（柠条、玉米芯、麦麸、豆饼）进行优化设计，为进一步确定实验配方提供依据。实验设计中柠条、玉米芯的上下限均为 [10%，40%]，麦麸的上下限为 [15%，30%]，豆饼的上下限为 [0，15%]。实验处理如表 8-9 所示。

表 8-9　混料设计后的试验配方优化表　　　　　　（单位：%）

| 序号 | 柠条 | 玉米芯 | 麦麸 | 豆饼 | 玉米秆 | 苜蓿 | 玉米面 | 轻 Ca | 石灰 | 碳氮比 |
|---|---|---|---|---|---|---|---|---|---|---|
| N1 | 26.8 | 39.2 | 15.6 | 1.7 | 2.4 | 3.6 | 8.0 | 1.6 | 1.0 | 38∶1 |
| N2 | 40.5 | 13.1 | 15.2 | 14.6 | 2.4 | 3.6 | 8.0 | 1.6 | 1.0 | 23∶1 |
| N3 | 20.2 | 19.7 | 29.5 | 14.0 | 2.4 | 3.6 | 8.0 | 1.6 | 1.0 | 22∶1 |
| N4 | 13.1 | 40.2 | 28.7 | 1.4 | 2.4 | 3.6 | 8.0 | 1.6 | 1.0 | 34∶1 |
| N5 | 12.7 | 40.9 | 15.1 | 14.7 | 2.4 | 3.6 | 8.0 | 1.6 | 1.0 | 28∶1 |
| N6 | 39.2 | 25.7 | 16.4 | 2.0 | 2.4 | 3.6 | 8.0 | 1.6 | 1.0 | 34∶1 |
| N7 | 26.8 | 29.0 | 15.4 | 12.2 | 2.4 | 3.6 | 8.0 | 1.6 | 1.0 | 27∶1 |
| N8 | 26.2 | 29.5 | 26.0 | 1.7 | 2.4 | 3.6 | 8.0 | 1.6 | 1.0 | 32∶1 |
| N9 | 27.3 | 25.9 | 21.5 | 8.7 | 2.4 | 3.6 | 8.0 | 1.6 | 1.0 | 27∶1 |
| N10 | 9.9 | 35.6 | 25.7 | 12.2 | 2.4 | 3.6 | 8.0 | 1.6 | 1.0 | 26∶1 |
| N11 | 35.7 | 10.1 | 25.1 | 12.5 | 2.4 | 3.6 | 8.0 | 1.6 | 1.0 | 22∶1 |
| N12 | 39.0 | 13.7 | 29.2 | 1.5 | 2.4 | 3.6 | 8.0 | 1.6 | 1.0 | 28∶1 |

栽培基质中碳氮比在（31∶1）~（39∶1）。在不同配料比例的菌草栽培基质上接种杏鲍菇，分析比较杏鲍菇的生长速度、菌菇产量、栽培料消耗速率等，最终优选出适合杏鲍菇栽培的以生态灌木林为主料的栽培基质。

对 12 个配方栽培杏鲍菇后头茬菇重量调查结果显示（表 8-10）：配方 4 号、配方 1 号、配方 6 号栽培的杏鲍菇产量显著高于其他配方，分别为 0.3089kg/袋、0.2873kg/袋、0.2861kg/袋，主要原因为上述 3 个配方中碳氮比较高，在 34∶1 ~ 38∶1，适宜属于木腐类菌的杏鲍菇生长；产量最低的是配方 12 号，该配方碳氮比为 28∶1。

表 8-10　各处理菇重调查表 　　　（单位：kg/袋）

| 序号 | 处理 | 实测值 | 95% 置信区间 | | 拟合值 |
|------|------|--------|------|------|--------|
| 1 | N4 | 0.3089±0.0434 a | 0.2680 | 0.3065 | 0.3025 |
| 2 | N1 | 0.2873±0.0437 ab | 0.2475 | 0.2885 | 0.2954 |
| 3 | N6 | 0.2861±0.0445 ab | 0.2057 | 0.2473 | 0.2772 |
| 4 | N2 | 0.2680±0.0664 b | 0.2759 | 0.3419 | 0.2733 |
| 5 | N7 | 0.2675±0.0708 b | 0.2271 | 0.2999 | 0.268 |
| 6 | N5 | 0.2635±0.0368 b c | 0.2678 | 0.3044 | 0.2581 |
| 7 | N10 | 0.2377±0.0428 cd | 0.2475 | 0.2875 | 0.2464 |
| 8 | N8 | 0.2348±0.0539 cd | 0.2102 | 0.2593 | 0.2377 |
| 9 | N3 | 0.2265±0.0516 d | 0.1949 | 0.2462 | 0.2246 |
| 10 | N9 | 0.2206±0.0506 d | 0.2153 | 0.2602 | 0.2183 |
| 11 | N11 | 0.1714±0.0289 e | 0.1583 | 0.1846 | 0.1665 |
| 12 | N12 | 0.1700±0.0414 e | 0.1506 | 0.1894 | 0.1744 |

注：不同小写字母表示各处理间差异显著（$P<0.05$）。

$Y_{产量} = X_1^2 + X_2^2 + X_3^2 + X_4^2 + X_1 \times X_3 + X_3 \times X_4$，$R^2 = 0.844\ 06$，表明由实验数据建立的杏鲍菇产量与柠条粉、玉米芯、麦麸、豆粕含量回归方程拟合较好。根据 4 种主料配比可以预计其产量。由产量方程计算的拟合值与实测值差异较小的为配方 3。根据方程分析得出杏鲍菇高产配方中 4 种主料的比例为柠条 39.2%、玉米芯 25.7%、麦麸为 16.4%、豆粕为 2.0%

## 8.3.4　沙棘生态修复与生态产业耦合发展模式

### 8.3.4.1　沙棘叶营养成分分析

沙棘以其独特的耐寒、耐旱、耐瘠薄及迅速繁殖成林的特点，成为治理黄土高原和华北石质山区水土流失的造林树种。通过多年的实践证明，沙棘能够在恶劣的环境下生存、繁殖，并以其最快的速度形成茂密的植被，发挥巨大的保持水土、改善生态环境的作用。由于沙棘适应性强，栽培管理技术易掌握，已成为我国贫困地区脱贫致富的一种重要经济植物资源。

沙棘叶含有丰富的营养物质，其蛋白质和糖的含量高于果汁和果肉。蛋白质含量为 13%～19%，糖含量 16.5%～25.52%，黄酮类化合物含量为 876mg/kg。还含有多种氨基酸和矿质元素。叶片中的类胡萝卜素和维生素含量超过沙棘种子的这些物质的含量。正是由于沙棘叶中含有丰富的沙棘黄酮类物质，开发沙棘雄株鲜嫩叶作为保健茶，是开发沙棘资源、延伸生态建设产业链的主要途径之一。

## 8.3.4.2 沙棘叶茶加工工艺

在借鉴国内沙棘叶茶及枸杞叶茶加工工艺的基础上，提出了 4 个沙棘加工工艺。具体工艺过程如图 8-22 所示。

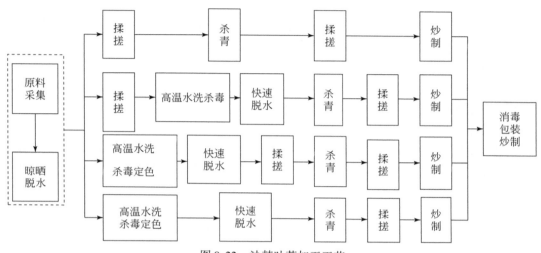

图 8-22 沙棘叶茶加工工艺

通过多次试制定，结果如下。

方案一：在第一次揉搓过程中叶片粉碎较多，原料浪费严重，经过杀青后进一步揉捻后叶片完整性较差，最终形成沙棘茶叶的比例为 15 斤（1 斤=500g，下同）以上鲜叶方可炒制 1 斤茶叶。经过方案一加工出的沙棘茶叶的颜色较深，破碎叶片较多。

方案二：与方案一相同，在第一次揉搓过程中叶片粉碎较多，原料浪费严重；经过高温水洗杀毒定色，再杀青后进一步揉捻后叶片完整性比方案一的好，最终经过炒制后，形成沙棘茶叶的比例为 13 斤以上鲜叶方可炒制 1 斤茶叶。经过方案一加工出的沙棘茶叶的颜色较深，破碎叶片较多。

方案三：加工后的沙棘茶叶颜色比较白，经过两次揉搓后，成功率比较低，8 斤以上鲜叶方可加工 1 斤沙棘茶叶。

方案四：通过高温水洗杀毒定色后直接杀青，然后揉搓，加工后的沙棘茶叶比较白，但需要长时间揉搓，且加工炒制出的沙棘叶成功率较高，6 斤鲜叶即可加工 1 斤沙棘茶叶。

通过分析比较上述 4 种方案，最终认为方案四加工出的沙棘茶叶的成本较低，茶叶味道和色泽较好。因此，在沙棘叶茶加工过程中，应采用方案四进行加工。

## 8.3.4.3 沙棘叶茶的加工工艺要点

制作沙棘叶茶要经过沙棘叶采集—高温水煮杀毒定色—脱水杀青—揉搓—炒制—干燥—筛选分级—包装。

**1）沙棘叶采集**

沙棘叶采收期一般在 5 月上中旬到 7 月上旬，叶片白色鳞片相对较少时，采摘嫩梢上的一芽两三叶。鲜叶原料应具有自然品质特征，不含有夹杂物。应洁净、干燥、无霉变、劣变、无虫蛀。傍晚采摘的鲜叶可平摊在阴凉、清洁、通风的室内，平摊厚度以不超过 10cm 为宜。便于第二天加工，加工前要清除沙棘叶中的杂物。

**2）高温水煮杀毒定色**

高温水煮杀毒的目的是保持叶片颜色，防止防治养分流失，使叶片变得更加柔软，有利于揉捻，同时具有杀毒和去除叶片背面白色鳞片。

**3）脱水杀青**

杀青目的是钝化酶的活性，固定绿色，并使其在受热失水过程中，发生一系列理化变化，散发部分特殊气味，并使叶质柔软便于揉捻。

**4）揉搓**

将杀青后的沙棘叶装入揉捻机内，揉 8min 后停机，松团散热，以防结块和产生熟闷味，再连续揉捻。待沙棘叶可成卷后，停止炒制，解块松团散热，防结块和产生熟闷味。

**5）炒制**

将炉内温度进一步提高，炒制产业略带焦味，使沙棘茶叶具有茶香味。

**6）干燥**

干燥的目的是继续散发异味增进香味，并蒸发水汽至足干。干燥在茗茶自动烘干机内进行。干燥温度控制在 80℃ 左右，将起锅时适当提高锅温对减少沙棘叶特有气味大有好处。起锅前需适当结合扬的手势或开一下风机，扬去部分灰褐色鳞片，使成茶色泽褐中透绿。

**7）筛选分级**

沙棘干燥后，采用筛子筛除破碎的部分茶叶以及银白色鳞片，然后根据茶叶的形状大小进行分级。

**8）包装**

操作人员上岗前应穿戴干净工作服，帽、鞋、手必须清洗消毒包装间、工作台使用前应保持清洁，工作前开紫外线灯 30min 对工作间空气进行杀菌。封口机、电子秤、容器及周转箱使用时进行清理。包装时打印生产日期要清晰。

沙棘叶加工成沙棘茶含有黄酮类化合物、类黄酮类化合物、氨基酸、碳水化合物、多种维生素及多种人体必需的矿物元素等，造就了药食同源天然植物资源的特点，具有多种保健功能。尤其是此茶中咖啡因含量极低，神经衰弱和易失眠人群更宜饮用。用纯野生沙棘叶所制之茶，纯天然，无污染。

# 8.4 生态产业综合效益分析评价

生态产业是继经济技术开发、高新技术产业开发之后发展的第三代产业，是生态工程在各产业中的应用，从而形成生态农业、生态工业、生态第三产业等生态产业体系，它是人类从农业文明、工业文明进入生态文明的必然产物。

生态产业发展的主要目的就是追求生态、经济和社会效益的协调，实现可持续发展。生态产业是一项社会化的系统工程，包含多学科和多部门的协调动作，其效益也表现在多方面，经过五年的自治区项目的科技攻关，研究人员、地方部门以及当地群众在项目试验示范区进行了柠条资源利用技术、沙棘叶茶开发技术、低效山杏林嫁接改造技术、水资源高效利用等技术的研究与示范，有效促进了当地农村经济的发展和生态环境繁荣改善，取得了良好的综合效益。对项目区生态产业建设成果进行综合评价，可以为生态产业的发展提供技术和理论依据。

## 8.4.1　评价方法

效益评价的方法有很多，但最常用的效益评价方法为定性评价法、定量评价法和综合评价法。

（1）定性评价法：以纵向分析为主，采用类比分析和成因分析评价相结合的方法，借助经验和逻辑推断能力逐项进行描述评判。根据评价程度要求，定性评价法可采用同行评议和专家评分法、德尔菲法等。由于不受统计数据的限制，简便易行，定性评价法被广泛应用。但受随机因素的影响，此法还存在主观性强、结论模糊、同项目比照性不强等弊端。

（2）定量评价法：以监测数据、统计数据等信息作为评价依据，按评价指标体系建立数学模型，用数学手段和计算机求得计算结果，并以数量形式表达出来。其中运筹学等数学评价方法是最常用的，另外还有层次分析法（AHP 法）、模糊综合评判法、灰色系统评价法等。定量评价由于受统计数据的限制，判断依据难以统一量化，因此，在具体操作中存在困难。

（3）综合评价法：以监测信息为基本依据，结合资源、环境、人口、经济、社会等各项指标对研究对象进行系统、客观、公正、合理的全面评价。它是定性与定量方法的结合应用，因此，经常采用综合评价方法对生态产业发展效果进行评价。综合评价模型分析过程如下：①确定评价对象；②建立构建评价指标体系；③对评价指标值进行归一化处理；④应用层次分析法确定评价指标权重；⑤计算综合评价值。

## 8.4.2　评价指标体系的构建

### 8.4.2.1　评价指标体系构建的原则

指标体系是建立在某些原则基础上的指标集合，是一个有机整体，而不是一些指标的简单集合。依据生态产业可持续发展的结构和目标，建立生态产业综合评价指标体系需遵循如下原则。

（1）综合性原则：选取的评价指标必须能直接而全面地反映其综合特征。

（2）代表性原则：选取的评价指标要最能反映系统的主要性状。

（3）实用性原则：选用的指标必须可测量、可比较、可操作，在较长时期和较大范围内都能使用。

（4）层次性原则：根据不同评价需要对指标分层。

（5）动态性原则：系统是一个开放的系统，评价指标要考虑系统的动态状况，不但要评价现状和系统的稳定性，还要考虑系统的发展趋势、系统的缓冲能力和应变能力。

（6）独立性原则：指标之间必须相互独立不应存在包含或交叉现象。

### 8.4.2.2 评价指标体系的构建方法

建立科学、客观、可行的评价指标体系，是生态产业建设效果综合评价的基础。本研究依据生态产业建设的综合评价的特点及指标选取的原则，以生态效益、经济效益、社会效益 3 大效益为基础，最终确定了由 13 个指标构成生态产业建设效果综合评价指标体系，指标体系分为 3 个层次：第 1 层（A）反映评价的对象即目标层；第 2 层（B）从经济效益（$B_1$）、生态效益（$B_2$）、社会效益（$B_3$）3 个方面分别来衡量系统的现状水平；第 3 层（C）是具体的评价指标（图 8-23）。

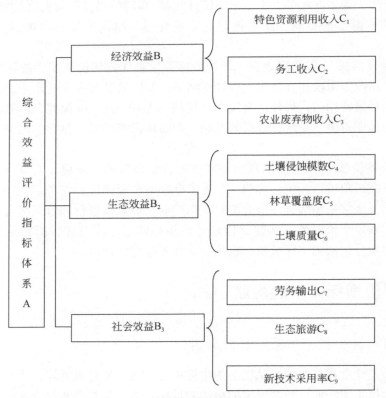

图 8-23 评价指标体系

### 8.4.2.3 评价指标

**1) 经济效益**

特色资源利用收入：主要包括柠条粉碎作为栽培基质后所实现的价值、山杏嫁接改造后鲜食杏亩均销售收入、苦杏仁的销售收入。

务工收入：在基地务工工人年收入、农业种植收入。

农业废弃物收入：秸秆等资源化收入。

**2) 生态效益**

土壤侵蚀模数：单位面积土壤及土壤母质在单位时间内侵蚀量的大小，是表征土壤侵蚀强度的指标，用以反映某区域单位时间内侵蚀强度的大小。

林草覆盖度：研究区退耕还林还草（林草复合模式）面积。

土壤质量：采用秸秆还田、菌渣还田后土壤的肥力指数。

**3) 社会效益**

劳务输出：每年务工人数。

新技术采用率：研究区推广新技术普及率。

生态旅游：每年来观光考察的人数。

### 8.4.2.4 评价指标标准化处理和权重

（1）评价指标体归一化处理。由于指标数据具有自身的量纲和分布区间，不能进行计算比较，必须对数据进行标准化处理，其标准化值见表 8-11。

表8-11 生态产业效益指标的标准化值

| 目标层 | 准则层 | 指标层 | 未采用生态产业 | 采用生态产业 |
|---|---|---|---|---|
| 宁南山区生态产业综合效益分析评价 | 经济效益 | 特色资源利用收入 | 0.72 | 1.00 |
| | | 务工收入 | 0.00 | 1.00 |
| | | 农业废弃物收入 | 0.00 | 1.00 |
| | 生态效益 | 土壤侵蚀模数 | 1.00 | 1.00 |
| | | 林草覆盖度 | 1.00 | 1.00 |
| | | 土壤质量 | 0.67 | 1.00 |
| | 社会效益 | 劳务输出 | 0.00 | 1.00 |
| | | 新技术采用率 | 0.71 | 1.00 |
| | | 生态旅游 | 0.15 | 1.00 |

（2）评价指标体系权重的确定。层次分析法可以对非定量事物做定量分析，对人们的主观判断做出客观描述。因此，采用层次分析法来解决权重问题。根据建立的层次分析结构模型，构造判断矩阵并确定标度，经过层次单排序、总排序及一致性检验最后得到权重值。具体计算如下：采用专家打分法，评分标度见表 8-12，得到各个子系统及其内部指标两两比对的判断矩阵 $\boldsymbol{M} = (m_{ij})$（$i = j = 1, 2, \cdots, n$）。采用和积法计算判断矩阵 $\boldsymbol{M}$ 的

特征向量，即评价指标 $v_{ij}$ 的权重向量 $W = (w_1, w_2, \cdots, w_n)$，并对结果进行一致性检验 $CI < 0.1$。评价指标值的权重见表 8-13。

**表 8-12 层次分析法重要性等级表**

| 标度 | 含义 |
|---|---|
| 1 | 表示因素 $U_i$ 与 $U_j$ 的比较，具有同等重要性 |
| 3 | 表示因素 $U_i$ 与 $U_j$ 的比较，$U_i$ 比 $U_j$ 稍微重要 |
| 5 | 表示因素 $U_i$ 与 $U_j$ 的比较，$U_i$ 比 $U_j$ 明显重要 |
| 7 | 表示因素 $U_i$ 与 $U_j$ 的比较，$U_i$ 比 $U_j$ 强烈重要 |
| 9 | 表示因素 $U_i$ 与 $U_j$ 的比较，$U_i$ 比 $U_j$ 极端重要 |
| 2, 4, 6, 8 | 2, 4, 6, 8 分别表示相邻判断 1~3，3~5，5~7，7~9 的中值 |
| 倒数 | 表示因素 $U_i$ 与 $U_j$ 比较得出判断 $U_{ij}$，则 $U_j$ 与 $U_i$ 比较得出判断 $U_{ji} = 1/U_{ij}$ |

**表 8-13 评价指标权重值**

| 目标层 | 准则层 | 权重 | 一致性检验 | 指标层 | 权重 | 一致性检验 |
|---|---|---|---|---|---|---|
| 宁南山区生态产业综合效益分析评价 | 经济效益 | 0.4 | CI < 0.1 | 特色资源利用收入 | 0.34 | CI < 0.1 |
| | | | | 务工收入 | 0.57 | |
| | | | | 农业废弃物收入 | 0.1 | |
| | 生态效益 | 0.4 | | 土壤侵蚀模数 | 0.34 | CI < 0.1 |
| | | | | 林草覆盖度 | 0.57 | |
| | | | | 土壤质量 | 0.1 | |
| | 社会效益 | 0.2 | | 劳务输出 | 0.2 | CI < 0.1 |
| | | | | 生态旅游 | 0.1 | |
| | | | | 新技术采用率 | 0.7 | |

（3）效益综合评价指数计算。经济效益、生态效益、社会效益各单项指标的综合评价指数 ($S_x$) 计算如下：

$$S_x = x_i \times W_i$$

式中，$x$ 表示经济、生态、社会；$W$ 为指标权重；$i = 1, 2, \cdots, n$。

示范区效果的综合评价指数 ($U$) 计算如下：

$$U = \sum S_x \times W_x$$

式中，$x$ 表示经济、生态、社会；$S_x$ 代表经济效益、生态效益、社会效益的综合评价指数；$W_x$ 为经济效益、生态效益、社会效益的权重。中庄流域示范区建设效果评价结果见表 8-14。

**表 8-14　单项评价值和综合评价值**

| 效益 | 未采用生态产业 | 采用生态产业 |
|---|---|---|
| 经济效益 | 0.24 | 1.00 |
| 生态效益 | 0.98 | 1.00 |
| 社会效益 | 0.51 | 1.00 |
| 综合效益 | 0.59 | 1.00 |

# |第 9 章| 流域脆弱生态系统可持续管理模式

## 9.1 脆弱生态系统可持续管理的生态学基础

生态脆弱性是一个广泛的概念，由于研究的时空尺度和对象不同，目前对于生态脆弱性的定义尚无统一标准。目前的定义有：①生态脆弱性是指当生态系统正常功能出现紊乱、生态稳定性较差，并对人类活动和突发型灾害敏感时，自然环境易向不利于人类利用的方向演替；②生态脆弱性概念应侧重于突出生态系统偏离原系统的程度，即生态系统受到外界干扰后所表现出的不稳定性特征；③生态脆弱性研究的基本内容包括系统变化的评估，系统响应变化的敏感性评价，变化对系统造成的潜在影响估测，以及系统对变化及其可能影响的适应性评价。从诸多定义中可以看出，生态脆弱性的概念包括三方面内涵：①生态脆弱性是生态系统自身的一种属性，是客观存在的；②生态脆弱性通过外界驱动力表现出来，驱动机制包括自然因素和人为干扰两类，受到干扰的生态系统可能会遭到某种程度的破坏，并难以复原；③生态系统脆弱性可以通过敏感性、稳定性、适应性等指标进行量化评价。

### 9.1.1 生态学的完整性与边界和时空尺度

生态系统的生态学完整性取决于系统内部生态学过程的完整性。只有主要生态学过程完整的系统才是完整的生态系统，才有可能发挥出它所具有的正常生态功能。生态系统管理所关心的生态学过程主要包括水文学过程、生物生产力、生物地球化学循环、有机物的分解、生物多样性维持等。通常情况下，这些生态学过程往往是跨越很大的空间和时间尺度，跨越行政/政治上的边界（国界、省界），并且不同生态学过程的空间和时间尺度差异很大。所以，在生态系统管理和研究中，对应于某个特定生态学过程所定义的生态学边界和时空尺度，对其他的生态学过程而言往往并不一定适合。正因为这种生态学过程间的空间变异所在，要想确定一个对所有生态学过程都适合的、完美的空间尺度是非常困难的。因此，生态系统管理的研究必须具有一个广泛的视野，科学地定义适当的生态系统空间界域，以保证生态学的完整性，达到便于研究、使管理决策能够有效调控生态学过程的目的。通常，生态学完整性的边界定义应该以与保护总的自然多样性和维持生物多样性有关的生态学格局和生态学过程为依据。

## 9.1.2 生态系统的结构、功能与生态学整体性

生态系统作为一个特定的地理空间单元，具有特定的结构和功能，也就是说，生态系统是结构和功能的统一体。生态系统结构是指系统内各组成因素（如生物组分与非生物环境）在时空连续空间上的排列组合方式（如种群结构、植被地理）、相互作用形式以及相互联系规则（如食物链、食物网、种间互作和协同进化等），是生态系统构成要素的组织形式和秩序。生态系统功能是系统在相互作用中所呈现出来的属性，它表现了系统的功效和作用。生态系统所具有的功能是支持系统存在的原因，它体现了生态系统的目的性，一旦其功能丧失，该生态系统也就失去了它存在的意义。生态系统的功能可从系统的内部和外部两个方面来考察。从系统的内部来看，是各个子系统以及各个要素结合起来以后达到的共同目的；从外部来看，是母系统（更高层次的系统）。对于子系统的要求，作为生态系统总体功能，尤其与人类生存发展密切相关的功能主要表现为它的经济功能（价值）和环境服务功能（价值）。以植被光合作用为基础的生态系统生产力不仅是表征生态系统为人类生存提供直接或间接产品能力的经济指标，同时它也是反映生态系统水热平衡和物质循环状况的关键变量，可作为表征生态系统结构与功能状况、系统对自然环境胁迫和人为干扰应答的综合性生态学指标。近年来，随着全球性环境问题的日趋严重，生态环境工程的产业化趋势加快，人们已经开始关注生态系统服务价值。生态系统服务也被称为自然服务或环境服务，是度量生态系统对人类生存环境贡献的生态经济学指标。

## 9.1.3 生态系统演替与系统动力学特性

存在于特定环境之中的任何具体的、现实的生态系统都必然与外界环境发生物质、能量和信息的交换。外界环境的变化自然会影响整个系统及其部分的行为，但是生态系统对环境变化具有一定的适应能力，在一定临界条件之内，系统不会发生质的变化，当环境作用超过系统适应能力界限时，系统就会发生质变或解体。地球的公转使气候因子具有严格的节律性，植被、土壤条件也随着气候的变化表现出不同的季相。长时间尺度的地质过程和人类活动对地表状态和地表过程的影响，会引起全球环境的变化。这些决定生态系统特征的要素和驱动力虽然在一定时间范围内具有相对稳定性，但是随着时间的变化是不间断的。因此，在特定环境条件下的生态系统本质上是一个动态系统，有着特定的系统动力学特征。从系统动力学的观点出发。生态系统管理研究应注意它的两个特点：其一是表征生态系统特征的状态变量是动态的，是时间的函数；其二是生态系统内部存在多种机制的反馈回路，它决定了生态系统各单元以及各子系统之间的因果关系，导致了前面所述的生态系统的整体性。

## 9.1.4 生态系统的干扰与系统稳定性

生态系统外部环境的变化是生态系统演替的主要驱动力。在外部环境胁迫或干扰的驱

动下生态系统将会不断演替或进化。可是生态系统演替通常表现出阶段特征，即系统动态变化具有相对稳定性。这是因为系统的各要素在其存在的期间内具有相对稳定的质和量的特殊性，它构成了系统可辨识的信息特征。在没有受到大于临界量的环境胁迫或扰动时，系统具有保持原来平衡状态的倾向，具有一定的弹性（或保守性）。当系统因受到大于临界量的环境胁迫或扰动而发生质变时，也不可能是对过去的彻底否定，总是会继承其相应的成分，保留一定程度的历史痕迹。从控制论的角度看，稳定与振荡是一对矛盾，稳定是要趋向目标值，而振荡是要背离或偏离目标值。当系统的外部环境相对稳定时，系统处于平衡的、稳定的状态。一旦给予系统一定的外部环境胁迫，系统将会失去其平衡，处于不稳定状态，要经过一个动态过程才能克服振荡，恢复平衡，趋向稳定。振荡后的生态系统稳定状态既可能是原来生态平衡的恢复，也可能是新的平衡的建立，还可能是系统的退化或崩溃。它不仅取决于环境胁迫或干扰的类型和强度，还取决于与生态系统结构进化、复杂性相关联的生态系统稳定性。

## 9.1.5 生态系统的复杂性与不确定性

任何特定场所的生态系统的行为都会强烈地受其周围环境系统的影响和制约，同时生态系统的行为也会对其周围环境产生深刻的影响。自然生态系统的环境条件受大气环流、地质运动所控制，具有极大的地理分异性。生态系统内部的物质循环、能量转换和信息流的关系错综复杂，也经常会受到一些外界的随机扰动，并且生态系统对环境的应答和反馈多表现为非线性关系。此外，生态系统的社会经济环境在区域间发展极不均衡，人类对生态系统功能的要求，也因价值观和生活水准而多种多样。这些因素决定了生态系统的复杂性和人类对生态系统认识的有限性和不确定性。

## 9.1.6 生态系统多样性与可持续性生态系统

自然生态系统或景观的结构形式和复杂程度差异很大，结构复杂的生态系统或景观，一般可以实现分级控制，提高控制的效率。生态系统结构越复杂，系统的自我修复和维持能力也越强，越有利于抵抗外来干扰。生物多样性和自然景观多样性构成了生态系统多样性。生物多样性在控制各种生态学过程中起着关键性作用；相反，生态学过程影响着生物多样性格局。生态系统多样性是生态系统结构复杂性的基础，是决定生态系统稳定性和可持续性的重要因素。生物多样性和结构复杂性能够强化生态系统抗御扰乱的能力。生物多样性能够为生态系统适应环境变化、未来的人类生存发展提供必需的基因资源储备。

## 9.1.7 生态模型与数据收集和监测

我们要正确理解生态系统结构和功能特征，从不同层次上认识生态系统动力学特征，就需要对生态系统进行深入的调查研究和数据收集。另外，为了追踪和评价我们对生态系统实施管理行动的效果，定量地评价管理行动成功或失败的程度，其有效的信息反馈手段就是生态系统监测。生态模型是对现实生态系统抽象化、简单化和公式化的表述，以此来揭示和预测生态系统中的各种现象。最简单的模型可以用语言和图形表达，可是要进行量的预测必须构建以统计学和数学为基础的动力学模型，用来分析和预测生态系统行为，制定适应性管理策略。数据收集和监测是构建生态模型的基础工作，生态系统管理的效果取决于生态学模型对生态系统有机整体所有层次的科学概括程度。

## 9.1.8 人类活动对环境影响的双重性

人类作为生态环境的破坏者，同时又是生态系统的管理者。就是说，人类活动对环境的影响具有双重性。作为生态系统组成的人类不可能从自然中分离开，人类介入自然界会从根本上影响生态系统的格局和生态学过程。人类的价值观在生态系统管理目标制定中发挥着主导作用，为了达到可持续管理目标，应该有效发挥人的作用，重视发挥人对环境的有利影响，最大限度地减小或克制人对环境的破坏作用。

# 9.2 生态修复与生态产业耦合发展模式

党的十九大报告指出，农业农村农民问题是关系国计民生的根本性问题，必须始终把解决好"三农"问题作为全党工作的重中之重，实施乡村振兴战略。乡村振兴战略是一项系统工程，在宁南山区要做到产业兴旺、生态宜居、乡风文明、治理有效、生活富裕的总要求，首先就是生产修复与生态产业协调发展，该区域作为脱贫攻坚的主战场，水土流失严重、水资源匮乏，严重制约着区域生态建设和产业的发展，在生态修复的同时，兼顾产业的发展，在产业发展的同时，兼顾生态建设，是该区域实现乡村振兴战略的重要举措。

宁南山区包括原州区、西吉、海原南部、隆德、彭阳、泾源，地处内陆，农业落后，工业欠发达，是一个以农业为主的贫困地区。据史料记载，秦汉时期曾是"谷稼殷实""牛马衔尾"的发达半农牧区。由于当时森林草原植被涵养水源，保护表土，因而水土流失较轻微。随着战争的因素和人口的不断增加，人们在生存繁衍过程中自觉或不自觉地对人们赖以生存的水土资源的不合理利用，破坏了人与自然的和谐统一的局面，使水土流失速度加快，生态环境遭到破坏。特别是近半个世纪以来，由于人口的过快增长，为解决温饱而大量开荒扩种，滥砍滥挖，过度放牧等不合理地甚至掠夺式利用土地资源，致使植被破坏、水土流失严重、土壤肥力退化、粮食生产能力下降。土地退化加剧，涵养水源性能的降低可使人畜缺水，植物缺水而生长减慢或无法生长，进一步加剧了水土流失导致土壤肥力退化，导致了水土流失加剧—土地地力下降—贫穷—水土流失加剧的恶性循环。近年来，随着退耕还林草等工程的实施，该区域生态环境得到了根本性的好转，如何在生态环境改善的情况下，发展生态产业是近年来该区域一直关注的问题。

作者研究团队基于区域特殊的自然环境、生态资源禀赋，以流域生态学、景观生态学、经济生态学为指导，提出了立足特色乡土资源，以区域立地类型划分为基础，以水土资源高效利用、乡土植物资源经济效益挖掘、生态产业链延伸为保证，重点发展山杏苦杏仁、山杏嫁接红梅杏、柠条枝条生产食用菌生态修复与生态产业高效耦合模式（图9-1），达到生态修复与生态产业的协调发展，从而为区域乡村振兴奠定坚实的基础。山杏嫁接红梅杏第二年个别树已经开始结果，随机选取4棵树，全部测产得出：每棵树平均结果61个，每棵树平均产量为1379g，每个红梅杏重22.6g，红梅杏以30元/kg计算，得出每棵树产值41.4元，每亩56棵计算，每亩红梅杏产值为2318.4元。按照杏树正常产量产果初期2250～12 000kg/hm²（主要经济林产量表），产值可以达到67 500～36 000元/hm²。利用柠条枝栽培香菇60 000袋，每袋的生产成本为5.00元，每袋的鲜香菇产量为1.00kg，按照鲜香菇12元/kg的平均价格计，60 000袋产值可达72.00万元，纯收入为42.00万元，经济效益显著。苦杏仁作为宁南山区特色中药材产品在全国苦杏仁市场都具有一定的影响力，尤其是近年形成了较大的产品优势，按照450株/hm²，杏核2元/kg，计算1926元/hm²，这仅仅是农户采集销售的价格，苦杏仁近年来市场价格在20元/kg左右，如果厂家去核加工成苦杏仁，产值将会更高。如果发展林下药材、林下养殖以及和旅游业结合，区域生态修复与生态产业耦合发展模式具有显著的生态效益、经济效益和社会效益。所以充分利用乡土资源，在开展生态建设的同时，发展生态产业具有生态和经济双赢的突出效果，生态修复与生态产业耦合发展模式是宁南山区实现乡村振兴战略的重要举措。

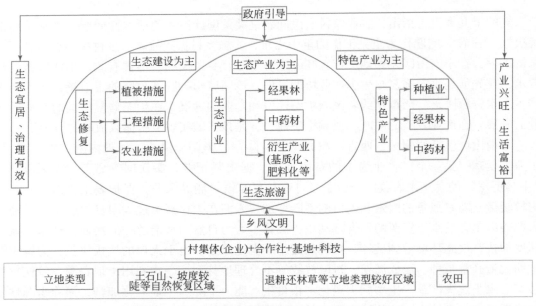

图9-1 宁南山区生态修复与生态产业耦合发展模式

# 9.3 基于水资源承载力的人工林可持续管理模式

对生态系统管理的定义，不同群体或个人根据不同的出发点有不同的看法，目前较有影响的定义如下。

（1）生态系统管理涉及调控生态系统内部结构和功能，输入和输出，并获得社会渴望的条件。

（2）利用生态学、经济学、社会学和管理学原理仔细地和专业地管理生态系统的生产、恢复，或长期维持生态系统的整体性和理想的条件、利用、产品、价值和服务。

（3）生态系统管理强调生态系统诸方面的状态，主要目标是维持土壤生产力、遗传特性、生物多样性、景观格局和生态过程。

（4）生态系统管理强调生态系统的自然流、结构和循环，在这一过程中要摒弃传统的保护单一元素的方法。

（5）生态系统管理是一种基于生态系统知识的管理和评价方法，这种方法将生态系统结构、功能和过程，社会和经济目标的可持续性融合在一起。

（6）生态系统管理要求考虑总体环境过程，利用生态学、社会学和管理学原理来管理生态系统的生产、恢复或维持生态系统整体性和长期的功益和价值。它将人类、社会需求、经济需求整合到生态系统中。

（7）生态系统管理是对生态系统的社会价值、期望值、生态潜力和经济的最佳整合性管理。

（8）生态系统管理旨在综合利用生态学、经济学和社会学原理管理生物学和物理学系统，以保证生态系统的可持续性、自然界多样性和景观的生产力。

（9）生态系统管理有利于保护当地生态系统长期的整体性。这种管理以顶极生态系统为主，要维持生态系统结构、功能的长期稳定性。

（10）生态系统管理是指恢复和维持生态系统的健康、可持续性和生物多样性，同时支撑可持续的经济和社会。

（11）生态系统管理有明确的管理目标，并执行一定的政策和规划，基于实践和研究并根据实际情况作调整，基于对生态系统作用和过程的最佳理解，管理过程必须维持生态系统组成、结构和功能的可持续性。

（12）生态系统管理是集中在根本功能复杂性和多重相互作用的管理，强调诸如集水区等大尺度的管理单位，熟悉生态系统过程动态的重要性或认识生态过程的尺度和土地管理价值取向间的不相称性。

（13）生态系统管理的目的是对生态系统合理经营管理以确保其持续性，生态持续性是指维持生态系统的长期发展趋势或过程，并避免损害或衰退。

（14）生态系统管理是考虑了组成生态系统的所有生物体及生态过程，并基于对生态系统的最佳理解的土地利用决策和土地管理实践过程。生态系统管理包括维持生态系统结构、功能的可持续性，认识生态系统的时空动态，生态系统功能依赖于生态系统的结构和多样性，土地利用决策必须考虑整个生态系统。

上述多个定义在许多方面有重复，大多数定义强调在生态系统与社会经济系统间的可持续性的平衡，部分定义强调生态系统的功能特征。我们认为所有这些定义并没有矛盾，生态系统管理要求我们越过生态系统中什么是有价值的和什么是没价值的问题，而主要集中在自然系统与社会经济系统重叠区的问题。这些问题包括：生态系统管理要求融合生态学的知识和社会科学的技术，并把人类、社会价值整合进生态系统；生态系统管理的对象包括自然和人类干扰的系统；生态系统功能可用生物多样性和生产力潜力来衡量；生态系统管理要求科学家与管理者定义生态系统退化的阈值；生态系统管理要求对生态系统影响的系统研究结果作指导；由于利用生态系统某一方面的功能会损害其他的功能，因而生态系统管理要求我们理解和接受生态系统功能的部分损失，并利用科学知识做出最小损害生态系统整体性的管理选择；生态系统管理的时空尺度应与管理目标相适应；生态系统管理要求发现生态系统退化的根源，并在其退化前采取措施。与生态系统管理相近或相联系，且均用于环境管理方面的术语还有生态系统健康、生态恢复、生态整体性和可持续发展。

干旱区植被生态耗水和水资源承载力均属于水资源的矛盾。植被生态耗水属于在干旱区水资源总量一定的情况下人类活动用水与自然界维持平衡完整性用水的矛盾，研究水资源承载力能够加深人们对生态用水的重视，而不是一味追求经济的发展。水资源生态系统承载力在西北干旱地区指的就是土壤水分植被承载力。土壤水分植被承载力则是土壤水分补给与植物生长需水的矛盾，两者相互作用维持生态系统的平衡稳定。从宏观上看，植被生态耗水也是土壤植被承载力的影响因素之一。土壤水分补给量是决定土壤植被承载力大小的物质基础，因此在确定其承载力大小前需要确定天然降水与土壤水分补给的关系，以及土壤水分消耗量与植物生长的定量关系。植被生态耗水越多，土壤水分的补给量越多，从而使土壤植被承载力提高。此外，植被的种类、生长发育阶段等都会影响土壤植被承载力。一般观点认为，植被能够保持水土，减少地表径流，增大入渗率，从而改善小气候环境。然而过多的植被则会导致土壤的旱化，即植被根系需水过多，导致土壤水分含量至凋萎系数。

下面以宁南黄土丘陵区生态修复工程中的主要树种山杏为研究对象，探讨基于水资源可承载的前提下植被的合理经营与管理方式。以 2017 年调查山杏单株的地径、林龄、边材面积的基础数据，以及生长季林分蒸腾耗水与多年平均降雨量相等的前提下，不同年龄段所能承载的合理密度范围。

## 9.3.1 山杏单株林木地径、林龄与边材面积的关系

为研究山杏林木生长特征与林龄之间的关系，对林分、植被结构特征等进行全面调查，基本得出山杏林木地径、边材面积与林龄之间的关系。

在不同研究地区和不同树种之间，地径与边材面积的数量关系不同。在六盘山地区华北落叶松林木呈幂指数关系，黄土高原刺槐林木呈线性关系，而在彭阳山杏林木也呈线性关系，具体情况如图 9-2 所示。随着山杏地径的增加，边材面积成线性逐渐增大。

在黄土丘陵地区，受水分这个限制性因素的影响，植被生长缓慢，林木年龄的逐年增加，林木逐年的生长特征不同，调查彭阳山杏林龄与地径的关系如图 9-3 所示。随着林木年龄的逐渐增加，地径逐渐增大，但增加的幅度逐年减小，20a 是一个明显的分界点：林

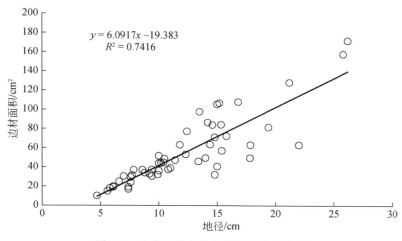

图 9-2　山杏地径与边材面积的数量关系

龄大于 20a，地径增加迅速；小于 20a，地径增加缓慢，逐渐趋于稳定。

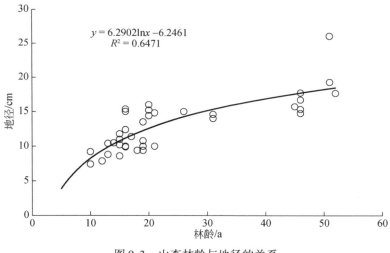

图 9-3　山杏林龄与地径的关系

随山杏林龄的增加，地径不同程度增大，相应的林木边材面积也呈现不同程度的增大，其关系如图 9-4 所示。林龄与边材面积的关系和与地径的关系相似，林龄的拐点都是 20a，林木林龄超过 20a 后，边材面积增加缓慢。

## 9.3.2　山杏地径、林龄与单株林木蒸腾量的关系

2017 年在牛湾和中庄山杏林木上安装了树干液流计（SF-L），监测林木的蒸腾耗水特征，利用单株林木边材面积与树干液流速率的数量关系计算单株的林木蒸腾量（kg/d）。

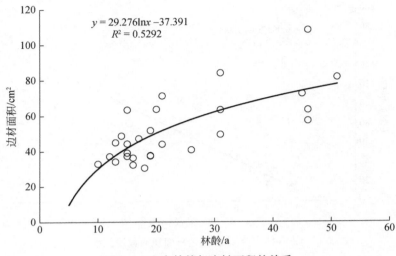

图 9-4　山杏林龄与边材面积的关系

单株林木地径与蒸腾量的数量关系如图 9-5 所示。图 9-5 中的单株蒸腾量是生长季的日均值，随着地径的增大，单株林木蒸腾量逐渐增加，呈现很好的线性关系。

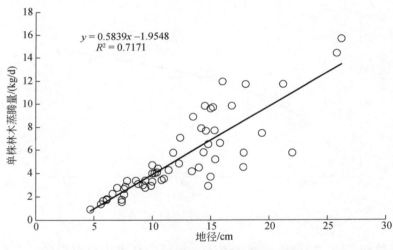

图 9-5　山杏地径与单株林木蒸腾量的关系

通常情况下，随着林木年龄的增加，其单株蒸腾耗水量逐渐增大，两者间的关系如图 9-6 所示。在林龄小于 20a 时，蒸腾量增加迅速；林龄大于 20a 时，蒸腾量增加速度逐渐缓慢。

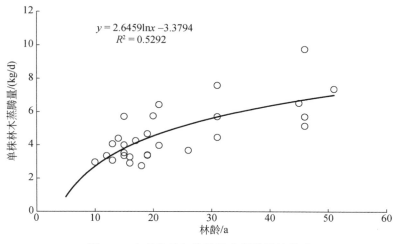

图 9-6　山杏林龄与单株林木蒸腾量的关系

## 9.3.3　不同年龄合理的林分密度

2017 年在牛湾和中庄山杏林木上安装了树干液流计（SF-L），监测生长季林木的蒸腾耗水特征。不同林木年龄的单株边材面积和耗水量由图 9-5 和图 9-6 中的数量关系计算得出，具体数值见表 9-1。本地区生长季多年降雨量为 440mm，假设整个生长季的降雨量为 440mm，且降雨量全部用于林木生长，利用降雨量与生长季单株所消耗水量的数量关系可以计算出每公顷所能承载的总林木边材面积，再利用林龄与边材面积的关系，计算出不同林龄所能承载的合理林分密度。

表 9-1　山杏不同林龄的耗水特征与所能承载的合理林分密度

| 林木年龄/a | 单株耗水量/(L/d) | 单株边材面积/cm² | 生长季单株消耗的水量/L | 每公顷能承载的边材面积/cm² | 每公顷所承载的合理林分密度/株 |
|---|---|---|---|---|---|
| 10 | 2.71 | 30.02 | 334.24 | 13 164.08 | 439 |
| 20 | 4.55 | 50.31 | 560.19 | 7 854.46 | 156 |
| 30 | 5.62 | 62.18 | 692.36 | 6 355.05 | 102 |
| 40 | 6.38 | 70.60 | 786.14 | 5 596.97 | 79 |
| 50 | 6.97 | 77.14 | 858.88 | 5 122.96 | 66 |
| 60 | 7.45 | 82.48 | 918.31 | 4 791.40 | 58 |

随着林龄增加，单株林木需水量增大，合理的林分密度应该逐渐减小，不同林龄合理的林分密度见图 9-7。林龄为 10a 时，林分密度为 440 株/hm²，随着林龄逐渐增加，合理

林分密度逐渐减小。

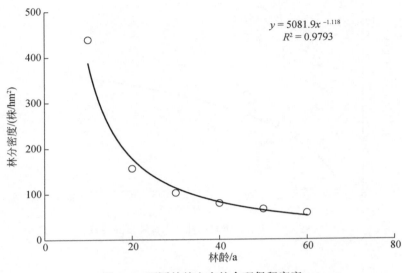

$$y = 5081.9x^{-1.118}$$
$$R^2 = 0.9793$$

图9-7　不同林龄山杏的合理保留密度

# 9.4　流域生态系统可持续管理途径

　　生态系统服务是人类社会最基本的要素，生态环境退化是工业现代化、经济快速发展和不断增长的人口带来压力的直接结果。生态环境当前面临的主要挑战是在满足人类需求的条件下如何实现生态系统可持续发展。生态系统管理是目前国际上学术讨论的热点之一。1996年美国生态学会综合了各家定义，给出的定义为：生态系统管理是在明确目标的驱动下，在我们对生态学作用相互和可持续的生态系统结构、功能的深刻理解基础上，通过监测和研究使之成为可接受的，由政策、协议和实践来实施的管理。生态系统管理的基本思想是：在充分理解生态系统的结构和功能、多样性与稳定性、复杂性与连接性等多方面的关系，充分了解生态系统各生态过程的动态特征的基础上，把人作为生态系统的一部分，同时又把人的发展作为生态系统发展的最终目标，充分发挥人的协调能力，最终达到生态系统的可持续发展，即生态系统管理不仅要考虑当代的利益，还要兼顾代际的公平。黄土丘陵区的生态系统可持续管理要考虑的问题包括林草植被的稳定性和可持续性、农田生态系统的可持续性、流域生态–社会经济可持续发展模式等。

## 9.4.1　林草生态系统可持续管理

　　林草生态系统在区域土地利用类型中占有绝对优势，黄土丘陵区林草生态系大多是人工建植。要实现林草生态系统的可持续，首先要解决稳定性问题，从目前的状况来看，该区域影响植被稳定性的因素包括林木密度过大导致土壤水分供应不足，当前造林中大多采用2m×4m、3m×3m或3m×4m的株行距，主要造林树种包括山杏、山桃、刺槐等。前期造林时进行灌水保证成活，而且苗木较小耗水量不大，土壤水分承载力足够。但随着林木的生长，其耗水量是逐年增加的，到了一定程度，会出现林地水分不足、生态系统崩溃的潜在危险，这是影响林草生态系统稳定性的主要问题。其次，该区域现阶段营造的林分主要以纯林为主，对混交造林重视不够，纯林往往存在林分结构层次单一、生物多样性低、生态系统稳定性差的问题。最后，从现阶段的调查来看，主要的人工林山杏、山桃、柠条等树种都没有自然更新的现象，这些林分都是人工营造的，其自我更新能力弱，随着生长最终会衰老退化。这是影响生态系统稳定性的又一重大风险。

要实现林草生态系统的稳定可持续发展，必须解决影响稳定性的如下几个问题。

第一，调整林分密度，实现林水平衡，从9.3节的分析可以看出，不同林龄阶段林木耗水各不相同，而区域水资源量不会增加，要解决这一矛盾，就必须根据不同阶段林木耗水量来调整林分密度，进行适当间伐以保证水资源供给和林木耗水直接的平衡。

第二，调整林分结构，实现多树种混交。健康稳定的林分结构构成要素包括结构层次丰富、物种多样、林木生长健壮、林下土壤环境良好、土壤水分供应充足等要素。多树种混交可以营造丰富的层次结构、多样的树种构成，而且多树种混交下林分抗御病虫害的能力显著增强、稳定性增加，林地环境也更加优良。现实中可以采取的措施就是要调整林分树种构成、适当增加树种数量、改善林分结构，促进林分稳定性。

第三，研究解决林木自然更新的瓶颈问题，促进林分自然更新。当前林下土壤和小气候等自然条件下主要树种都无法完成自然更新。但是通过适当土壤翻动、去除地表杂草覆盖物、围封保护等措施可促进一些树种自然更新。进一步研究制约林分自然更新的限制因素，打破自然更新的瓶颈是促进林分自然更新的有效手段，可以解决林分自然更新能力不足的问题，进一步促进生态系统稳定性。

## 9.4.2 农田可持续管理

农田是黄土丘陵区生态系统重要的组成部分，农田承担了该区域主要的生产和经济功能。黄土丘陵区的农田属于旱作农田，当前影响农业生态系统的主要因素包括土壤生产力下降、残膜等土壤污染问题突出、水分生产效率低下等方面。要实现农业长期稳定的提供农产品、发挥生态经济功能，就必须解决影响农田可持续生产的突出问题。因黄土高原土质具有特殊性，其易被侵蚀和冲刷，造成土壤养分流失，质地变粗，从而导致土壤肥力和产量的下降。农田土地生产力下降的另外一个因素是化肥过量使用导致土壤黏结、土壤有机质下降导致的土壤肥力下降的问题。黄土丘陵区的土壤污染主要来自残留于土壤的地膜，残膜会影响土壤的透气性，阻碍土壤水肥的移运，影响农作物根系的生长发育，导致作物减产。残膜也会导致土壤的通气性能降低、透水性能减弱、养分分布不均，影响土壤微生物活动和正常土壤结构形成，最终降低土壤的肥力水平。大量的残膜存于耕层，有时会影响农事操作，在进行整地、耕地、播种等农事活动时，残膜经常会缠绕在农具上或堵塞播种机，从而影响农事操作或播种的质量。从黄土丘陵区的生产模式来看，农业生产的水分主要依靠自然降雨，生产过程中各种节水措施应用不足，水分利用效率整体偏低。要实现农田可持续利用，必须从影响农田可持续发展的源头入手，寻求解决途径。从目前的实践情况来看，解决农田可持续管理的主要途径有以下几个方面：第一，加强土壤培肥，发展绿色农业，在农业生产中要注意休耕、轮作、秸秆还田、使用有机肥等途径培肥土壤，提高土壤有机质，控制水土流失，改良土壤结构，提高土壤生产力。第二，加强残膜回收，推广可降解地膜，减轻残膜污染。虽然目前可降解膜生产技术不完善、使用成本高，难以在农业生产中普及，但从长远来看，可降解膜是解决残膜污染的主要途径，农业生产中要通过各种措施推广和鼓励农民使用可降解地膜，以彻底解决残膜污染的问题。第三，开源节流，提高水分利用效率。目前，研究区域的农业生产主要通过秋季覆膜、雨水收集利用、覆盖免耕等方式提高水分利用效率，这些措施在一定程度上提高了水分利用效率和生产力。

## 9.4.3 流域产业的发展途径

人类活动始终是影响生态系统稳定可持续的决定性因素。在黄土丘陵区，过去几十年人类生活所需的粮食、燃料、建材、家畜饲料、经济收益等均来自周围的自然环境。农民砍伐树木、垦荒种田、挖掘药材以获取更多的收益，人类活动对周围生态系统的破坏性极大，导致严重的生态系统退化。随着社会经济的发展，现阶段人口逐渐向城市聚集，人类的粮食、燃料等大多来自市场购买，人类活动对区域生态系统的压力逐渐减小。虽然人口减少，但是留守人口的发展还是要依赖周边的自然环境；而且乡村振兴、脱贫富民等战略也要求区域进一步发掘生态产业潜力，增加人民收入。现阶段研究区域的产业除了以林果业为主的林果产业外，支撑流域社会经济的主要产业还包括种植业、草畜产业和生态旅游业。从产业构成来看，林果产业、生态旅游和草畜产业均要进行生态系统结构调整和功能优化。从区域产业发展对生态系统的影响来看，林果产业、草畜产业和生态旅游业是对生态系统有益的三个产业方向。以研究区域为例，林果产业主要以山杏、山桃为主，山杏和山桃是退耕还林和荒山造林的主要树种，山杏、山桃种子采收出售每年为周边农户带来了良好的收益，这也是现阶段留守人口获得经济收益的一个主要途径。草畜产业是退耕还林过程中发展起来的区域支柱性产业，退耕地种植苜蓿用于养殖家畜，出售家畜获得经济收益，养殖过程中产生的废弃物还田用于农业种植，形成了草畜循环的良性发展格局。种草养畜减少了农民自由放牧活动，集约化养殖也进一步提高了经济效益。种草养畜也有利于减轻人类活动对生态系统的压力。生态旅游业是近年来发展起来的一个新兴产业，随着生态建设的推进，流域植被覆盖度逐年上升、生态环境持续好转。山杏、山桃的花成为吸收游客的重要景观资源。固原市在每年的4月举办山花节，吸引了不少游客前来观光旅游。从生态旅游尝到甜头的地方政府也转变思路，种植各种观赏植物、营造特色景观以吸引游客。生态旅游业的发展一方面增加了生态建设的投入，另一方面提升了农民的经济收益，总体来看有利于增加区域林草植被资源、减轻人类活动对生态系统的影响，对生态保护和生态系统可持续发展起到了一定的促进作用。

# 第 10 章 | 前景和展望

近几年，全球人口日渐增长，快速增加的人口与环境和资源之间失衡的问题已成为生态学科重点关注的问题，也成为全球热点问题，而资源衰竭、环境恶化的现实已向人类发起了巨大的挑战。因此，为了解决目前的生态现状，利用生态技术，合理恢复保护自然资源、恢复生态、实现生态环境可持续发展已成为保护地球的重大战略。

众所周知，我国属于世界上生态环境破坏较严重的国家，尤其是在我国黄土高原地区，地跨山西、内蒙古、河南、陕西、甘肃、宁夏和青海 7 个省（区），是我国水土流失最严重的区域，该区脆弱的生态环境已成为中国头号环境问题。其中宁夏黄土丘陵区是黄土高原生态脆弱的典型区域，也是开展生态建设，实现黄土高原可持续发展工作的主战场。该区自然条件恶劣，地形起伏较大，多年干旱少雨，加之人类活动对生态环境的破坏以及掠夺式的开发，已严重破坏了原有的生态系统，致使大面积生态环境恶化，严重制约着本区域生态环境和社会经济的可持续发展，在很大程度上为该区的发展造成障碍。要解决发展与环境之间失衡的问题，就必须恢复生态环境，合理平衡人口与资源之间的关系，使生态环境得到良性循环，使自然资源得到永续利用。因此，在该区开展生态修复研究对该区的整体发展及资源可持续利用都具有十分重要的意义，同时，可以为重建宁夏黄土丘陵区生态环境提供科学依据和理论支持。

## 10.1 宁夏黄土丘陵区生态系统恢复工作中存在的不足

### 10.1.1 管护工作滞后影响生态系统的恢复效果

在生态文明建设战略的倡导下，政府和群众齐心协力，宁夏黄土丘陵区的生态环境得到了初步改善，但是生态系统恢复工作依然十分艰巨。根据宁夏回族自治区"十三五"生态林业建设发展规划，全区仍有大量的荒山需要治理、大量的未成林造林地需要种植、大量的小流域需要治理，以及大量的土地地力需要提升。纵观现已完成的工作，出现了管护节奏跟不上治理节奏的尴尬局面。也就是说，种、养、护、管之间存在严重的失衡问题，导致生态效果不佳。在荒山治理中，因宁夏黄土丘陵区恶劣的自然条件，很多植物由于受气候的影响，加之鼢鼠、野兔众多，使部分苗木被啃食、拉食，出现大量病苗、死苗现象，导致资源浪费。在林地造林中，为避免品种单一，通过引种增加林地生物的多样性，但因为未全面攻克当地环境限制问题，以及缺乏相关的技术人员进行管护，使很多的品种达不到预期的引种效果，导致"有钱造林，没钱管护"的现状。在小流域综合治理中，进行农、林、牧的配置，管护技术也相对落后，对小流域综合治理完成后各方面投入的力度不足，流域中很多特色产业的发展得不到宣传和推广，导致产业发展滞后，产品投放效果欠佳。这一系列问题阻碍了生态系统修复的稳步发展。因此，在生态系统恢复的进程中，如果管护任务不落实，会使大量的前期投入不能转化为预期的生态效果和经济收益，在一定程度上制约生态系统修复的宣传效果，这与宁夏回族自治区提出的"生态立区"战略背道而驰，因此如何落实管护工作，使种、养、护、管有机结合是目前宁夏黄土丘陵区生态系统恢复的一大难题。

## 10.1.2 生态建设经济效益低制约了产业发展

通过调查研究发现，在宁夏黄土丘陵区近几年的生态系统恢复工作中，涌现出许多特色产业，如发展小杂粮，利用林下资源发展林草、林药、林农、林禽的复合种养模式。虽然初步取得了良好的收益，但是因该区产业发展总体基础弱、速度慢，不能形成一定的规模，导致林业产业发展缓慢，市场竞争力不强，出现投入大、收益少的尴尬局面，使得林业产业相关的企业也缺乏带动力，加之林业生态建设能提供给社会的就业岗位也很有限，导致目前相关就业明显不足。同时，很多林业资源仍处于未开发状态甚至是搁置的状态，违背了以生态带动经济发展的最初意愿。

就目前现状来看，宁夏黄土丘陵区生态修复工作依然是一项巨大的任务，在生态系统修复初期，容易修复的环境已取得恢复，剩下的区域还任重道远，需要利用各种工程，如修筑淤地坝、谷坊、蓄水池等基本设施，这就致使所需物力、人力、财力等各项费用增加。此外，宁夏黄土丘陵区自然灾害频发，加之病虫害危害严重，影响植物成活率、保存率以及工程建设质量，无形中增加了生态建设成本。综上所述，受以上几个方面原因的制约，导致该区生态建设经济效益难以凸显，产业发展缓慢。

## 10.1.3 科技滞后，缺乏开展生态系统修复工作的支撑力

首先，宁夏黄土丘陵区农村人口占比大，教育观念淡薄，教育资源少，多数群众文化素养低，教育水平普遍落后，严重限制了当地人才的培养和科技工作的推进。其次，宁夏黄土丘陵区经济发展整体相对落后，科技发展水平更是达不到经济发展的要求，加上缺乏基础的科学技能指导，对生态系统修复工作造成巨大影响。最后，由于农村发展滞后，经济水平低，科学技术渗透不足，群众对以科技发展生态产业的积极性低，对改造传统落后生产经营方式的意识不强，造成实用的科学技术难以推广的尴尬局面，加之部分技术的应用和推广因技术推广人员少、科技支撑能力弱、资金投入不足，推广后收获的效益也不佳，导致生态相关产业的生存率低、科技产品的转化率低、科技整体贡献率低。

# 10.2 对今后开展生态系统恢复工作的建议

## 10.2.1 转变全民观念，增强生态系统修复的积极性

现阶段，国家已将推进西部地区开发作为一项重要的发展战略。针对黄土高原地区的综合治理，党和国家明确指出在治理过程中要以生态保护、生态效益为主，加大以国家为主渠道的资金和粮食投入，不要再以牺牲生态环境为代价生产粮食。宁南黄土丘陵区位置偏僻，群众生活贫困，靠天吃饭的传统思想根深蒂固，他们靠现有资源，已习惯于自给自足的生产方式，缺乏市场意识，不利于生态相关产业的发展，因此，在今后宁夏黄土丘陵区生态系统恢复工作中要转变全民观念，站在国家的高度上分析该区的问题，大力开展宣传和教育工作，逐步树立以生态促经济的意识，引导群众转变自给自足的生产观念，加快农业结构调整的方式，利用技术指导将广种薄收变为少种多收，形成林农、林草、林禽等多模式的产业，通过特色优势产业助推经济发展，增强全民参与生态系统修复的积极性，以达到生态建设和经济建设共同发展的效果，为该区增收脱贫。另外，相关部门也需将工作的重心一步一步从解决农民温饱转移到多模式产业开发的方面来，积极建立符合当地特色产业的基地，推动农业供给侧结构的改革，联合企业实现生态建设为民创收的目标，推进农业和农村现代化建设进程，助力该区的可持续发展。

## 10.2.2 建立健全管理机制，优化资源配置

目前，在生态系统修复的工作中，存在严重的管护滞后问题，因此，加强管护，巩固生态修复建设工程成果势在必行。首先急需增强当地群众的环保意识和责任意识，杜绝发生盗伐和随意破坏的现象，对于不文明行为，严厉打击。其次，要健全相关的管理机制，明确生态建设中管护的责、权、利，对重点进行生态系统恢复的区域进行全面封禁，避免人畜破坏，同时设立护林点，雇佣护林员加强对该区的巡查，巩固生态修复成果。在病虫害防治方面，坚持"预防为主、科学防控"的方针，及时进行野外调查，总结危害来源和危害状况，建立和完善监测预警体系，对于死苗和病苗进行及时的补植和处理，最大程度上展现生态系统修复的成果。除此之外，对于投入的资金要进行科学、有效的使用，充分发挥其效益，可将各项资金列入专项管理，实现专款专用。

另外，要合理配置和优化现有资源，合理布局，突出重点，根据宁夏黄土丘陵区生态系统修复的综合发展规划，有方向、有主次、有计划的实施生态修复工程。协调好该区社会经济发展和生态资源之间的关系，对市生态产业使用资源进行监督引导，使其规范发展，大力提高生态系统的综合生产力水平，不断提高生态系统的自我调节能力，最终达到"经济、生态、社会"效益三者的高度统一，实现生态系统持续、稳定的发展。

### 10.2.3　加大科技投入与科技推广的力度

科学技术是第一生产力，在宁夏黄土丘陵区生态系统修复过程中，科学技术已在小流域综合治理、荒山治理、生态农业、林农复合、集雨节灌等生态环境综合整治技术中发挥了巨大的作用，使宁夏黄土丘陵区克服了脆弱的生态环境，取得了生态环境建设与农业可持续发展同步发展的成效，初步解决了该区的群众温饱问题，为农民脱贫致富提供了一条新思路。回顾已在宁夏黄土丘陵区开展的生态系统修复工作，科学技术功不可没，今后还需加大对科技的投入，加大在林地建设、水土流失与荒漠化治理、节水技术、特色产业开发等方面的研究，制定更健全的技术体系，增强生态环境建设与经济发展的后劲。在具体工作中，设立专项课题和资金，鼓励相关领域的多方科研单位积极参与宁夏黄土丘陵区生态修复建设工作，充分利用无人机、地理信息系统等高科技对生态修复的工作进行指导分析，在研究完成后及时总结和优化技术体系，并将成果体现在示范工程中，扩大示范面积加强推广力度。同时，通过对宁夏黄土丘陵区生态系统的修复，培养出一批理论基础扎实、工作能力强、善于思考、能吃苦、热爱生态事业的科技人才，为今后我国生态环境建设储备后备力量。

## 10.3　宁夏黄土丘陵区生态系统恢复工作的未来发展趋势

### 10.3.1　响应精准扶贫，实现农民脱贫增收

现阶段我国正处在全面建成小康社会的决胜阶段，进入扶贫攻坚的冲刺期。"十三五"规划提出，通过全面实施"精准扶贫，精准脱贫"基本方略，实现全部贫困人口、地区"脱贫摘帽"。然而，当前我国农村逐渐展现出贫困程度更深、减贫成本更高、脱贫难度更大的发展趋势，由此可见，单纯地依靠传统的扶贫措施，减贫效果将难以显现。因此《中共中央 国务院关于打赢脱贫攻坚战的决定》进一步提出，要实施"发展生产脱贫一批、易地扶贫搬迁脱贫一批、生态补偿脱贫一批、发展教育脱贫一批、社会保障兜底一批"的"五个一批"工程落实。其中，生态补偿脱贫达到既聚焦脱贫对象又推动持续发展，既带动脱贫增收又促进生态建设的功效。宁夏黄土丘陵区生态环境比较脆弱，是国家扶贫开发重点区域，也是宁夏回族自治区发展和扶贫攻坚的主战场。生态脆弱不仅是宁夏黄土丘陵区重要的致贫原因，也是当地开展扶贫工作的主要障碍。因此在今后的工作中开展生态补偿脱贫对该区的整体脱贫具有十分重要的意义。以生态补偿脱贫为契机，结合该区发展现状构建生态旅游背景下相关扶贫产业模式，既能体现党和国家关于精准扶贫的重大理念，又充分考虑宁夏黄土丘陵区的实际情况。这不同于传统的救济式扶贫，而是立足于开发式扶贫，应依托宁夏黄土丘陵区自然资源和环境优势特色，优先发展生态产业、乡村旅游、休闲娱乐的绿色友好型产业，充分运用市场机制，进行扶贫产业开发，在保护生态环境的

前提下，以市场需求为导向结合当地资源生产绿色无污染原生态的当地特色产品，同时，利用该区自然风光打造特色旅游品牌，在此基础上发展壮大当地龙头企业和农业合作社，创建完备的市场营销体系，真正实现以生态带动经济发展，响应精准扶贫，实现农民脱贫增收。

## 10.3.2 结合乡村振兴战略，打造美丽乡村

党的十八大以来，党和国家反复强调生态环境保护和生态文明建设的重要性，前后提出"五位一体"总体战略布局，提出了"生态兴则文明兴，生态衰则文明衰"的理念，提出"绿水青山就是金山银山"的观点。长期以来，由于地理位置、生态环境等多方面的原因，宁夏黄土丘陵区的发展相对滞后，当前，在乡村振兴战略背景下，首先应积极结合当地的生态现状和发展需求，贯彻"乡村发展，绿色先行"的理念，形成"生态恢复—环境改善—农民增收—经济发展—乡村振兴"的良性循环的乡村振兴路径，以绿色环保理念为引导，依托当地自然资源和地理环境，实行统筹规划，综合开发，建立多种生态产业，使产业发展与生态保护深度融合。其次，遵循乡村自身发展规律，坚持多样性和灵活性、自主性和独立性相结合原则，因地制宜、稳步推进，结合农业供给侧结构性改革，构建多种农业产业体系、生产体系和经营体系，实现从过度依赖资源消耗向追求绿色、生态、可持续发展方向的转变。为农村环境保护提供理论和实践上的指导与支撑，为农村生态文明建设和农村可持续发展提供新思路，为美丽乡村建设探索前进的方向。最后，要科学地教育农民、发动农民、引领农民，使其参与到乡村建设中来，推进农村厕所治理、生活垃圾治理、污水治理工作，让美丽乡村真正成为农民的幸福家园。

## 10.3.3 推进生态立区，实现生态扶贫

宁夏回族自治区第十二次党代会确定的创新驱动、脱贫富民、生态立区"三大战略"，是自治区未来五年发展的"牛鼻子"。因此应以合理利用水、土、植物资源为基础，以生态恢复和重建为核心，以提高土地利用率和生产力为关键，以提高农民经济收入为目标，构建农业生态、林业生态以及农林牧结合的多种模式的景观型小流域扶贫产业，把生态建设与乡村振兴战略结合起来、与精准脱贫结合起来、与发展全域旅游结合起来，以提高宁夏黄土丘陵区林草植被盖度，提升水源涵养和水土保持能力，改善生态环境，促进具备农业生产活动、农业文化遗产、田园风光的具有历史、地域、民族特色的景观流域建设，实现农业文化旅游"三位一体"，让生态产业助民增收。另外，由于宁夏黄土丘陵区降雨时空分布不均，该区域水土流失严重，干旱灾害频发，生态环境极为脆弱，加之农耕开发历史悠久，土地承载力过大，在人口压力的驱动下盲目开垦，形成了越垦越穷的恶性循环，因此，从生态和可持续发展的角度，急需建立生态结构合理、资源利用高效的体系来解决该区面临的生态问题，可结合固原市提出的一棵树、一株苗、一棵草、一枝花的"四个一"林草工程，利用现代化农业技术和具有地方特色的生态经济支柱产业，构建优势产业

和生态旅游，以此建立长期、稳定、高效的技术支撑体系，实现以生态带动旅游，为精准扶贫的研究和实践提供新思路。

## 10.3.4　建立生态农业，推动生态资源可持续利用

生态农业与资源可持续利用是相互依存、相互促进、互为因果、密不可分的关系，在宁夏黄土丘陵区，长期以来，由于受恶劣的气候影响和人为掠夺式开发，该区农业的发展速度较缓，农业种植技术缺乏农业基础设施建设相当薄弱，严重制约了农村经济发展，同时也造成了土地资源的浪费。因此，在宁夏黄土丘陵区生态系统修复未来的工作中，要将生态农业作为一项重点工作，以此推动生态资源的可持续利用。首先，要加大政府相关政策的扶持力度，特别是财政扶持力度，最大限度地发挥财政支农资金支持生态农业的作用，为做好对生态农业提供良好的经济基础。其次，需要完善相关的生态农业制度，规范化肥、农药使用量，使生态农业生产得到规范运行和约束，以此推进宁夏黄土丘陵区生态农业良性发展。最后，要完善农业基础设施，加强生态农业在种植、管理和收获环节的基础设施建设，为农业结构调整和生态农业产业化经营奠定坚实的基础，以实现建设优质高产高效农田、特色农产品生产基地的目标。建立生态农业是推动生态资源可持续利用、农村可持续发展的一条重要途径，在农业生产的基础上，能够合理有效地利用自然资源，改善该区的生态环境；也能推进农业供给侧结构的推进，促进宁夏黄土丘陵区产业结构调整和升级，推动农村第二产业和第三产业的发展，增加就业机会，缓解农业劳动力过剩，将成为缓解该区生态现状和农村经济可持续的必然选择。

宁夏黄土丘陵区生态系统修复是一项复杂的工作，它涵盖了水土保持、生态工程、岩土工程、土木工程、土壤学等多个领域，在研究中需要将各个学科联系起来，进行更科学更系统的研究。本书针对该区生态系统的恢复开展了一系列研究，虽然已取得了预期的成果，但是在该区生态建设方面还是远远不够的，还有诸多问题的研究不够细致透彻，因此需要进一步完善，后续还需继续进行钻研，对本书所得到的成果进行验证，使宁夏黄土丘陵区生态系统修复技术能得到更全面的理论支持，为生态、农业、土木等领域的科研工作提供更可靠的技术参考，为我国生态事业和社会经济发展做出贡献，争取早日实现"让黄河流碧水、让赤地变青山"的美好愿望。

# 主要参考文献

曹象明.2003.宁夏脆弱生态环境条件下城镇体系空间布局研究［D］.西安：西安建筑科技大学.

常春,等.2016.不同热解条件下合成生物炭对铜离子的吸附动力学研究［J］.环境科学学报,36（7）：2491-2502.

常征,徐海轶.2009.应用数学在土壤毛管持水量计算中的应用［J］.黑龙江水利科技,37（5）：73-74.

陈东来,秦淑英.1994.山杨天然林林分结构的研究［J］.河北农业大学学报,17（1）：36-43.

陈丽华,王礼先.2002.北京市生态用水分类及森林植被生态用水定额的确定［J］.水土保持研究,8（4）：161-164.

陈鲁莉,等.2006.区域水资源承载力研究综述［J］.中国农村水利水电,（3）：25-28.

陈祥伟.2004.嫩江中上游小流域水源林蓄水功能及优化［D］.北京：北京林业大学.

陈祥伟,等.2007.小流域水源涵养林优化配置［J］.应用生态学报,18（2）：267-271.

党晶晶.2014.黄土丘陵区生态修复的生态–经济–社会协调发展评价研究［D］.西安：西北农林科技大学.

丁丽莲,等.2019.近30年淀山湖地区生态系统服务价值对土地利用变化的响应［J］.生态学报,39（8）：2973-2985.

董贵华,等.2013.生态系统管理中生态环境评价的关键问题［J］.中国环境监测,29（2）：41-45.

杜灵通,田庆久.2012.宁夏植被覆盖动态变化及与气候因子的关系［J］.中国沙漠,32（5）：1479-1485.

樊敏,等.2008.刺槐春夏季树干液流变化规律［J］.林业科学,44（1）：41-45.

冯金朝,等.1995.腾格里沙漠沙坡头地区人工植被蒸散耗水与水量平衡的研究［J］.植物学报,37（10）：815-821.

冯尚友,梅亚东.1998.水资源持续利用系统规划［J］.水科学进展,（1）：2-7.

冯永健,等.2010.华北落叶松人工林蒸腾特征及其与土壤水势的关系［J］.中国水土保持科学,8（1）：93-98.

傅伯杰.2010.我国生态系统研究的发展趋势与优先领域［J］.地理研究,29（3）：383-396.

傅伯杰,于丹丹.2016.生态系统服务权衡与集成方法［J］.资源科学,38（1）：1-9.

傅伯杰,等.2001.景观生态学［M］.北京：科学出版社.

傅伯杰,等.2017.中国生物多样性与生态系统服务评估指标体系［J］.生态学报,37（2）：341-348.

傅子洹,等.2015.黄土区小流域土壤容重和饱和导水率的时空动态特征［J］.农业工程学报,31（13）：128-134.

高艳鹏.2011.半干旱黄土丘陵沟壑区主要树种人工林密度效应评价［D］.北京：北京林业大学.

郭椿阳,等.2019.基于格网的伏牛山区土地利用变化对生态服务价值影响研究［J］.生态学报,39（10）：3482-3493.

郭忠升,邵明安.2004.土壤水分植被承载力数学模型的初步研究［J］.水利学报,（10）：95-99.

韩丙芳,等.2015.不同生态修复措施对黄土丘陵区典型草原土壤水分时空变异的影响［J］.水土保持学报，29（1）：214-219.

何淑勤，等.2009. 茶园土壤团聚体分布特征及其对有机碳含量影响的研究 [J]. 水土保持学报，23（5）：187-190.

何跃军，叶小齐.2004. 恢复生态学理论对退化生态系统恢复的重要性 [J]. 贵州林业科技，（2）：8-12，29.

侯仁之，邓辉.2006. 中国北方干旱半干旱地区历史时期环境变迁研究文集 [M]. 北京：商务印书馆.

胡国红，等.2008. 基于 GIS 的长江上游森林生态系统水源涵养功能 [J]. 安徽农业科学，36（21）：8919-8921.

胡艳波，等.2003. 吉林蛟河天然红松阔叶林的空间结构分析 [J]. 林业科学研究，16（5）：523-530.

黄焱宁.2009. 甘肃省土壤有机质含量空间分布及与土地利用的关系 [D]. 兰州：甘肃农业大学.

惠刚盈，胡艳波.2001. 混交林树种空间隔离程度表达方式的研究 [J]. 林业科学研究，（1）：23-27.

贾希洋，等.2018. 不同生态恢复措施下宁夏黄土丘陵区典型草原植物群落数量分类和演替 [J]. 草业学报，27（2）：15-25.

姜志林.1984. 森林生态系统蓄水保土功能 [J]. 生态学杂志，3（3）：61-64.

蒋金平.2007. 黄土高原半干旱丘陵区生态恢复中植被与土壤质量演变关系 [D]. 兰州：兰州大学.

康文星，等.1992. 杉木人工林水量平衡和蒸散的研究 [J]. 植物生态学与地植物学学报，（2）：187-196.

亢新刚.2001. 森林资源经营管理 [M]. 北京：中国林业出版社.

雷相东，唐守正.2002. 林分结构多样性指标研究综述 [J]. 林业科学，38（3）：140-145.

黎宏祥，等.2016. 不同林分类型对土壤团聚体稳定性及有机碳特征的影响 [J]. 北京林业大学学报，38（5）：84-91.

李际会.2012. 改性生物炭吸附硝酸盐和磷酸盐研究 [D]. 北京：中国农业科学院.

李佳，等.2013. 锆-$Fe_3O_4$-沸石复合材料对水中磷酸盐和铵的吸附作用 [J]. 水处理技术，39（12）：56-62.

李锦育.2005. 集水区经营 [M]. 台北：睿煌出版社.

李娜，等.2013. 黄土丘陵区土地利用格局与生态系统服务价值分析——以中庄流域为例 [J]. 水土保持研究，20（1）：144-147，307.

李生宝，等.2011. 半干旱黄土丘陵区退化生态系统恢复技术与模式 [M]. 北京：科学出版社.

李世荣，等.2006. 青海云杉和华北落叶松混交林林地蒸散和水量平衡研究 [J]. 水土保持学报，20（2）：118-121.

李涛，等.2015. 不同橡胶林对土壤容重及田间持水量的影响研究 [J]. 热带农业科学，35（12）：1-6.

李文奇，姚小燕.2007. 贺兰山东坡灰榆疏林草原与灰榆林生态特征及生态环境状况调查分析 [J]. 宁夏农林科技，（2）：24-25，93.

李文芳，等.2004. 土壤有机质的环境效应 [J]. 环境与可持续发展，（4）：31-33.

李毅，等.1994. 甘肃胡杨林分结构的研究 [J]. 干旱区资源与环境，8（3）：88-95.

李银芳，杨戈.1996. 梭梭固沙林水分平衡研究：Ⅱ. 白梭梭人工积雪固沙林的水分状况 [J]. 干旱区研究，13（3）：51-56.

李元.2009. 环境生态学导论 [M]. 北京：科学出版社.

梁爱华.2015. 黄土丘陵沟壑区退耕地植被恢复过程的生态效应研究 [D]. 西安：西北农林科技大学.

林培松，高全洲.2010. 不同土地利用方式下紫色土结构特性变化研究 [J]. 水土保持研究，17（4）：134-138.

刘德林，等．2012．黄土高原上黄小流域土地利用动态变化及驱动力分析［J］．水土保持通报，32（3）：211-216．

刘桂要，等．2019．氮添加对黄土丘陵区油松人工林根际土壤微生物群落结构的影响［J］．应用生态学报，30（1）：117-126．

刘建立，等．2008．六盘山北侧生长季内华北落叶松树干液流速率研究［J］．华中农业大学学报（自然科学版），27（3）：434-440．

刘文国，等．2007．'中林46杨'林分耗水特性及其与环境因子的关系［J］．河北农业大学学报，30（4）：40-45．

刘文辉．2017．基于GIS和RUSLE模型的宁夏彭阳县土壤侵蚀变化研究［D］．银川：宁夏大学．

马建业，等．2017．黄土高原丘陵区不同植被恢复方式下土壤水分特征——以桥子沟流域为例［J］．中国水土保持科学，15（4）：8-15．

马婧怡，等．2018．黄土丘陵区不同土地利用方式下土壤水分变化特征［J］．生态学报，38（10）：3471-3481．

马克明，傅伯杰．2000．北京东灵山地区景观格局及破碎化评价［J］．植物生态学报，24（3）：320-326．

孟宪宇．1996．测树学［M］．北京：中国林业出版社．

敏正龙．2016．甘肃中部高海拔地区四翅滨藜引种试验研究［J］．甘肃科学学报，28（2）：44-46，57．

宁夏档案馆．1986．中共宁夏党史档案资料选编：宁夏工委对接管宁夏工作的初步意见（1926–1949年）［M］．宁夏：宁夏档案馆．

牛翠娟，等．2011．基础生态学［M］．第2版．北京：高等教育出版社．

牛文元．2012．中国可持续发展的理论与实践［J］．中国科学院院刊，27（3）：280-289．

牛亚琼．2017．甘肃省脆弱生态环境与贫困的耦合研究［D］．兰州：甘肃农业大学．

欧阳志云，王如松．2000．生态系统服务功能、生态价值与可持续发展［J］．世界科技研究与发展，（5）：45-50．

秦耀东．2003．土壤物理学［M］．北京：高等教育出版社．

邱邦桂，杨小林．2015．拉萨半干旱河谷不同立地类型土壤容重变化分析［J］．湖北林业科技，（6）：24-27．

任玮．2019-10-08．宁夏着力打造西部生态文明建设先行区［N］．经济参考报，2版．

沙塔尔·司马义．2011．干旱区绿洲土壤酸碱度对作物产量影响研究——以鄯善县为例［J］．太原师范学院学报（自然科学版），（4）：133-137．

尚慧．2010．宁南山区地质灾害形成机理研究［D］．西安：长安大学．

尚婷婷．2015．油料作物秸秆生物炭–黄土–水体系下Cu（Ⅱ）的吸附–解吸作用研究［D］．兰州：兰州交通大学．

邵明安，黄明斌．2000．土–根系统水动力学［M］．西安：陕西科学技术出版社．

佘冬立，等．2011．黄土高原典型植被覆盖下SPAC系统水量平衡模拟［J］．农业机械学报，42（5）：73-78．

石青，等．2005．小流域水源涵养林林木耗水基于3S技术的量化分析［J］．水土保持通报，25（1）：71-74．

时永杰．2003．华北驼绒藜［J］．中兽医医药杂志，（S1）：136-138．

苏建平，康博文．2004．我国树木蒸腾耗水研究进展［J］．水土保持研究，11（2）：177-179，186．

孙保平，等．1990．USLE在西吉县黄土丘陵沟壑区的应用［J］．中国科学院水利部西北水土保持研究所集刊（黄土高原试验区土壤侵蚀和综合治理减沙效益研究专集），（2）：50-58，15．

孙慧珍, 等 . 2002. 白桦树干液流的动态研究 [J]. 生态学报, 22 (9): 1387-1391.

孙慧珍, 等 . 2004. 应用热技术研究树干液流进展 [J]. 应用生态学报, 15 (6): 1074-1078.

孙慧珍, 等 . 2005. 东北东部山区主要树种树干液流研究 [J]. 林业科学, 41 (3): 36-42.

孙林, 等 . 2011. 华北落叶松冠层平均气孔导度模拟及其对环境因子的响应 [J]. 生态学杂志, 30 (10): 2122-2128.

孙晓娟, 等 . 2007. 基于 GIS 平台的公别拉河流域水源涵养林景观格局与功能分析 [J]. 林业科学研究, 20 (2): 257-262.

佟小刚, 等 . 2016. 黄土丘陵区不同退耕还林地土壤颗粒结合态碳库分异特征 [J]. 农业工程学报, 32 (21): 170-176.

汪星, 等 . 2018. 修剪与覆盖对黄土丘陵区枣林土壤干层的修复效应 [J]. 林业科学, 54 (7): 24-30.

王安志, 裴铁璠 . 2002. 长白山阔叶红松林蒸散量的测算 [J]. 应用生态学报, 13 (12): 1547-1550.

王迪海, 唐德瑞 . 2000. 小流域防护林对位配置优化模式研究 [J]. 山东农业大学学报 (自然科学版), 31 (1): 67-70.

王国梁, 等 . 2009. 黄土丘陵区不同土地利用方式对土壤含水率的影响 [J]. 农业工程学报, 25 (2): 31-35.

王华田 . 2002. 北京市水源保护林区主要树种耗水性的研究 [D]. 北京: 北京林业大学 .

王华田 . 2003. 林木耗水性研究述评 [J]. 世界林业研究, 16 (2): 23-27.

王华田, 马履一 . 2002. 利用热扩式边材液流探针 (TDP) 测定树木整株蒸腾耗水量的研究 [J]. 植物生态学报, 6 (6): 661-667.

王建华, 等 . 2017. 水资源承载力理论基础探析: 定义内涵与科学问题 [J]. 水利学报, 48 (12): 1399-1409.

王九龄 . 2000. 西部干旱半干旱地区生态建设中的造林问题 [J]. 世界林业研究, 13 (4): 7-9.

王礼先 . 2000. 植被生态建设与生态用水——以西北地区为例 [J]. 水土保持研究, 7 (3): 5-7.

王力, 等 . 2005. 黄土高原子午岭天然林与刺槐人工林地土壤干化状况对比 [J]. 西北植物学报, 25 (7): 1279-1286.

王力, 等 . 2013. 基于 CoupModel 的黄土丘陵沟壑区荒草地水分平衡模拟 [J]. 农业机械学报, 44 (5): 79-88.

王鹏, 等 . 2019. 黄土丘陵沟壑区生态移民过程及其生态系统服务价值评价——以宁夏海原县为例 [J]. 干旱区地理, 42 (2): 433-443.

王瑞辉, 等 . 2006. 元宝枫生长旺季树干液流动态及影响因素 [J]. 生态学杂志, 25 (3): 231-237.

王帅, 等 . 2020. 黄土高原社会–生态系统变化及其可持续性 [J]. 资源科学, 42 (1): 96-103.

王彤彤 . 2017. 柠条生物炭的制备与 Al 改性及吸附性能研究 [D]. 杨凌: 西北农林科技大学 .

王晓峰, 等 . 2019. 重点脆弱生态区生态系统服务权衡与协同关系时空特征 [J]. 生态学报, 39 (20): 7344-7355.

王玉涛, 等 . 2008. 常见绿化树种绦柳耗水特性 [J]. 生态学杂志, 7 (12): 2087-2093.

邬建国 . 2000. 景观生态学——格局、过程、尺度与等级 [M]. 北京: 高等教育出版社 .

吴芳, 等 . 2010. 黄土高原半干旱区刺槐生长盛期树干液流动态 [J]. 植物生态学报, 34 (4): 469-476.

吴建平, 等 . 2017. 黄土丘陵区不同恢复年限退耕林地土壤碳氮差异及其影响因素 [J]. 西北农林科技大学学报 (自然科学版), 45 (6): 123-133.

吴燕 . 2017. 宁夏地区生态环境建设的思考 [J]. 中国林业经济, (2): 79-80, 97.

夏坤庄, 等 . 2015. 深入解析 SAS——数据处理、分析优化与商业应用 [M]. 北京: 机械工业出版社 .

夏志光 . 2015. 黑土区不同农林复合模式土壤孔隙与贮水特性 [J]. 防护林科技, (6): 1-3.

肖笃宁 . 1999. 国际景观生态学研究的最新进展 [J]. 生态学杂志, 18 (6): 75-76.

肖薇薇 . 2007. 黄土丘陵区农业生态安全评价研究 [D]. 西安: 西北农林科技大学 .

谢高地, 等 . 2005. 我国粮食生产的生态服务价值研究 [J]. 中国生态农业学报, (3): 10-13.

谢高地, 等 . 2008. 生态系统服务的供给、消费和价值化 [J]. 资源科学, (1): 93-99.

谢高地, 等 . 2009. 我国典型生态系统服务功能及其经济价值评估理论与方法 [R]. 北京: 中国科学院
　　地理科学与资源研究所 .

谢婷婷 . 2016. 基于 RUSLE 模型的喀斯特地区土壤侵蚀评价 [D]. 武汉: 华中科技大学 .

熊伟, 等 . 2003. 宁南山区华北落叶松人工林蒸腾耗水规律及其对环境因子的响应 [J]. 林业科学,
　　39 (20): 1-7.

徐军, 于冰 . 2001. 浇水施肥对华北驼绒藜生长及种子生产影响初探 [J]. 干旱区资源与环境, 15 (5):
　　88-92.

徐军亮, 等 . 2006. 油松树干液流进程与太阳辐射的关系 [J]. 中国水土保持科学, 4 (2): 103-107.

徐明, 等 . 2015. 黄土丘陵区不同植被恢复模式对沟谷地土壤碳氮磷元素的影响 [J]. 草地学报,
　　23 (1): 62-68.

徐新良, 等 . 2018. 中国多时期土地利用土地覆被遥感监测数据集 (CNLUCC). 中国科学院资源环境科
　　学数据中心数据注册与出版系统 (http: //www. resdc. cn/DOI) [DB/OL] [2018-07-02].

杨陈坤, 等 . 1998. 红壤丘陵防护林有林林分结构水土流失规律的研究 [J]. 湖南林业科技, 25 (4):
　　31-37.

杨光, 王玉 . 2000. 试论植被恢复生态学的理论基础及其在黄土高原植被重建中的指导作用 [J]. 水土保
　　持研究, (2): 133-135.

杨光, 等 . 2006. 黄土高原不同退耕还林地森林植被改良土壤特性研究 [J]. 水土保持研究, (3): 204-
　　207, 210.

杨海军, 等 . 1993. 晋西黄土区水土保持林水量平衡的研究 [J]. 北京林业大学学报, 15 (3): 42-50.

杨虎, 等 . 2016. 宁夏彭阳县生态移民迁出区主要生态修复技术 [J]. 宁夏农林科技, 57 (8): 43-44.

杨荣金, 等 . 2004. 生态系统可持续管理的原理和方法 [J]. 生态学杂志, (3): 103-108.

姚治君, 等 . 2005. 基于区域发展目标下的水资源承载能力研究 [J]. 水科学进展, (1): 109-113.

叶海英, 等 . 2009. 半干旱黄土丘陵沟壑区几种不同人工水土保持林枯落物储量及持水特性研究 [J]. 水
　　土保持研究, 16 (1): 121-125, 130.

殷秀辉, 等 . 2011. 油松树干液流特征及其与环境因子的关系 [J]. 西北林学院学报, 26 (5): 24-29.

于贵瑞 . 2001. 略论生态系统管理的科学问题与发展方向 [J]. 资源科学, 23 (6): 1-4.

于洪波, 等 . 2011. 黄土丘陵沟壑区生态综合整治技术与模式 [M]. 北京: 科学出版社 .

于澎涛 . 2000. 分布式水文模型在森林水文学中的应用 [J]. 林业科学研究, 13 (4): 431-438.

于占辉, 等 . 2009. 黄土高原半干旱区侧柏树干液流动态 [J]. 生态学报, 29 (7): 3970-3976.

于政中 . 1993. 森林经理学 [M]. 第 2 版 . 北京: 中国林业出版社 .

余新晓, 陈丽华 . 1996. 黄土地区防护林生态系统水量平衡研究 [J]. 生态学, 16 (3): 238-245.

余新晓, 于志民 . 2000. 水源保护林培育、经营、管理、评价 [M]. 北京: 中国林业出版社 .

余新晓, 等 . 2008. 水土保持生态服务功能价值估算 [J]. 中国水土保持科学, (1): 83-86.

袁丽侠, 雷祥义 . 2003. 宁夏南部地区水土流失的形成机理与防治对策 [J]. 西北大学学报 (自然科学
　　版), (2): 205-208.

袁娜娜 . 2014. 室内环刀法测定土壤田间持水量 [J]. 中国新技术新产品, (9): 184.

翟洪波，等 . 2004. 油松栓皮栎混交林林地蒸散和水量平衡研究 [J]. 北京林业大学学报，26（2）：
48-51.

张海英，等 . 2009. 浅谈宁夏地区水土流失成因及防治经验 [J]. 农业科技与信息，(4)：17-18.

张琨，等 . 2017. 黄土高原典型区植被恢复及其对生态系统服务的影响 [J]. 生态与农村环境学报，
33（1）：23-31.

张蕊，等 . 2018. 水平沟生态恢复措施下宁夏典型草原土壤种子库特征 [J]. 草业科学，35（5）：
984-995.

张淑兰，等 . 2010. 定量区分人类活动和降水量变化对泾河上游径流变化的影响 [J]. 水土保持学报，
24（4）：53-58.

张小由，等 . 2005. 黑河下游天然胡杨树干液流特征的试验研究 [J]. 冰川冻土，27（5）：742-746.

张学玲，等 . 2018. 区域生态环境脆弱性评价方法研究综述 [J]. 生态学报，38（16）：5970-5981.

张艳如，等 . 2018. 黄土丘陵区 4 种植被类型土壤呼吸季节及年际变化 [J]. 应用与环境生物学报，
24（4）：729-734.

张志强 . 2002. 森林水文：过程与机制 [M]. 北京：中国环境科学出版社 .

张治华，薛里图 . 2017. 宁夏粮食生产比较效益及其影响因素研究 [J]. 湖北农业科学，56（21）：4183-
4187，4216.

赵平，等 . 2005. Granier 树干液流测定系统在马占相思的水分利用研究中的应用 [J]. 热带亚热带植物学
报，13（6）：457-468.

赵廷宁 . 2004. 生态环境建设与管理 [M]. 北京：中国环境科学出版社 .

赵同谦，等 . 2004a. 中国森林生态系统服务功能及其价值评价 [J]. 自然资源学报，(4)：480-491.

赵同谦，等 . 2004b. 中国草地生态系统服务功能间接价值评价 [J]. 生态学报，(6)：1101-1110.

赵仲辉，等 . 2009. 湖南会同杉木液流变化及其与环境因子的关系 [J]. 林业科学，45（7）：127-132.

郑晖，等 . 2013. 甘肃省生态足迹与生态承载力动态分析 [J]. 干旱区资源与环境，27（10）：13-18.

郑景明，等 . 2003. 长白山阔叶红松林结构多样性的初步研究 [J]. 生物多样性，11（4）：295-302.

郑军南 . 2006. 生态足迹理论在区域可持续发展评价中的应用 [D]. 杭州：浙江大学 .

郑昭佩，刘作新 . 2003. 土壤质量及其评价 [J]. 应用生态学报，(1)：131-134.

中国工程院 . 2010. 中国水土流失防治与生态安全·西北黄土高原区卷 [M]. 北京：科学出版社 .

钟芳，等 . 2014. 植被恢复方式对黄土丘陵区土壤理化性质及微生物特性的影响 [J]. 中国沙漠，
34（4）：1064-1072.

周丹丹 . 2016. 铜在生物炭上的吸附—灰分及小分子有机酸的影响 [D]. 昆明：昆明理工大学 .

周华锋，等 . 1999. 人类活动对北京东灵山地区景观格局影响分析 [J]. 自然资源学报，14（2）：
117-122.

周瑶，等 . 2017. 封育和水平沟生态恢复措施对宁夏黄土丘陵区典型草原土壤生物学特性的影响 [J]. 水
土保持学报，31（3）：263-270.

朱金兆，等 . 2002a. 森林凋落物层水文生态功能研究 [J]. 北京林业大学学报，24（56）：30-34.

朱金兆，等 . 2002b. 基于水分平衡的黄土区小流域防护林体系高效空间配置 [J]. 北京林业学报，
24（5/6）：5-13.

朱一中，等 . 2002. 关于水资源承载力理论与方法的研究 [J]. 地理科学进展，(2)：180-188.

邹文秀，等 . 2015. 不同土地利用方式对黑土剖面土壤物理性质的影响 [J]. 水土保持学报，29（5）：
187-193.

Arnoldus H M J. 1980. An approximation of the rainfall factor in the Universal Soil Loss Equation [A] //De Boodt

M, Gabriels D. Assessment of Erosion [C]. FAO Land and Water Development Division. Chichester: Wiley & Sons.

Arthur M A. 1998. Effects of best management Practices on forest stream water quality in eastern Kentoehy [J]. Joumal of Ameriean Water Resources Association, 34 (3): 481-495.

Bernier P Y, et al. 2002. Validation of a canopy gas exchange model and derivation of a soil water modifier for transpiration for sugar maple (*Acer saccharum* Marsh) using sap flow density measurements [J]. Forest Ecology and Management, 163: 185-196.

Biging G S, Dobbertin M. 1995. Evaluation of competition indices in individual tree growth models [J]. Forest Seienee, 41 (2): 360-377.

Bladon K D, et al. 2006. Differential transpiration by three boreal tree species in response to increased evaporative demand after variable retention harvesting [J]. Agricultural and Forest Meteorology, 138 (1): 104-119.

Bresler E, Lagan G. 1984. Statistical analysis of salinity and texture effects on spatial variability of soil hydraulic conduetivity [J]. Soil Science, 48 (2): 1-11.

Daria P, Serge P. 1998. Development of black spruce growth forms at treeline [J]. Plant Ecology, 138: 137-147.

Das J K. 1998. A Whole-forest Management Approach Integrating Forest Structure, Timber Harvest and Wildlife Dynamics [D]. Toronto: Toronto University.

Deana D P. 2002. Structural and Functional Comparison of Human-impacted and Natural Forest Landscapes in the Western Caseades of Oregon [D]. Corvallis: Oregon State University.

Delzon S, et al. 2004. Radial profiles of sap flow with increasing tree size in maritime pine [J]. Tree Physiology, 24 (11): 1285-1293.

Demiral H, Gündüzolu G. 2010. Removal of nitrate from aqueous solutions by activated carbon prepared from sugar beet bagasse [J]. Bioresource Technology, 101 (6): 1675-1680.

Denmead O T, Shaw R H. 1962. Availability of soil water to plants as affected by soil moisture content and meteorological conditions [J]. Agronomy Journal: 385-390.

Dieter M D. 2002. Forest vegetation across the tropical Pacific: a biogeographically complex region with many analogous environments [J]. Plant Ecology, 163: 155-176.

Dolman A J, Bury V D G J. 1988. Stomatal behavior in an oak canopy [J]. Agricultural and Forest Meteorology, 43 (2): 99-108.

Ewers B E, et al. 2002. Tree species effects on stand transpiration in northern Wisconsin [J]. Water Resources Research, 38 (7): 1-11.

Ewers B E, et al. 2005. Effects of stand age and tree species on canopy transpiration and average stomatal conductance of boreal forests [J]. Plant Cell Environment, 28 (5): 660-678.

Fang C, et al. 2014. Application of magnesium modified corn biochar for phosphorus removal and recovery from swine wastewater [J]. International Journal of Environmental Research and Public Health, 11 (9): 9217-9237.

Ford C R, et al. 2007. A comparison of sap flux-based evapotranspiration estimates with catchment-scale water balance [J]. Agricultural and Forest Meteorology, 145 (S 3-4): 176-185.

Gash J H C, et al. 1989. Micrometeorological measurements in Les Lands forest during Hapex-Mobilhy [J]. Agricultural and Forest Meteorology, 46 (46): 131-147.

Granier A. 1985. A new method of sap flow measurement in tree stems [J]. Annals of Forest Science, 42:

193-200.

Granier A. 1987. Evaluation of transpiration in a Douglas-fir stand by means of sap flow measurements [J]. Tree Physiology, 3 (4): 309-320.

Hanus M L, et al. 1998. Reconstructing the spatial pattern of trees from routine stand examination measurements [J]. Forest Science, 44 (1): 125-133.

Hinckley T M, et al. 1994. Water flux in a hybrid poplar stand [J]. Tree Physiology, 14 (7-8-9): 1005-1018.

Ho Y S, McKay G. Application of kinetic models to the sorption of copper (II) on to peat [J]. Adsorption Science & Technology, 2002, 20 (8): 797-815.

Jarvis P G. 1976. The interpretation of the variations in leaf water potential and stomatal conductance found in canopies in the field [J]. Philosophical Transactions of the Royal Society B Biological Sciences, 273 (927): 593-610.

Jellali S, et al. 2011. Adsorption characteristics of phosphorus from aqueous solutions onto phosphate mine wastes [J]. Chemical Engineering Journal, 169 (1): 157-165.

Jia X Q, et al. 2014. The trade-off and synergy between ecosystem services in the Grain-for-Green areas in Northern Shaanxi, China [J]. Ecological Indicators, 43: 103-113.

Karin O, Ljusk O E. 1998. The core area concept in forming contiguous areas for long-term forest planning [J]. Canadian Journal of Forest Research, 28 (7): 1032-1040.

Kumagai T, et al. 2005a. Effects of tree-to-tree and radial variations on sap flow estimates of transpiration in Japanese cedar [J]. Agricultural and Forest Meteorology, 135 (1-4): 110-116.

Kumagai T, et al. 2005b. Sources of error in estimating stand transpiration using allometric relationships between stem diameter and sapwood area for *Cryptomeria japonica* and *Chamaecyparis obtusa* [J]. Forest Ecology and Management, 206 (1-3): 191-195.

Kumagai T, et al. 2007. Sap flow estimates of stand transpiration at two slope positions in a Japanese cedar forest watershed [J]. Tree Physiology, 27 (2): 161-168.

Kuuluvainen T, et al. 1996. Statistical opportunities for comparing stand structural heterogeneity in managed and primeval forests: an example from boreal spruce forest in southern Finland [J]. Silva Fennica, 30 (2-3): 315-328.

Lagergren F, Lindroth A. 2002. Transpiration response to soil moisture in pine and spruce trees in Sweden [J]. Agricultural and Forest Meteorology, 112: 67-85.

Langford K J. 1976. Change in yield of water following a bushfire in a forest of *Eucalyptus regnans* [J]. Journal of Hydrology, 29 (1-2): 87-114.

Lecoeur J, Sinclair T R. 1996. Field pea transpiration and leaf growth in response to soil water deficits [J]. Crop Science, 36: 331-335.

Li Z H, et al. 2017. A model coupling the effects of soil moisture and potential evaporation on the tree transpiration of a semi-arid larch plantation [J]. Ecohydrology, 10 (1): 1-11.

Lisa F D, et al. 2008. The first five years of the Conservation Effects Assessment Project [J]. Journal of Soil and Water Consevation, 63 (4): 185-198.

Liu Z B, et al. 2018. Modeling the response of daily evapotranspiration and its components of a larch plantation to the variation of weather, soil moisture, and canopy leaf area index [J]. Journal of Geophysical Research: Atmospheres, 123. https://doi.org/10.1029/2018JD028384.

Lloyd J, et al. 1995. A simple calibrated model of Amazon rainforest productivity based on leaf biochemical properties [J]. Plant, Cell and Environment, 18 (10): 1129-1145.

Loehle C, et al. 2002. Forest management at landscape seales: solving the problems [J]. Journal of Forestry, 100 (6): 25-34.

Lowe E A. 2001. Eco-Industrial Park Handbook for Asian Developing Countries: A Report to Asian Development Bank, Environment Department [R]. Oakland, CA: Indigo Development.

Lu P, et al. 2000. Spatial variations in xylem sap flux density in the trunk of orchard-grown, mature mango trees under changing soil water conditions [J]. Tree Physiology, 20 (10): 683-692.

Maness T, Farrell R. 2004. A multi-objective scenario evaluation model for sustainable forest management using criteria and indicators [J]. Canadian Journal of Forest Research, 34 (10): 2004-2018.

Mason D B, et al. 2007. Structures linking physical and biological processes in Heedwater Streams of the Mavbeso Watershed, Southeast Alaska [J]. Forest Science, 53 (2): 371-384.

McCuen R H, et al. 2006. Evaluation of the Nash-Sutcliffe efficiency index [J]. Journal of Hydrologic Engineering, 11 (6): 597-602.

McJannet D L, et al. 2007. Water balance of tropical rainforest canopies in north Queensland, Australia [J]. Hydrological Processes, 21 (25): 3473-3484.

Mirka L, et al. 2015. How to value biodiversity in environmental management? [J] Ecological Indicators, 55: 1-11.

Mittal A, et al. 2007. Freundlich and Langmuir adsorption isotherms and kinetics for the removal of Tartrazine from aqueous solutions using hen feathers [J]. Journal of Hazardous Materials, 146 (1): 243-248.

Moeur M. 1993. Characterizing spatial patterns of trees using stem-mapped data [J]. Forest Science, 39 (4): 756-757.

Pamela J E, Karl W J W. 2006. Declines in soil-water nitrate in nitrogen-saturated watersheds [J]. Canadian Journal of Forest Research, 36 (8): 1931-1943.

Pataki D E, Oren R. 2003. Species differences in stomatal control of water loss at the canopy scale in a mature bottomland deciduous forest [J]. Advances in Water Resources, 26 (12): 1267-1278.

Peers A M. Elovich adsorption kinetics and the heterogeneous surface [J]. Journal of Catalysis, 1965, 4 (4): 499-503.

Qin A, et al. 2019. Insentek sensor: an alternative to estimate daily crop evapotranspiration for maize plants [J]. Water, 11 (1): 25.

Richard L, Joseph M S. 2005. Surface runoff water quality in a managed three zone riparian buffer [J]. Journal of Environmental Quality, 34 (5): 1851-1860.

Sadras V O, Milroy S P. 1996. Soil-water thresholds for the responses of leaf expansion and gas exchange: a review [J]. Field Crop Research, 47: 253-266.

Sakuratani T, et al. 1997. Measurement of sap flow in the roots, trunk and shoots of an apple tree using heat pulse and heat balance methods [J]. Journal of Agriculture and Meteorology, 53 (2): 141-145.

Schmidt U, et al. 2000. Using a boundary line approach to analyze $N_2O$ flux data from agricultural soils [J]. Nutrient Cycling in Agricultural Ecosystems, 57: 119-129.

Scott A S, et al. 2002. Dual urban and rural hydrograph signals in three small watersheds [J]. Journal of the American Water Resources Association, 38 (4): 1027-1041.

Shuttleworth W J. 1988. Evaporation from Amazonian rainforest [J]. Proceedings of the Royal Society of London,

233 （172）：321-346.

Stephen F，et al. 2006. Linking ecology and economics for ecosystem management ［J］. BioScience，56 （2）：121-133.

Stewart J B. 1988. Modelling surface conductance of pine forest ［J］. Agricultural and Forest Meteorology，43 （1）：19-35.

Sumayao C R，et al. 1977. Soil moisture effects on transpiration and net carbon dioxide exchange of sorghum ［J］. Agricultural Meteorology，18 （6）：401-408.

Tome M，Burkhart H E. 1989. Distance dependent competition measures for predicting growth of individual trees ［J］. Forest Science，35 （3）：816-831.

Ulises D A，et al. 2006. Compatible taper function for Scots pine plantations in northwestern Spain ［J］. Canadian Journal of Forest Research，36 （5）：1190-1206.

Wang L，et al. 2011. Effects of vegetation and slope aspect on water budget in the hill and gully region of the Loess Plateau of China ［J］. Catena，87 （1）：90 -100.

Wang L，et al. 2012. Simulated water balance of forest and farmland in the hill and gully region of the Loess Plateau in China ［J］. Plant Biosystems，146 （Supp. 1）：226-243.

Wang T T，et al. 2017. Applicability of five models to simulate water infiltration into soil with added biochar ［J］. Journal of Arid Land，9 （5）：701-711.

Wang Y H，et al. 2011. Annual runoff and evapotranspiration of forestlands and non-forestlands in selected basins of the Loess Plateau of China ［J］. Ecohydrology，4 （2）：277-287.

Webster R. 1985. Quantitative spatial analysis of soil in field ［J］. Advance in Soil Science，32 （3）：1-7.

Weiner J. 1984. Neighborhood interference amongst *Pinus rigida* individuals ［J］. Journal of Ecology，72 （1）：183-191.

Wilby R L. 2005. Uncertainty in water resource model parameters used for climate change impact assessment ［J］. Hydrological Processes，19 （16）：3201-3219.

Wilson K B，et al. 2001. A comparison of methods for determining forest evapotranspiration and its components：sap-flow，soil water budget，eddy covariance and catchment water balance ［J］. Agricultural and Forest Meteorology，106 （2）：153-168.

Wullschleger S D，King A W. 2000. Radial variation in sap velocity as a function of stem diameter and sapwood thickness in a yellow-poplar trees ［J］. Tree Physiology，20 （8）：511-518.

Wullschleger S D，et al. 1998. A review of whole-plant water use studies in trees ［J］. Tree Physiology，18 （8-9）：499-512.

Wullschleger S D，et al. 2001. Transpiration from a multi-species deciduous forest as estimated by xylem sap flow techniques ［J］. Forest Ecology and Management，143 （1-3）：205-213.

Zaimes G N，Sehultz R C，Isenhart T M. 2004. Stream bank erosion adjacent to riparian forest buffers，row-crop fields，and continuously-grazed pastures along Bear Creek in central Lowa ［J］. Journal of Soil and Water Conservation，59：19-28.

Zang D，Beadle C L，White D A. 1996. Variation of sap-flow velocity in Eucalyptus globulus with position in sapwood and use of a correction coefficient ［J］. Tree Physiology，16 （8）：697-703.

Zhang K，et al. 2010. Change in soil organic carbon following the "Grain-For-Green" Programme in China ［J］. Land Degradation and Development，21：13-23.